資訊管理

魯明德　著

全華圖書股份有限公司　印行

序

在技職院校從事資訊教育，轉眼已超過 20 年，資訊管理這門課也上過不下 10 次，用的幾乎都是翻譯的書，這些翻譯書都是一時之選，所談的內容、所用的案例也是最新的，但是學生聽起來都有一段距離，總感覺那是別人發生的事。

直到全華魏經理來找我，希望能夠為我們的大學生們，出一本比較貼近他們感受的《資訊管理》教科書，於是，我們從學生的角度開始思考：他們要的是什麼？從學生的需求出發來規劃整本書的配當，去除掉艱深的理論，儘量用白話來描述各種資訊科技，並著重於資訊科技在日常生活上的實際應用，讓學生感受到資訊科技不再是遠在天邊的理論，而是近在眼前的生活應用。

本書共分為四篇、十五章，提供老師們一學期授課之需。

☛ 第一篇為管理篇，探討資訊科技與組織、管理間的議題。

☛ 第二篇科技篇，分別介紹目前熱門的技術，包括物聯網、金融電子化、人工智慧，同時也著重在它們的應用及市場的趨勢。

☛ 第三篇應用篇，探討資訊科技的各項應用，除了介紹成熟發展的電子商務、企業內的各種資訊系統外，特別探討了產業電子化的趨勢及社群應用。

☛ 第四篇系統篇，不免俗的介紹了系統開發的方法論及資訊安全相關理論，在系統開發上，特別帶上敏捷式開發，讓學生對業界所用的方法論有一個概念，方便日後工作之需。

考量學生對數學的興趣，針對人工智慧及資訊安全這二個主題中，比較多的數學理論，筆者特別以例子來說明，減少數學方程式的描述，以提高學生對內容的接受度。

資訊管理是將資訊科技應用到企業的組織管理，為了讓學生在學校的學習中，就能對資訊在產業上的應用有一個先期的認識，各章的案例係以產業的生態系及數位轉型為主軸，結合各章主題配置。

本書得以順利成冊，首先要感謝全華的魏經理對教育的熱忱，想要為學生出一本適合他們閱讀的教科書，催生了這本書，其次要感謝全華的編輯團隊，本書才能順利問世。

　　本書首次嘗試減少資訊科技理論的論述，改以技術在產業上發展應用為主軸，是否真能貼近學生的需求，也請用書的老師們在授課後能提供回饋想法，讓筆者能再做改進。

魯明德

2021.9.

目 錄

第一篇 管理篇

目 錄

第二篇　科技篇

目 錄

第三篇   應用篇

目　錄

第一篇 管理篇

01 資訊科技與企業經營

1-1 改變中的商業模式

商業模式（business model, BM）是指企業如何建立自己可控制的資源，並能運用這些資源，提供具有價值的產品或服務給客戶，進而藉此能獲取利潤、創造企業價值的商業經營方法。也就是說，商業模式其實就是在描述一個企業如何為它的客戶創造（create）、傳遞（deliver）、獲得（capture）價值的原理。

商業模式除了描述企業為其客戶所提供的價值、商業邏輯、企業內部的結構、合作夥伴的關係、關係資本、獲利來源外，還能夠顯示出如何能讓企業維持長期的競爭優勢。亞力山大・奧斯瓦德爾（Alex Osterwalder）就提出了商業模式圖（Business Model Canvas），針對商業模式的核心問題進行探討。

企業創新與價值創造就成為企業生存與永續發展不可或缺的因素，創造企業價值是目前企業經營者與管理者念茲在茲的新工作。企業的價值創造其實是很多構面的工作，如產品研發、服務創新、客戶關係管理等。

創新依其對企業造成的影響可分為二個構面：商業科技的衝擊程度及價值組態的改變程度，這二個構面可以形成一個二維矩陣，依價值組態改變的大小與商業科技衝擊的大小分為四個象限，產生四種創新模式：**漸進性創新（incremental innovation）**、**根本性創新（radical innovation）**、**移轉性創新（transitional innovation）**及**破壞性創新（disruptive innovation）**。

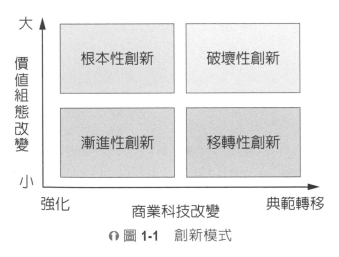

⋒ 圖 1-1 創新模式

一、漸進性創新

漸進性創新是在不改變商業模式的價值組態下，設法利用強化商業科技，來達到創新的目的。例如微軟（Microsoft）發展的 Windows 作業系統，從 Windows XP 到 Windows 10 的系統更新，其價值組態及策略始終沒有什麼大改變。

二、根本性創新

根本性創新大幅改變目前商業模式的價值組態，並強化現有的商業科技，來達到創新的目的。例如 foodpanda 運用 App 提供代客送餐的服務，改變以往消費者購餐需自己前往取餐的購買模式，同時也解決了商家送餐的人力問題。

三、移轉性創新

移轉性創新是在不改變商業模式的價值組態下，透過商業科技的**典範轉移**（**paradigm shift**），達到創新的目的。例如高速公路的過路費，以往都是在固定的收費站中透過人工收費；現在則是高速公路的定點設置道路電子收費系統（electronic toll collection system, ETC）門架，利用 eTag 及後端的資料庫，計算里程進行收費。

四、破壞性創新

破壞性創新是指商業模式中的價值組態及商業科技都做大幅的改變，對現有企業的產品或服務等，都產生了創新性的破壞。例如，以往我們都是到街上的出租店去租 DVD，但隨著網路的興起，現在，這些出租店都被網路的串流平台所取代。

在這一波商業模式的改變中，資訊科技（information technology, IT）扮演了一個很重要的角色，企業善用資訊科技，不僅能為自己減少生產、行銷等成本，更可以運用資訊科技創造出新的商業模式，像 Uber、共享經濟、網紅經濟等。

1-2 資訊科技改變產業結構

1-2-1 資訊科技的進步

資訊科技的改變是持續不停的，這也是資訊人的宿命，需要不斷的學習，才能在這個資訊洪流中存活下去。大部分的技術、知識都不是在學校學的，因為這些技術在你還是學生時，根本還沒有出現。

資訊科技的改變可分為四個構面來探討：硬體、網路、平台及資料處理。

一、硬體的改變

近年來，電腦在硬體上的進步可以說是一日千里，Intel 的創辦人 Gordon Moore 曾經預測：在可預見的未來，每 18 個月，在價格不變的情況下，晶片的密度會增加 1 倍；晶片密度的增加，就代表硬體的運算能力增加。Moore 這個預言已成為鼎鼎有名的 **Moore's Law**。

從 1960 年以來，硬體的發展一直依這個速度在進步，甚至 Moore 可能還低估了硬體的發展速度，除了電腦晶片發展快速外，在記憶體、儲存設備及網路頻寬等各方面的進步，也有類似的現象。硬體的快速發展，不只使得資訊產品得以輕、薄、短、小，速度也變得更快、更便宜。

二、網路的改變

George Gilder 曾經預測：在可預見的未來，通訊網路系統的頻寬，會以每 12 個月進步 1 倍的速度成長；而消費者每 bit 的變動成本會趨近於 0。從目前通訊科技的發展來看，無線通訊的技術，從 1G、2G、3G 已經發展到目前的 4G，邁向 5G。預估 5G 的最高傳送速度將會是 4G 的 1,000 倍，但每單位的傳輸成本最低可能是 4G 的 0.1%。George Gilder 當初的這個預言，現在也成了 **Gilder's Law**。

三、平台的改變

Gorden Bell 在 1972 年預測：資訊科技的平台，每 10 年都會有一個典範轉移的大改變，且新一代的電腦平台所使用的科技，都會有突破性、更好的效能，因此，在網路、儲存設備及使用者介面都會不一樣，而其效能及價格都勝過上一代 10 倍以上。

近年來，電腦平台持續演變，1960 年代時，電腦還是大型主機的架構，之後開始邁向小型化；1970 年代是迷你電腦的天下；1980 年，個人電腦（personal computer, PC）登場；1983 年，**主從式架構**（**client/server**）問世；到了 1992 年，Internet 開始開放商業用途，逐漸改變了商業模式，於是有了 2000 年的電子**商務**（**electronic commerce**, EC）、電子化企業（**electronic business**, EB）的發展。

2010 年後，無線網路漸漸成熟，在頻寬愈來愈大的狀況下，行動運算（mobile computing）得以發展，並衍生出雲端運算（**cloud computing**）；2015 年後，**物聯網**（**Internet of things**, IoT）引領風潮，帶起了**大數據**（**big data**）的商機，再透過人工智慧（**artificial intelligence**, AI）創造了眾多新興的商業模式。從平台的發展歷程看來，不到 10 年，電腦架構就有一次大的改變，Gorden Bell 當初的預言也成為 **Bell's Law**。

四、資料處理方式的改變

由於行動技術從 3G、4G 即將邁入 5G 的時代，頻寬已不再是問題，當物聯網慢慢普及到物物聯網時，所蒐集到的數據量愈來愈多，加上社群網路所產生的資料量，傳統的**關聯式資料庫**（**relational database**）已不足以應付，大數據的分析工具也不斷的發展出來。

➥ 1-2-2 產業的改變

資訊科技的快速進步，對產業也產生了眾多的改變，尤其是**資通訊技術**（**information and communications technology**, ICT）的整合，對於企業的流程設計、產業結構，都會產生不同的影響。

一、工業 4.0

工業 4.0 就是大量運用自動化機器人、感測器物聯網、網路供應鏈、銷售及生產大數據分析，以人機協作方式提升全製造價值鏈（**value chain**）之生產力及品質。簡單的說，就是利用人工智慧、大數據、物聯網及雲端運算（ABIC）等科技，整合企業內的生產價值鏈及垂直**供應鏈**（**supply chain**），形成一個高彈性、智慧化及自主化的整合性製造科技。

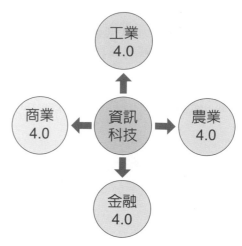

二、商業 4.0

○ 圖 1-2　資訊科技造成的產業改變

商業 4.0 是利用新興的資訊科技，包括大數據分析、物聯網、雲端運算、網際網路、行動運算、社群運算，來建構一個以消費者為核心、虛實整合的全**通路**（**omni channel**）經營模式。

在商業 4.0 的時代，重視的是消費者在購買行為、購物環境、科技裝置之間的互動關係，並透過感測數據、旅程分析等資訊，描繪出各類消費者在全通路時代的消費行為以及**變遷趨勢**，透過科學化的模式分析，達到智慧服務整合的目的。

三、金融 4.0

金融業一向只提供金流服務，無法掌握交易源頭，大多處於被動的等待機會。金融 4.0 是利用**金融科技**（**fintech**），包括：大數據、行動商務、雲端運算、生物辨識、機器學習，對原來的金融、保險產業的應用、流程、服務或經營模式進行改變或破壞性創新。

四、農業 4.0

農業 4.0 就是導入感測技術，引進智慧機器裝置、物聯網、大數據分析技術，升級為智慧化與數位化，把機器當成人用，再由人指揮建立智慧栽培模式，人變成最後監督功能。

1-3　資訊系統對企業帶來的衝擊

↳ 1-3-1　資訊系統對企業的影響

由於資訊科技不斷的推陳出新，企業的管理資訊系統（management information system, MIS）在管理上的應用也愈來愈受到倚重，新企業與產業的興起，其致勝的關鍵在於如何運用新的科技。

企業導入管理資訊系統後，對企業的影響可分為：科技（technology）、管理（management）及組織（organization）等三方面。

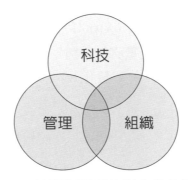

○ 圖 1-3　管理資訊系統對企業的影響面

一、科技面

科技領域中的三個相互關聯的改變：雲端運算、大數據及數位平台，改變了企業對資訊系統（information system, IS）的想法。

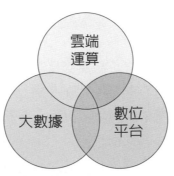

○ 圖 1-4　新興科技的發展

1. 雲端運算成為新的創新主角

以往企業內的管理資訊系統，員工都是要在企業內部透過公司的電腦才能完成工作；雲端運算平台興起後，成為企業的另一個增加生產力的工具，很多工作開始透過**網際網路（Internet）**，運用一群彈性化的電腦系統來執行。甚至於，企業的主要活動，也可以透過線上服務來完成，達到所謂的**軟體即服務（software as a service, SaaS）**。

2. 大數據的應用

隨著儲存媒體成本快速下降，企業對於想要蒐集的資料，不會再多加考慮，透過新的資料管理工具，可以輕易的取得、儲存及分析從網路所獲得的流量、電子郵件資訊、社群媒體內容及物聯網所產生的大規模資料，很多企業已經開始試著從這些大數據中尋找商機。

3. 行動數位平台威脅個人電腦系統

資通訊技術的快速發展，加上行動運算平台的成長，手機、平板等行動數位平台已漸漸取代了傳統電腦在企業裡的地位，而且手持式裝置在人們的心中，其分量可能還高於辦公室裡的電腦。不管是使用 iOS 的裝置或者是 Andriod 的裝置，都能下載成千上萬的 App，來支援我們的協同合作或提供**適地性服務（location based service, LBS）**，這些輕薄短小的手持式裝置，已經在挑戰傳統的桌上型電腦甚至筆記型電腦，搶占未來成為企業或消費者運算平台的地位。

二、管理面

做決策必須要有資訊，才能做出高品質的決策；為了能做出更快、更好的決策，管理者正不斷的使用線上協同合作或社群工具，希望能提高決策品質。隨著管理行為的改變，組織工作及協調方式也隨之改變，要把團隊或計畫中的成員串接起來一起工作，社群網路成了一個管理者要進行管控的平台，即使在不同的時間、地點，都可以很有效的管控專案進度。

資訊系統在企業管理面上的影響有：線上協作、企業智慧及虛擬會議。

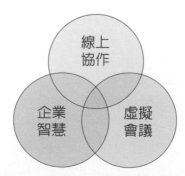

⋒ 圖 1-5　資訊系統在管理面的影響

1. **線上協同合作平台興起**

    行動數位平台的興起，讓人們可以在不同地點上班，甚至可以實現在家上班的夢想。目前，Google、Microsoft、IBM 等公司都各自推出了他們的解決方案，這些工具利用線上協同合作及社群網路軟體，除了可以改善組織內的協調、協同合作與知識分享的問題，還能支援企業內部的專案管理、線上會議、檔案管理等工作。

2. **企業智慧運用**

    企業內部或外部所產生的大數據，利用強大的分析工具與互動式**儀表板**（**dashboard**），可以讓管理者適時掌握到即時的績效資訊，強化其決策品質。

3. **虛擬會議擴大**

    隨著企業規模日漸擴大，加上全球化的浪潮，企業的組織已經很難分布在一個小區域內，各種會議、溝通協調都要勞師動眾的長途跋涉，只是在耗費資源，不見得有益處。因此，利用資訊科技進行網路的視訊會議，就成了一個替代方案，可以減少差旅成本及時間成本，同時也可以強化決策品質。

三、組織面

雲端計算能力的提升與行動數位平台的成長，讓組織愈來愈依賴網路工作、其應用如遠距辦公及分散式決策；這也意味著企業可以把工作打散，尋找外部適合的合作夥伴，將工作外包執行，同時也能跟供應商與客戶更容易的協同合作，創造出新的產品或服務。

資訊系統對組織的影響包括：社群企業、遠距辦公及共創企業價值等三方面。

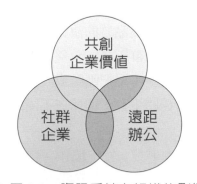

⌒ 圖 **1-6** 資訊系統在組織的影響

1. **社群企業興起**

    由於社群平台的使用愈來愈普及，幾乎人人都有 Facebook 或 Line 的帳號，企業利用 Facebook 或 Line 做為深化與員工、客戶、供應商間關係的互動工具，間接也創造了其他的商機。

2. 遠距辦公環境形成

網際網路基礎建設的普及，加上筆記型電腦、平板電腦、智慧型手機上網容易，資通訊環境的成熟，讓辦公地點不再只侷限於辦公室，人們可以隨時隨地的辦公，也可以在家上班。

3. 共創企業價值

以往企業的價值展現在產品上，隨著環境的改變，企業價值已變成提供解決方案及體驗，而且這個企業價值也由原來從公司內部產生，逐漸變成透過供應商與客戶協同合作的網路所產生。在這個網路中，企業與其客戶透過互動，定義出新的產品或服務，再由供應鏈的廠商參與開發，經由三方合作，共同創造企業的價值。

➥ 1-3-2 資訊系統與企業策略目標

管理資訊系統在企業全球化的過程中，扮演著重要的角色，透過網際網路大幅降低在全球各地的營運及交易成本，以往國外的分公司要與國內的部門連絡，往往要透過國際電話，現在透過網路電話、視訊會議，可以節省大量的營運成本。

過去因為資訊不對稱，要找到品質好、價格低的產品不易，就算找到原廠，他也不見得願意跟你交易；現在利用網際網路，可以很容易的找到合適的賣家，而且可以隨時溝通，交易成本比以前少了很多。

資訊系統在現今的企業已經是不可或缺的策略性工具，不論是在例行工作上或者在策略性目標的達成上，資訊系統都扮演一個重要的角色。資訊系統在 21 世紀可說是企業營運的基石，對企業營運的重要性，不亞於 20 世紀的辦公室、電話等工具。

在 21 世紀中，企業使用資訊科技的能力，與其執行策略、達成目標的能力緊密相關；未來，企業能不能達成目標，將會取決於其資訊系統的能耐，企業大舉投資設置資訊系統，不外乎想達成六個策略性目標：提升營運效率、尋找新產品／服務及營運模式、建立客戶與供應鏈的密切關係、改善決策品質、提升競爭優勢、尋求永續經營。

一、提升營運效率

企業為了要提高獲利，就要想辦法改善它的營運效率，對管理者而言，利用資訊科技和資訊系統，可以達到強化營運效率、提高生產力的目的，尤其是經營方式與管理行為也配合改變，更能顯現其成效。

便利商店的生鮮食品保存期限都很短，過了保存期限的食品容易產生食品安全問題，因此，時間到了沒有賣出的便當、麵包…就要報廢，從整個產業生態來看，不但每天造成大量的剩食，也造成業者相當大的成本壓力。

全家便利商店即是利用條碼及系統做管控，保存期限過了的生鮮食品，萬一工讀生沒有下架，到了結帳時，系統也不會讓它結帳，以避免人為的疏失而誤賣過期食品。2019年，全家便利商店為了再減少剩食的量，改變了系統，讓生鮮食品在保存期限前一段時間，由系統直接打折促銷，只需系統直接調整價格即可，不需要逐一更換條碼。

二、尋找新產品、服務及營運模式

應用資訊科技及資訊系統，可以協助企業開發出新產品或新服務，甚至於建立新的營運模式。由於手持式裝置的普及，無線網路涵蓋率高，人們不論是在等車、坐車……，任何時間都可以收看影片；以往需要先下載影片後，才能在電腦前收看的模式，現在已被串流技術打破。

串流（**streaming**）技術的成熟，推動了這一波的收視革命，造就了像Netflix、愛奇藝、YouTube這類媒體的興起，也間接讓百世達之類的DVD租賃業者紛紛關門，線上付費收視成了新的經營模式。

三、建立客戶與供應鏈的密切關係

企業要提高營收及獲利，除了開發新客戶外，更要設法維持舊有的客戶，提升其回購率。要讓客戶不斷再度光臨，並購買更多產品或服務，就要了解客戶的需求，並提供他們想要的產品或服務。

供應鏈亦然，目前產業的競爭已不是單一廠商間的競爭，而是整個供應鏈的競爭，誰的供應鏈效率好，誰就有好的競爭力。要維持供應鏈的競爭力，企業就要對供應商多付出，當你對供應商的付出愈多，供應商的關鍵投入也會愈多，無形中就會提升整個供應鏈的競爭力。

廠商在推出產品前都會先定位產品的市場區隔，進而擬訂行銷策略、推出廣告露出；但是，在經過多層的供應鏈通路後，已經不知道來買的人是不是當初設定的市場區隔。

便利商店的POS銷售時點系統本來就會記錄消費者的購買時間與產品、數量，如果能再增加人口變數，不就知道消費者的族群是不是落在當初所設定的市場區隔了？於是，7-11率先在POS中增加了性別及年齡的按鍵，讓工讀生在結帳時輸入消費者的資料，在供應鏈上，這個消費者資料就可以回饋給上游的製造商，讓他們決定要不要去調整廣告方向。

四、改善決策品質

企業決策往往是在很短的時間內，藉有限的資訊與資源所做的，因此，在時間限制差異性小的狀況下，企業所擁有的資訊與資源的多寡，就影響到決策的良窳。

決策前能擁有的資訊愈多，決策者愈能做出正確的決策；否則只能靠經驗來預測，甚至於憑運氣猜測，這樣的決策模式所做出的產品，不是生產過剩就是供應不足。

傳統工廠的生產模式即是預測未來一段期間的市場需求，根據這個需求來排生產排程，這種方式稱為計畫生產，容易發生生產過剩或者是供應不足的現象。為了改善這個問題，如果能夠更精準的掌握到市場需求，甚至於做到接單生產，就不會有生產過剩或供應不足的問題。

為了趕上世界 e 化的趨勢，經濟部在 1999 年推動了資訊業電子化計畫，以資訊業做為推動 e 化之標竿產業，希望藉由推動過程解決相關問題，並建立推動模式，進而擴展至各重點行業。

這個計畫初期執行 AB 計畫，A 計畫是透過台灣 IBM、台灣康柏、台灣惠普三家國際大廠，結合 42 家國內供應商，建立國際採購之電子化供應鏈體系，以帶動每年180 億美元之資訊產品採購額。B 計畫則是透過國內主要系統廠商或關鍵零組件主導廠商，帶動其上游中小企業形成電子化供應鏈，共推動 15 個體系，包括大同、大眾、仁寶、台達電、宏碁、英業達、神達、華宇、華通、華碩、倫飛、致伸、新寶、微星、誠洲及上游近 4,000 家中小企業，共同建立電子化作業能力。

2001 年計畫順利結案後，雖然讓中華民國成為世界個人電腦的生產基地，但是，國際競爭依然日趨激烈，全球產銷環境更加艱困。為持續保有 AB 計畫所建立之競爭優勢，於是，又接著針對資訊電子及半導體產業之電子化體系，推動金流、物流及研發設計協同作業電子化之 CDE 計畫。CDE 計畫中的 CDE 係指 C 金流（**cash**）、D 物流（**delivery**）及 E 協同設計（**engineering collaboration**），整合金、物流服務，如應收、應付帳款處理、資金預測、融資服務、國際運輸規劃、運況追蹤、全球庫存管理等。

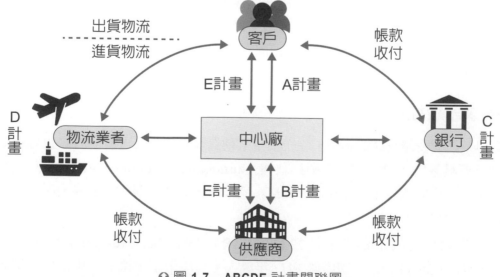

⊕ 圖 1-7　**ABCDE** 計畫關聯圖

第一階段的 AB 計畫，推動主軸在採購生產的供應鏈電子化；而 CDE 計畫則是在既有的電子化供應鏈體系基礎上，進一步又整合了物流和金流，協助資訊電子及半導體產業優先解決跨國性的金流、物流及協同設計之需求，讓供應鏈體系的運作一氣呵成，為台灣接單、全球生產之運籌中心奠定更厚實之基礎。

ABCDE 計畫又稱為是台灣經濟的維他命計畫，這個計畫的完成，讓國內資通訊產業的電子化供應鏈得以建立，整個產業的反應時間大幅縮短，也造就了日後為 Dell 代工的契機。

在 Dell 出現之前，消費者對電腦的購買模式，不外乎是到店裡買現成的產品，或者向少數提供客製化組裝的業者開規格採購，購買現貨不容易選擇到符合自己所需的規格產品，消費者往往會買到功能過剩的產品。

Dell 的商業模式則是將電腦的所有規格都放在網頁上，消費者可以依照自己的需要，自行決定所有零組件的規格及廠牌，再由 Dell 根據訂單生產、出貨。而 Dell 本身並沒有生產電腦，它的代工廠就是國內的這些電腦公司，在前面的基礎下，生產線上的產品不再是標準化的產品，很有可能同一生產線上，前後二個電腦規格都不一樣。有了資訊科技的支援，電腦業者不但可以客製化生產，而且可以及時生產。

五、提升競爭優勢

當公司運用資訊系統改善了產品或服務及營運模式，客戶與供應商的關係都會因而改變，決策品質也會因此而提升，企業整體的競爭優勢就會提升。網路購物已是近年來的趨勢，其商業模式及技術均已成熟，這個產業內的競爭者也很多，而網路購物的痛點是：貨送到、人不在，這不只是買家的痛，更是宅配業者的痛。

博客來網路書局在多年前就發現這個問題，率先與 7-11 合作，讓消費者可以把書寄到自己方便取件的 7-11，等到下班或有空時再去取貨；後來，這個商業模式不只在 7-11，全家等其他便利商店，也推出類似服務；另一方面，電子商務的業者也把這個服務變成標準服務模式。

六、尋求永續經營

資訊系統與資訊科技的運用，除了為企業創造競爭優勢外，有的時候也是企業永續經營必須要具備的工具。例如自動提款機（automated teller machine, ATM），除了放在每個金融機構的門外，也放在便利商店、商業辦公大樓、醫院等公共場所，我們用起來感覺是理所當然的。

自動提款機是在 1967 年 6 月 27 日由英國人 John Shepherd-Barron 發明的，用在 Barclays 銀行 Enfield 分行。國內於 1977 年導入，解決了金融機構下班後無法領錢的問

題。自動提款機並不是金融機構一定要提供的服務，因為領錢、轉帳都可以臨櫃處理，但是，因為它可以解決下班後的交易需求，消費者自然會選擇到提供這項服務的金融機構去開戶。為了吸引客戶，到最後每家金融機構都提供自動提款機的服務，甚至提供跨行提款的服務。

1-4　資訊系統對企業的重要性

由於資訊科技的進步快速，它對企業能支援的廣度與深度都與日俱增，以往企業的資訊系統是用來支援企業決策，現在，資訊科技的進步，不斷創造出新的商業模式，進而主導了企業的決策。

一、資訊系統是企業經營的基礎

由於資訊科技軟、硬體成本的快速下降，資訊科技的運用與資訊系統已是企業不可或缺的基礎建設，企業紛紛走向電子化。以往企業只靠實體店面做生意就可以了；現在則會考慮建個官方網站，把自己的產品或服務放上去，讓客戶更容易接觸到自己，甚至於透過官方網站進行銷售服務。

二、資訊系統提升企業生產力

企業透過導入資訊系統，結合內、外部資料，創造出更具價值的資訊以取代傳統人力的工作，不但可以降低生產成本，更可以提高生產力。

便利商店內的生鮮食品都有保存期限，若是訂太多，到了保存期限沒有賣完的，就只有報廢一途。產品報廢多、成本就高；訂太少，會造成消費者到店買不到，這是一個二難的問題。7-11 發現，氣溫超過 28 度 C 時，每升高 1 度，每家店的涼麵就會多賣 2 盒，在導入二代 POS 系統時，就把氣象預報系統一併導入，希望透過系統協助各店精準訂貨。

三、資訊系統創造企業競爭優勢

企業必須要有獨特的產品或服務，或具備對手沒有的資源或核心能力，才能掌握契機，創造競爭優勢。

咖啡是有些上班族每天必喝的飲品，7-11、全家、萊爾富等便利商店，不但都各自推出自己的咖啡，還常常有打折促銷活動，有時候一個人碰到買一送一或第二杯 6 折的活動，都會很掙扎是不是要買 2 杯；但是，買 2 杯又喝不完，於是，腦筋動得快的店長就想到了寄杯的方法，最初是在發票上註記，消費者必須回到原來購買的店，才能憑發

票領取剩餘的咖啡；全家便利商店看到這個商機，於是在 2017 年推出 App，消費者可以直接在促銷期間透過 App 購買。App 不但提供寄杯服務，而且還可以跨店領取，光是2019 年就賣出 1.2 億杯咖啡、收入 39 億元。

四、網路經濟的潛在商機

網路經濟與物聯網的技術成熟後，各種不同角色的連結，可以產生無窮大的創新商機。企業的資源有限，所以傳統的管理學講的是 80/20 原則——一個門市裡 80% 的營收來自 20% 的熱門暢銷商品，於是，管理者就會把這 20% 的熱銷商品放在顯而易見的貨架上，消費者很容易就能看到、找到。

2004 年 Chris Anderson 提出了長尾理論（the long tail），認為只要通路夠大，非主流的、需求量小的商品，其總銷量也能夠和主流的、需求量大的商品銷量抗衡。長尾實際上指的就是 80% 非熱銷的產品，透過大型通路或網際網路，在熱銷產品外再創造商機。

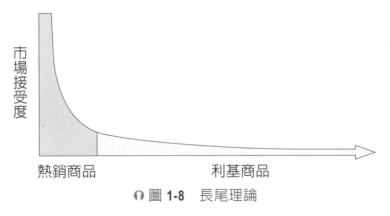

◑ 圖 **1-8**　長尾理論

聊天機器人（**chatbot**）並不是 2020 年代的產品，早在 1966 年，麻省理工學院（Massachusetts Institute of Technology, MIT）的 Joseph Weizenbaum 教授就設計出第一個聊天機器人 Eliza，之後都是在學術界中流傳，並未商品化。直到 2011 年 Apple 推出 Siri，才又開始受到關注。2015 年，聊天機器人又成為主流趨勢，除了 IBM、Google 等多家大公司相繼投入外，各家即時通訊軟體也都推出自己的平台。

玉山銀行在 2017 年 3 月 4 日的「金融科技創新嘉年華」上，公布了正在研發中的聊天機器人，2017 年第 2 季智能客服小玉上市，提供客戶申請貸款、信用卡申辦以及外匯業務的即時資訊服務。

智能客服小玉使用人工智慧運算技術來跟客戶互動，並補足諮詢時的資訊斷點，它會自動偵測客戶的使用裝置，將客戶導到行動版的 Facebook Messenger 上來跟它對話。

聊天機器人可以透過問答的方式，獲取客戶的基本資料後，1 秒鐘就可以即時算出可用額度利率、申貸的金額等資訊。若客戶確定要申貸，就可以留下資訊，與專員直接聯繫後續的作業。

在信用卡的業務上，客戶只要回答自己申辦信用卡的關鍵需求，如現金回饋、國內外旅遊或者購物等，聊天機器人就會立刻推薦適合消費者需要的最佳信用卡。透過點選，就可以到線上辦卡頁面，而且不論是否有玉山銀行的金融帳戶，都可以直接申辦。

在外匯服務上，客戶只要輸入：「今天美元匯率多少？」，聊天機器人就會立刻回覆現鈔與即期匯率的價格、透過線上申辦或是使用外幣自動提款機進行兌換各自有什麼優惠。透過點選也可以跳轉到玉山銀行的 App，直接進行換匯；若想提領現鈔，也會透過定位的方式，告知目前距離最近的外幣自動提款機位置。

1-5 企業資訊系統的運作

➥ 1-5-1 資訊系統

我們在日常生活中，常常會記錄一些事件，這些發生在組織內或實體環境中的事件，在還沒有經過組織、整理、分析成人們可以理解或運用形式之前的記錄，**就稱之為原始資料（raw data）**。例如：十字路口每日的車流量、早餐店每日的來客數、便利商店每天銷售的商品等，都是所謂的原始資料。

原始資料如果經過整理、分析，以有意義的方式呈現時，就稱之為**資訊（information）**。以前述十字路口的車流量資料為例：當我們蒐集了 1 個月的資料，就可以分析每天的尖峰 / 離峰時間及其車流量，進而檢討紅綠燈的時間是否需要做調整。

資訊系統則是整合組織內外的人、事、時、地、物等資訊，運用一組相關聯的元件負責蒐集、處理、儲存及擴散資訊，並支援組織的決策制定與控制。例如前述便利商店每天銷售的資料，經過資訊系統處理後，就會發現店內哪些產品已經 2 週都沒有銷售了，店長就可以決定是不是該把它下架。

資訊系統的功用在產生組織用來做決策、控制、分析的資訊，也可以用以發掘新產品或服務。資訊系統的活動不外乎是三件事：輸入（input）、處理（processing）、輸出（output），如圖 1-9 所示。

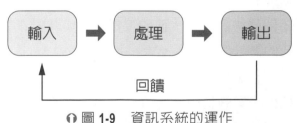

⬤ 圖 1-9　資訊系統的運作

輸入是從組織內、外部取得和蒐集到的原始資料。處理是資訊系統重要的工作，它是把輸入的各種原始資料轉換成有意義的形式。輸出則是將處理後得到的資訊，提供給需要的人或活動。當然，一個系統需要有適時的回饋（feedback），才能及時的修正；資訊系統也是這樣，透過組織成員做的回饋，可以協助修正輸入的資料或者是處理的過程，讓資訊系統更臻完善。

1-5-2 資訊系統的構面

管理資訊系統是在處理公司管理者與員工在資訊系統開發及使用時，所會面臨的行為與技術相關議題與衝擊，可分為：組織、管理及資訊科技等三個構面來探討。

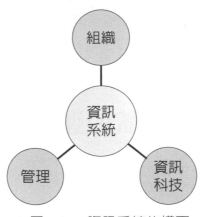

● 圖 **1-10** 資訊系統的構面

一、組織

資訊系統與組織間的關係是密不可分的，資訊系統一定是為了某一個組織的需要而寫的。組織的關鍵要素包括了：員工、組織架構、企業流程、政治及文化等。組織架構是由不同的層級或專業人員所組成，明確的定位了員工的部門及層級。企業裡的層級就像一個金字塔的結構，上層由管理者、專業人員與技術人員所組成；基層則是由為數眾多的作業人員所組成。不同層級的人員，他的工作模式與其對資訊系統的需求都不一樣。

● 圖 **1-11** 公司的組織結構

企業的**高階**管理（**senior management**）負責擬訂產品與服務的長期策略方向，並確保企業的整體營運績效。**中階**管理（**middle management**）則是在執行高階主管所制定的計畫，這個階層的專業人員為知識工作者（**knowledge workers**），包括工程師、研發人員等，他們的工作是為企業設計產品或服務，並創造新知識。

作業管理（**operational management**）是負責監控企業的日常運作工作，這個階層的專業人員有**資料處理者**（**data workers**）、生產或服務人員（production or service workers）。資料處理者包括秘書或辦事員，他們的工作是協助企業各層級人員規劃行程，必要時進行工作溝通；生產或服務人員則是實際生產產品或在第一線提供服務的人。

組織的第三個要素是企業流程（**business process**），企業流程指的是企業為了完成工作，在邏輯上一些相關的任務及行為的組合。大多數公司的企業流程都是為了達成任務，經過長時間的運作，所發展出來的標準作業程序（**standard operation procedure, SOP**）。

文化是人類社會歷史過程中所創造的物質財富與精神財富的總和，每個組織或多或少都有一些屬於自己獨特的文化（culture），企業文化則是企業在經營中逐步形成的，可說是企業的靈魂，而這些文化也會潛移默化的融入在資訊系統中。

大家都去過 Starbucks 喝過咖啡，但是，你有沒有想過它是怎麼定位它自己的？Starbucks 對自身的定位不單純是一家咖啡零售店，而是一家體驗供應商，為顧客創造一個除了家和公司之外，能給人歸屬感的休息場所。在這樣的企業文化之下，當顧客步入任意一家 Starbucks，都能感受到相同的溫馨和舒適，而這種感覺不單純來自於店內的裝飾，而是人和人之間形成的一種輕鬆氛圍。

組織有不同的層級以及不同的專業人員，他們都有自己本位利益的考量與想法，而這些各自不同的觀點，常會在組織運作及資源分配上產生衝突，而衝突本身就是一種政治（political），資訊系統其實就是在組織的衝突、妥協下建置的。

二、管理

管理最重要的就是要了解組織目前所面臨的問題，針對問題制定決策、擬訂行動方案來解決它。管理者的責任，就是能透過新知識及資訊來做決策，要如何能夠快速掌握組織的困境，及時擬訂組織的策略、分配資源來因應，則有賴資訊系統來協助。資訊系統在組織決策與管理上將扮演一個關鍵角色。

三、資訊科技

以往提到資訊科技，我們直覺的反應就是指電腦的硬體（hardware）、軟體（software）。電腦硬體指的是用來讓使用者輸入、進行資料處理、產生輸出結果的實體裝置，包括：各式各樣的電腦、輸入及輸出設備。電腦軟體則是預先寫好的指令集，能控制、協調資訊系統中的電腦硬體元件。

企業的電腦化是階段性的工作，它對企業而言是一個風險很大的投資，初期只會先導入部分的設備，隨著網路（network）技術的成熟與普及，企業連網的需求也開始增加。網路技術的發展有了有線網路，使得網際網路（Internet）成為全球網路中的網路，創造了一個新的平台，也產生了許多新的產品、服務及商業模式。

資訊管理

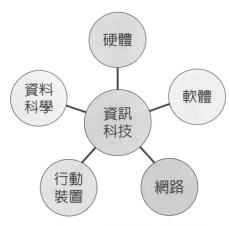

⋒ 圖 **1-12** 　資訊科技的範圍

　　由於網際網路的通訊協定（protocol）簡單、穩定，不需要考量太多軟、硬體間的相容問題，很多公司也在其內部採用相同的架構，連接不同的系統與網路，這種以網際網路技術為基礎所建構的公司內部網路，稱之為企業內部網路（**intranet**）。

　　企業電子化後，接著想做的就是供應鏈的電子化；但是，供應鏈上這麼多企業，它們各自的系統架構都不相同，電子化將會面臨到系統整合與資料相容的問題，這時候網際網路的架構就派上用場了，利用權限管理的技術，可以很容易的把企業內部網路延伸到供應鏈上的協力廠商，這種網路稱為企業間網路（**extranet**）。

　　近年來，無線網路的技術發展快速，幾乎人手一隻手機，我們在思考、規劃資訊系統的需求時，也不能漏掉行動裝置，行動裝置不只是手機，也包含了平板、筆記型電腦等，使用者在不同場合會使用不同的行動裝置，系統必須要能滿足他們的需求。

　　企業擁有的資料，以往大多是由自己產生的，隨著網際網路的普及，資料的來源也愈來愈豐富。由於電腦硬體的價格日益便宜，儲存空間已不是企業重要的考量，於是，不同來源、不同屬性格式的資料都會被廣泛的蒐集下來，面對這麼複雜的資料，以往我們用來處理大量資料的技術可能都不夠用了。

　　資料科學（**data science**）是一門利用資料學習知識的學科，其目標是從資料中提取出有價值的部分來生產資料產品，它所使用的技術包括：應用數學、統計、圖形辨識、機器學習、資料視覺化、資料倉儲以及高效能計算。企業面對未來透過物聯網及網際網路所產生綿綿不絕的大數據，都有賴資料科學的技術加以分析，找出企業可用的資訊做決策。

➥ 1-5-3 開發資訊系統涉及的知識

建構一個管理資訊系統需要的是跨領域的知識，不是單一理論就可以完成，這些跨領域的知識包括了技術面及管理面的知識。管理資訊系統的建置除了硬體之外，還需要有管理、組織、智慧財產及其他投資，才能順利運作。

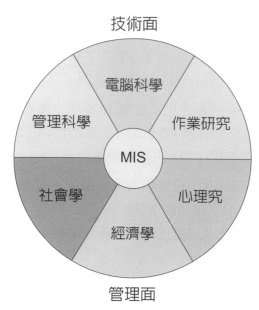

🎧 圖 1-13　開發管理資訊系統需具備的知識

一、技術面

開發管理資訊系統，在技術領域上會著重在開發系統所需的數學模式、資訊科技及系統所需具備的各項能力，這些學門知識包括電腦科學、管理科學、作業研究等。

電腦科學包含了資訊科技的軟、硬體、網路等知識，主要發展方向在建立我們的計算機理論、演算方法及有效的資料存取能力；管理科學強調的是決策模式及管理觀念；作業研究則是透過數學模式來最佳化組織所需要的各種決策參數。

二、行為面

管理資訊系統的開發與後續的維護，衍生出許多行為面的議題，例如企業管理及策略性的整合、設計、導入、運用等議題，都是不能只藉由技術就可以解決的，需要適時運用一些行為面的知識，才能完成整體設計與運用。

在資訊系統建置及運作的過程中，透過社會學的觀察，我們可以發現群體與組織如何完成一個系統的發展、系統如何影響到個體、群體組織，而決策者如何解讀、使用資訊，則是可以從心理面去觀察了解的現象，從經濟學的角度，可以探索數位產品的生產與數位市場的動態變化，並研究資訊系統如何改變企業的控制模式及成本結構。

個案：疫情下的便利商店

　　一早起床梳洗完畢，走到住家樓下的便利商店，到冷藏鮮食櫃裏拿一個三明治，搭配著牛奶當早餐。忽然想到，還有路邊停車的停車費還沒繳，於是，走到多功能事務機（Kiosk）旁立即補單，拿著繳費的小白單和早餐一起到櫃檯去結帳。

　　櫃檯的工讀生一刷條碼，收銀系統（point of sale, POS）就顯示出早餐組合的優惠價格。這時，你拿出手機，用街口支付付了今天的早餐及停車費，發票直接存在載具中。結帳完畢後，你又匆忙地走出便利商店，趕著去上課。

　　以上的場景，大家應該都不陌生吧！這幾 10 年來，便利商店 24 小時存在於國內的大街小巷中，讓人們可以在任何時候，都能滿足他們的需求。到了 2020 年初，COVID-19疫情瀰漫全世界，更進一步突顯了便利商店的重要性。

　　2020 年初，全球 COVID-19 的疫情如海嘯般襲來，重創國內的零售業。但是，在這波不景氣當中，便利商店的業績卻能逆勢成長。根據經濟部統計處的統計資料顯示：2020 年第 1 季，便利商店的營業額就已經接近新台幣 850 億元，年增率 5%，創歷年同期的新高。

　　國內目前展店數及營業額最大的四家便利商店為：7-ELEVEn、全家、萊爾富及OK。因為分店數量夠多，在這一波防疫大戰中也站上了第一線。當政府徵召了全國的口罩工廠組成國家隊，進行統一管理、配送、銷售時，四大便利商店在第一時間，就被選為口罩的主要通路。到了口罩實名制 2.0 上路時，民眾可以透過 App 及官方網頁預購口罩，但是，四大便利商店仍然是最大、最方便的取貨通路。

　　不過，要成為口罩實名制的取貨通路，並不是分店多就可以做到。2020 年 3 月 12日，政府宣布口罩實名制 2.0 正式營運，民眾可以先在網路上預購口罩，再到自己選擇、方便的便利商店門店去取貨。

　　4 月 22 日實名制 3.0 又上路，民眾除了可以利用原來的通路預購口罩外，也可以透過各便利商店門市中的多功能事務機，插入健保卡預購口罩，並到櫃檯繳費的方式購買口罩。

　　四大便利商店能在這麼短的時間內，配合政府的政策，投入口罩販售通路，都是因為長年在多功能事務機及 POS 系統下的投入，以及它們背後的資訊流、金流的串接，有了這些基礎，才能很快地根據政府需求，建構口罩取貨通路。

　　雖然 7-ELEVEn 是國內最大的便利商店體系，但是，它的 ibon 並不是全台最早使用的多功能事務機。國內第 1 台多功能事務機，其實是萊爾富在 2004 年所開發出來的Life-ET，一開始，它的功能非常陽春，只有銀行紅利兌換商品、手機的圖鈴下載及捐款等三項服務。

時到今日，四大便利商店內的多功能事務機所提供的服務已可謂包羅萬象，各家幾乎都有提供繳停車費、列印、演唱會門票、信用卡點數兌換等服務。以全家的 FamiPort 為例，它所提供的服務分類已超過 150 項。

在這一波的口罩通路戰中，不僅是考驗著各大便利商店 POS 系統的串接能力，以及多功能事務機軟、硬體更新的速度，更大的挑戰是各便利商店為了吸引人流所推出的各種即時行銷活動，對伺服器及資訊系統的衝擊。

便利商店的特性是消費者多、單次購買的品項少。對系統而言，購買筆數多、資料量非常龐大，以往各大便利商店的行銷活動，大多集中在年節這種特定檔期，如母親節預購蛋糕、過年預購年菜、中秋節預購月餅之類的活動，這種可預期的促銷活動，資訊系統有比較多的時間做充分的準備。

而疫情期間的各項促銷活動，則講求速度，當指揮中心發布零確診時，幾乎就要同步的推出一檔優惠活動，不但頻率高，時間也短，除了考驗便利商店的實體物流外，也考驗了資訊系統的應變能力。

習 題

選擇題

( ) 1. 當產業面臨的價值組態及可運用的商業科技的改變都很大時，企業應採用哪一種創新模式加以因應？

(A) 漸進式創新　(B) 破壞式創新　(C) 根本式創新

( ) 2. 在價格不變的情況下，晶片的密度每 18 個月會增加 1 倍，這是指什麼定律？

(A) Moore's Law　(B) Gilder's Law　(C)Bell's Law

( ) 3. 下列何者是資訊科技在科技面對企業的影響？

(A) 線上協同合作平台興起　(B) 遠距辦公環境形成　(C) 大數據的應用

( ) 4. 下列何者是企業建置資訊系統想要達到的策略目標？

(A) 改善決策品質　(B) 提升競爭優勢　(C) 以上皆是

( ) 5. 下列何者不是資訊系統組成的構面？

(A) 經濟　(B) 組織　(C) 管理

問答題

1. 貴公司的倉儲正在規劃資訊系統，你負責硬體設備的規劃，在盤點及進出貨管理上，你可以考量運用的資訊科技有哪些？

02 組織內的資訊系統

2-1 組織的架構

2-1-1 組織

組織是一種穩定、正式的社會結構，它從外在環境中取得資源後，經過組織的處理產生輸出。相較於非正式的群體，組織必須要遵守相關的法令來制訂內部的規則與程序。例如企業必須依據勞動基準法制訂各項休假規定，股份有限公司必須依照公司法定期召開董、監事會。

雖然我們平時所看到或接觸到的組織，其從事的業務、規模、結構可能有所不同，但是，它們的構成要素，在 Hodge 及 Johnson 的研究中認為，不外乎是：人員、目標、責任、設備及工具、協調。

組織內一定會有人員，沒有人員的組織是不存在的，只是有的組織只有 2~3 人，像巷子口的早餐店；有的組織可能有數十萬人，像鴻海集團這樣的跨國企業。目標則是組織要追求達成的努力方向，它是組織存在的理由，也是結合組織成員的主要力量。

而組織的目標要透過責任的分配，才能將要採取的活動或具體的工作事項，傳達給組織成員去完成。工欲善其事、必先利其器，要使組織成員能夠有效負擔其責任，就必須提供其工作上所需的工作場所、設備及工具。最後，要使組織的各要素能配合良好，繼而發揮其綜效，必須要建立各項制度、職權、溝通等途徑，組織才能有條不紊的運作。

在個體經濟中，認為外在環境中提供了主要的生產要素資本、勞工給組織，組織透過生產的過程，將這些生產要素轉化為產品或服務，而這些產品或服務回到外部環境，提供人們消費再轉化成供給，輸入到組織中。

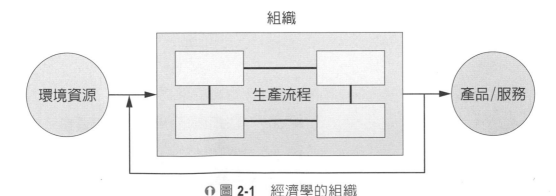

⚡ 圖 2-1 經濟學的組織

行為學中定義組織是一個集合體，除了階層、程序、文化外，還包含了權利、義務、責任等，在衝突與決策間，隨著時間能巧妙的取得平衡。企業內的工作者各自發展自己的工作方式，在既有的關係中取得連結，並協調工作如何完成，而這些需完成的工作量與完成的程度，通常不會在正式的規範中說明。

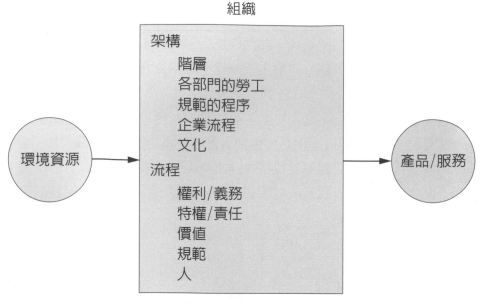

圖 2-2 行為學的組織

2-1-2 組織的特徵

組織為達成其目的，有不同的架構，不同的組織有不同的特徵。組織的共同特徵有：企業流程、政治、文化、環境。

一、企業流程

企業是一個龐大、複雜的組織，它由數個功能不同的部門所組成，而這些功能不同的部門，又是由一連串不同的企業流程所組成。企業為什麼會發展出各種流程呢？其實企業內部的工作是很複雜的，工作人員為避免常出錯，於是開始去思考有效率的方法來改善工作，慢慢的就發展出所謂的常規、例行公事（routines）。

常規、例行公事又稱為標準作業程序（**standard operation process**, SOP），企業發展各項工作的標準作業程序，其目的在使員工能應付未來可預期的狀況，員工在學習這些標準作業程序後，產能及工作效率都能提升。

例如安裝輪胎的標準作業程序，會說明輪胎放上螺栓後，螺帽的鎖付順序、鎖付的扭力等規範，汽車裝配生產線上的工作人員，只要依規定的流程施工，就可以完成輪胎的裝配作業，而且每一輛車的結果都一樣，不會因為作業人員的年資、技術而有顯著差異。

人力資源部門也會對請假作業訂定標準作業程序，讓全體員工遵守，標準作業程序中除了律定請假單的格式外，還會臚列出不同假別的核准權限、佐證資料等，讓員工一眼即可知道該如何請假。

二、政治

　　企業是由不同的功能部門所組成，部門則是人的組合，部門間有利益衝突，人與人之間也會有利益衝突，他們所關心的事也不一樣，這些差異持續的存在於組織內，面臨資源分配時，就會因為立場不同而產生利益衝突。

　　資訊系統開發時，在硬體上最常見的不外乎是資源的爭奪、衝突，希望自己的部門能分到多一點資源；在系統開發上則是面臨到人員的抗拒、抵制，因為害怕不會使用，而不希望系統順利導入。這些問題不見得都會浮出檯面，很多事情是私下的串連，或者是個別人員的不配合，為了讓資訊系統能順利完成，需要一位具有政治手腕的管理者，才能將資訊系統順利的開發、導入。

三、文化

　　企業文化對企業的成員來講，就是一種深植人心、不容懷疑的共同目標，它被視為理所當然的存在於公司，但很少有人會刻意去公開提及或討論，卻深植於企業產生價值的流程中。

　　每個人都有自己判斷事情的價值觀，企業文化就是企業的價值觀，就和人的原則一樣，會判斷哪些事情是你所重視的，思考要如何判斷對錯，要遵守哪些底線，哪些是該奉行不悖的信念。

　　如果企業的價值觀是「以客為尊」，它發展出來的具體行為可能是「當顧客利益與公司利益產生衝突時，以客戶利益為優先」、「若客戶於門市中吵著要退換貨，即便有不禮貌的行為，服務人員也不能與客戶爭吵，必須儘可能地滿足客戶要求」、「客戶進門時務必要大聲喊『歡迎光臨』，並儘快過去招呼客人」。當有了這些行為準則，員工們便知道應該要這樣做，時日一久，文化就會漸漸成形。

　　企業文化是一個可以抑制政治衝突的強大凝聚力，並且促進彼此更加了解與認同。當一個企業有了共同的文化，在各種事物上就比較容易達成共識，我們在建置資訊系統時，若能妥善的運用企業文化，將可以達到事半功倍的目的。

四、環境

　　企業處於環境中，與其外在環境的關係密切，不僅要從外部環境中獲取資源，同時也提供外部環境所需要的產品或服務，所以，企業與其外部環境是一種互惠的關係。

　　企業如果有資本或勞力的需求，就沒辦法生產出消費者所需要的產品或服務；同樣的，如果消費者沒有購買產品或服務的需求，企業所生產的產品也沒有辦法銷售而變成存貨，企業沒有了營收，就無法存活。

由於新科技不斷的推陳出新，外部環境的變化快速，讓許多企業無法跟上進步的腳步，也有一些企業無法適應這種急速變異的環境，而遭到淘汰。有時候，一種科技及其衍生出來的創新模式，都會在產業中造成迅速的變革。

破壞式科技（**disruptive technologies**）的出現，會替代現有產品，它可能以較低的成本產生出同樣水準的產品，或者以同樣價格提供品質更好的產品，造成競爭者可能因而退出市場。

當 Apple 推出 iPod 時，原來可攜式的 CD 播放器就走入歷史；iPhone 上市後，每個手機都可以聽音樂，不但取代了自家的 iPod 市場，手機上的照相功能，也搶占了不少的相機市場。

➥ 2-1-3 組織的架構

一個組織的工作千頭萬緒，不可能由一個人獨立完成，必須多人群策群力共同分擔，才能完成。組織架構的設計方法很多，主要的考量因素是組織的分工，工作按某種原則予以細分，使每個人就其負責的一小部分發揮專長，達到**專業化**（**specialization**）的目的。

基於分工原則來規劃組織架構，就是將組織的整體任務，不斷的劃分成許多性質不同的具體工作，再把這些工作組合成固定的部門或單位，並賦予部門主管適當的職權及責任，最常見的架構是以部門化（**departmentalization**）做規劃的，比較複雜的工作，則會輔以**矩陣式組織**（**matrix organization**）。

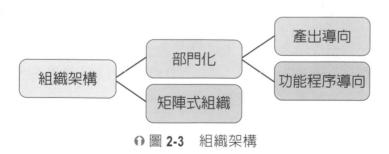

🎧 圖 2-3　組織架構

一、部門化組織

部門化是根據某種構想或原則，把個別工作予以組合的過程，組合的過程也不是單純的把相同的工作放在一起，部門化必須從整體來思考規劃，才能避免在組合的過程中，發生見樹不見林的情況。

(一) 產出（output）導向基礎的部門化

以產出導向為基礎的部門化，可以從產品、顧客及地區三個構面來組合工作。

1. 產品基礎部門化

　　產品基礎部門化是把公司內的各項工作，依據產品別或服務別組成不同的部門，如圖 2-4 所示，與同一產品有關的產銷或其他工作，都是由同一個部門來負責，可以減少協調的時間。

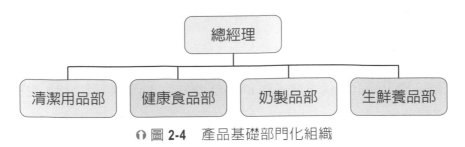

♪ 圖 2-4　產品基礎部門化組織

　　圖 2-4 即是一個以產品為基礎部門化的組織，在總經理下設有清潔用品、健康食品、奶製品及生鮮食品等四個部門，每一個部門主管一種產品，只要是與清潔用品有關的產銷、售後服務等問題，都是歸清潔用品部來負責。

2. 顧客基礎部門化

　　如果公司有不同類型的顧客，每一類型的顧客所需要服務的性質、公司提供服務的流程都不一樣，就可以採取顧客基礎部門化的方式，來組合公司的各項工作。

　　圖 2-5 是一個銀行的部分業務，我們一般消費者要去貸款的需求及流程跟企業貸款的需求不同，流程也不同，這時，銀行就可以根據顧客的不同，分別設置個人消費金融部及企業金融部，來服務不同的顧客。

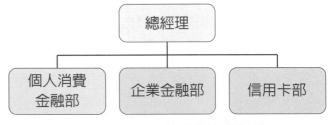

♪ 圖 2-5　顧客基礎部門化組織

3. 地區基礎部門化

　　如果公司的市場遼闊，而且依據地區不同，市場需求與經營方式都不同，則可以把部門依地區為基礎加以分組，成為不同的部門。圖 2-6 的組織就是依據地理位置，將公司部門分成：北區事業部、中區事業部、南區事業部及花東事業部。

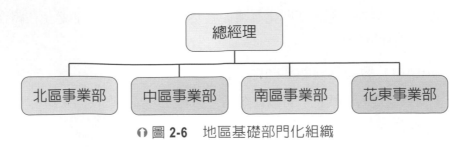

♪ 圖 2-6　地區基礎部門化組織

(二) 功能程序導向的部門化

功能程序導向的劃分為以功能（function）為基礎的部門化、和以程序（process）為基礎的部門化。

1. 功能基礎部門化

功能基礎部門化是依組織的經營功能來組合其工作，組織的功能劃分方式可能各不相同，但其部門化都是依功能為基礎來考量、設計。圖 2-7 是一個功能基礎的部門，在總經理下設有生產、行銷、人力資源及財務部，生產部下有生產工廠與品保組，行銷部下設銷售組及廣告組。

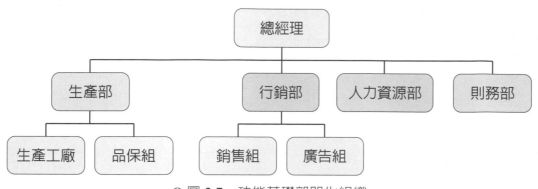

⚲ 圖 **2-7**　功能基礎部門化組織

2. 程序基礎部門化

程序基礎部門化是將工作按照進行的程序步驟加以組合，圖 2-8 是一個汽車保養廠的組織，依程序分為三個組：引擎組、鈑金組、噴烤組。顧名思義，引擎組負責引擎及其週邊的維修、保養，鈑金組負責車輛的鈑金及外觀的維修，噴烤組則是負責鈑金部分的噴漆與烤漆。

⚲ 圖 **2-8**　程序基礎部門化組織

二、矩陣式組織

矩陣式組織是指一個組織中同時存在有傳統的功能程序部門及專案組織，每一個功能程序部門都有各自的專業及部門主管，各部門主管在工作上都要向總經理負責。組織中還存在著很多專案，這些專案由專案計畫室負責，各專案經理也向總經理負責，每個專案都會有功能程序部門參與。

　　圖 2-9 是一個軟體開發公司，在功能部門設有：系統分析、系統設計、系統開發、系統測試及品質保證等五個專業部門，分別負責系統開發時的系統分析、系統設計、系統開發、系統測試及品質保證等工作，各部門都有各自的專業，部門主管除了管理部門員工的工作、負責部門工作績效外，也都各自向總經理負成敗之責，各專業部門在同一時間，可能會參與多個專案工作。

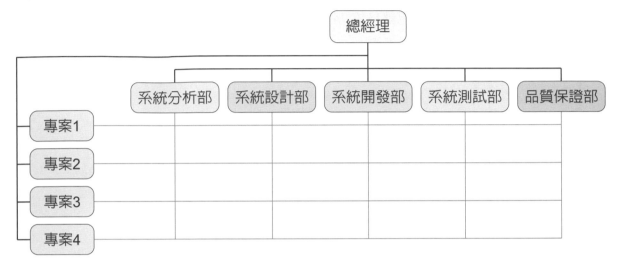

　　🎧 圖 2-9　　矩陣式組織

　　圖 2-9 左邊的專案部門則是因應專案工作所產生的，當公司接到任務要開發一個停車場的車牌辨識系統時，就會成立一個專案辦公室來管理這個專案（即專案 1），五個專業部門都會有人參加這個專案。從時間序列來看，先由系統分析部的系統分析師對這個停車場的車牌辨識系統進行使用者訪談、系統分析。

　　緊接著，系統設計部依照系統分析的結果，進行系統的概念設計與細部設計，包括程式設計、資料庫設計、子系統設計、測試計畫、品保計畫等。完成後的設計資料再交由系統開發部撰寫程式，測試計畫則交給系統測試部做後續測試的規劃，品保計畫交由品質保證部，負責在開發過程中的品質保證。

　　有一天，公司又接到一個任務，要開發醫院的醫務管理系統時，會再成立一個專案辦公室來進行這個專案（即專案 2）。同樣的，公司內的五個專業部門都將派人參與這個專案。當公司有很多的專案在執行時，專業部門同時間也會有不同的狀態、進度的專案在手上進行，部門主管一個人可能無法掌握這麼多同時進行的專案，在組織運作時，會指定不同的人來負責不同的專案分項計畫執行，以確保專案都能順利完成。

➥ 2-1-4 資訊系統與組織

近年來，資訊科技已成為各大企業作業與決策不可或缺的工具，資訊系統不只在經濟面改變了組織的成本，在行為面上也改變了工作機會。

一、經濟面的影響

傳統經濟學所謂的生產要素，指的是勞力及資本，資訊科技今日的發展，也可以視為是一種生產要素。隨著勞力成本的高漲，資訊科技本身的成本日漸遞減，使得很多企業開始思考以資訊科技來取代昂貴的人力，這也導致組織大量減少對中階主管的需求。

(一) 交易成本（transaction cost）

交易成本指的是企業無法自行生產，需要從市場上購置的成本，這個成本除了原物料的成本外，還包含了整個採購作業的成本。例如採購前找到適當的供應商、進行溝通的成本，訂約後履約、交貨、品檢等成本。交易成本理論（transaction cost theory）就是企業組織為了節省交易成本所尋求的方案。傳統上，企業會藉著整合供應鏈的上下游廠商、併購供應鏈廠商、擴張生產線等方式來降低交易成本。

在產業專業分工的趨勢下，凡事都要使用自己的資源，已不再是一種成本最低的作法；找專業廠商生產的成本，可能會比自己生產的成本更低，以往對供應鏈廠商的管理，需要花費很多的時間、人力成本。

在資訊科技發達的今日，透過跨組織的供應鏈管理系統，很容易就能掌握各種資訊。把零組件外包給競爭激烈的專業廠商代工的成本，遠比自己開新生產線、招募員工的成本來得低。

以前老人家告誡我們：買東西之前要貨比三家，才不會吃虧。傳統的貨比三家是要到市場上一家一家的去找、去比，相當花時間又沒效率。在資訊科技發達、普及的今日，貨比三家透過網路來做，又快又有效率，不需要頂著大太陽到外面去找，在辦公室就可以很快找到最便宜的供應商。

隨著交易成本的下降，組織的規模也會變小，對企業而言，利用資訊科技進行採購，讓作業變得更簡單，成本也變得更低。很多產品或服務不再需要自行生產，即使規模維持不變，利潤可能都會比以前高。

(二) 代理成本（agency cost）

企業不是一個自動自發追求利益最大的實體，而是一個利用契約連結來串連多個自利團體的組織，委託人（業主、股東）會僱用代理人（經理人、員工）根據所委託的利益來執行其工作；代理人基於自利的原則，就會追求自己的利益極大。所以，委託人就要持續對代理人進行各項的管理、監督，以免他們沒有為代理人追求利潤極大。

委託人對代理人進行監督、管理所花的成本，就稱為**代理成本**。隨著組織規模愈來愈大，就要花更多的心力在監控與管理員工，因此，代理成本就會愈來愈多。當組織是一個只有 3 個人的微型企業時，老闆一眼就可以看到所有人的工作狀況，當公司成長到 30 人時，老闆一個人就無法掌握全部了，這時就要透過分層負責來控制整個組織的運作。

透過資訊科技可以縮短資訊取得與分析的成本，進而降低組織的代理成本，讓管理者可以更容易掌握到員工的動態，減少整體的管理成本。企業運用資訊系統，減少了對中階管理者的需求，但卻沒有減少收益。

例如公司有 50 位維修工程師，遍布全台進行產品的售後維修服務，為管理這些維修工程師的工作，公司就要依地區設置管理部門，再在各部門之下分組管理。透過資訊系統，不但可以從派工到完工統一管理，而且可以分析每位工程師的工作效率，甚至於做到事後的客戶滿意度調查；相對的，對中階管理者的需求就減少。

二、行為面的影響

資訊系統對組織在行為面的影響包括了：中階幹部減少產生的組織扁平化，以及員工對變革造成的不確定性產生抗拒。

(一) 組織扁平化

資訊系統可以把很多例行公事授權給基層員工去處理，讓基層員工在沒有監督之下，可以直接獲取所需的資訊並直接下決策。這樣的授權增加整體的工作效率，使組織的決策權力向下延伸。

便利商店的資訊系統，可以根據條碼所設定的保存時間，讓鮮食在保存時間過了之後就不能結帳，工讀生也可以根據系統的資訊，直接將超過保存期限的鮮食報廢。

當員工都能自己根據精準的資訊來做決策時，決策的時間就可以縮短、效率也可以提升，因此，組織對管理者的需求自然就會減少，管理成本也相對減少。經過這些改變後，管理者的管理幅度可以變大，這將導致**組織扁平化**，間接對中階主管的需求減少。

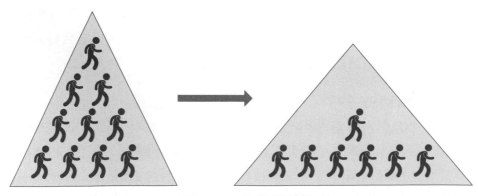

🎧 **圖 2-10** 組織扁平化

以目前流行的送餐服務平台為例，平台對送餐人員的管理就相當扁平化，並沒有層層的組織管理這些送餐人員，透過資訊系統的管制，讓參與營運的送餐人員可以自行選定符合需求的服務，服務完成、回報後，才能再接下一個服務，透過系統的管理，減少很多管理人力。

(二) 對變革的抗拒

資訊系統的建置影響到員工目前的工作、回報的對象，也讓每個人的工作進度、工作負荷、資源分配等都攤在陽光下，讓既得利益者的利益受到損害，而對系統的建置產生無形的抗拒。

其次，新資訊系統的建置，可能會改變目前的工作型態、工作習慣，對於系統的利害關係人而言，也會產生無形的壓力，因為對電腦的不熟悉，因此害怕系統的建置會影響到他們未來的工作，甚至可能造成他們的失業。

組織對變革的抗拒力量有時候是非常大的，而企業對資訊系統的投資又是很大的，如果輕忽了這些抗拒的影響，可能會讓系統即使開發完成、上線運作，也無法達到預期目標，畢竟系統最後還是要靠人來操作，一個再完美的資訊系統，如果人員無法配合，也是達不到它的成效。

組織面臨對導入資訊系統而產生的抗拒，Kolb 認為有四個原因：資訊科技的創新、組織架構、人員所處的組織文化及創新對工作的影響。資訊科技帶來的創新衝擊如何被吸收，要看組織的工作如何安排，讓員工儘可能感受不到衝擊；因此，資訊系統導入的過程中，在組織架構及人員工作的安排上是很重要的，最好是在導入資訊系統時，同步調整組織架構及工作型態，讓人員跟著一次就定位。

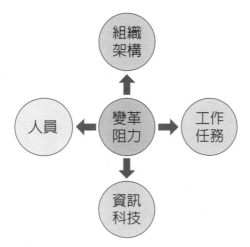

❂ 圖 2-11　組織對資訊系統的抗拒來源

三、科技面的影響

網路技術的成熟，提升企業對資訊及知識存取、儲存與散布的能力，而網際網路更讓許多企業加深了與外部公司的合作，甚至因而改變了內部的工作流程，降低交易成本及代理成本，這些都是企業長期關注的問題。

以往業務人員在外，無法查詢到最新的庫存，對於產品的交期需要回到公司才能確認，建構資訊系統時，利用網路技術就可以將業務人員的需求列入系統考量，在新開發的系統中，就讓業務人員在客戶處，可以利用手機或平板電腦，透過網路連進公司查詢庫存狀況，直接就可以跟客戶確認交期。

網路技術讓企業迅速的重新建構他們關鍵的企業流程及商業模式，並將網路列為公司資訊基礎建設重要的一環。網路不但讓公司的流程簡化，更讓公司的能見度藉由網際網路推向全世界，間接帶動電子商務（electronic commerce, EC）的風行。

➥ 2-1-5　流程再造

建構資訊系統對一個企業而言，是相當大的一項投資，它不但涉及到軟體、硬體的購置，往往還包含了工作、技巧、管理與組織變革，當我們在設計資訊系統時，同時也是在設計一套新的組織工作流程。

大家都曾到過麥當勞點餐，想想當你走進麥當勞的大門，若有三個櫃台可以點餐，你會走到哪一個櫃台去點餐？大部分的人應該都會去排那個排隊人龍最少的櫃台；但是，排隊人龍最少的那個櫃台，就會先點到餐嗎？依照過往點餐的經驗，答案應該都是不一定吧！如何能確保先到的顧客會先被服務到，則是我們在設計資訊系統時要考量的流程因素。

一、組織變革

資訊科技導入的程度，為組織帶來不同的變革與影響（如圖 2-12），也造成不同程度的報酬與風險，風險及報酬皆低的是自動化（automation），其次是合理化（rationalization of procedures）與企業流程再造（business process redesign），風險與報酬都最高的是典範轉移（paradigm shift）。

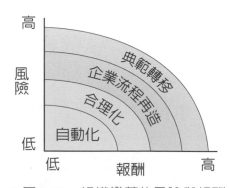

♠ 圖 2-12　組織變革的風險與報酬

(一) 自動化

　　企業導入資訊科技，最容易為組織帶來的變革就是自動化，透過資訊系統協助，員工能夠更快速、更有效率的工作，這也是最早期導入資訊系統做的工作。

　　以往員工出勤都是透過卡鐘打卡來管理，到了月底，人資部門要用人工一一核對卡片，才能算得出每個人的薪水；如果公司人多，光計算薪資可能就要花個一、二天的工時。透過資訊系統，員工每日的出勤打卡不再用卡鐘，而是透過識別證上的無線射頻辨識（radio frequency identification, RFID）直接讀入系統，到月底計算薪資所需的工時就大幅減少。

(二) 合理化

　　自動化的過程中，常常又會造成新的工作瓶頸，這時就要再思考每個工作流程是不是合理，把不合理的流程予以合理化，才能把工作瓶頸消除。

　　以前面的例子來看，如果自動化的範圍，只設計到員工的上、下班及加班打卡，到了月底，人資部門還是要把假單拿出來，看看每位員工的請、休假狀況，再調整最後要發的薪水數；公司的人一多，這項工作就會成為一個新的瓶頸。因此，在導入系統時，就要思考工作流程的合理性，出勤管理系統就不能只導入上下班打卡這件事，而要考量將請休假一併納入，以後運作才會合理。

(三) 企業流程再造

　　企業流程再造則是透過分析、簡化與重新設計企業流程的方式，對原來的工作流程重新組織、合併，以減少浪費，進而消除重複性的工作或大量紙本的工作。當然，這樣的變革也可能會造成員工的工作機會減少。

　　以前面麥當勞的例子來看，如何才能讓先到的顧客保證能先被服務？我們來看看銀行是怎麼做的。銀行的櫃台服務，其實和麥當勞的櫃台很類似，都是要讓先到的顧客能先被服務，在未電腦化之前的銀行櫃台，也是和麥當勞一樣，顧客排隊要碰運氣，但是，排隊的流程可不可以被改變呢？我們現在到銀行還是要排隊，而排隊的方式已經改成抽號碼牌，大家抽完號碼牌後，就可以找地方坐著等，不需要去排隊押寶，而且可以確保先到的顧客可以先被服務，這就是流程的改變。

(四) 典範轉移

　　風險最高、報酬也最大的變革，則是組織的典範轉移，透過資訊系統徹底的改變組織原來的營運方式甚至是本質，讓組織整個脫胎換骨。以前買東西都要在上班時間到門市去購買，現在透過資訊系統加上網路，我們可以 24 小時隨時上網採購，而且可以把消費區域擴大到全球，讓買、賣雙方達到雙贏的境界。

二、流程再造步驟

在競爭激烈的產業中，很多企業都想試著運用資訊科技來改善自己的流程，進而增加自己的競爭力。而流程再造是一件永不停止的工作，剛剛開始時，可能無法一蹴可及，需要持續、漸進式的改變慢慢到位，企業進行流程再造時的步驟如圖 2-13 所示。

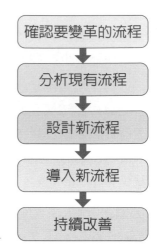

○ 圖 **2-13** 流程再造的步驟

(一) 確認要變革的流程

資訊系統是協助企業提升競爭力的工具，如果在一開始就弄錯方向，資訊系統只會把錯誤的事做得有效率而已，所謂失之毫釐、差之千里即為此意。企業在投入大筆資源建置資訊系統前，一定要先確認想改的流程到底是什麼？先看看競爭對手是怎麼做的，我們要補強的地方在哪裡？管理者必須先確定哪些企業流程是最重要的，改善了這些流程對績效有何幫助。

(二) 分析現有流程

在分析現有流程時，可以把現有的流程用圖形表示，在圖上標明輸入、輸出、資源與活動的順序，接著再找出這些流程中，有沒有多餘的步驟、採用大量文件作業、瓶頸或沒有效率的工作。

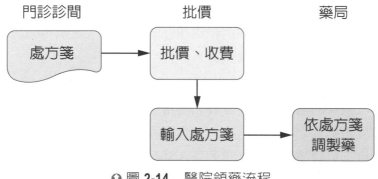

○ 圖 **2-14** 醫院領藥流程

昔日醫院中病人看完病後的領藥流程如圖 2-14 所示，病人在診間拿到醫生開的處方箋，要先到批價的櫃台去繳費，收費員把處方箋輸入電腦，處方才會傳到藥局，讓藥劑師依印出的藥袋調製處方。在這樣的流程下，當病人人數很多時，會在批價櫃台產生瓶頸，收費員要收費又要輸入處方箋，萬一有看不懂的字，又要打電話向診間的醫生確認。

(三) 設計新流程

根據既有流程,量測時間成本及人力成本,找到流程瓶頸後,即探討新流程的可行性,並以新流程來改善原來的流程,並配合修改資訊系統。

為了改善批價櫃台的瓶頸,將病人領藥的流程加以改變,醫生的處方箋不再統一由批價櫃台輸入,而是改到診間,由醫生在診療後直接輸入系統,並給予取藥號,處方則直接由藥局的藥袋上印出,讓藥劑師同步調製處方藥,而批價、收費則由跟診的護理人員一併完成,即可解決批價櫃台人滿為患的問題。

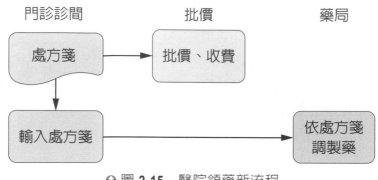

🎧 圖 2-15 醫院領藥新流程

(四) 導入新流程

新流程經過詳細評估,並經過模擬、分析,就要予以文字化變成新的標準作業程序;同時,依新流程修改原有的資訊系統,或者直接放在正在開發的新系統中,未來一併導入。

(五) 持續改善

當流程經過最佳化並導入企業後,必須持續被監控,讓員工依照新流程執行工作,不能繼續採用舊流程,以免造成混淆;同時,也要蒐集運作中發生的問題,持續做改善。

2-2 依組織層級別分類的資訊系統

從組織層級的觀點,資訊系統的使用對象可分為:高階主管、中階主管、知識與資料工作者及操作管理者。其所使用的資訊系統可依序分為:策略階層、管理階層、知識階層及操作階層。其中知識階層所使用的系統又分為知識工作系統與辦公室系統;而管理階層所使用的系統也可再分為管理資訊系統與決策支援系統。

一、操作階層系統（operational-level system）

操作階層系統主要的使用對象是作業現場第一線的工作人員，它提供第一線工作人員組織基本活動與交易的資訊，其主要目的在回答日常的例行性問題，並記錄組織內的各項交易資訊。操作階層的資訊系統因為主要目的在蒐集每天例行的資料，所以它不一定會有人直接在現場操作。

在操作階層所使用的系統為交易處理系統（transaction processing system, TPS），它是企業內最基礎的系統。交易處理系統是一個完全電腦化的系統，用來記錄及處理企業的日常交易資料。

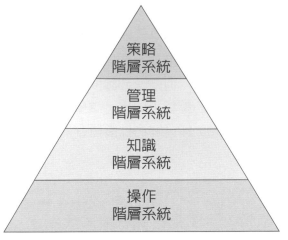

↻ 圖 2-16　組織各層級使用的資訊系統

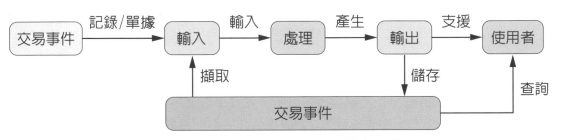

↻ 圖 2-17　交易處理系統的架構與元件

由於交易處理系統是企業第一線人員處理日常作業的系統，所以，系統不能輕易發生錯誤或當機事件，否則將會使企業的日常運作發生問題。你可以想像一下，鐵路局的售票系統如果當機，各站的售票口會發生什麼狀況。

交易處理系統具有以下特性：

1. 交易性：所處理的大部分都是結構性高的交易性工作。
2. 例行性：所處理的大部分是定時、例行、重複性的工作。
3. 細節性：輸出的大部分都是細節性的資料，需大量的空間儲存。
4. 正確性：需要高度正確性、可靠性及安全性。
5. 快速性：資料處理量大，需要快速處理的設備。

例如便利商店的銷售點系統（point of sales, POS）可以由擔任收銀工作的工讀生讀入顧客所買的產品上的條碼，蒐集的是顧客的購買情形，以幫助組織進行帳務及庫存處理。而組織中的到勤刷卡系統，所記錄的是員工每天上、下班的情形，這個系統是由員工自行刷卡，以蒐集個人上、下班資訊，提供人事及薪資管理之用，並無專門的操作人員。

由於操作階層的資訊系統主要是提供給第一線的基層人員使用，它所處理的工作應該要盡量的結構化，對於使用者的工作、使用的資源及工作目標都要事先加以定義，使用者只需要依據既定的工作規則或者是標準作業程序，照表操課即可。

二、知識階層系統（knowledge-level system）

知識階層所使用的資訊系統，主要是支援組織內的知識及資料工作人員的工作所需，它的目的在幫助企業整合新的知識，幫助組織進行文件的管理，又可分為知識工作系統（knowledge work system）及辦公室系統（office system），知識階層的資訊系統是目前在企業中成長最快的一種應用系統。

(一) 知識工作系統

知識工作系統主要的目的在輔助知識工作者從事知識開發的工作，知識工作者係指擁有大專學歷，並具備某種領域專長的人，如工程師、科學家等，他們的主要工作，就是在創造新的知識。

配合知識工作者的需求，知識工作系統所使用的軟、硬體設備，要能幫助知識工作者把他們所產生的新知識及技能，整合融入企業中。這類系統除了研發所需的各種專業套裝工具軟體之外，重要的是組織內的知識管理系統，能把各項創新構想及研發過程記錄下來。

(二) 辦公室系統

辦公室系統主要目的在幫助資料處理人員（如秘書、文書處理人員等）提升其工作效率，他們所需要的是處理資訊而不是創造資訊，配合資料處理人員的工作特性，使用、整理或傳遞資訊。所以，辦公室系統需要依據資料處理人員的需求，利用資訊科技、企業流程再造（business process reengineering, BPR）等方法，來幫助他們提高日常工作之生產力。

秘書有一部分的工作是在安排老板的各項行程，而這個工作是相當瑣碎又多變的，很多部門都要安排跟老板開會的時間，而老板的時間安排又依自己認定的會議重要性順序而調整，以往常常需要秘書更新紙本的行事曆；透過行程管理系統，老板可以隨時看到自己最新的行程，而秘書也可以隨時更新行程。

三、管理階層系統（management-level system）

管理階層系統的目的在幫助中階主管監督、控制組織行為，並從事組織的決策及管理，其所會面臨的問題不外乎是組織是否能正常運作等問題，所能提供的也只是定期的報表而不是即時的資訊。管理階層的系統可分為管理資訊系統（management information system, MIS）及決策支援系統（decision support system, DSS）。

(一) 管理資訊系統

管理資訊系統提供管理階層定期性的固定報表或線上查詢目前的營運狀況，所提供的資料來源大部分來自公司內部的交易處理系統，而較少來自企業的外部環境。管理資訊系統主要的功能在提供管理階層進行規劃、控制及決策所需的資訊。

管理資訊系統具有以下特性：

1. 管理性：支援中階管理階層的規劃與控制。
2. 結構性：處理的大部分是結構性的問題。
3. 固定性：輸出的資訊彈性不大。
4. 運算簡易性：不需要複雜的決策運算模式。
5. 階層性：所處理的資料來自交易處理系統。

以前面所提到的銷售時點系統為例，收銀台前的工讀生輸入銷貨資料，是由交易處理系統將資料記錄於資料庫中；而每日或每月的銷貨報表，則是由管理資訊系統產生，店長從這些日報、月報中可以看到店裡的銷售狀況、哪些商品滯銷、暢銷商品又有哪些。

(二) 決策支援系統

管理資訊系統所能提供的是企業營運所需定期性的報表，但是，在企業的日常營運中，有些資訊並非是常態性的資訊，它的需求可能不是很明確、也不具結構化，這時候，管理資訊系統就無法提供適當的支援了。

決策支援系統所要解決的問題具有以下特性：

1. 資料量太多
   企業內、外的資料量太大，不易有效的搜尋、過濾及發現問題。
2. 試誤法（trial error）品質不佳
   只靠傳統直覺式的試誤法，容易造成決策品質不一致的問題。
3. 運算太複雜
   決策資料的分析、運算太複雜，難以評估不同的方案所產生不同的結果。
4. 時間壓力大
   決策往往是在時間壓力下做成的。

5. 決策缺少理論基礎

　　決策過程沒有結構化的知識與數據分析做依據，以致於溝通困難、說服力不佳。

　　在組織的管理階層中，為了幫助管理者做出獨特、不確定性高的決策，遂有決策支援系統的發展，以滿足企業做決策的需求。決策的程序大部分都是無法事先予以律定，所以，決策支援系統中所用的資訊不能僅來自內部的資料，大部分的時候需要依賴外部資料。

　　決策支援系統架構與元件如圖 2-18 所示，概略可分為三大部分：資料庫、資料分析的工具及使用者介面。決策支援系統資料庫內的資料來源有二，其一是企業內部所產生的資料，包括交易處理系統、供應鏈管理系統等；另一是外部的資料，包括各種產業、市場等資料。

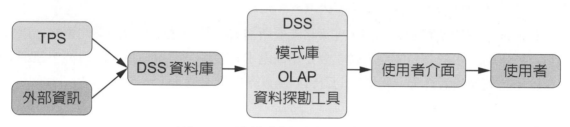

🎧 圖 **2-18**　決策支援系統的架構與元件

　　決策支援系統的資料分析是利用模式庫中各種統計、計量的模型，來做敏感度分析、模式模擬等分析模擬，即時產生多維度的**線上即時分析**（**online analytical processing**, OLAP）報表，並可透過**資料探勘**（**data mining**, DM）的工具，分出資料間的重要關聯。

　　使用者介面則是決策支援系統與使用者溝通時，一個很重要的工具，它必須很容易使用，因此，大部分的介面會設計得具備圖形化、彈性、互動等特性，讓使用者很容易學習。

　　再以前面所述之便利商店銷售點系統為例，當店長需要決定哪些產品要上架、哪些產品要下架時，這樣的決策所需的資訊，有一部分是來自該產品的銷售業績，另一方面要考量的是市面上的新趨勢、新產品及競爭者的策略等，這些外部因素都將影響決策。

四、策略階層系統

　　策略階層系統幫助高階主管處理策略性議題，並因應公司未來內部或外部變化，擬訂企業長期策略方向。策略階層提供主管所使用的資訊系統為**主管支援系統**（**executive support system**, ESS），主管支援系統可以協助企業內的高階主管做非結構化的決策。

主管支援系統整合的對象為整個組織的內外經營環境與績效，其特性包括：

1. 為高階主管的資訊需求量身打造。
2. 公司外部資訊的蒐集、整合與分析。
3. 公司內部關鍵績效指標的監督與分析。
4. 具有良好的繪圖功能與容易使用的輸入介面。
5. 具有易於使用的建模與分析的工具。
6. 具備向下挖掘（drill down）的功能。

解決非結構化的問題並沒有一個放諸四海皆準的方法，它必須先做判斷、評估及探討，所以，在做決策時需要廣泛的運算及交談的環境，而不是固定的使用某種方法。主管支援系統所產生的資訊來源除來自企業內部的管理資訊系統、決策支援系統外，還需整合企業外部的資料，以做全方位的決策。

以前面所提的便利商店為例，在策略階層所需要考量的是產業內同業的策略，以訂出自己的策略。由於主管支援系統主要是給高階主管使用，考量使用者的特性，建議應採用圖形化的使用者介面，所展現的資料亦應以圖形呈現為宜。

2-3 依功能別分類的資訊系統

從組織的功能角度，資訊系統可以分為銷售及行銷系統、製造及生產系統、財務及會計系統、人力資源系統，每一個系統都能提供組織內不同層級的使用者使用。

➥ 2-3-1 銷售（sale）與行銷（marketing）系統

銷售和行銷的定義常常會讓人混淆，銷售指的是與顧客接觸，以銷售產品或服務。行銷則是關心顧客對於本公司產品或服務的看法，希望能透過規劃，發展出適合顧客所需要的產品或服務，並藉由廣告及促銷活動，來向消費者推銷本公司的產品或服務。

⋔ 圖 2-19 不同階層的行銷系統

　　銷售及行銷系統在不同的階層有不同的工作，操作階層主要在做訂單處理、顧客資料處理；知識階層的工作主要在支援市場分析；管理階層則是支援做市場研究、促銷等活動；策略階層主要在做未來三年或五年的銷售分析、預測等。

2-3-2　製造與生產系統

　　製造及生產系統主要的工作是處理生產設備的規劃、發展及維護，以及生產目標的訂定、物料需求規劃、生產排程等，舉凡支援與企業內的生產服務有關的活動，均為製造及生產系統所提供的功能。

　　在操作階層的製造及生產系統，處理的可能是機械設備的控制；在知識階層則可以利用電腦輔助設計，以提高開發設計工作的生產力；在管理階層中，系統所能支援的可能是生產規劃；在策略階層所考量的是未來的設備投資方向。

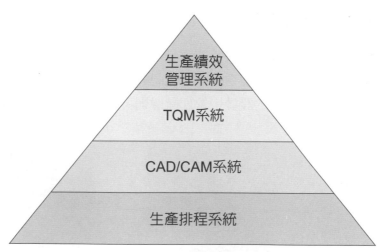

⋒ 圖 2-20　不同階層的生產系統

2-3-3　財務與會計系統

　　在企業中，財務的主要功能是管理公司的財務資產，以獲得最大的利潤，為了達到上述目標，財務資訊系統需要考量採用大量的外部資訊。會計的功能則是維護及管理公司財務支出的記錄，並持續追蹤公司各項財務資產與現金的流動。

　　從操作階層來看，財務及會計系統主要目的在記錄公司日常的各項傳票；在知識階層則可以就目前公司的財務槓桿做投資組合；在管理階層考量的是短期的預算規劃；策略階層則考量做長期的財務、利潤規劃。

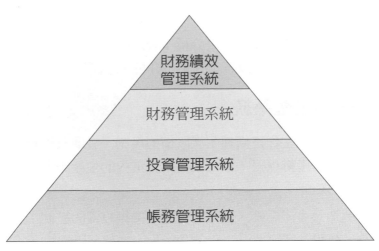

⋂ 圖 2-21　不同階層的財會系統

↳ 2-3-4　人力資源系統

人力資源的主要功用在吸引、發展及維護公司的人力資源，不同的階層有不同的系統需求。在操作階層來看，人力資源系統主要在記錄員工的教育訓練、績效評量等；知識階層可以替員工進行生涯規劃的設計；管理階層則可以做員工的報酬分析；在策略階層，提供的是人力資源規劃。

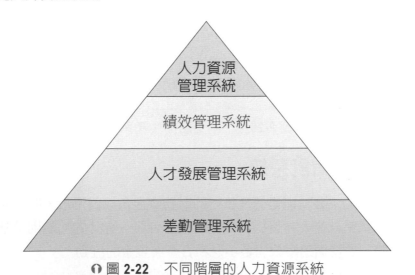

⋂ 圖 2-22　不同階層的人力資源系統

個案：餐飲科技

　　懶人外食的商機一直都存在著，但是，透過科技與勞動力的結合，在 2019 年，讓「外送平台」這個產業大放異彩。以往我們想訂外送，得一家一家餐廳打電話去問，很多餐廳還會限制外送的金額、時間，現在，只要打開外送平台的 App，方圓 3 至 5 公里內的美食，立即都有外送員可以送過來。

　　而外送平台和餐飲業者自行外送之間最大的差異，就在於「效率」。傳統由餐飲業者自行外送，受限於業者聘用的人力，往往無法即時送餐，而外送平台是透過外送員來送餐，且外送員是不斷在外面移動的，再加上系統的演算法媒合，根據外送業者的統計，平均送餐時間約 26 分鐘，這也是近年來餐飲科技（restaurant technology）迅速竄起的原因。

　　餐飲業者透過餐飲科技不但瘋外送，更利用了資訊科技在點餐、App 上投入資金，增加顧客的體驗，進而創造出競爭優勢，再根據銷售的大數據，掌握庫存、消費者喜好，甚至推出桌邊掃碼點餐服務。

　　而沒有經費開發 App 的小型業者，也利用現有的工具，紛紛加入這一波熱潮。根據經濟部所做的「2019 批發、零售及餐飲業經營實況調查報告」顯示，國內目前的各式餐飲店已超過 14 萬間，有 67% 的店家會經營網路社群或 Line 帳號，有 43% 的業者提供外送服務，約 30% 的餐廳提供線上訂位服務，約 16% 的餐廳推出線上點餐服務。

　　餐飲科技是一個廣泛的技術，不是只侷限於外送平台，從門市的食材管理、洗碗、廚餘回收，到面臨消費者的顧客體驗，每個環節都有不同的業者投入，PitchBook 的研究報告，把餐飲科技分為四大類：餐廳外部（outside restaurant）、餐廳內部（inside restaurant）、廚房營運（kitchen operations）及餐廳營運（business management）。

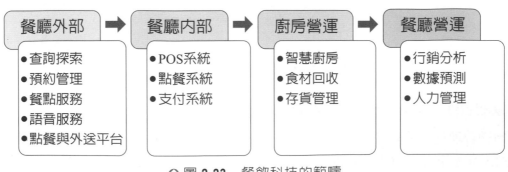

　圖 2-23　餐飲科技的範疇

❖ 餐廳外部

一、查詢與探索（search and discovery）

　　餐廳外部的服務，顧名思義就是要讓消費者在肚子餓的時候，能夠很快的找到餐廳或外送服務。因此，它的主要功能在提供菜單、餐廳位置資訊、導航服務及其他消費者對餐廳的評價，方便消費者可以依照地理位置、料理類型，很快找到需要的餐廳，如 Google 的地圖服務，就提供了這個功能。

🔊 圖 2-24　Google 的地圖服務

二、預約管理（reservation and event management）

　　預約管理提供消費者可以預約餐廳座位的服務及餐廳端的訂位管理系統。目前國內的 EZTABLE 平台，消費者只要簡單輸入餐廳名稱及人數，即可完成訂位服務。

🎧 圖 2-25 　EZTABLE 的餐廳訂位服務

三、餐點服務（corporate meals and catering）

當企業或個人有餐飲的需求，透過網路平台，餐廳可以自行提供餐飲服務，或者與夥伴共同提供外燴服務。

四、語音服務（voice/bot technology）

隨著人工智慧、智慧音箱、聊天機器人等技術的成熟，餐飲科技利用聲控點餐，將會是下一波的潮流。

五、點餐與外送平台（ordering and delivery marketplaces）

外送平台串連消費者與餐飲業者之間，當網路訂單成立後，外送員就會到餐廳去取餐，然後送到消費者指定的地點，這項服務在國內已經非常普及，且競爭白熱化。

🎧 圖 2-26 　常見的外送平台

❖ 餐廳內部

餐飲科技應用在餐廳內部,最主要在於點餐、金流,省去人與人間溝通的麻煩,它的主要應用有:

一、銷售點系統（point of sale, POS）

銷售點系統已是一項成熟的技術,一般產業都用得到,也不乏知名業者投入。面對餐飲界愈來愈多不同來源的資料,如何創造出具有高度開放性、整合性的系統,更是兵家必爭之地。目前國內應用在餐飲領域 POS 系統的業者有鼎新、佳世達。

二、點餐系統（ordering and delivery partners）

點餐系統乃提供軟體,讓餐廳有自己的線上點餐服務。

三、支付系統（on-premise ordering and payment）

結合點餐設備,串連行動支付、信用卡收費機制。

❖ 廚房營運

一、智慧廚房（smart kitchen）

智慧廚房係將廚房的各個流程升級、強化,進而推出自動化的送餐機器人,目前國內從事智慧廚房的業者只有東元。

二、食材回收（food waste management）

有效利用剩餘食材,將可減少成本、增加利潤。系統若能顯示目前還有的剩餘食材,並以優惠的價格出售,消費者因此而上門的話,業者不但可以妥善處理剩餘食材,還可以有收入。

便利商店業者對於有時效性的生鮮食品,如便當、御飯糰等,以往都是在保存時間到了之後,下架報廢,這樣無形中浪費食物及成本。現在便利商店會利用資訊系統,在食物到期前以促銷價做銷售,避免浪費。

三、存貨管理（purchasing and inventery）

食材容易受季節性影響,成本不易控制,利用數位化管理存貨,能更容易掌握預算。

❖ 餐廳營運

一、行銷分析（**marketing analytics and CRM**）

餐廳開門第一件事，就是要有人流。如何利用社群媒體來維持與顧客的關係，已成顯學。透過會員制的後台，可以更容易分析客人的喜好。

二、數據預測（**business intelligence/operations/accounting**）

餐飲業慢慢向服飾品牌、電商平台看齊，開始運用資訊科技蒐集來的資料預測銷售、管控成本。

三、人員管理（**HR/team management**）

比起客人不上門，找不到員工更讓老闆心煩。於是，在國外已有專門為餐飲業所設的人力銀行，讓餐飲業能找到適當的人才。

習 題

選擇題

( ) 1. 在行為學中認為組織會包含？
(A) 架構　(B) 流程　(C) 以上皆是

( ) 2. 你開了一家圖書公司，客戶有高中生、大學生、一般民眾，你的組織架構會設成？
(A) 矩陣式　(B) 顧客基礎部門化　(C) 程序基礎部門化

( ) 3. 從採購前找到適當的供應商、進行溝通的成本，訂約後履約、交貨、品檢等，這些成本稱為？
(A) 代理成本　(B) 交易成本　(C) 以上皆非

( ) 4. 風險最低的組織變革是？
(A) 自動化　(B) 合理化　(C) 企業流程再造

( ) 5. 下列何者是提供給管理階層使用的資訊系統？
(A) 差勤管理系統　(B) 辦公室自動化系統　(C) 決策支援系統

問答題

1. 你正在規劃一家軟體開發公司，你會採用哪一種組織型態？試說明你的原因。

03 資訊系統與組織策略

　　如果你有關注產業的發展，會發現每個產業都會有表現得比別人好的公司，或者是表現特別的公司；而這些表現優異的公司，通常都具備了某些競爭優勢，他們要不是比別人更能使用某種資源，就是會更有效率的使用相同的資源。

　　這些表現好的公司是如何能夠取得競爭優勢？我們又該如何分析一個企業，找到它的競爭優勢？在這個競爭態勢中，資訊科技又扮演了什麼角色？本章將從組織的策略規劃及價值鏈，來思考資訊科技如何改變企業的競爭力。

3-1　組織的策略規劃

　　本節將先探討如何運用 Michael E. Porter 的競爭力模型（**competitive forces model**），分析產業的競爭力，進而探索資訊科技的發展對企業競爭策略的衝擊，企業導入資訊科技後，對其競爭力的影響。

➥ 3-1-1　競爭力模型

　　策略大師 Michael E. Porter 在 1980 年提出競爭力模型，如圖 3-1 所示，他認為個體環境中，有五種力量會影響公司競爭力，即產業內的競爭者（existing competitors）、潛在進入者（entry）、替代品（substitute product）、供應商的議價能力（bargaining power of suppliers）及購買者的議價能力（bargaining power of buyers）。因此，這個競爭力模型也被稱為五力分析。

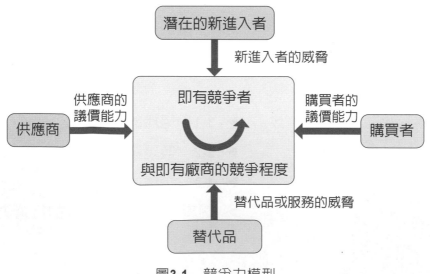

圖3-1　競爭力模型

一、產業內的競爭者

就產業內現有的競爭者而言,他們存在著二種矛盾行為:在產業的規模有限之下,每家廠商都藉由促銷、價格競爭等行銷手段,來從競爭對手手上搶占市場;但是,他們又同時面對了潛在進入者與替代品要分食市場,這時又要表現同仇敵愾的心來應對。在這樣的矛盾情節下,產業內部競爭者之間,其實是既競爭又合作的關係。而影響到產業內部競爭、合作的因素有以下幾個:

(一) 產業的成長性

當一個產業的成長變緩慢時,個別廠商的營運要維持成長,就要設法從競爭者手中搶下顧客,因此,產業內的競爭、對抗就相對變激烈。

(二) 廠商的規模與數量

如果一個產業內的廠商規模都差不多,但是,競爭廠商很多,因為沒有一家具有整合能力,因此,產業內部的競爭就會變得激烈。

(三) 產品差異性(**product differentiation**)與轉換成本(**switching cost**)

若各廠商間產品的差異性小、轉換成本也小,客戶就很容易的購買別家產品或替代品,廠商為了維持顧客,產業內的競爭就會激烈。

(四) 廠商的固定成本(**fixed cost**)

生產中的固定成本往往需要透過高產能來分攤,如果廠商的固定成本高,產業規模又不大,廠商為了能分攤固定成本,就會想辦法儘量多賣產品,因此,產業內的競爭就會激烈。

(五) 產能利用率

企業產能的擴充往往並不是線性的,大部分是呈現階梯性的成長,當完成現階段的產能擴充,就必須要有足夠的銷售量來消化這些產能,因此,產能過剩的廠商,很可能會藉由削價競爭來出售存貨,造成產業競爭變激烈。

(六) 退出障礙

當一個產業的退出障礙很高,造成現有廠商不易退出,一旦獲利不佳甚至虧損,又不能順利出場的狀況下,為了挽回頹勢,其所採取的手段,將會讓產業內的競爭激烈。

⊙ 圖 **3-2**　影響產業內部競爭的因素

二、潛在進入者

　　產業有新進入的廠商，必然會爲產業帶來新的產能，在客戶整體需求不變的情況下，這些新增加的產能勢必要分食現有廠商的市場占有率，因此，產業的新進入者會讓競爭變激烈。

　　不過，這些潛在的進入者也將會面臨到產業的**進入障礙**（**barriers to entry**），進入障礙是進入產業所要付出的代價，一個產業的進入障礙愈高，對產業內的廠商而言，潛在進入者的威脅就愈低。常見的進入障礙有：

(一) 經濟規模（economies of scale）

　　任何產業都會存在著產能、廣告、行銷等各方面的經濟規模，如果潛在進入者不能在很短的時間內到達經濟規模，就會因爲產品價格過高而沒有競爭力，而產業的經濟規模愈大，則其進入障礙也就愈高。

(二) 產品忠誠度

　　如果產業內廠商的產品已有良好的知名度、優良的產品形象，顧客對其產品忠誠度就高，無形中增加了新進者的進入障礙。

(三) 資本需求（capital requirement）

　　如果要加入某一產業，需要投入大量的資本，也會對產業的新進入者造成進入障礙。

(四) 轉換成本

轉換成本指的是更換供應商需要的一次性成本（one-time cost），包括了員工的訓練、設備建置、資源修改測試等各項成本。產業的轉換成本如果很高，客戶就不容易輕易的更換供應商，對產業的新進入者而言，進入障礙就很高。

(五) 通路

產品需要通路才能銷售，如果產業中的通路都被現有廠商所掌握，新進入者很難找到適合的通路，必須自己重新建立自己的通路，則這個產業的進入障礙就會變高。

(六) 政府政策（government policy）

政府雖然不是產業的一環，但是，政府的政策往往會影響到產業的走向，它可以透過核發執照、控制進出口等手段，限制產業新進入者的數量、規模。

(七) 其他因素

產業內現有的廠商，其成本優勢可能來自於獨特的技術、特殊的原料來源、政府的補助等；也可能是來自以往長期學習曲線的效果。當產業內現有廠商的成本優勢愈大，對新進入者的進入障礙就愈高。

● 圖 3-3　潛在進入者的進入障礙

三、替代品

廠商除了要跟產業內生產相同產品的同業競爭，還要面臨產業外生產替代品的業者競爭。替代品顧名思義，跟原來的產品不一樣，但它所提供的服務或功能一樣，所以，替代品可以滿足客戶相同的需求，卻為現有產品訂了一個價格上限，一旦現有產品的價格高於替代品，客戶就可能去購買替代品。因此，替代品無形中限制了現有廠商的獲利。影響替代品威脅的因素有：

(一) 替代品的相對價格

替代品與產業內的現有產品，在功能上具有相互替代的關係，當替代品的價格低、功能更好，則替代品的威脅就愈高。

(二) 轉換成本

當顧客使用替代品的轉換成本小，將會使產業內的廠商想盡辦法要去留住顧客，間接提高產業內的競爭強度。

♬ 圖 3-4　影響替代品威脅因素

四、供應商的議價能力

廠商與供應商的議價能力，影響到原料的獲得成本，如果供應商的議價能力較強，企業就會面臨不利的交易條件，隨時處於斷料的危機中。決定供應商議價能力的因素有：

(一) 產品差異性

供應商提供的產品愈具有獨特性或差異性，則它被取代的機率就會降低，換言之，它的議價能力就相對會高。

(二) 轉換成本

廠商想更換供應商的轉換成本愈高，愈不容易輕易更換供應商，此時，供應商的議價能力也相對會變高。

(三) 替代品

供應商所提供的物料是不是有替代品？替代品的替代性如何？如果沒有替代品或者是替代品的替代性很低，都會提高供應商的議價能力。

(四) 供應商集中度

如果市場上的供應商家數很少，或者是由少數的供應商把持整個市場，此時，這些供應商就具有高度的議價能力。

(五) 產量對供應商的重要程度

當供應商目前的產能還沒有到達經濟規模，必須要擴大產能才能達到經濟規模時，供應商會面臨是不是要擴張規模的壓力，此時，議價能力會降低。

(六) 供應商成本所占比例

如果供應商的原物料在客戶最終產品的總成本中所占的比例很高時,客戶會對其價格波動敏感,為避免日後原料被特定供應商所壟斷,往往會尋求替代品或其他商源,因此,會使供應商的議價能力相對變低。

(七) 垂直整合的可能性

雖然產業目前走向專業分工,但是在競爭激烈的環境中,為了企業的永續發展,供應商有可能會向前整合,直接生產最終產品;製造商也可能向後整合,自行生產原物料。

當供應商有可能向前整合,生產最終產品來跟它的客戶競爭,則供應商的議價能力會相對提升。相反的,如果製造商打算向後整合,生產原物料跟供應商競爭,則供應商的議價能力就會減弱。

產品差異性
轉換成本
替代品
供應商集中度
產量對供應商的重要程度
供應商成本所占比例
垂直整合的可能性

◦ 圖 3-5 影響供應商議價能力的因素

五、購買者的議價能力

相對於供應商,企業也要面臨購買者。購買者期望能在相同的價格下,爭取更高的品質、更多的服務,或者能有更低的價格優惠,這與企業的目標互相衝突,與購買者的議價能力,將影響到企業的獲利能力。影響購買者議價能力的因素有:

(一) 購買數量與集中度

當購買者採購的數量愈大,或者是購買者愈集中,則購買者的議價能力就愈強。

(二) 購買者的轉換成本

購買者另覓商源的轉換成本愈低,則其議價能力就愈大。

(三) 所購產品占全部購買金額比例

購買者所買的產品占所有購買金額的比例愈大，則其議價能力愈強。

(四) 購買者向後整合的可能性

購買者有可能向後整合，則其議價能力愈高。

(五) 產品的重要性

當購買者所買的產品或服務，對本身的產品功能愈重要，不容易被取代，則其議價能力愈小。

(六) 產品差異性與替代性

當購買者所買的產品差異性不大，或替代性很高，很容易就可以找到第二商源，則購買者的議價能力就高。

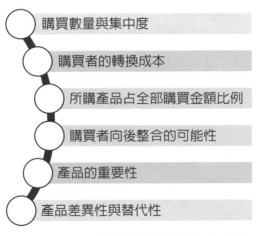

購買數量與集中度

購買者的轉換成本

所購產品占全部購買金額比例

購買者向後整合的可能性

產品的重要性

產品差異性與替代性

⋂ 圖 3-6　影響購買者議價能力的因素

↳ 3-1-2　資訊科技對競爭策略的衝擊

一、網際網路對競爭力模型的影響

網際網路雖然在 2000 年時面臨過泡沫化危機，但不可否認的，網際網路到目前仍然是一個提升競爭力的工具。Michael E. Porter 於 2001 年 3 月在哈佛管理評論（Harvard Business Review）中，依然認為網際網路並未改變一切事物，由於網際網路沒有提供企業專屬的營運優勢，反而削弱了產業的獲利能力。

Michael E. Porter 認為，企業應將網際網路視為是傳統競爭方法之外的輔助工具，而不是用網際網路取代傳統的經營方法，他強調，問題還是要回到基本的組織面跟策略面。

　　為因應網際網路帶來的衝擊，Michael E. Porter 也對競爭力模型做了修正，重新以網際網路如何影響產業結構為主題，描繪出網際網路對產業的影響，並以正負號來表示是正向或是負向的影響，並修正競爭力模型如圖 3-7 所示。

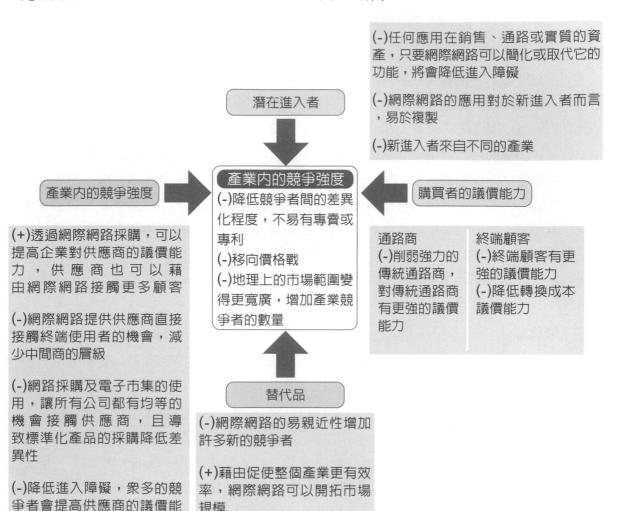

潛在進入者

(-)任何應用在銷售、通路或實質的資產，只要網際網路可以簡化或取代它的功能，將會降低進入障礙

(-)網際網路的應用對於新進入者而言，易於複製

(-)新進入者來自不同的產業

產業內的競爭強度

產業內的競爭強度
(-)降低競爭者間的差異化程度，不易有專賣或專利
(-)移向價格戰
(-)地理上的市場範圍變得更寬廣，增加產業競爭者的數量

購買者的議價能力

(+)透過網際網路採購，可以提高企業對供應商的議價能力，供應商也可以藉由網際網路接觸更多顧客

(-)網際網路提供供應商直接接觸終端使用者的機會，減少中間商的層級

(-)網路採購及電子市集的使用，讓所有公司都有均等的機會接觸供應商，且導致標準化產品的採購降低差異性

(-)降低進入障礙，眾多的競爭者會提高供應商的議價能力

通路商
(-)削弱強力的傳統通路商，對傳統通路商有更強的議價能力

終端顧客
(-)終端顧客有更強的議價能力
(-)降低轉換成本議價能力

替代品

(-)網際網路的易親近性增加許多新的競爭者

(+)藉由促使整個產業更有效率，網際網路可以開拓市場規模

🎧 圖 3-7　網際網路對競爭力模型的影響

(一) 產業內的競爭者

　　網際網路讓技術資訊透明化，技術門檻降低後，讓產品間的差異化程度減少，以致市場可能會變成價格戰。傳統銷售有地理上的限制，網際網路打破地理上的限制，也將使產業內的競爭者，因為地理上的市場變寬而增加。透過網際網路，企業可以接觸到更多的供應商，使變動成本降低；當變動成本下降，產品也將會面臨降價的壓力。

網路對產業的影響是一體二面的，電子商務打破了傳統市場的地域限制，本來產業內的競爭者只有國內廠商，現在產業內的競爭者將會變多，因為外國廠商也可能透過網路來銷售他的產品。但是，從另外一方面來看，競爭力好的產業內競爭者，也可能透過電子商務，把他的產品銷售到國外，因而減少國內的競爭壓力。

(二) 潛在進入者

企業營運中任何運用於銷售、通路的資源，只要網際網路能夠簡化的流程或取代的功能，都會降低潛在進入者的進入障礙。網際網路的應用對潛在進入者而言，是很容易複製的，這也讓產業的新進入者可能來自不同的產業。

傳統產業的技術或市場可能被既有廠商所把持，讓新進入者不易打入市場；但是，藉由網路改變了商業模式，讓不同產業的業者都可能成為競爭者。如國內的機車市場原來是由三陽、光陽等業者所占有，其他業者雖然努力，但不易進入；電動機車則是另一種新技術，它不是由內燃機驅動，而是透過馬達來驅動，完全顛覆了傳統的技術，讓新的業者可以有機會進入這個市場，先有中華汽車推出的 e-move，後有 Gogoro，它們以不同的充電方式分別占有市場，甚至後來 Gogoro 還轉型成為電源管理公司，運用電池所蒐集到的大數據做營運分析。

(三) 替代品

網際網路減少產業的資訊不對稱問題，資訊流通後，促使整個產業將更有效率，並且開拓市場規模，同時，也因為資訊透明，無形中創造了許多新的替代品。

昔日大家都習慣用 Microsoft 的 Word 處理企業或個人的文書處理工作，雖然很多人對這個產品有意見，如價格不親民、常常會出狀況等問題，但是，為了要做文書處理，在找不到替代品的情況下，雖不滿意也只能接受。有了網路之後，Google 推出了一個線上、免費的文書處理工具，功能類似 Word 但又具網路功能，很快就變成了不想用 Word 的使用者的替代品。

(四) 供應商的議價能力

透過網際網路採購，讓企業可以更容易找到新的供應商，因此，企業對供應商的議價能力，會因供應商增加而變強，而供應商也會藉由網際網路接觸到更多的客戶，影響到它的議價能力。

網際網路帶動的電子商務，讓供應商可以直接接觸到終端使用者，使中間商的層級減少，這也改變了供應鏈的生態。而運用網路採購及電子市集，讓所有的企業都可以機會均等的接觸供應商，也讓進入障礙降低。供應商的增加，讓企業的議價能力提高。

(五) 購買者的議價能力

對通路商來說，網際網路讓通路去中間化，削弱了傳統通路商的地位，讓企業對通路商有更強的議價能力。對終端客戶而言，網際網路提供了更多的供應商資訊，提高了顧客的議價能力，並降低其轉換成本。

二、網際網路改變的經濟法則

網際網路的發展，讓企業的競爭面臨到虛擬世界與實體世界的雙重夾擊。哈佛大學的 Rayport 及 Sviokia 二位教授認為，網際網路的衝擊，帶來了五項新的經濟法則。

(一) 數位資產法則

實體資產的所有人在交易一次後，就失去了該資產的所有權；數位資產則大不相同，只要有人想買，資產的所有人可以無限制的銷售，不斷創造價值。

數位資產賣的是授權，實體物的所有權已不是銷售重點，因為透過網路，有沒有附著的載體已經不會影響銷售行為。例如我們在 iTune 或 KKBox 上買一首歌，付費後可以即時的下載，不用再透過光碟等傳統媒體。

(二) 虛擬規模經濟

傳統企業所謂的規模經濟，是指在一個既定的技術水準上，隨著規模擴大、產出增加，讓單位產出的平均成本降低。在虛擬世界中，小公司也可以在大公司主導的市場中，提供低單位成本的產品或服務。

小公司因為採購量小，不具備規模經濟，因此，所買到的價格相對也較高，如果能集中足夠的量，就具有議價的空間，於是團購就興起了。團購最初可能從公司內部或左鄰右舍開始，因為有了網路，開始擴大規模，不但可以網購的標的多元化，還有人專門以團購為業，甚至連預售屋、汽車等高單價的資產，都可以透過團購取得議價空間。

U-CAR 在 2017 年 12 月起推出團購汽車的服務，針對多數網友有興趣的指定車款發起團購，網友們只要先繳交保證金，填寫相關資料後即可入團。預計 1 個團購持續大約 1 個月左右的時間。在這段時間內，U-CAR 會持續尋找能開出最優惠條件的業代，並且不定時更新最優惠的價格、贈送的配備等資訊，倘若網友可接受，即可進行確認，再由業代與消費者聯繫後續的作業。

(三) 虛擬範疇經濟

傳統的範疇經濟是指由廠商的範疇而非規模帶來的經濟，也就是只要把兩種或更多的產品合併在一起生產比分開來生產的成本要低，就會存在範疇經濟。虛擬世界中的企業，可以重新定義範疇經濟，利用數位化資產，在不同且分離的市場中獲利。

電影產業是個特別的產業，同一部影片在首輪戲院上映後，可以再到二輪戲院上映一次，同時也可以到光碟租賃店出租，最後再授權系統業者，到有線電視頻道播放。因為在戲院上映涉及票房，電影業者會精打細算；網路興起後，光碟租賃店逐步關門，反而是像愛奇藝、**多媒體內容傳輸**平台（**multimedia on demand**, MOD）、**OTT**（**over-the-top**）之類的串流平台取而代之，消費者付費後，即可收看串流影片，不用再出門租片，想看片隨時可以看。

(四) 交易成本被壓縮

由於網際網路的普及，虛擬世界價值鏈上的交易成本較實體世界價值鏈的交易成本為低，而且會隨資訊科技的進步，使交易成本愈來愈低。

古有明訓：貨比三家不吃虧，以往要貨比三家，不是到市場上一家一家問，就是打電話去問，光是要找到賣家就是一件大工程，尤其是賣家不在國內，這個交易成本就非常高了。

網路上要貨比三家就相對容易多了，像 Skyscanner 專門在比機票的價格，Trivago 專門比飯店住宿價格。除了專業的比價網站外，還有什麼產品都可以比價的網站，如果前面二個網站是專賣店，那麼 Ezprice 比價網則是像百貨公司，它從電腦週邊、3C 產品到生活用品、食品飲料等各種商品都可以比價。

(五) 供需重新均衡

供需之間藉著不同以往的交易模式，來達到低成本與高附加價值的均衡關係，商業行為將從供給面思考轉向需求面思考。

傳統生產模式考量成本，且消費者需求不易掌握，所以，大多採取推式（push）生產，也稱為計畫生產，由廠商決定生產什麼產品，再推出去給消費者，但這往往不是消費者需要的，在這種情況下，實體店面就面臨庫存壓力；數位產品雖然沒有庫存壓力，但也影響到收入。

網際網路的發展，不但讓廠商可以提供客製化服務，且透過供應鏈管理系統，也可以讓生產線上的每個產品構型都不一樣，把推式生產扭轉為拉式（pull）生產，拉力來自消費者。

以往我們看有線電視時，只能依各系統業者安排的時間收看播送的節目，如果我們想看的節目在它的播出時間，我們因為有別的事而沒辦法準時收看，就只能等看重播，不然就要先預約錄影。多媒體內容傳輸平台之類的串流業者，解決了我們昔日的痛點，讓消費者可以在有空時再看自己想看的節目，不再有遺珠之憾。

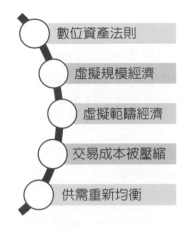

○ 圖 3-8　網際網路改變的經濟法則

三、網際網路對數位產品的衝擊

數位產品的特色是第一次製造的成本很高，但其複製、傳遞成本卻近乎零，也就是說，數位產品在開發時的成本很高，相對來說，開發後的生產、銷售成本就小很多。基於這個特性，數位產品可以很容易的大量複製、銷售，也可以很快的依客戶需要提供客製化的產品，更增加數位產品為企業創造價值的能力。

通常與資訊有關的產品比較容易數位化，如音樂、影片等。數位產品的本質具有：不滅性（indestructibility）、可塑性（transmutability）及再生性（reproducibility）。因此，數位產品的創新與擴散方式，除了可以選擇線上（online）銷售外，還可以選擇跟傳統銷售完全不同的方式，如改變產品時效性（change time dependence）、改變使用形態（changing usage patterns）、傳輸模式（transfer mode）與外部性（externalities），形成新的競爭模式。加上數位產品的複製與銷售成本相對都很低，產品的定價與經營模式都會和傳統產品不同。

○ 圖 3-9　數位產品的本質

3-2　競爭策略

Michael E. Porter 依據產業中競爭範圍的大小與競爭優勢的差異做為二個構面，把競爭的策略分成了四種：成本領導（**cost leadership**）、差異性（**differentiation**）、集中成本領導（**focused cost leadership**）及集中差異化（**focused differentiation**），並歸納出成本領導、差異化及集中策略等三種策略。

→ 3-2-1　成本領導

　　成本領導策略是指在顧客可以接受的產品特性與品質水準下，以相對於競爭者較低的成本來生產產品或服務，並藉由低價來取得競爭優勢。採取成本領導策略的廠商，必須要持續不斷地降低成本，才能維持其競爭優勢。

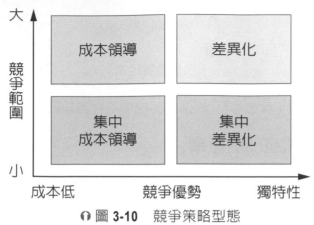

○ 圖 3-10　競爭策略型態

　　企業採用成本領導策略時要特別注意：成本領導策略較適用於產品價格比聲譽更重要的市場或產業，對於實體屬性與無形屬性存在很大差異性的產品或服務，就比較不合適。如原物料通常具有一定的規格且標準化，就適合採用成本領導策略，醫療、法律等專業服務，就不適合採用成本領導策略。

　　其次，採取成本領導策略，並不是在銷售低價的劣質品，而是以比競爭者相對低的價格，來銷售同樣品質的產品或服務。而顧客往往是跟著感覺走，他認為的價格是不是真的就是最低價，很多時候也不一定。

→ 3-2-2　差異化

　　差異化策略是指透過塑造產品或服務的獨特性，以跟競爭者的產品或服務有所差異，藉此取得競爭優勢。差異化在於所提供的產品或服務都不是標準化的產品或服務。可以提供差異化的來源包括：產品設計、品牌形象、技術、產品特性、銷售通路或顧客服務。

　　差異化策略成功的關鍵因素，在塑造顧客對差異化的感覺，而不在於產品本身的材料或屬性上的真實差異。既然差異化是來自顧客的感覺，這個差異就是見仁見智，對同一件事，每個人的感覺都不一樣，這也是企業採取差異化策略時的風險。

滑鼠是電腦常見的週邊產品，專業廠商多、競爭也很激烈，要如何做到差異化才能脫穎而出呢？電腦週邊大廠昆盈推出過幾個多功能的滑鼠，Cam Mouse 是把鏡頭裝在滑鼠上，讓滑鼠可以自拍、拍照，甚至放在螢幕上當成視訊鏡頭來使用。Energy Mouse 內建有 2400 mAh 容量的電池，可以用滑鼠上的 USB 插槽為行動裝置充電，即使在行動電源電力耗盡之後，無線滑鼠仍然可以使用約 3 週。Speak Mouse 是將喇叭與滑鼠結合，看似一般的滑鼠，卻有著 2.1 聲道的輸出能力，底部的重低音喇叭還有藍色的 LED 炫光。

→ 3-2-3　集中策略

集中策略又稱利基（niche）策略，它把企業有限的資源集中在某一個特殊的市場區隔上，透過滿足這個市場區隔的獨特需求而取得競爭優勢。因此，關鍵點是要先找到一個需求還沒有被滿足的利基市場，然後在這個還沒被滿足的市場中，界定和滿足市場消費者的需求。如熊本鋪（JSMIX）就是專賣男生大尺碼的衣服，它以「大男人我懂你的不同」做為訴求，專門設計高大或胖的男生需要的衣、褲。

3-3　企業價值創造

→ 3-3-1　價值鏈（value chain）

企業是透過組織內、外的各種活動來創造價值，Michael E. Porter 在 1985 年提出了價值鏈模型，來分析組織是如何創造價值。他把企業的活動分為主要活動（**primary activities**）與支援活動（**support activities**）。

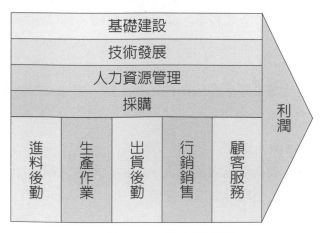

⌥ 圖 3-11　價值鏈模型

一、主要活動

主要活動是指企業中與產品或服務實際相關的工作，如製造、運送物流、銷售及售後服務等，包括：進料後勤、生產作業、出貨後勤、行銷銷售及顧客服務。

(一) 進料後勤（inbound logistics）

進料後勤指的是把原物料運送到工廠生產線或服務作業線上的相關活動，代表企業的直接成本，它的主要活動是把供應商所送來的原物料或半成品進行檢驗、入庫等作業，通常需要很大的資本投資。

(二) 生產作業（operations）

生產作業是企業將投入轉換成產出的相關活動，對以製造為主的企業，往往是其核心工作，服務業提供的是服務，亦可將其視為是生產作業的一環，不論是製造業抑或是服務業，生產作業的良窳將影響到企業的競爭優勢。

(三) 出貨後勤（outbound logistics）

出貨後勤是企業將其所生產的產品運送到經銷商或最終消費者手上的活動，和進料後勤一樣，新技術的發展與既有技術的改善，都可能影響到企業的獲利與競爭優勢。

(四) 行銷銷售（marketing/sales）

行銷銷售是透過各項促銷活動，把企業所生產的產品讓消費者知道，並進而讓消費者來購買的一系列活動。行銷在決定企業的附加價值上，扮演著重要的角色。

(五) 顧客服務（service）

顧客服務是指產品送到客戶手上之後，所做的安裝、維護、保養等活動，看似單純，但是，若有所閃失，輕者造成客訴，甚至可能讓顧客琵琶別抱。

二、支援活動

支援活動則是用來支援主要活動的其他相關活動，透過支援活動，可改善企業內部的溝通協調提高效率。

(一) 採購（procurement）

採購係企業為取得主要活動所需的投入，如果企業的採購量能夠透過水平整合，即可能達到經濟規模，在價格上取得議價的優勢。

(二) 人力資源管理（human resource management）

人是企業最重要的資源，人力資源管理即是對企業所需人員的甄選、訓練、激勵及績效評量等活動，企業所有具附加價值的活動，都需要透過人員來完成，因此，人力資源管理將會影響到企業每個附加價值活動。

(三) 技術發展（**technology development**）

技術通常是存在於企業的每一個價值創造活動中，由於技術發展相當快速，因此，技術發展對企業來說，是提升競爭力非常重要的活動。

(四) 基礎建設（**infrastructure**）

企業基礎建設的主要目的，在於提供其他活動必要的協助，包括：財務、會計、總務、行政等活動，支援了所有產生附加價值的活動，若是輕忽這些營運所需的基礎建設，將會讓那些能創造附加價值的主要活動，不易發揮其效果。

➥ 3-3-2　資訊科技對價值鏈的衝擊

一、網際網路對價值鏈的影響

網際網路的普及應用，改變了很多產業的商業模式，而這些新的商業模式大多來自企業對價值鏈上主要活動的調整。造成這些改變的原因是因為網際網路具有以下特質：

(一) 媒介技術

網際網路讓上游的製造商或大盤商可以有機會直接接觸到下游的零售商，甚至於是最終使用者，增加了銷售的機會，並創造出電子商務的契機。

(二) 全球性

傳統的銷售具有高度的地域性，網際網路打破了傳統的地域性限制，即使是地方性企業或非國際化企業，都可以透過網路把產品銷售到全世界。

(三) 時間調節性

透過網路可以讓散布在全世界各地的研發團隊，因為各地時間不同，而能 24 小時連續工作，加速新產品研發的速度。

(四) 物流通路

傳統價值鏈中，出貨後勤是企業最不容易做的活動，所要花費的時間也最長；而數位產品在網路建設成熟之際，不再需要透過傳統通路來配送，藉由網際網路可以很快的將產品送到消費者手上。

(五) 直接面對客戶

傳統的銷售通路，因為有層層的經銷商存在，使得製造商無法直接接觸到最終消費者；透過網路直接銷售的模式，讓製造商可以有機會直接面對最終消費者。

(六) 降低交易成本

傳統銷售通路中，找到合適的供應商，往往要花很多的資源與成本，網際網路讓買賣雙方都有機會在網路上找到對方，因此，雙方整體的交易成本都會下降。

(七) 規模經濟

企業要達到規模經濟，才會具有價格優勢，傳統銷售因為需求有限，小廠要達到規模經濟相當不容易，今日透過網際網路，要擴大銷售與營運的規模就相對容易。

(八) 虛擬能力

網際網路讓異地協同合作成為可能，因此，產生出眾多的虛擬團隊、虛擬客戶服務等活動，把客服部門或研發團隊設置在成本低的地方。

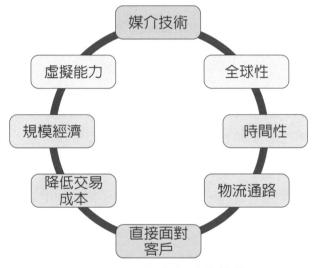

↷ 圖 3-12 網際網路的特質

二、價值系統虛擬化

企業要完成一系列的價值鏈活動，必須與供應商、顧客及產業內的企業一起互動，每個企業都各自有它的價值鏈，因此，這些價值鏈其實可以看成一個**價值系統**（**value system**）。

上游的供應商有它自己的價值鏈，能夠創造並傳遞自己所提供的產品價值，供其下游企業採購用於生產。供應商不只提供產品而已，它還可以透過其他方法對企業績效產生影響。

↷ 圖 3-13 傳統的價值系統

企業所生產的產品則是透過通路的價值鏈傳送到顧客手中，成為顧客價值鏈的一環，而產品與企業在顧客價值鏈中所扮演的角色，不僅決定了顧客的需求，也是企業追求差異化的基礎。

網際網路的興起，對傳統產業價值系統產生了三種影響：縮短產業價值系統、重新定義價值系統及虛擬化產業價值系統。

(一) 縮短產業價值系統

傳統的製造商所生產出來的產品，會經過很多階層的通路，才能到達顧客手中；網際網路的發展，把原來產業的價值系統縮短，製造商可以藉由網際網路跳過部分中間通路價值鏈，比以前更貼近最終使用者。目前的網路商店都是利用網路的特性，跳過層層的經銷商，而將商品直接銷售給最終使用者。

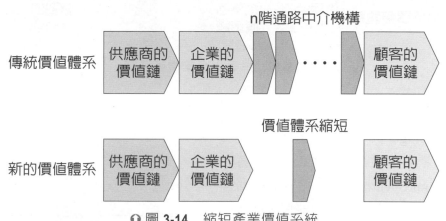

⚙ 圖 3-14　縮短產業價值系統

(二) 重新定義產業價值系統

當產業價值系統因網際網路而重新定義後，可能會有新的網路中介商出現，並建構出新的產業價值鏈，因而打破買賣雙方資訊不對稱的態勢，並降低交易成本。網路書店的出現，取代了傳統的書店，它不但因為不需要實體門市而少了人事、店租、水電等營運成本，更因為網際網路沒有地域性的特性，擴大了它的銷售範圍。

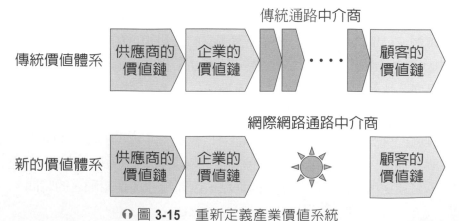

⚙ 圖 3-15　重新定義產業價值系統

(三) 虛擬化產業價值系統

　　當供應商的價值鏈虛擬化後，企業本身內部的價值鏈也會開始思考虛擬化，同時，通路商開始重新定義自己，整個通路體系也將跟著虛擬化，最後，顧客的價值鏈也隨之虛擬化，進一步讓整個價值系統都虛擬化。

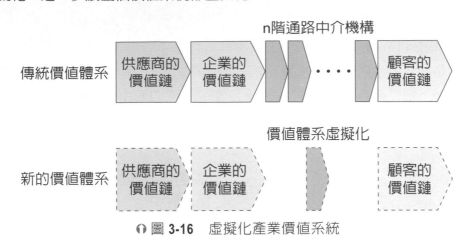

◉ 圖 3-16　虛擬化產業價值系統

三、價值網

　　Brandenburger 與 Nalebuff 認為，影響公司價值的因素有：顧客、供應商、競爭者與互補者（complementor），公司與這些利害關係人存在著既競爭又合作的關係，進而形成價值網（**value net**）。

　　價值網是以公司為中心，顧客會購買公司的產品或服務，供應商銷售原料或服務給公司，競爭者會搶奪公司的顧客或供應商，互補者可以幫助公司銷售產品給顧客或取得供應商的原料。

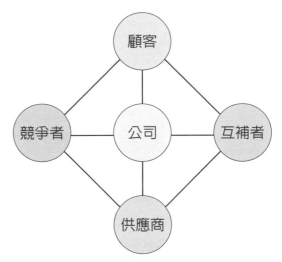

◉ 圖 3-17　傳統的價值網

　　在網路時代裡，透過資訊系統可以和其他公司合作，因而創出新的產業價值鏈，形成另一種價值網（value web），它是由多個獨立的公司組成的，這些公司則是利用資訊系統來協調他們的價值鏈，藉以共同生產一項產品，相較於傳統的價值鏈，價值網是以顧客需求為導向，比較不會呈現線性工作流程。

　　價值網將產業內、相關產業內的各個公司的企業流程同步，包括了顧客、供應商、策略夥伴。其具備的彈性與適應性，不僅能隨著供需調整生產的數量，也可以依照市場的變動進行拆解及連結。公司也能把價值網的關係最佳化，迅速決定可以用最適合的價格供應的業者，來運送所需的產品到正確的地點，因而加速運送給顧客的時間。

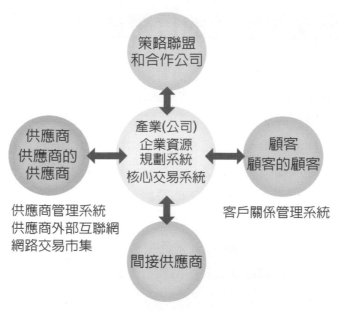

⟡ 圖 3-18　網際網路下的價值網

網際網路的特質對價值網的影響有：

(一) 媒介技術

網路的外部性促成了網際網路仲介商增加。

(二) 全球性

網際網路擴展了產品的地理範圍。

(三) 時間調節性

顧客可以 24 小時隨時下單。

(四) 物流通路

提供直接由線上下單、取貨的服務。

(五) 直接面對客戶

網路上的顧客可以取得即時性的資訊。

(六) 降低交易成本

透過線上交易，減少人工服務的各項成本。

(七) 規模經濟

基礎建設的建構，使網路有更大的規模，使得以價值網為導向的企業能增加價值。

(八) 虛擬能力

原本受限於能力的企業，能夠透過迅速擴增網路，從而提高其價值。

個案：拒絕廣告時代的行銷決策

當你在看第四台的電影或韓劇時，每當緊要關頭，就會出現廣告打斷你的興致。當你在觀賞 YouTube 的影片時，看著看著就沒頭沒腦出現一段廣告。當你正在瀏覽網頁時，頁面上會突然跑出一個插播的廣告，有時候還會不小心點進去。

以上這些場景，應該都是大家在日常生活中常碰到的情況。實務上，大家都不希望在緊要關頭就碰到這種插播出現。在《故事行銷聖經》這本書裏，一開始就用了個斗大的標題，告訴我們這是一個「拒絕廣告」的時代。但是，沒有了廣告，企業要如何推廣他們的產品或服務呢？

根據 Scott Brinker 的定義，MarTech 是泛指一切優化行銷工作的科技，它改變產業的第一件事，就是幫品牌找到會愛上它的消費者。企業在推出產品或服務之前，都會先定位產品或服務的市場區隔。

例如，某品牌的家電業者，預計推出一款高畫質、護眼的 3D 電視，最初定位的市場區隔是專業級的男性影音玩家，沒想到在市場調查後，發現了一個事先完全沒想到的高潛力消費者族群，就是媽媽，因為這些媽媽們在乎的是兒女的視力健康。

於是，該公司又對媽媽族群的電視需求做了一個調查，發現媽媽們除了在乎護眼之外，也關心安裝會不會很麻煩、電視尺寸與客廳的格局是否匹配等問題，於是，他們重新針對這些需求擬訂一個行銷策略，創造 96% 新客戶流量的成長。

根據 Gartner 的研究，在 2021 年時，超過 50% 的企業，每年在聊天機器人（chatbot）的投資將超過傳統的 App，這顯示了「傳送訊息」已經成為人們偏好的溝通方式，企業若能妥善運用，將可成為未來改變客服的關鍵因素。

聊天機器人結合我們常用的通訊軟體，提供顧客 24 小時即時的連接，商家可以透過聊天機器人的聊天內容知道顧客的喜好，再結合通訊軟體提供具個人化的商品推薦或優惠給客戶，將會提高行銷的精準度。

高鐵目前的售票管道有：站內實體窗口、站內自動售票機、站外通路（超商、網站、行動購票 App），三個購票管道的售票量約各占 1/3，通車以來並沒有很大的變動。為了紓解購票瓶頸，2019 年 3 月，Facebook Chatbot 上線，除了可以購票外，還提供旅客一個可以即時問答的管道。

速食業一向競爭激烈，近年來除了紛紛導入自助點餐機、網路訂餐外帶服務，想要緊緊抓住顧客，期待他們能持續消費。考慮到工具在國內的黏著度、滲透率，肯德基在 2018 年 9 月，把點餐服務融入在 LINE 官方帳號裏。

LINE 是國內占有率很高的通訊軟體，它的對話框介面，也是大家耳熟能詳的環境，幾乎沒什麼進入障礙。肯德基還設計了一個虛擬人物—小 K，透過你問我答的對話方式，一步一步引導消費者的點餐程序，在聊天對話中，不知不覺就取得消費者的外送地址、姓名、點餐內容等資訊。

除了應用 LINEBOT 點餐外，肯德基的點餐服務也開始整合前、後台功能，在後台記錄點餐資料，再透過對用戶的位置定位，建議消費者到鄰近的門市取餐。與過去的官網訂餐相比，推出對話式點餐後，轉換率多了一倍，平均每筆訂單的金額也比官網高。

  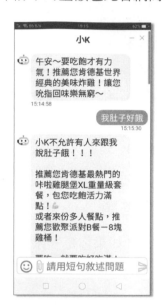

∩ 圖 3-19　肯德基的 Linebot

習 題

選擇題

( ) 1. 下列何者不是影響產業內競爭的因素？

(A) 向前整合的可能性　(B) 產業的成長性　(C) 產能利用率

( ) 2. 下列何者會影響供應商的議價能力？

(A) 退出成本　(B) 轉換成本　(C) 以上皆是

( ) 3. 具有一定規格及標準化的產品，可採用哪一種競爭策略？

(A) 成本領導　(B) 差異化　(C) 以上皆可

( ) 4. 下列何者是價值鏈上的主要活動？

(A) 採購　(B) 財務　(C) 顧客服務

( ) 5. 下列何者是網際網路對傳統產業價值系統產生的影響？

(A) 縮短產業價值系統　(B) 重新定義價值系統　(C) 以上皆是

問答題

1. 如果你是一家物流公司的資訊主管，你要如何利用資訊科技改善現有價值鏈，創造公司新的價值？

04 資訊改變經濟現況

4-1　長尾理論

➥ 4-1-1　從 80 / 20 原則到長尾理論

一、80 / 20 原則

同學們應該都有這樣的經驗：在學期剛開始的時候，老師會規定在學期末要交一份讀書心得或是學習心得之類的報告，但是，這個世界是公平的，每個人一天都只有 24 小時，也就是資源是有限的。

在一整個學期中，同學會面臨到有不同的課程作業要交，還有很多社團活動要參加，甚至還要騰出時間去打工、去約會、去郊遊等，往往到了學期末快交件時，才開始動手寫這些作業。

企業的資源也是有限的，不能無限擴張，為了能夠妥善的運用資源、獲取最大利潤，企業普遍會採取 80 / 20 原則來進行各項營運管理工作。80 / 20 原則又稱為柏拉圖原則（**pareto principle**）、省力原則（**principle of least effort**）或不平衡原則（**principle of imbalance**）。

在資源有限的前提下，企業會將其主要資源配置在 20% 的核心客戶上，同樣的，業務經理也會將他的主要行銷預算放在 20% 主力經銷商身上，甚至在必要的時候，可以放棄貢獻度較低的 80% 市場。

從產品面來看，80% 的產品可能只貢獻企業 20% 的價值，其餘 20% 的產品可能貢獻了公司 80% 的營收。從顧客面來看也是一樣的，公司的顧客群中，有 80% 的顧客對公司在營收上的貢獻只有 20%，而少數 20% 的顧客，可能為公司貢獻了 80% 的營收。在這樣的思維下，企業都會投入較多的資源在那少數貢獻大的產品或顧客上，例如百貨公司可以為那些貢獻度大的 VIP 客戶提供特別的服務，甚至於封館，只讓 VIP 客戶進場大採購。

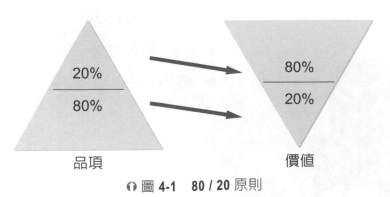

🎧 圖 4-1　80 / 20 原則

二、長尾理論（the long tail）

　　以往企業會看重銷售量前 20% 的熱銷商品，能為公司帶來 80% 的營收貢獻，銷售量後 80% 的商品則被認為是不具銷售力。其分別主要是在傳統的經濟模式，大部分的商品會因為上架費、存貨成本與邊際生產成本，而無法在實體商店陳設擺列。但是，網際網路的崛起已打破這項鐵律，消費者可以透過網際網路的搜尋，並消費這些小眾產品，而不受限於實體的空間與市場大眾的主流偏好。因此，大部分的非熱銷商品都有可能會鹹魚翻身。

　　網際網路為具有利基（niches）的產品提供一個低成本的行銷平台，讓消費者有機會去接觸原本被廠商認為是冷門的商品，而這些冷門商品的消費者構成了一個**小市場區隔（small market segments）**，在這個小市場區隔中，廠商藉由網路行銷的過程將他們結合起來，構建成一個廠商原來沒有接觸到的大型市場。

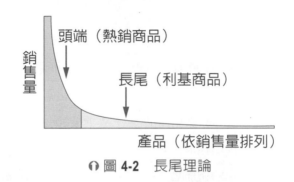

⊙ 圖 4-2　長尾理論

　　美國《Wired》雜誌的總編輯 Chris Anderson 在 2004 年 10 月發表了長尾理論，他認為，在網路科技發展及搜尋成本降低的情況下，將會改變原先 80 / 20 法則基礎理論。Anderson 認為，通路夠大、非主流的商品，其所創造的銷售量也能和暢銷主流商品相抗衡。只要市場或通路夠大，上架成本夠低，就能讓商品唾手可得，那些冷門非主力商品的市場也是不容小覷。

　　Google 的主要利潤不是來自大型企業的廣告，而是小公司（廣告的長尾）的廣告。一家大型實體書店的店面最多可以擺放 10 萬本書，依 80 / 20 原則，約 2 萬本會是暢銷書，其對店的收入貢獻有限，但網路書店的書籍銷售額中，有四分之一來自排名十萬以後的書籍。這些冷門書籍的銷售比例正以高速成長，預估未來可占整體書市的一半。

　　長尾理論改變了企業行銷與生產的思維，傳統執著於培植暢銷商品的人會發現，暢銷商品帶來的利潤越來越薄，而願意給長尾商品機會的人，則可能積少成多，累積龐大商機。此外，長尾理論也將左右人們的品味與價值判斷，大眾文化不再萬夫莫敵，小眾文化也將有越來越多的擁護者。未來唯有充分利用長尾理論的人，才可能呼風喚雨。

Anderson 認為，長尾是一種冪次分布（**power distribution**），只是它的尾巴沒有被有限的貨架空間、播出頻道等通路瓶頸切斷。冪次分布曲線的極限會逐漸趨近於零，卻永遠不等於零，而是會無限延伸。構成冪次分布有三個條件：有許多不同種類的事物、這些事物的品質差異、網路效應。

消費者會把需求從熱銷商品轉向利基商品。主要有三個原因：選擇多樣化、搜尋成本低、資訊多元化。網路讓商品的選擇多樣化，讓需求較分散，不會集中在少數熱銷商品上，並且降低了商品的搜尋成本，而網路的自媒體廣告也讓很多利基商品有曝光的機會，再加上數位產品可以試看、試聽，都可以鼓勵消費者勇於嘗試新產品。

三、80 / 20 原則與長尾理論之比較

長尾理論與傳統的 80 / 20 原則所考量的角度有些不同，林晉玉在他的研究中將這些差異做了比較，如表 4-1 所示。

表 4-1　長尾理論與 80 / 20 原則比較表

	80 / 20原則	長尾理論
客戶服務	提供大眾化需求	提供個人化需求
市場目標	關注前80%的熱銷商品	不放棄後20%的利基市場商品
市場導向	供給方規模經濟	需求方規模經濟
企業願景	主流市場的領航者	兼顧大、小市場的需求
經濟假設	資源稀少	富足經濟
策略手段	低成本	差異化

每位消費者對於主流熱銷產品的品味及偏好都不同，多數人想要的不只是暢銷產品，只是市場上不容易找到符合自己需求的產品。如果市場上有愈多非主流產品的選擇，則會吸引到更多的消費族群。

當企業所能提供消費者不同商品的種類愈多，消費者的需求也會隨之上升，原因有二：一是市場上原來即存在了這些選擇需求，只是找不到供應者。其次是市場上因為多樣化的產品出現，而創造出新的需求。

將利基商品帶到消費者面前，非商業性內容的需求就會出現。當需求轉到利基商品，提供這些商品就更具經濟效益，正向回饋的循環就會被創造出來，在未來數十年，所有產業和文化將會出現巨大的改變，使得需求方也得以產生規模經濟。

→ 4-1-2 促成長尾的原因

促成長尾理論的三個關鍵因素包括：熱賣品向利基商品的轉變、富足經濟學（the economics of abundance）、許許多多的小市場聚合成一個大市場。過去那些被認為非熱門的商品，透過網際網路的力量，可大量降低成本，並被需要它們的人所找到。而這些原本不被看好的商品，甚至可以比熱門商品創造出更新、更大的市場。

此外，富足經濟學也是促成長尾理論的一大因素。傳統經濟學是在資源稀少的假設下，尋求資源的最適配置。富足經濟學則是認為，在數位的時代裏，資源並不是有限的，只要庫存和流通的通路足夠大，即使需求不旺或銷量不佳的產品，它們共同占據的市場占有率，就可以和那些熱賣品所占據的市場相匹敵，甚至更大。

當存在於供給與需求之間的瓶頸消失，所有商品在都可被人們取得的情況下，供需雙方發生了變化，消費者面對無限的選擇時，真正想要的東西、和想要取得的管道都出現了重大的變化。

→ 4-1-3 形成長尾的力量

隨著社會環境的改變、資訊科技的進步及網際網路的發展，許多的行銷活動開始以網路作為通路與媒介，提供大量的商品及服務資訊，促使消費者形成購買決策。

由於網路行銷具有即時性、互動性，跨時間、空間和明顯區隔市場等特性，進而節省行銷、時間、溝通成本與即時回饋資訊，使其可以發揮傳統行銷所無法達成的功能。

當資訊科技創新改變了生產者的面貌及消費者的行為，長尾現象就不再只是理論。Anderson 認為，長尾市場的出現是受到三股力量的拉抬，分別為：生產工具大眾化、配銷工具大眾化及連結供給和需求。

一、生產工具大眾化

生產工具大眾化是屬於供給面的改變，由於科技的發達，使得生產工具大眾化，讓許多小市場聚合成大市場。由於網路、電腦的發達及普遍，很多原來只能由專業人士做的事情，如今只要你有足夠創意，人人都可以做，這也就讓市場上可供選擇的商品數量增加了許多倍，使得尾巴向尾端延伸，眾多商品延伸長尾。

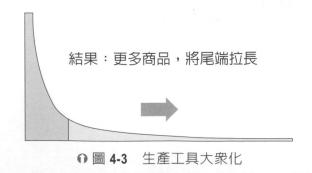

結果：更多商品，將尾端拉長

∩ 圖 4-3 生產工具大眾化

以前拍攝影片需要到專業攝影棚，使用專業攝影機，最後還要用專業機器做後製。現在人手一支手機，不但可以拍照，還可以錄影，透過專業的 App，人人都可以為自己的產品拍攝客製化的廣告，直接放到網路上或自己的官方網站。

二、配銷工具大眾化

除了要有創意的內容外，還必須讓其他人都能享受這些內容，運用網路可以降低過去產品銷售的成本，使得流通率增加、促進消費，帶動銷售成長。配銷大眾化是屬於需求面的改變，可以讓交易成本下降，促使主流熱銷商品可以轉變為利基商品。

網路降低了接觸更多顧客的成本，也就有效增加了尾巴部分市場的流動性，進而促進消費、提高銷售量，增加曲線下方的面積，換言之，長尾市場的尾巴就變粗了。

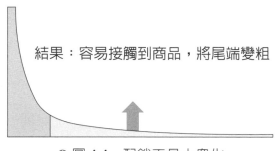

結果：容易接觸到商品，將尾端變粗

○ 圖 4-4　配銷工具大眾化

配銷的大眾化使得消費成本下降，每個人都能創作內容還不夠，還需要使其他人能接觸進而接受這些內容，新的創作才有意義。個人電腦讓每個人都可以成為製作人或出版人，但網際網路使每個人都成為傳播者。網路降低了接觸更多顧客的成本，也就有效增加了尾巴部分市場的流動性，進而促進消費、提高銷售量，增加曲線底下的面積。

三、連結供給和需求

從傳統經濟學的角度來看，供給與需求被限制在有限資源下做選擇，在網路的發展與搜尋成本降低下，資源不再局限在有限的情況，反而是人人皆可獲取。因而產生連結長尾供給與需求的力量，將需求推到尾部的利基產品，將非主流的利基商品介紹給潛在消費者。

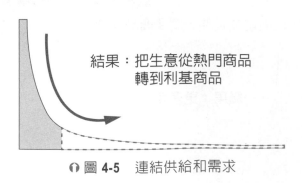

結果：把生意從熱門商品
轉到利基商品

○ 圖 4-5　連結供給和需求

　　網路降低了搜尋成本，加上連結消費者的科技大量增加，使得尾巴端拉得更長、面積更大，將需求由曲線的頭部帶向尾巴，換言之，這進一步提高了對利基商品的需求，使曲線變得更加平坦，而重心也向右移。

　　消費者透過搜尋引擎（search engine）可以很快的找到需要的商品或服務，使得很多庶民美食、平價商品甚至於旅遊景點，都可以藉由網路吸引消費者上門，變成網紅名店。

4-2　共享經濟

➥ 4-2-1　共享經濟（sharing economy）

　　共享就是一種分享的概念，而人類的分享行為早已存在於群體、社區和企業之間幾個世紀，就像平時我們會與家人、朋友分享食物，左右鄰居需要幫忙時，彼此互相提供協助，在工作時，與不同職位的同事分享專長、知能等，這些行為都說明了分享一直存在於人類社會中。

　　然而以往分享的對象，大多局限在我們親近且熟識之人，並且通常不要求回報。隨著時代的演進，分享的行為演變為經濟模式，加入更多的商業因素，如租書中心、二手物品市場、房屋租賃或物品租借等，並且擴大了分享的對象，以及能得到經濟等報酬。

　　在傳統以物易物的交易行為中，因為交易雙方同時對獲取所需的事物有強烈的慾望，所以，通常在不牽涉金錢交易下，能促使如此有效率的經濟分工體系出現，也因顧及彼此間的利益，使得以物易物的交易模式，即使不涉及金錢，也可以促使經濟繼續發展。

　　Adam Smith 在 1922 年提出「國富論」，認為人們追求自由貿易、從事經濟消費，是以利己的角度為出發點，不論是商品或勞務，由賣方的供給和買方的需求所達成之供需價格，就是雙方相互協調後所均衡的買賣協議。

　　共享經濟主要的核心，在於顛覆傳統經濟體系以所有權為基礎，轉而將資產或服務與他人共享。美國社會學家 Marcus Felson 於 1978 年在共享汽車的論文中，最先提及**協同消費（collaborative consumption）**，認為共享、交換物品的行為，一般是以獲得報酬為目的。

　　換房平台（Home Exchange）的創辦人 Ed Kushins 認為，共享著重的理念不在永遠的占有，而是使用者衡量自身的需求，並以相對合理的價格和條件獲取使用權。

　　Gansky 從自有資產、時間、技術及其他有利可圖的事物，透過網路媒合能有效率的找到供需雙方，使閒置資源再次產生使用上的效能，提出共享經濟的核心理念為使用但不占用，閒置就是浪費，鼓勵人們應當多多善用當今網路所帶來的便利性，以達成永續消費的新模式。

Juho 從科技面來探討共享的交換型態，他將使用者的交易過程分為所有權的取得（**access over ownership**）以及所有權的轉移（**transfer of ownership**）二大類型。所有權的取得是資產所有人在特定期間內提供或是分享商品及服務，如常見的租賃。所有權轉移指的是將閒置物品的使用權移轉給其他人，如交換、捐贈及購買二手商品。

共享經濟並不是現在才有的經濟模式，早期市場上就有錄影帶出租店、小說漫畫出租店等。後來錄影帶被光碟取代，又產生了 DVD 出租店。即使到現在，市場上也還有汽車租賃的需求，甚至大賣場還提供工具的短期租借服務。

只是在那個年代，由於資通訊科技不成熟，共享的成本過高，這樣的產業並未受到太多的關注，而近年受惠於資通訊技術的快速發展、手機普及率高，使得共享的成本下降，閒置資源共享的理念又得以引領風潮。

Blockbuster（百世達）曾經是美國第一大的光碟租賃連鎖店，1990 年代幾乎壟斷整個美國的光碟租賃市場，全盛時期也在台灣開過連鎖店，它的收入除了來自出租光碟的租金外，還有將近 10% 是消費者未按時歸還光碟所繳納的逾期違約金。

在那個年代，因為網路尚未普及，影片庫存狀況不易流通，造成資訊不對稱，一般連鎖店只能用電腦管理自己門店的光碟租借狀況，當熱門的影片在消費者常去的店被租借完了，消費者就得到其他店去碰運氣。

為了解決消費者對影片庫存資訊不對稱造成的奔波問題，1997 年 Netflix 推出另一種租賃光碟的模式，消費者只要打電話或寫信，Netflix 在接到訂單後，就會把客戶預定的影片郵寄到客戶家中，於是，客戶不用出門就可以租借到自己想看的影片，到期沒有歸還也不用付逾期罰款。Netflix 成立後，很快就吸收了 24 萬名會員。

到了 21 世紀，由於網際網路已經普及，加上資通訊技術的進步，網路頻寬及串流技術的到位，Netflix 在 2002 年上市後，為了克服郵寄的等待時間，讓消費者更快看到影片，購買了大量的影片版權，讓消費者在付費後即可在線上收看。到了 2005 年，Netflix 已經完全超越 Blockbuster，最後 Blockbuster 在 2010 年宣布破產。

在共享經濟當中，所謂的共享係指擁有資產的人將資產分享予他人運用，進而獲取收益的行為，經濟則是指組織生產、分配、流通和消費等活動之系統。共享經濟的特點包括：利他分享、重視網路科技、輕資產世代興起、建立信任文化以及閒置資源活化。其中，資源包含了知識技能、資產資源以及時間勞務等三類。

共享經濟主要的核心，在於顛覆以所有權為基礎的傳統經濟體系，轉而將資產或服務與他人共享。過去購買商品或服務，往往是透過專業的銷售團隊或是零售組織來協助促成，但在分享經濟中，則是讓擁有者直接與需求者溝通協商分享的方式、時間與費用，也就是將資源接觸的機會及其主控權還給供需雙方。

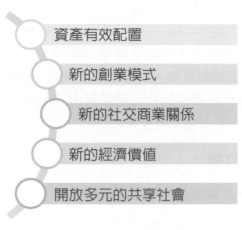

○ 圖 **4-6** 共享經濟的價值

共享經濟帶給社會的價值有以下五項：

一、資產有效配置

透過共享經濟建立買賣雙方撮合交易平台，可以將供應方閒置或者剩餘的資產最大化利用，這些資產包括有形的房子、汽車、工具，也包括無形的技能、經驗，甚至是金錢。

二、新的創業模式

創業是一個複雜的商業過程，不只需要資產、技術，還需要營運管理的知識才能做到，不是一般人輕易可以完成的。而共享經濟模式提供了另一種創業方式，不需要新增投入，只要利用你的閒置資產與閒暇時間，就可以開始創業。所有行銷活動共享平台都幫忙安排好了，你所需要做的只是用心服務好客戶。

三、新的社交商業關係

商業社會的高度競爭，讓人與人之間的關係變得疏遠，透過共享經濟，使得陌生人從線上走到線下，從過去的擦肩而過，到因為某種分享和交換而相遇、交流，在交流中建立信任的新型人脈關係。

在傳統消費經濟模式下，商品是由企業費盡心思的利用廣告宣傳以及層層通路的銷售推銷給消費者。共享經濟模式下，產消者（prosumer）的出現，讓供應者的信譽值顯得更重要，購買者在購買你的商品和服務之前，會參考過去其他消費者的評價，當供應者具有較高的信譽度，除了能吸引消費者樂於購買外，另一個價值在於，更容易被平台推薦，有更高的排位和曝光率，讓更多的購買者更方便地找到你。

四、新的經濟價值

傳統經濟的價值是以賣出多少產品做爲衡量標準,共享經濟考慮下一代人利益觀念,會逐步改變人們對於價值的認知,社會開始思考個人利益和集體利益兩者之間的平衡,政府和企業也開始重新思考衡量社會總體層面,不再只停留在以前的個體經濟層面,考慮的不僅僅是增量,也考慮到過程。

五、開放多元的共享社會

在工業時代中,每個人都是社會經濟體系中的一環,大家角色明確,不是生產者就是消費者。在資訊不對稱情況下,這些角色之間的資源占有情況和權力管理是不對等的,其間的關係是一種我贏你輸的競爭關係。

在共享經濟中,人們滿足彼此需求的方式可以是贈送、交換、臨時借用、循環利用、共同創造,也可以是共同使用,因此,彼此的利益關係是共享的,我的獲益多了,你的獲益也不會減少。

➥ 4-2-2 共享經濟的五要素

Stephany 認爲,共享經濟可以增加資產的利用率,把閒置的物品重新分配給一個社群所得到的價值,也就是重新分配所有東西,因而降低了擁有這些資產的必要性。他認爲共享經濟將包含五大要素:

一、價值

共享經濟平台可以創造互惠的經濟價值,這些平台不是有獲利的電子商務網站,就是有獲利潛力的網站。有時這些獲利動機看起來不是主要的目標,或者只是爲了持續提供服務才存在。

二、未全部利用的資產

在共享經濟平台上的資產,可能是像遊艇、嬰兒服或小狗之類的實體物品,也可能是像時間或專業這種無形資產的服務。這些資產所釋放的價值,來自於資產的閒置能量(Idling Capacity),換句話說,共享經濟就是要把資產沒有使用到的時間轉換成營收,這個資產可能是腳踏車,可能是某個人可以騎著這台腳踏車去送貨的時間,於是造就了UBike 共享腳踏車及 foodpanda 美食外送的營運模式。

三、網路可取得

　　共享就是可取得的意思，指的是某個資產在網路上公開後所經歷的一種過程，可取得的方式可以是販售、租賃、餽贈、交換等。在共享經濟裡，必須讓他人可以取得物品，才能增加利用率，透過綿密的網際網路，可以很容易的把閒置資源的資訊公開給需要的人，同時，也可以把需要使用資源的資訊公開，如 Airbnb 即是透過網路平台，把空閒的空間資訊公布給需要使用空間的人。

四、社群

　　讓閒置的資產變成可取得的資產，還不是共享經濟完全的運用，這些資產必須在某個社群中流通。社群通常是從關心共同議題的團體所聚集產生，不只是扮演著供給或需求這兩種角色。一個成功的共享經濟，其使用者會在交易需求之外，持續在社群中彼此互動，他們互相信任，以價值為出發點，而區分共享經濟與傳統經濟企業的重要差異即是在社群。

五、擁有資產的必要性降低

　　當大家都可以在一個社群裡取得資產後，擁有這些資產的必要性就降低了。共享經濟中的企業推出各種有效率且創新的服務業商業模式，這些商業模式會讓商品變成一種服務。

　　以往的租車服務，不論消費者是到格上或是和運，都是要到他們的門市或外部據點簽約取／還車，且過了營業時間就不能租、還車，對消費者而言不是很方便。Toyota 推出 iRent 汽車出租服務，只要到停車點，隨時可租、還車，滿足消費者用車需求，消費者自己擁有車的必要性就會降低。

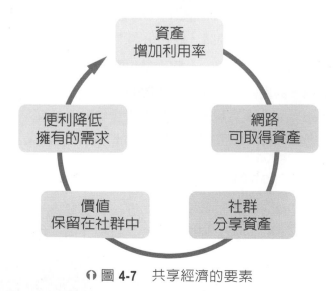

⋒ 圖 4-7　共享經濟的要素

➥ 4-2-3 共享經濟的類型

共享經濟的活動有很多不同的類型，Schor 認為，共享經濟的活動類型太多樣化，不容易以一個明確的定義涵蓋所有的活動，於是，他依據提供者的型態與平台的定位，把共享經濟分為四種類型：服務的交換、分享生產性資產、商品再流通及增加耐久財利用率。

⊕ 表 4-2　共享經濟類型

		提供者的型態	
		C2C	B2C
平台	非營利	服務的交換	分享生產性資產
定位	營利	商品再流通	增加耐久財利用率

一、服務的交換（exchange of services）

服務包含勞務、技能、知識等隱性資源，透過彼此資源交換，來滿足雙方需求，達到彼此互利、互惠之目的。美國在 1980 年推出時間銀行（time bank），提供機會給無業的人，它是以社區對象為基礎，且以無營利的方式經營，服務交易透過時間單位的付出來計價，每位會員的時間價值是相同的。

時間銀行的核心思想為共同貢獻（co-production），當社會中的人和資源都透過時間銀行串連起來、互助精神被完整發揮時，每人皆能貢獻己力、共同承擔責任，互相補位，提升社會面對衝擊的能力。

時光一逝永不回，時間銀行則是能將時間存起來，透過存取時數和提領服務二步驟，個人提供服務後可以將時數記錄下來，待之後有需要時，再依自身需求請他人提供相同時數的服務。

台中市政府在 2018 年 8 月推出時間銀行，彈性定義了時間銀行，每個人可以運用自己的獨特專長發揮價值，當有需要時，能在平台上找到互助或照顧的內容。

為了讓時間銀行可以跨地域存提，台灣大學也開發了一款台灣時間互助 App，它是一個結合虛實遊戲情境、具備跨地區性交換功能的客製化交換平台，以桃園大溪至善高中為實驗地，透過 App 結合大溪實境遊戲，協助青少年融入社區，媒合他們學習傳統的木工、茶生意、豆干產業，各項學習與服務時數都能以時間交換。

二、分享生產性資產（sharing of productive assets）

分享生產性資源或空間，像是工具、工作坊等，主要是為了生產的需要，而不是為了消費，如創客空間（makerspaces）提供分享的工具與共同工作的空間，讓有需要的人得以租借。

網路世代興起，創客（maker）風潮也席捲全球，創客所代表的是動手做與解決問題的精神。創客空間提供了機具設備與實作，運用專業師資與社群交流，並結合創意實作之工作坊及創新思考、創業經驗趨勢等主題講座，藉由不同活動與課程之引導，培養跨域人才，提升職業能力。目前國內不只很多大學都設有創客空間，政府機構、民間團體也設有很多的創客空間，提供相關服務。

三、商品再流通（recirculation of goods）

商品再流通即是二手物品市場，人們將用不到或不需要的商品出售或交換給有需要之人，讓物品的使用價值得以延續。eBay 所推出的二手物交易，讓人們不需要的物品有了交易的平台，再利用每位買家所做的交易評等，降低與陌生人交易的風險。

四、增加耐久財利用率（increased utilization of durable assets）

一般人擁有的耐久財，像是汽車、房子等類的財貨，透過租借行為，得以讓閒置資產獲得充分利用的機會。

Brian Chesky 與 Joe Gebbia 在大學畢業後前往舊金山，兩人合租了一間公寓，原本想要在舊金山開始為自己的事業奮鬥的兩人，卻苦於無法找到合適的工作，生活一度陷入困境，萬般無奈下，他們只能選擇出租公寓的空房間來維持生計。

2007 年舊金山舉辦一個設計展，來自各地的眾多參展人員使周邊的旅店全部爆滿，兩人從中發現了商機，他們透過自己創立的簡易網站，做起了家庭旅店的生意。

2008 年 8 月以 AirBed and Breakfast 的縮寫成立 Airbnb。Airbnb 營業的全部利潤來自於中介費用：一部分是向租屋客收取的 6% ～ 12% 服務費；另一部分是向房東收取的 3% 服務費。

Airbnb 的商業模式改變了傳統飯店旅館的經營思維，它不需要傳統飯店管理這麼大的人事、行銷成本，它只是把分散的空房間透過網際網路聚在一起，只要有客人租就會有租金收入，加上在網際網路上建置的資訊平台，讓想住房的人可以更方便的做選擇並完成訂房手續，在競爭中取得優勢。

➥ 4-2-4　共享經濟的策略架構

共享經濟在不同行業有不同的營運模式，即使在相同的行業，也可能有不同的營運模式產生。例如，同樣是分享車輛，Uber 是把自己的車以附駕駛的方式出租給需要用車的人，而和運的 iRent 則是將自己的車以實物租賃的方式提供給需要的人。因為共享方式不一樣，它們為使用者所創造的價值也不一樣，Uber 提供的服務取代了傳統計程車，而 iRent 則是讓使用者可以不用購買汽車也能隨時使用汽車。

在倪雲華的研究中，依資源的類型及共享的方式等二個維度，把共享經濟的型態分為四種（如表 4-3 所示）：

❀ 以物易物：將有形的資源以商品的形式進行交換或出租。

❀ 商品即服務：將有形的資源以服務的形式提供使用或訂購。

❀ 群眾外包：將無形的資源以服務的形式實現交付或解決問題。

❀ 人人眾創：將無形的資源以商品的形式被設計與創造。

↻ 表 **4-3** 共享經濟的型態

	有形資產	無形資產
商品形式	交換、出租	設計、創造
服務形式	使用、訂購	交付、解決問題

依據這四種共享經濟的型態，衍生出四種不同的策略模式（如表 4-4）。

↻ 表 **4-4** 共享經濟的策略模式

	有形資源	無形資源
商品形式	物盡其用、資源再利用	人盡其才、創意即所得
服務形式	擴展雲端、商品即服務	群眾力量、服務皆可能

一、物盡其用、資源再利用

在 2000 年時，全球手機滲透率只有 2%，而現在很多國家的人均手機擁有量已經不止 1 部，且平均 2 年至 3 年就會更換手機。當社會存在大量或多餘商品、恣意生產和消費的同時，將會導致環境惡劣與資源枯竭，於是，出現了拍賣網站，提供一個平台，讓人們可以在平台上把多餘的商品出售給需要的人。

新北市的大樂透得獎人捐贈 1,000 萬元給新北市社會局，成立玩具銀行物流中心，並添購新北市首部玩具專車，希望帶給弱勢、偏鄉兒童更多歡樂，即是一種商品的共享模式。此外，國內目前也有很多單位提供二手玩具的交換服務，希望藉此能延續玩具的壽命。

實體的二手物交換只是解決了我給你甲、你給我乙，或者我有剩餘的商品，我可以賣掉它等點對點交換的問題，但是如何實現更大規模、更大範圍內靈活的商品交換呢？

透過網際網路，可以解決我有剩餘的商品，我想知道全世界有多少人想要這些商品，我知道全世界有多少我想要的商品，我可以用我的剩餘商品去進行交換的問題，讓共享的範圍可以更擴大。

當人們開始接受使用新產品但不一定擁有它的觀念，就帶出了許多的共享商機，像以物易物交換網（https://www.e1515.com.tw/）就是一個提供二手物品的交換、租賃、買賣等服務的平台，且種類繁多，從 3C 產品到服飾配件、家電等都可以進行交換、租賃及買賣。不論是商品交換還是商品的使用權出租，都需要透過社群來建立信任機制，以物易物交換網也是透過會員機制在運作。

⌒ 圖 4-8　以物易物交換網

二、擴展雲端、商品即服務

共享經濟提倡的資源共享機制，建立在把資源的所有權與使用權分開看待。因此，所有的共享都是使用權的共享。而雲端運算的技術正好可以讓資通訊產品的所有權與使用權分離，當所有權與使用權分離後，很多商品就可以用服務的方式提供給使用者，達到**商品即服務**（**product-as-a-service**）的境界。

商品即服務可以為企業帶來更大的價值，因為賣服務的利潤會比賣商品的利潤更高，並且可以避開商品同質化所形成的紅海，像 IBM 就從軟體供應商轉型成業務解決方案供應商。

商品即服務同時也可以為客戶帶來更大的價值，透過服務使用者可以在使用商品時得到完全的滿足感，且商品的使用也更便捷。Netflix 從當初解決使用者找不到光碟出租門市的問題，到現在提供串流影音服務，都是在提供客戶最大價值。

三、群眾力量、服務皆可能

隨著經濟環境的變化，網際網路技術的發展、社交化趨勢的增強，**群眾外包**（**crowdsoucing**）概念漸漸被接受。群眾外包需要的是一個聰明且受過良好教育的群

體，以服務的方式來分享無形的資源。無形的資源可以是知識與智力資源，也可以是技能、勞動力、金融等資源。

群眾外包的表現可以有幾個方面：橫向擴展、縱向擴展、向下延伸及向上延伸。

(一) 橫向擴展

知識與智力的分享不限於企業與個人間，每個人都可以參與，任何人既可以是資源的供應者，也可以是消費者。

(二) 縱向擴展

垂直行業細分化**趨勢**明顯，在某些垂直行業出現更加細化，對時間、效率、能力要求更高的需求，並催生更專業的供給。

(三) 向下延伸

從知識與智力領域延伸到提供富餘的勞動力、提供多餘的時間等領域，既不受教育程度的限制，也可以讓人人參與，像 foodpanda 之類的外送網站，所提供的就是一種時間服務。

(四) 向上延伸

從知識與智力等人力領域延伸到金融等非人力領域，即金融資源也是一種寶貴的無形資源，人人都可以出資，人人都可以得到金錢的支持來解決自身的問題，完成自己的夢想。目前很多群眾募資網站，即是提供這類服務。

四、人盡其才、創意即所得

以往的雇傭關係是雇用與被雇用的關係，但有了網際網路之後，個人的自主權已經無限擴大，想做什麼、創造什麼、銷售什麼，都可以自己決定，所以個人可以直接向大眾分享自己的創作才華，也可以與他人協作一起來實現夢想，為自己創造價值，為他人帶來價值。

網際網路降低了創新的風險，讓個人都有創造及傳播的能力，每個人只要充分挖掘自己無形的資源，結合所有與自己有一致興趣與理想的人們的智慧，就可以創造出對他人、對社會、對世界有價值的商品。

4-3 平台經濟

4-3-1 平台的定義

經濟學是一門研究資源配置的學問，近年來由於網際網路技術的進步與普及，改變了整個傳統的經濟體系運作方式，帶動了平台經濟（platform economic）的興起。平台儼然成為目前主流的商業模式之一，許多傳統與新創產業藉由平台的建立，而開展了新的商業模式。

根據 PwC 所做的調查發現，2019 年全球市值（market value）前十大的公司，超過一半以上是平台經濟的業者，平台經濟從消費性產業開始興起，未來觸角將會延伸至各種產業，許多新創產業也都前仆後繼的以平台模式成立。

◐ 表 4-5　2019 年全球市值前十大公司

2019年	2018年	公司名稱
1	3	Microsoft
2	1	Apple
3	4	Amazon.com
4	2	Alphabet
5	6	Berkshire Hathaway
6	8	Facebook
7	7	Alibaba
8	5	Tencent
9	10	Johnson & Johnson
10	12	Exxon Mobil

Alstyne 認為，平台係指藉由基礎設施與規則的建構，將網路雙邊的兩群或多群使用者的產品和服務連結起來，其核心概念是連結（connection）、媒合（matchmaking）或橋接（bridge），讓資源可以共享與交換，也就是提供一個給生產者和客戶合作、交易的場域。

平台本身可能不會生產實體產品，但是它可以促成雙方或多方供需間的交易，進而收取適當的服務費或賺取差價而獲得利益。目前數位平台的運作方式，在江雅綺的研究中，將其分為二種模式：第一種模式是以資源共享為核心的數位平台，也就是共享經

濟模式，將閒置的資源進行媒合，使其達到使用上效率的優化，以創造營運規模與營運獲利，如 Uber 就是此類型的代表。第二種模式是以集結內容為核心的數位平台，如 Airbnb、Trivago 等搜尋引擎。

鑑於長尾理論的發展，業者開始注意到處於長尾端的消費者，為他們提供客製化的服務，像是訂房網站就看準了有特定訂房需求的消費者，進而創造利基市場，提供有別於傳統飯店的個性民宿，讓消費者有不同以往的住宿體驗，以破壞性創新取代原有訂房主流企業，造就一番訂房新氣象。

而 Booking.com 則是為小眾消費者族群創造利基市場，在訂房產業的縫隙中尋找新的機會，它鎖定的目標不再是金字塔頂端的消費群，而是服務金字塔底端的邊緣散客，向沒有專業飯店管理經驗的房東或民宿業者尋求具有特色的房型，打造客製化服務以滿足這群邊緣消費者的需求，打破以往訂房模式，取代原有的飯店訂房交易，在訂房產業帶動破壞性創新。

➥ 4-3-2 平台經濟形成的原因

傳統企業的策略思維，都習慣考量以 Porter 的五力分析（five force analysis）做為工具，認為透過技術創新就可以增加競爭者的進入障礙，或是調整自己與供應商及購買者的議價能力，來降低成本或增加收入。但是，這個前提是：供應商、消費者之間都是界線分明的，在傳統的線性（line）供應鏈下，上下游廠商間各自所扮演的角色不會混淆。

在平台時代下，社群間的角色沒有一定的界限，消費者可以馬上變成生產者，生產者也可能會轉變成消費者。例如 Airbnb 的消費者也可以提供自身的住房給其他消費者，Uber 乘客也可以當司機提供其他消費者乘車服務。以往傳統企業創造價值是藉著資訊不對稱，以創造超額利潤，而未來的平台企業則是反向操作，藉由資訊透明化分享來創造利益。

根據 Choudary 等人的研究顯示，企業會從傳統線性經濟轉向發展平台經濟，主要有三個原因。第一，因為數位化的浪潮，使得傳統企業必須回應市場需求、與時共進；第二，企業需要創新，藉由第三方的加入，可以協助企業解決內部問題；第三，企業得到大數據，運用數據資料強化原有的產業模式，並利用數據資料發展新的商業模式。

企業會由傳統線性經濟轉向平台經濟，Van Alstyne 等人的研究指出，會有三種關鍵性的轉變：從控制資源轉向引導資源、從內部優化轉向外部互動、從重視顧客價值轉向重視生態系統價值。

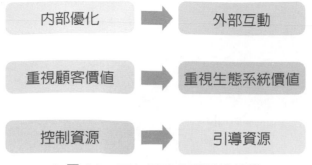

🎧 圖 4-9　平台經濟的關鍵性轉變

一、從控制資源轉向引導資源

傳統的線性經濟植基於資源基礎理論，Wernerfelt 指出：產品的產出需要借助資源的投入，而企業資源被用來使用在產品的研發、生產上，企業藉由擁有無法被模仿的資源以及不可取代資產做為自己的競爭優勢。

Barney 認為，這些傳統的線性企業能擁有競爭優勢，在於其資源有四項特質：異質性及不可移動性、有價值、稀少性、不可模仿性及不可替代性。但是，在平台世界，社群是無法複製的資產，而社群裏的成員又各自擁有不同的資源，因此，由生產者和消費者組成的社群就成為平台的主要資產。

二、從內部優化轉向外部互動

企業活動就是一連串設計、生產、銷售以及配送種種活動的集合體。Porter 認為，企業的競爭優勢就在於優化上述的每一個活動，所以，線性企業是利用公司內部的勞力與資源來創造價值。

然而，平台企業創造價值的方式，則在於連結生產者與消費者的互動，藉由外部活動為平台企業省下變動成本，從支配各項流程轉為說服平台參與者。例如 Airbnb 的價值，就是來自於空房間供需間的媒合。

三、從重視顧客價值轉向重視生態系統價值

線性企業的目標是創造顧客價值極大化，而產品和顧客處在一個線性流程的兩端；相反地，平台企業是以一種循環反覆和回饋驅動的方式，提升平台生態系統的總價值，因此，平台企業有時需要補貼某類型的顧客，以求吸引另一類型的顧客。

Android 是一個手機平台系統，它由系統業者（Google）、硬體業者（如Samsung、ASUS、小米…）及無數的軟體供應商所組成，它們共同組成了這個**價值網路**（**value network**）平台，共創手機的價值。

資訊管理

〇 圖 4-10　Android 平台的生態系統

➥ 4-3-3　平台經濟的要素

　　平台經濟是一種依附在平台之上的經濟或商業行為，Rochet 認為，平台商業模式有三點要素：首先，平台上必須要存在著兩組或多組顧客，不同顧客間存在網路效應，需要仲介參與。

　　其次，要能解決價格結構問題，除了在交易雙方之間提供撮合服務外，其關鍵在於能否有效運用補貼策略，對賣方和買方施加不同的價格策略，以產生不同影響，突破傳統撮合交易服務的中立性。最後，要具備間接網路效應。

　　傳統價值鏈的上、中、下游結構是直線的，平台經濟則將原本冗長的價值鏈彎曲成圍繞平台的環狀鏈，企業透過平台可以直接觸及消費者，節省了中間的各個環節，提高了產業效率。

　　照理說，中間環節減少了，經濟規模都將使得成本下降，企業應該隨之調整定價，以維持產品競爭力才對。但是平台規模化後，價格下降的幅度並不如預期，對於這個現象，李宏認為，主要是因為贏者通吃、快速壟斷市場與間接網路效應，造成了平台經濟形成超額利潤。

➥ 4-3-4　平台經濟與傳統經濟

　　平台經濟是一種多邊市場，多邊市場是指一個平台可以連結多個不同的群體。多邊市場與傳統市場的差別在於以下四個構面：價值鏈、網路效應、規模效益與贏家通吃。

一、價值鏈

傳統市場又稱單邊市場，它的價值鏈為單向性移動，由生產者到消費者為成本、生產到營收的模式，而多邊市場的成本與收入均為雙向性，因為平台多邊皆有不同的生產者與使用者，因此成本與收入同時存在在各邊。

二、網路效應

多邊市場的各邊使用者會因為網路效應的大小而影響市場使用人數。產生網路效應的平台，使用者的價值取決於其他邊的使用者人數，平台的作用在於協調各邊的需求，以求平台總價值的提升。例如信用卡是連結商家與消費者的平台，使用信用卡消費的人數增加，就會影響商家接受信用卡付款，接受信用卡付款的商家愈多，使用信用卡交易的消費者也會愈多，這就是一種正向的網路效應。

三、規模效益

網路效應提升了平台的價值，而成功的平台存在規模報酬遞增的（increasing return to scale, IRTS）特性，隨著平台使用人數的增加，雙方需求被滿足的機率也提高，平台的利潤率就會上升，使用者也願意花更多錢進入規模較大的網路，這就是網路規模帶來的效益。相反的，單邊市場會因為市占率固定，當市場飽和時，報酬會相對遞減，使得吸引的顧客越來越少，而顯現出規模效益遞減（decreasing return to scale, DRTS）的效應。

四、贏家通吃

平台經濟的存在，來自於獲取多邊市場之間的網路效應，高度的網路效應會增加平台使用者規模的效用，平台生態圈的領導廠商可藉由規模經濟的使用者獲利，再從獲利所得轉投資在研發產品或技術上。而平台的競爭優勢來自於網路效應的增進，只要能夠提昇平台的市場占有率，最後就會形成大型平台獨占市場或是淘汰弱勢競爭者，達到贏家通吃的結果。例如目前電腦的作業系統雖然有很多家公司提供，但是 Microsoft 的 Windows 系列還是目前市占率最高的作業系統。

個案：共享經濟下的微笑單車

公共自行車（public bicycle system, PBS）也被稱之為自行車共享系統（bicycle sharing system）、社區自行車方案（community bicycle programs）或城市自行車（city bikes），是一種能讓一般大眾共享自行車使用權的服務，主要概念是在都會區內，以免費或平價租賃的方式，讓民眾可以利用自行車來代替大眾運輸工具或私有車輛，進行短途的通勤或移動，以達到紓解交通、降低噪音和空氣污染的目的。

為了提升大眾的使用率與便利性，公共自行車租賃系統設置的位置，大部分是設在鄰近火車站、大學、醫院、旅遊景點、捷運站、行政機關、商場或停車場，以方便解決民眾在大眾運輸系統中的最後一哩（last mile）問題。

因地形關係，自行車是最受荷蘭人歡迎的交通工具，所以全世界的公共自行車，最早就是起源於荷蘭。1960 年，阿姆斯特丹市首先推出「白色自行車計畫」，提供白色自行車讓市民免費使用，但因成效不佳而停止。2003 年，啟用名為 OV-fiets 的公共自行車租賃系統，使用者需先註冊領卡後才能使用。

法國里昂的公共自行車租賃系統是由第二大廣告商 JCDeaux 所建置，在 2005 年建置了 175 個站點，投入 2,000 輛自行車，透過金融卡或預付卡收費。美國最大的公共自行車租賃系統在紐約，是由花旗銀行贊助的私人營利系統，2013 年 5 月開始正式營運，設置 330 個站點、6,000 輛自行車。

國內最早的公共自行車租賃系統，是在 2008 年由當時的台北縣（現新北市）政府環保局低碳中心於板橋開辦的「New Bike」，那時的租賃還是採用人工管理的方式辦理。

台北市則是在 2009 年 3 月開始建置公共自行車，採 BOT 的方式委託巨大機械建置及營運管理，其電子與雲端部分，最初由子公司捷安特公司負責，2015 年後改由同集團旗下的微笑單車股份有限公司負責。

試營運期間為了提高系統的自償率，並撙節政府的財務支出，其建置成本與營運費用除由空氣污染防制金補助外，不足的部分，則是採廣告互惠的方式挹注資金。

2009 年 11 月開始以「YouBike 微笑單車」品牌進行示範營運，初期僅在信義計畫區週邊設置了 11 個站點、500 輛自行車，預計 7 年內在台北市設置 163 個站點、提供 5,350 輛公用自行車。試營運期過後，「YouBike 微笑單車」於 2012 年 11 月 30 日正式營運。

　　微笑單車初期是從台北市開始設置，因此，它的金流是與台北市悠遊卡公司合作，後來也將一卡通納入，整個系統在軟體上，係採用電子無人化管理系統，透過各停車站點的自動服務機（kiosk）及官方的 App，即可查詢系統的使用方式、各站點的車輛狀況等即時資訊。

　　在硬體上，採用無線射頻辨識晶片技術，讓自行車的租借流程簡單便利，使用者在熟悉系統的操作介面後，只需要幾秒鐘就可以迅速完成車輛的借、還車程序，並提供甲地租車、乙地還車服務，有效管控租賃流程，達到無人自動化管理的目標。

　　國內目前公共自行車可謂百花齊放，微笑單車除了在台北市設置外，也在新北市、桃園市、新竹市、新竹科學園區、苗栗縣、台中市、彰化縣、嘉義市及高雄市陸續建置站點。而新竹縣、台南市、屏東縣、金門縣的公共自行車系統則不是採用微笑單車的系統。

習 題

選擇題

( ) 1. 下列何者不符合長尾理論的論述？
(A) 提供個人化需求　(B) 供給方的規模經濟　(C) 能兼顧大、小市場的需求

( ) 2. 共享經濟的價值在於？
(A) 資產的有效配置　(B) 新的創業模式　(C) 以上皆是

( ) 3. 下列何者不是共享經濟的要素？
(A) 價格　(B) 網路　(C) 社群

( ) 4. 下列何者是非營利的 C2C 共享平台？
(A) 服務的交換　(B) 商品再流通　(C) 生產性資產分享

( ) 5. 傳統經濟的內部流程，轉向平台經濟後會變成？
(A) 資源引導　(B) 外部互動　(C) 以上皆是

問答題

1. 在營利的共享經濟平台上，你還可以想出哪些營運模式？

05 從資訊到智慧的發展

5-1 知識管理

假設學校要求我們班主辦本學院的新學年迎新活動，當你接到這個任務時，會不會不知道要怎麼下手？這時候你可能會想，如果知道去年迎新活動是怎麼籌畫的就好了，但是，要到哪裏去找去年活動的承辦人？

類似的情境，在你畢業後的工作上也可能會遇到：老板不一定會指定你去辦迎新晚會，但是有可能會要你去規劃一個產品發表會，相同的問題一樣會發生，你一定也很想知道以前是怎麼辦的？如果有前案在手上，一定可以順利完成，而不幸的事發生了，以前的承辦人已經離職，而所有的文件都不知道放在哪裏。

5-1-1 知識

常聽人說道：「沒有知識也要有常識。」，有沒有人想過：知識是什麼？它跟常識又有什麼分別呢？根據教育部的國語詞典簡編本定義：常識是指一般人所應具備的基本普通知識。知識又是從哪裏來的呢？也有人會說：知識是從老祖宗時代流傳下來的。老祖宗的知識又是從哪裏來的？

月有陰晴圓缺，老祖宗長期觀察、記錄月亮形狀的變化，於是得到一個結論：月到十五分外明。根據太陽在黃道上的位置，把一年劃分為 24 個彼此相等的段落，觀察、記錄一年四季中的寒暑、氣溫、降水量的變化及農事活動的現象，給每等份取了個專有名稱，就是我們目前用的 24 節氣。

○ 表 5-1　24 節氣

分類	節氣
寒暑變化	立春、春分、立夏、夏至、立秋、秋分、立冬、冬至
氣溫變化	小暑、大暑、處暑、小寒、大寒
降水量	雨水、穀雨、白露、寒露、霜降、小雪、大雪
農事活動	驚蟄、清明、小滿、芒種

在了解什麼是知識之前，我們要先知道知識與它的來源—資料、資訊間的關係，資料。資訊與知識的關係如圖 5-1 所示。

⋒ 圖 5-1　資料、資訊與知識的關係

一、資料（data）

資料是一群來自事實或事件的原始數據，它顯示的是某一個特定時間的狀況，是沒有經過處理的文字、數字。例如：便利商店每天各項產品在各時間點的銷售狀況、某一個特定十字路口的車流量等。

二、資訊（information）

資料經過選擇、比較、整理後，就會具有某些特定的意義，稱之為資訊。如便利商店把每天的銷售狀況，在月底時製作成報表，就可以顯示一段期間的業績成長或衰退的狀況。而特定十字路口的車流量資料經過整理後，就會發現這個路口每天的交通瓶頸是在什麼時候。

Davenport & Prusak 認為，資料要成為可用的資訊，必須要經過濃縮（condensation）、計算（calculation）、情境化（contextualization）、校正（correction）及分類（catwgorization）等程序。

資料　　　　濃縮　　　資訊
　　　　　　計算
　　　　　　情境化
　　　　　　校正
　　　　　　分類

⋒ 圖 5-2　從資料到資訊的程序

三、知識（knowledge）

知識則是把資訊再加上經驗，對資訊做深入了解，進一步予以詮釋、說明其意義所獲得的認知結果。便利商店根據銷售日報表、月報表等資料，再結合外部天氣或是特定事件（如開學、年節……），綜合研判可以得到一份研究報告，做為進貨或行銷的依據，這個研究報告的結論就是一種營運上的知識。

而賣場根據銷售點（point of sale, POS）系統的資料，經過整理後，發現消費者買襯衫同時也買領帶的資訊，再透過專家考量賣場的情境及分析消費者的行為，可以歸納出消費者購物的喜好模式，並將這些結果轉化為知識，提供給賣場做為商品相關展售位置的參考。

Davenport & Prusak 認為，資訊要經過比較（comparison）、結論（consequences）、連結（connections）、對話（conversation）等轉化程序，才能成為有意義及目的的知識。

資訊　　　比較　　　知識
　　　　　結論
　　　　　連結
　　　　　對話

◉ 圖 5-3　從資訊到知識的程序

四、智慧（wisdom）

智慧是整合運用各種知識，形成有價值的決策能力。Davenport & Prusak 認為，知識必須要經過直覺、價值判斷、融合及行動化的程序，才能轉化成智慧。

知識　　　直覺　　　智慧
　　　　　價值判斷
　　　　　融合
　　　　　行動化

◉ 圖 5-4　從知識到智慧的程序

➥ 5-1-2　知識的分類

從認知心理學的觀點，知識可以分為：**描述性知識（declarative knowledge）**及**程序性知識（procedural knowledge）**。描述性知識是在描述員工在組織中的責任、工作細節等，屬於「knowing what」層次的知識，而程序性知識則是一種行動本位的知識

（**action-base knowledge**），屬於「knowing how」層級的知識，例如開車的技術、操作電腦的能力等。

　　Polanyi 依知識可呈現的程度，也把知識分為**內隱知識**（**tacit knowledge**）及**外顯知識**（**explicit knowledge**）二大類，他認為，內隱知識是屬於個人的，與特定的情境有關，經由直覺、洞察力、信仰、個人內在心智模式及價值觀結合而產生，因此，難以產生及形式化。外顯知識則是一種可以透過媒體語言、文字傳達的知識，可以形式化及制度化。

一、內隱知識

　　內隱知識是一種沒有或無法用文字表示的主觀且實質的知識，它只可意會不可言傳。也許你有過這種經驗：機車出現異音，跑了好幾次車行都找不到問題，老師父一聽到聲音就知道問題出在哪裏，這個就是老師父的內隱知識，是他累積了數十年的修車經驗得到的知識。

二、外顯知識

　　外顯知識則是一種可以用文字、數字來表達的客觀且形式化的知識。機車出廠時都會有一本維修手冊，裏面會記載著各種問題及數據，供維修師父在維修時參考之用，這便是廠商提供給師父的一種外顯知識。

5-1-3　知識的轉換

　　Nonaka 及 Takeuuchi 從認識論（epistemological）及本體論（ontological）兩個構面來描述知識螺旋（knowledge spiral）。知識論以內隱知識與外顯知識為主要探討的要素，本體論則是認為，組織成員才是儲存內隱知識的載體，組織本身無法創造知識，只有附著在個人身上的內隱知識，才是能進一步創造知識的基礎。

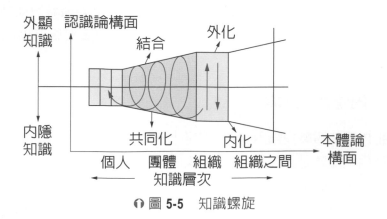

⊙ 圖 5-5　知識螺旋

在知識螺旋中，Nonaka 及 Takeuuchi 把知識的創新看成是社會化（**socialization**）、外化（**externalization**）、結合（**combination**）、內化（**internalization**）不斷循環的結果，如圖 5-5 所示。知識螺旋是以知識的內隱與外顯程度為縱軸，知識層次為橫軸，用以顯示在不同層次上的知識創造活動。

知識的創造是由個人開始，個人的隱性知識是組織知識的基礎，透過組織運作，使個人所創造的隱性知識開始流動，藉由知識轉換的方式，逐漸擴大互動的範圍，從個人擴散到團體、組織，最後擴散到組織間，其間過程是不斷的社會化、外化、結合及內化的活動。

因此，組織在知識創造活動中，最大的責任就是建構一個良好的知識累積機制，讓組織成員所擁有的內隱知識能在組織中產生最大的擴散效果，當組織成員參與知識創造的規模愈大，愈能促使內隱知識與外顯知識的互動與擴大。

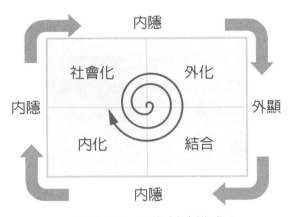

⚬ 圖 **5-6**　知識創造模式

組織對於知識的創造，是透過這種轉換方式的知識螺旋來達成的，如圖 5-6 所示，在知識創造的過程中，外顯知識與內隱知識是彼此互動的，而知識轉換則是一種個人與個人間社會化的過程，知識就在這個互動的過程中產生，知識螺旋可以從任一個階段開始，但是最常是由社會化開始。

一、社會化（內隱轉為內隱）

社會化是把內隱知識轉換為內隱知識的過程，藉由經驗分享的方式，將內隱知識集合在一起。由於內隱知識是針對特定情境的知識，且難以用語言加以表達，只能透過有相同經驗者的分享，才能蒐集到特定知識。

例如我們想要學做紅燒獅子頭，可以在自家廚房跟著媽媽學習，媽媽邊做邊把自己做紅燒獅子頭的方法教給我們，媽媽做紅燒獅子頭的方法就是一種內隱知識，即使同一

道紅燒獅子頭,不同的媽媽做法也不一樣,我們透過現場的觀察、模仿、練習,來學習媽媽的做菜手藝,而不是跟著書來學習。

當然,我們也可以看電視或網路上教人家做菜的節目,跟著阿基師學做紅燒獅子頭,阿基師在節目中也是透過說明與實作的過程,指導我們做紅燒獅子頭的技巧,看完節目後也是要自己去做一次,才知道其中的訣竅。

二、外化(內隱轉為外顯)

外化是將內隱知識轉換為外顯知識的過程,它可說是知識創造的關鍵步驟,透過外化,可以從內隱知識創造出新的外顯知識,當內隱知識外化成為外顯知識後,就可以分享、傳遞。

我們跟著媽媽學做紅燒獅子頭,同時也拿枝筆把每個步驟記下來,以便下次可以照著做,這個做紅燒獅子頭的筆記就變成做紅燒獅子頭的外顯知識。同樣的,阿基師如果把他做紅燒獅子頭的方法寫成食譜,把食材的重量、佐料的用量數據化,讓我們看著食譜就可以照著做,這個食譜也就是一種外顯知識。

外化可以透過隱喻(metaphor)、類比(analogy)及建模(model)等方式來轉換,隱喻可用來表達新概念與另一具體概念的關聯,以發現其新意義或構造。類比則是透過已知的概念來了解未知的事務。建模用來表達從隱喻探索出的新概念。

三、結合(外顯轉為外顯)

結合是透過文件、會議、電話溝通、網路交換等方式,把分散的外顯知識連結、整理成系統化的外顯知識的過程,也就是經由排序、關聯、增加、合併、分類等方式,重新組合現有知識,以創造新的知識。

結合通常會有三個過程,首先從組織內、外蒐集外顯知識,並將其合併、組合。其次,將組合後的外顯知識在組織成員間散布。最後,把新的外顯知識於組織中編輯、處理,使其發揮更大的功效。

我們要做紅燒獅子頭,除了跟著媽媽在廚房學之外,還可以上網蒐集各種做法與食材,再結合自己的習慣口味,調整、修正自己的做法,成為另一種外顯知識。

四、內化(外顯轉為內隱)

內化是將外顯知識轉換為內隱知識的過程,透過做中學(learning by doing)的方式,讓知識在組織中可以被分享,內化後的知識可以擴大組織成員的內隱知識,進而創造下一波的知識。

我們學會了做紅燒獅子頭的方法，就可以在各種場合中，跟家人或親朋好友們分享這個做紅燒獅子頭的方法，在這個過程中，不但可以教會大家做紅燒獅子頭，同時也可以讓自己的技術更為成熟。

5-1-4 知識管理價值鏈

知識管理是組織內一連串創造、儲存、移轉及應用知識的流程，它不僅是從環境中學習，還能把知識與流程整合。對於知識管理的價值鏈，不同學者有不同的看法。Laudon 認為，知識管理的價值鏈中，有四個增加價值的步驟：知識的獲取、儲存、傳播及應用，每個階段都在增加原始資料的價值，以轉變成可用的知識。

知識獲取　　知識儲存　　知識傳播　　知識應用

○ 圖 5-7　知識管理價值鏈

組織內原本就有很多文件、資料、報告等，散布在各處，有些資料有特定人員保管、使用。也有些資料可能歸檔後就放在櫃子裏，自此無人聞問。這些乏人問津的資料，可能具有其他價值，但因沒人知道它的存在，形成資源的浪費。

3M 的便利貼是每個辦公室必備的文具，它其實也是一個廢物利用的產品。3M 是一家做膠帶的公司，膠帶的膠必須要很黏，才不會在使用中鬆脫，當初研發了一種膠無法達到「黏」的目的，於是就以失敗結案。但有一天，有個員工需要一種不太黏的膠，做為放在樂譜上做記號用，於是想到了那個失敗的產品，從檔案中找出資料，最後創造出辦公室的熱門文具便利貼。

前面所提到的都是外顯知識，它已經有實體的文件可供存取。組織內還有很多內隱知識，散布在組織成員間，它沒有實體文件可以被看到，但是它的重要性不亞於外顯知識。

產業中很多老師父的經驗、技術，都是經過數十年的工作所養成的，只有他們可以做到某種技術，像鈑金師父的技術，鈑出來車門的曲線可以跟新品一樣，引擎師父一聽到引擎的異音，就可以知道是哪個零件出了問題，這些知識大多都是內隱知識。

一、知識獲取

知識獲取的方式有很多種，依知識的型態而異。取得外顯知識通常比較簡單，可以從組織內建立資料庫，將文件、報表、簡報等放到資料庫內分享。至於內隱知識的蒐集，困難度則比較高，因為它是存在於員工身上，必須要發展一些工具或機制，才比較容易取得。

例如透過教育訓練，讓老師父把技術一點一點的寫成教材，在內部訓練中傳承給徒弟，這些教材就變成外顯知識。也可以把內隱知識透過網路來取得，藉由在解決問題的過程中，集結各種專家參與線上討論，也可以取得內隱知識。

二、知識儲存

知識一旦被文件化、外顯化，組織在取得之後，就要加以儲存、管理，才能被成員檢索、使用。傳統的管理方式是把文件化後的外顯知識放在檔案櫃中，做成目錄供人查詢、檢索，這樣的管理方式，其成效有限，除了檢索、取得不便外，知道的人也不多。

在數位時代中，數位化的文件可以放到資料庫中，建立不同的索引標籤，透過檢索介面，運用不同的檢索策略（例如布林代數），組織成員就可以很快的找到自己需要的知識。

三、知識傳播

知識傳播的管道很多，組織可以透過教育訓練，讓資深人員把工作的經驗及技能傳授給新進人員，也可以透過網際網路，讓員工自行到網路中學習，在 Youtube 上有很多實作或理論課程可以學習。

知識的來源不虞匱乏，管理者要擔心的是：員工如何才能在茫茫資訊大海中找到需要的答案？知識的傳播可透過內部訓練課程、網路、社群分享、讀書會等方式，聚焦在特定的知識上。

四、知識應用

知識在費盡千辛萬苦的取得、儲存後，如果沒辦法分享、應用在組織內，以提升組織的價值，就沒有實質意義了。為了提升知識的投資報酬率，組織的知識必須要與經營管理者的系統化決策過程融合，因此，所產生的新知識要建立在企業流程與關鍵應用上。

⤵ 5-1-5 資訊科技對知識管理的影響

知識的價值在於獲取、儲存後，能在組織中傳播及應用，進而能對組織產生價值。傳統企業對外顯知識的管理，通常只能做到將資料編碼管理後，放到檔案室的櫃子中妥為保管。這種做法只做到知識的獲取及儲存，不易做到知識的傳播與應用，除了書面資料檢索困難外，可能組織內很多人都不知道有這些資料。

一、消失的達人

各個產業都有所謂的達人，這些達人窮盡一輩子的努力，在特定產業中享有一定的知名度，如餐飲業的阿基師、中信兄弟剛退休的彭政閔等，他們都在自己的領域中有一定的成就，但是，他們的技術要如何傳承呢？

如果把這些特殊的技術都記錄在電腦中，隨時都可以複製出來，那麼任何人都可以是達人了。這看起來好像是天方夜談，但實際上，這就是知識管理中，一個很重要的應用。

全聯 60 秒頂級咖啡師的廣告，看起來是在賣全聯的咖啡，實際上它就是一個知識管理的產品。它把沖咖啡要面對的各種參數都記錄下來，從磨粉到沖泡都用電腦控制，以達到每個人操作都能得到一致的結果，也就是它所謂的頂級咖啡師保證班。

再往上游走，咖啡的原料咖啡豆的烘焙也是需要經驗的累積。不同來源的咖啡豆，烘焙時的溫度曲線都不同。不同口味的咖啡豆，烘焙方式也不一樣。如何讓非專業的操作人員都能烘焙出一樣的咖啡豆呢？

福璟咖啡為了能讓連鎖咖啡店裏，非專業人員都能為客戶烘焙出口味一致的咖啡豆，特地研發了一款自動烘豆機，除了可以讓使用者自己輸入各種烘焙參數外，在機器出廠前，也把一些烘焙參數預先內建在機器上，讓客戶在買到機器後，在沒有經驗之下，也可以立刻就烘出美味的咖啡豆。

⋂ 圖 5-8　福璟咖啡研發的瓦斯智能自動烘豆機

圖片來源：https://www.fujincoffee.com.tw/category.php?type=1&arem1=728&arem=114

二、網路應用的演進

　　隨著資訊科技的進步及普及，在資訊科技的硬體及基礎建設上，電腦已經從單機作業演變成網路作業，甚至是雲端運算（cloud computing），資訊科技在組織的應用也從數位化（E 化）演變成行動化（M 化）、無所不在（U 化）。

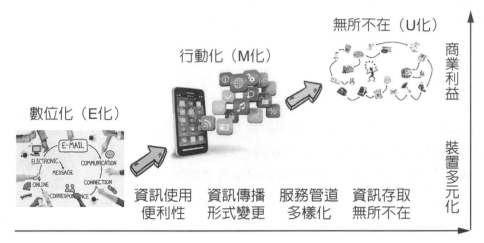

◯ 圖 5-9　網路應用的演進

　　資訊科技在每個階段的發展，不僅意味著消費者對資訊的使用愈來愈方便，而資訊傳播型式的改變，更代表了服務管道的多樣化，提供了無所不在（ubiquitous）的資訊存取服務。在商務應用端，業者可以藉由多元化的裝置，取得其商業利益。

　　在 Web 1.0 的年代裏，知識由服務的提供者決定內容及形式，大多透過自己的網站管理，提供所有的資訊讓使用者閱讀或下載。在這個階段裏，知識的內容大多由專家所完成，一般人很難參與。

　　到了 Web 2.0 的時代，溝通的方式由簡單的雙向溝通，演變成複雜的多向溝通。知識的提供不再只靠專家，每個人都可以是知識的提供者，知識不再由少數專家所控制，變成是網路的分享，知識也不再是只能下載、閱讀，而是由使用者自創（**user generated content**, UGC），且隨時可以上傳。

　　隨著雲端運算、行動網路及行動裝置與個人電腦的互動等技術成熟，對整個產業生態產生巨大的變化，進入了全新的 Web 3.0 時代，在這個嶄新的時代中，除了雲、端共存外，人、機的互動也更多元化。

　　在這個多元化的 Web 3.0 時代裏，人與人、人與物之間的關係，甚至於人與社群的關係都較以往更為緊密，知識將會是跨平台傳遞的。知識的來源不再只是組織內部成員所產生的知識，更大部分會來自不同的社群。

也許你以前使用網路的經驗會告訴你：網路上的知識雖然很多，但是品質不一定好，這個問題在 Web 3.0 的時代中，可以透過個人化的篩選（curation）機制，把知識依據使用者的需求及社群行為做呈現。

所以，在 Web 3.0 時代中，除了內容、知識都可以個人化篩選之外，它們還可以利用平台傳播。在網路的服務上，我們可以在任何地方、任何時間、任何終端裝置上取得知識，終端裝置也不再局限於電腦的使用，各式各樣的手持式裝置都可以做為知識傳播的終端裝置。

三、資訊科技的角色

隨著資訊科技的進步，組織對知識的獲取、儲存、傳播及應用，將會比以往更加方便。尤其是在知識爆炸的時代中，如何快速、正確的找到決策所需的內部及外部知識，更是企業決勝的關鍵。因此，資訊科技在知識管理上所扮演的角色，可以從資料層、資訊層、知識層及智慧層等四個構面來呈現。

⋒ 圖 5-10 資訊科技在知識管理扮演的角色

(一) 資料層

資料層主要是記錄企業日常營運的各種營運資料，資訊科技在這個構面中，主要的角色是如何快速、精確的解決企業日常營運的問題。便利商店的工讀生透過 POS 系統，結帳時只要讀取產品的**條碼（bar code）**，系統的後台作業即可同時解決進銷存及會計帳務處理的問題。

(二) 資訊層

資訊層是提供給組織內的資料工作者所使用的，資料工作者通常沒有高深的專業技能，只能處理資料及資訊，無法創造知識。他們主要是運用資訊科技來歸納、分析資料層所蒐集到的資料，進而產生各類營運所需的資訊。便利商店的 POS 系統所蒐集到門

市的進銷存資料，經過資料工作者的統計、分析，即可發現哪些商品滯銷，可以提供店長決定是否要下架的決策用資訊。

(三) 知識層

知識層是提供給組織內的知識工作者使用，知識工作者通常具備高學歷及某領域的專長，他們可以運用資訊科技把資訊變成知識。便利商店的 POS 系統所蒐集到的門市進銷存資料，經過資料探勘（data mining），可以找出消費者購買產品間的關連性，進而採取相關的促銷活動。

(四) 智慧層

智慧層是提供給高階決策者使用，他們需要透過資訊科技，把知識轉化為實際行動。在系統層面，他們需要連結到決策支援系統（decision support systems, DSS）或高階主管資訊系統（executive information system, EIS）。

↪ 5-1-6　知識管理系統

知識管理系統提供技術支援，讓組織內的利害關係人可以自由、容易、公開的獲取與交換知識，也提供每一位使用者一個可以獲得、提供文件的管道，以傳送、創造及應用知識。

⌒ 圖 5-11　知識管理系統的利害關係人

一、知識管理系統的架構

知識管理能在 21 世紀初引領風潮，資訊科技的發展可以說是功不可沒，很多企業都透過資訊科技來支援對知識的管理，在 Laudon 的研究中，認為依使用者需求的不同，企業的知識管理系統架構應該具備三種組成：**知識管理整合系統（knowledge management system**, KMS）、**知識工作系統（knowledge worker system**, KWS）及**智慧型技術（intelligence technique）**，如圖 5-12 所示。

資訊管理

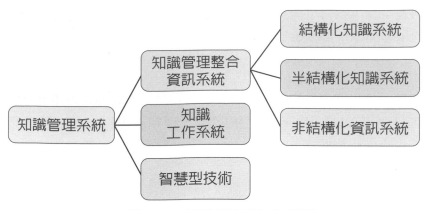

◑ 圖 **5-12** 知識管理系統的架構

(一) 知識管理整合系統

　　知識管理整合系統是利用資訊科技來支援組織整體的知識資源，從知識的特性來看，它除了要具備可以支援外顯知識獲取的結構化知識系統外，更要有支援內隱知識獲取的非結構化知識系統。

　　常見的結構化知識系統包括：知識庫、文件管理系統、搜尋引擎等。非結構化系統則包括：知識地圖、專家資料、社群媒體等。還有一種介於結構化系統與非結構化系統之間的半結構化系統，它包含了文件探勘、文件及內容檢索、過濾機制、郵件管理等功能。

(二) 知識工作系統

　　組織中的知識工作者是為組織創造知識的人，包括研究員、工程師、設計師、建築師等。知識工作系統的目的，就是要提供知識工作者適當的工具，讓他們可以提升工作效率，如 CAD/CAM、3D 列印等。

(三) 智慧型技術

　　智慧型技術是支援知識獲取、儲存、傳播與應用的技術，包括知識探勘、類神經網路、專家系統、模糊理論等。

二、知識管理系統的功能

　　坊間有很多的知識管理系統，組織不一定需要自行開發。不論是自行開發或者購買現成的系統，知識管理系統應具備的功能，Bowman 認為應該要有：

❀ 使用者介面設計：要有標準的使用者介面，或者可以採取組織內現有系統一致的介面設計。

❀ 文字內容檢索：自行開發或購置的搜尋引擎應該能檢索到與檢索策略完全相符及不完全相符的文件內容，並且能按相關性高低將檢索結果排序。

● 多媒體檢索：企業擁有的知識不一定只有文字，由於多媒體應用普遍，企業很多知識是透過影片加以記錄、蒐集，因此，搜尋引擎必須要具備檢索多媒體資料的能力。

● 知識地圖：在某些情境下，使用者可能不容易用關鍵字進行檢索，如果能看到原來定義的知識主題分類，就比較容易開始檢索，因此，知識管理系統中的知識庫必須要能把知識與目錄做連結成為知識地圖，以方便使用者透過知識地圖選擇檢索策略。

● 個人化：使用者可以自行建置、設定自己的知識組合（profile），以取得自己需要的知識，而且在使用者的需求改變時，也要能很快的調整知識組合的分類方式。

● 標準檢索：知識庫的搜尋引擎要能提供知識管理者定義的標準檢索模式，包含了關鍵字檢索及個人喜好的檢索模式。

● 群組過濾：群組過濾是一種為具有相似偏好的一群使用者，過濾相關資訊的技術。組織中若選擇了相似的主題，具有該偏好的員工就可以標示為同一群組，群組的成員如果發現了新的有用資訊，就可以把這些資訊透過群組發給群組內的所有成員。

● 知識目錄：當使用者在檢索知識地圖時，知識庫的搜尋引擎可以識別相關主題的專家知識所儲存的位置，透過知識目錄，使用者可以直接以電子郵件或通訊軟體與專家溝通。

● 協同作業與通訊：在專業分工的年代裏，企業跨國合作研發已是常態，知識管理系統必須也要能支援團隊成員在不同時間、空間的資訊交流。

● 支援應用與其他資源的介面：一個全方位的知識管理系統必須提供組織內的使用者可使用組織內的所有資訊與資源，因此，知識管理系統必須要具備與其他系統間溝通的介面，俾利資料交換及組織成員間的協同工作。

5-2 商業智慧

→ 5-2-1 商業智慧

商業智慧（business intelligence, BI）是指透過有組織、有系統地對儲存在企業內、外部的資料，進行彙總、整理、分析，找到對企業在商業上的決策有幫助的策略及觀點（insight）。

商業智慧最早在 1958 年由 IBM 的分析師所提出，1989 年經由美國 Gartner 研究機構的分析師 Howard Dresner 通俗化的解釋而被大家廣泛使用。他認為，組織如果要能找到可以迅速做決策或提高生產力的資料，應該是由終端使用者（end user）親自經手，並且透過公司的資訊系統所提供的銷售分析或客戶分析資料，經過處理、分析而得到。

商業智慧的演進如圖 5-13 所示，在 1980 年代時，由於關聯式資料庫技術的成熟，企業在檢視或分析事情時，都是以表格的資料來呈現，所看到的都是過去的資料，其結果對商業價值的影響較低。

只看過去	只瞭解原因	只知道目前情況	逐漸邁向預測	預測→掌握未來
表格式時代	多維度分析時代	儀表板計分卡	資料探勘文字探勘	大數據分析視覺化預測分析
1980年代	1990年代	2000年代	2010年代	2010年代～

低　　　　　　　　　對商業時代的價值影響程度　　　　　　　　　高

∩ 圖 5-13　商業智慧的演進

到了 1990 年代進入多維度分析（analysis of multidimensional）的時代，透過線上分析處理（online analytical processing, OLAP）的技術，經過簡單的資料查詢及分析，就可以探索到能夠影響事件發生的原因。

2000 年後，儀表板（dashboard）及平衡計分卡（balance scorecard）等管理工具逐漸興起，商業智慧進入到監控的時代，它不只可以知道過去發生了什麼事，還可以知道目前發生了什麼事。

商業智慧經過多年所累積的技術和知識，在進入 21 世紀後，結合了資料探勘及文字探勘（text mining）技術，漸漸的，它朝向預知未來、預測未來的方向發展。近年來，很多企業專注於大數據的研究，經由大數據分析、結合視覺化預測分析工具，商業智慧將可以預測未來，進而掌握未來。

曾久芳認為，商業智慧是透過資訊科技，將資料萃取（extract）、整合（integrate）及分析（analyze），創造並累積知識和見解，支援決策過程和商業處理的技術，讓使用者能獲得及時有用的資訊，而做正確的判斷。他也認為，商業智慧具有以下特性：

* 商業智慧的重點是在於以資訊作為企業決策的依據。
* 資訊需具備即時、整合以及多維度的特性，才具有決策上的價值。
* 透過商業智慧系統，企業可以及時發現內部營運現況及掌握市場動態，並可據以採取行動因應，洞燭機先。

➥ 5-2-2　商業智慧應用的要素

商業智慧主要處理互動式資料的存取及資料的操作，讓使用者可以做適當的分析。它的過程是把資料先轉換成資訊，然後再做成決策，最後能把決策化為行動。

簡單來說，商業智慧其實就是應用資訊科技，把企業內部與外部的資料，依據使用者主題式的需求加以彙整、儲存、分析及運算，最後再以適當的視覺化工具，將結果展現給使用者，以採取適當的商業行動，提升企業績效或協助決策者做出較佳的決策。

↑ 圖 **5-14** 商業智慧應用的要素

雖然透過商業智慧系統的導入，企業運用系統提供的各種分析工具，可以迅速發現客戶需求及市場趨勢。但是，商業智慧沒有辦法無中生有，它必須要把很多的應用要素結合在一起，才能把資料轉換成企業可以產生獲利的智慧資產。商業智慧應用的要素包括：資料組織與整合、分析與分群、即時個人化、廣播、存取與互動、績效監控與衡量。

一、資料組織與整合

企業中有很多不同類型的資料，被儲存在不同的資料庫中，如圖 5-15 所示，因此，商業智慧系統必須先整合這些不同來源的資料，包括：競爭者資料、協力廠商型錄、客服中心資料、瀏覽途徑資料、企業資源規劃系統（Enterprise Resource Planning, ERP）資料及知識管理系統，把資料格式統一再集中放在資料倉儲中，才能做後續的應用。

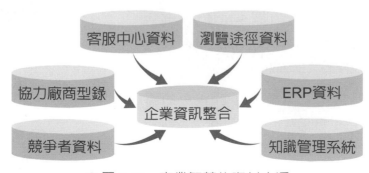

↑ 圖 **5-15** 商業智慧的資料來源

有一天，小強到一家連鎖 3C 商場購買了一台筆記型電腦後，店家請他留下電子郵件帳號，幾天後，小強收到了一封郵件，除了感謝他前二天的光臨外，還提供了一個印表機優惠方案的網址連結，小強可以直接點選該網址進入電子商店。小強從電子商店中又買了一部噴墨印表機、一個智慧音箱，幾天後，小強的電子郵件又收到了墨水匣、智慧手環的優惠方案。

小強為什麼會不斷地收到這些促銷訊息呢？而且這些訊息都很精準地配合他的興趣？這都拜商業智慧之賜，根據小強的購買紀錄及他瀏覽網頁的行為模式，系統分析後就發現他對消費性電子產品特別感興趣，因此，系統就可以根據這個發現，把相關產品投送到他的信箱中。

二、分析與分群

當資料經過組織、整合完成後，接著就要運用分類、分群的技術，針對不同客戶的需求，提供合適的服務。資料經過分析、分群後，透過工具可以了解客戶的行為與喜好，從中發現新的商機，並擬訂定價策略，同時，也可能找到新的、潛在客戶或收入來源。

以往商家在發送廣告時，由於不知道客戶的喜好及興趣，只能每位客戶都發一樣的內容，雖然散彈打鳥總會打到，但是，所耗的成本還是太高。商業智慧系統透過客戶購買行為、背景及瀏覽網頁的模式，可以更精準的發送廣告。像前段提到的小強，當他在智慧音箱的產品上瀏覽的時間很長，而且有購買行為，系統可能就會把他歸在對 3C 產品有興趣的人那一類群組中，進而在下一波的廣告中，把智慧手環推播給他。

三、即時個人化

個人化是採用使用者自訂的資訊過濾器，以過濾不同使用者所需要的資訊，然後再指定不同的事件來驅動不同的資訊傳遞。個人化的能力可以幫助企業更了解每位客戶的需求，並且能夠即時、迅速的回應他們的需求，以確保客戶能適時地獲得他們所需要的產品或服務。

將客戶資訊個人化的步驟如圖 5-16 所示，包括建立客戶資料檔（profiling）、配對（matching）、交易（transaction）及傾聽（listening）。

🌸 建立客戶資料檔：企業要先了解客戶的需求，才能思考自己可以提供些什麼產品或服務給客戶，因此，要先把客戶的資料建檔，才能記錄客戶的相關需求。

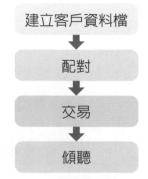

🎧 圖 5-16　客戶資訊個人化的步驟

* 配對：根據建立的客戶資料，找出企業可以滿足客戶需求的產品或服務，將其加以配對後，提供給適當的客戶。
* 交易：提供客戶簡單的使用者介面，讓其可以透過自我服務，輕輕鬆鬆完成交易行為。
* 傾聽：在服務或銷售產品的各階段，都要傾聽客戶的回應狀況，衡量執行效能。

四、廣播、存取與互動

　　商業智慧的運作需要資訊科技的基礎建設支援，才能與上百萬的客戶連繫，讓企業的員工無論在何時、何地，都可以利用電話、行動裝置、網路等設備與客戶互動。

五、績效監控與衡量

　　運用關鍵績效指標（key performance indicators, KPI）及平衡計分卡（balanced scorecard）管理工具，提供管理者必要的管理資訊，以改善作業及策略。有效的績效監控系統是組織可以將策略轉化為行動的動力。

↳ 5-2-3　商業智慧系統的架構

　　商業智慧系統的架構如圖 5-17 所示，包含應用系統、擷取、轉換及載入工具（extraction transformation loader, ETL）、資料倉儲（data warehouse）及各種分析應用工具。其中應用系統提供了企業內部各種營運的作業或原始資料，如企業資源規劃系統（enterprise resource planning, ERP）、供應鏈管理系統（supply chain management, SCM）、知識管理系統（knowledge management system, KM）等。

⊙ 圖 5-17　商業智慧系統的架構

一、擷取、轉換及載入工具

　　企業的資料存放在各部門中，資料的儲存格式、型態，各部門可能都不一樣，如果事前沒有經過處理，將會造成日後分析的困擾，而這個前處理的工作，就是對資料的擷取、轉換及載入的過程，資料經過處理後才能放到資料倉儲裏。

作業或原始資料　　擷取　➡　轉換　➡　載入　➡　資料倉儲

🎧 圖 5-18　資料擷取、轉換及載入的流程

(一) 擷取

　　資料倉儲的資料來自於企業內部各單位的營運資料及外部的資料，這些資料儲存的形式都不一樣，可能是來自內部關聯式資料庫中的資料，也可能是放在 Excel 試算表中的資料，也可能是文字檔，這些異質資料要透過商業智慧中擷取的功能，擷取所需的資料進行資料驗證（validation）、清理（scrubbing）、重新產生結構（structuring）及重新正規化（renormalization）的作業。

(二) 轉換

　　來自企業內、外部各單位的異質資料，要經過適當的轉換程序，才能進一步的整合（integration）與彙總（summarization）。轉換的工作範圍很大，像不同的日期格式間的轉換、有的單位用西元年有的單位用民國紀元，都必須要轉成一致性的表示法。庫存品的單價，有的用美元計價，有的用新台幣表示，也都需要轉換成一致的表示法。

(三) 載入

　　經過轉換過的資料，才能載入資料倉儲中。

二、資料倉儲

　　資料倉儲是把不同來源的資料，經過一連串的資料純化、轉換、整合、載入及定期更新的過程。依照應用範圍的不同，可分為：資料倉儲、**資料超市**（**data mart**）及**資料立方**（**data cube**）。

(一) 資料倉儲

　　資料倉儲是把企業內、外不同來源的資料，經過整合後所形成的，資料可能來自企業內部多個不同的營運系統、跨部門平台，也可能是外部的資料。存放這些經過處理的資料的資料倉儲系統，通常需要大量的系統資源，往往會建置在大型主機系統或平行處理系統。

(二) 資料超市

資料超市是資料倉儲的一部分，提供給特定的使用者使用，通常建置在低成本的部門伺服器上。如業務部經理想要知道各地區的客戶資料，他就是使用客戶資料超市的使用者，在客戶資料超市中包含了客戶姓名、購買時間、購買次數及數量等資料，以滿足業務經理的需求。

(三) 資料立方

資料立方是資料分析的基本單位，它是由維度（dimensions）及事實（facts）所組成，主要的功能是把資料先整理及加總，再將結果儲存到多維度的立方結構中，以便能加速資料存取的速度。營業部各項產品在各季、各地區銷售量的資料，就存放在資料立方中，資料立方中包括了產品、通路、時間、地區及客戶等維度。

三、各種商業智慧分析應用工具

商業智慧所應用的分析工具可以分為二大類：使用者查詢、報表與分析（end-user query, reporting, and analysis）及進階分析（advanced analytics）。使用者查詢、報表與分析工具包括：查詢與分析、**線上分析處理**（**online analytical processing**, OLAP）、儀表板及報表系統等分析技術及工具。進階分析則包含了資料探勘、統計分析等工具。

(一) 線上即時分析處理

線上即時分析處理是一種多維度的分析工具，提供了多維度的資料模式，讓使用者可以從不同的角度分析資料，也可以用互動的方式查詢既有資料。它需具備：向上彙總（roll-up）、向下挖掘（drill down）、轉軸（pivot or rotate）、切片（slice）及切塊（dice）等功能，透過人性化的使用者介面，讓一般使用者不需要具備高深的資訊能力，就可以輕易的進行分析。

(二) 資料探勘

資料探勘可以協助使用者從大量的資料內萃取、探索出有價值的知識，進而應用邏輯分析與運算規則，進行對未來情境的預測，以支援管理者做決策。資料探勘的技術可分為：分類技術、相關分析及時間相關分析。

分類技術是應用不同的分類方法，來處理不同類型的資料，提供企業所需的決策資訊或幫助企業做各種預測，其技術包括分類分析（**classification analysis**）及集群分析（clustering analysis）。

1. 分類分析

分類分析是根據過去已知的資料，從其屬性中找出分類模式預測未來的情境。如保險公司將保戶依性別分為男性與女性，再以年齡分類，於是，根據性別與年齡分析其過去的理賠紀錄，即可訂定不同的車險保費費率。

2. 群集分析

如果資料類別不是很清楚，不易用分類分析來做分類時，可以根據物件間的相似性來做群集。群集內的物件具有高度的相似性，群集間的相似性較低。根據客戶對某種產品的供應商在產品品質及交易滿意度二個構面上做群集分析，可以了解到供應商的市場定位。

3. 相關分析

相關分析是利用資料間彼此的關聯程度，分析其間的相關性，其技術包括**關聯分析**（**association analysis**）及**鏈結分析**（**link analysis**）。關聯分析是在一堆看似沒有相關的資料中，找到一些具有共通性的關聯性，並且發現事件或資料間同時出現的機率。透過賣場銷售與客戶資料間的關聯分析，發現到星期五晚上到賣場買尿布的新手爸爸跟啤酒的關聯性很高，這就表示買尿布的人會買啤酒的機率很高。

鏈結分析是針對具有鏈結性的資料，以節點（node）與鏈結（link）的方式表示，並根據鏈結找出具有某種特性的資料或圖形中隱含的關係。警方辦案時，將各項資料繪成鏈結圖，從這些電話號碼、通聯紀錄的鏈結中，透過視覺化的圖形介面，可以找到嫌犯及相關共犯。

4. 時間相關分析

時間相關分析是藉由觀察客戶在一段時間的交易型態，了解相同客戶在不同的交易時間內的消費習性。其技術包括：**順序相關分析**（**sequential pattern analysis**）及**時間序列分析**（**time series analysis**）。

(1) 順序相關分析

順序相關分析目的是要從一群具順序性的交易資料中，找出經常依順序出現的交易項目，進而了解客戶的長期消費行為。例如購買膠囊咖啡機的消費者，有多少百分比會在三個月內回購膠囊。

(2) 時間序列分析

時間序列分析則是針對時間順序記錄的資料進行分析，找到消費趨勢以預測未來的消費行為。年底將屆，各地都在辦跨年活動，台北市政府根據過去十年的參與人數變化，即可預測今年年底大約會有多少人會到市政府前參加跨年活動。

(三) 報表系統和查詢、分析技術

商業智慧系統裏的報表系統可以從不同的資料來源中,取得製作報表需要的內容,以適當的形式將結果展示給使用者。查詢分析技術是利用查詢工具及分析模式,讓使用者能夠直接查詢與分析資訊。

➥ 5-2-4 商業智慧的應用架構

商業智慧的應用架構如圖 5-19 所示,圖左邊是後端線上作業的資料庫,其資料來源包括了歷史資料(legacy)、企業日常運作所產生的資料(operational)及外部資料(external)。透過資料擷取工具(extraction transformation loader, ETL),將資料淨化(clean)及轉化後,儲存到中間的資料倉儲中,其中資料擷取工具包含:資料萃取(data extraction)、資料轉換(data transformation)及資料載入(data load)等工具。

企業各部門再根據營運所需的主題,將資料倉儲中的相關資料擷取出來,轉到主題式的**資料市集**(**data mart**, DM)中,如圖 5-19 中的庫存資料市集、銷售資料市集、行銷資料市集。資料市集中的資料運用前端的線上分析工具、資料探勘技術,以報表或多維度的圖形化介面將結果加以表現。

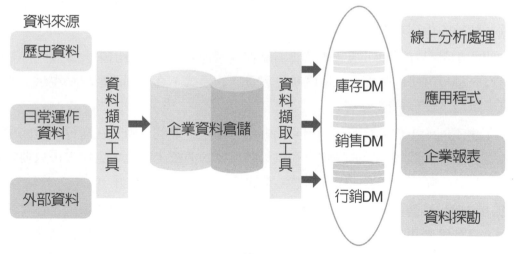

⋂ 圖 **5-19** 商業智慧的應用架構

個案：能累積知識的咖啡機

咖啡是僅次於石油的交易商品，成為重要的「新黑金市場」。咖啡最早的發源地位於衣索匹亞的咖法（Kaffa）地區，西元 575 年自衣索匹亞傳至阿拉伯半島的葉門，當時的國王為了防止咖啡作物被帶出海外，所以只要是出口的咖啡豆，都需先經過火烤或水煮，去除咖啡豆因發芽而外傳的可能。西元 1300 年，人們首次將咖啡豆去皮後火烤，再壓碎以滾水沖泡後飲用，應該可以說是今日咖啡飲品的始祖。

咖啡樹屬於四季綠葉的長青樹，不同的咖啡品種，所能適應的氣候也不同，主要品種以阿拉比卡（Arabica）及羅布斯塔（Robusta）的咖啡樹為大宗，具有商業價值而被大量栽種，所產的咖啡豆品質亦冠於其他咖啡樹所產的咖啡豆。

要煮出一杯好咖啡，除了要熟悉咖啡機性能、操作及控制技巧外，還要先做好挑選咖啡豆、水質水溫控制、混合技術，才有能力煮出一杯賣相佳的咖啡。福璟咖啡定位在原物料供應商，主推咖啡豆與器具作為主要銷售產品，以平價特調豆為基礎，推廣精品級高價莊園豆，吸引懂得在家品嚐的顧客上門消費。

老闆阿福原是出版社企劃，20 年前因規劃餐飲教科書，開始烘豆及玩咖啡，一般烘豆多從熱風、半熱風機入手，但他卻陰錯陽差買了直火烘豆機，生溫快，控火不易，反而造就了精純的烘豆功力。

咖啡的重點是在烘豆，透過烘焙將潛藏在豆子裡的香氣激發出來，每個人都有他不同的喜好，福璟咖啡的營運是採取咖啡豆專賣店的模式，客戶到門市現點現烘，所以咖啡生豆、烘焙度任你選擇。

為了讓不同的工作人員所烘焙出來的咖啡豆都是一樣的，阿福在自行開發的烘豆機上建置資料庫，記錄了不同的咖啡豆在烘焙時所需的曲線，因此，工作人員只要在烘焙前選好咖啡豆的類別，機器即能自動在一定的時間內把咖啡豆烘好。

除了定型化烘製的咖啡豆外，門市也可以記錄下不同客戶的口味需求，在客戶下次到店時，為他客製化烘焙出專屬於他的咖啡豆。而客戶買了咖啡烘焙機回去之後，除了可以利用機器內建的烘焙曲線之外，也可以按照自己的喜好，輸入自己的烘焙曲線，客製化自己的咖啡豆。

當咖啡烘焙機賣出去之後，購買烘焙機的客戶又有了新的需求，因為他們是咖啡豆連鎖店，希望能讓來買咖啡豆的人，在不同的門市都能買到口味一致的咖啡豆。

於是，福璟又開發出雲端系統，讓連鎖店的客戶資料能夠存在於雲端資料庫中，每位客戶的咖啡豆烘焙曲線，都記錄在雲端資料庫中，利用會員編號做管理，會員可以在不同門市中利用會員編號找到他喜歡的烘焙曲線，即使門市不同，烘焙出的咖啡豆口味仍會是一致的。

⌒ 圖 **5-20** 福璟的烘豆機

習 題

選擇題

( ) 1. 我們記錄十字路口每天的車流量,所獲得的數據稱之為?
   (A) 資料   (B) 資訊   (C) 知識

( ) 2. 修車師父聽到異音就知道機車問題,他依據的是?
   (A) 外顯知識   (B) 操作手冊   (C) 內隱知識

( ) 3. 把內隱知識轉換為內隱知識的過程稱為?
   (A) 內化   (B) 社會化   (C) 外化

( ) 4. 下列何者是知識管理系統的利害關係人?
   (A) 知識使用者   (B) 知識內容   (C) 以上皆是

( ) 5. 下列何者不是商業智慧系統的資料來源?
   (A) 競爭者資料   (B) 員工請假記錄   (C) 協力廠商的型錄

問答題

1. 貴公司想要建置一個商業智慧系統,請規劃這個系統的架構。

06 資訊科技面臨的倫理問題

6-1　資訊科技的倫理問題

　　在日常生活中我們常常會看到、聽到倫理（ethics）這個詞，在家裏有家庭倫理，到了學校有校園倫理，進入職場又有職場倫理，各個專業也談到倫理，像是教育部要求老師做研究要遵守學術倫理，醫院要求醫生要有醫學倫理，做資訊的人也要有資訊倫理，到底倫理是什麼？

　　倫理是人倫道德的常理，《禮記》樂記篇說：「凡音者，生於人心者也；樂者，通倫理者也。」。倫理也是事物條理，《朱子語類》說：「讀史當觀大倫理、大機會、大治亂得失。」可見得倫理是一種探討道德價值的哲學，它從理論層面建構一種指導行為的法則體系，捍衛並鼓勵對的行為，並勸阻錯的行為。

　　而依據國家教育研究院的定義，資訊倫理是指人類從事資訊搜尋、儲存、組織、整理、利用與傳播之資訊應用行為或發展資訊系統之行為過程中產生的倫理議題。1988 年初，資訊倫理才以專有名詞方式出現在美國圖書資訊學術刊物上，專指討論應用電腦資訊應注意的行為規範。

6-1-1　資訊倫理議題

　　對於資訊倫理議題的討論與發展，主要來自電腦科技與資訊科學兩大領域。電腦科技領域由電子計算機的技術發展觀點出發，著重在計算機技術與人類關係變化。資訊科學則是從資訊科技對人類社會整體影響著手，涵蓋資訊隱私、人類資訊使用行為規範、資訊產生、蒐集整理與使用傳播等不同資訊生命循環週期所衍生出的倫理問題。

　　資訊倫理的議題，在 Mason 的研究中認為有：資訊的隱私性（**privacy**）、正確性（**accuracy**）、財產權（**property**）及存取權（**accessibility**）。

∩ 圖 6-1　資訊倫理的議題

一、隱私權

隱私權指個人人格上的利益不受不法僭用或侵害，若屬個人與大眾無合法關聯的私事，就不能隨便加以發布公開，而私人的活動也不能以可能造成一般人的精神痛苦或感覺羞辱之方式非法侵入他人的權利。聯合國的世界人權宣言第 12 條，定義了隱私權是任何人的私生活、家庭、住宅和通信不得任意干涉，他的榮譽和名譽也不得加以攻擊。

在資訊相關的隱私權上，Mason 將其定義為：有關於個人相關的資料，個人有權利決定哪些資料在哪一種狀況下可以讓外界知道，哪些資料是需要保護、保密，不能隨便洩露給無關的人。

隱私問題起因	網際網路的衝擊	保護策略
·文件電子化 ·對電腦的依賴 ·網路普及與公開 ·個人上網的匿名性	·廠商蒐集、儲存的資料 ·廠商整合、分析的資料	·法律保護 ·廠商自律 ·技術保護 ·員工倫理守則的自律

↑ 圖 6-2　隱私權的議題與因應策略

(一) 資訊隱私問題的起因

隱私權所強調的是個人所擁有的資訊，不受非授權人的窺視、取得、干擾的權利。然而，資訊時代因為資訊普及，所產生的隱私問題愈來愈嚴重，其造成原因不外乎是：文件電子化、人們愈來愈倚重電腦、網際網路的普及化與公開化、個人上網的匿名性，這也使得數位時代的資訊隱私問題較傳統社會的資訊隱私更難處理。

(二) 網際網路對隱私權的衝擊

資訊科技的蓬勃發展，不只電腦的速度變快，儲存裝置的容量也愈來愈大、價格愈來愈便宜，這讓企業能蒐集到更多的客戶資料與消費行為，加上通訊網路進步，網路的頻寬愈來愈大，企業能蒐集的資訊就愈來愈多。

會員經濟當道的今日，我們動不動就會在網路上輸入個人資料。申請免費的信箱要填個人資料、申請免費的網路空間要個人資料、到書局的官網註冊會員也要輸入個人資料，最後你已經弄不清楚，到底哪些地方有你的個人資料了。

　　也許你會想：我不去註冊不就不會留下個人資料了嗎？是的，除非你過著原始人的生活，不然你無法做到和網路斷絕關係的生活。你到蝦皮購物，也是要把姓名、電話、地址告訴它，你買的貨才能寄到家。即使你不想主動提供個人資料，電腦裏的 cookie 也會偷偷出賣你的個人資料。你到 Google 去查了台東的景點，不久之後，Facebook 上的推播廣告就會出現台東的住宿資訊。人們在網路上的活動就像個透明人一樣。

　　此外，你的隱私也可能是自己在不知不覺中洩露了。當你使用智慧型手機時，系統就會把手機的定位設定成打開，於是，你就開始貢獻你的隱私了，手機上的 google map 會自動記錄你每天的行蹤，經過一段時間的記錄，就會知道你每天上下班的時間及路徑。圖 6-3 就是一個在沒有開 Google Map 的情況下，被記錄下的散步路徑。

🎧 **圖 6-3　Google Map** 上的路徑

　　除了網際網路上個人資料的蒐集、儲存外，另一個問題就是這些被廠商所蒐集、儲存的資料，將來是如何被整合與分析？來自網路上的使用者個人資料，透過資料探勘、文字探勘的技術，可以找出消費者的輪廓（profile），進而為特定目的而從事精準行銷。

(三) 隱私權的保護策略

　　為了防止個人資料被隨意散布，造成隱私權的侵害，所採取的措施不外乎有：法律保護、廠商自律、技術保護及員工倫理守則的自律。

1.　法律保護

　　為了保護個人資料及隱私權，各國都有相關的立法規範，歐盟在 2018 年 5 月 25 日正式實施的通用資料保護法（general data protection regulation, GDPR），被稱為是史上最嚴格的個人資料保護法案，違反者可處以 2,000 萬歐元或全球營業額的 4% 罰鍰。

對於個人資料的保護，我國最先於 1995 年 8 月推出電腦處理個人資料保護法。2000 年 5 月將非數位資料納入規範，改名為個人資料保護法，其中第 6 條及第 54 條暫停實施。到了 2015 年 5 月修訂第 6 條及第 54 條後，於 2016 年 3 月，個人資料保護法施行細則完成修法後正式實施，相關內容將於 6-2 節中說明。

2. 廠商自律

個人資料蒐集後的運用，是由蒐集廠商主導，是不是能夠維護隱私，有賴廠商的自律。例如在蒐集資料時明白的告知蒐集的目的及運用方式，讓消費者自己決定是不是要提供個人資料。

3. 技術保護

廠商所蒐集的個人資料，可以透過資訊加密的技術維護資料安全。

4. 員工倫理守則的自律

廠商除了透過自律的方式維護所蒐集的個人資料外，也要加強員工對客戶隱私保護的教育訓練，並列入員工倫理守則，要求員工嚴格遵守。

二、正確性

在資訊化普及的時代裏，資訊錯誤對個人及社會都可能會造成傷害。資訊的正確性包括資訊的真實性與資訊的精確性，除了資訊的提供者必須要提供正確的資訊外，資訊的擁有者或保管者也要維持資訊的精確性。

資訊的正確與否，對使用資訊的人影響很大，例如購物網站是按照消費者原來留在網站上的地址寄送貨物，如果資料不正確，後果可能是你下單買的物品寄錯地址，或者是一個第三者收到一個不知哪裏來的貨物，都會造成買賣雙方的困擾。

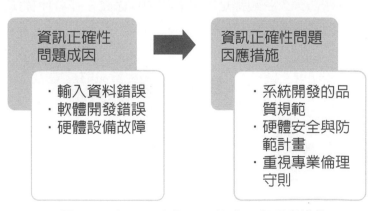

資訊正確性問題成因 ➡ 資訊正確性問題因應措施

- 輸入資料錯誤
- 軟體開發錯誤
- 硬體設備故障

- 系統開發的品質規範
- 硬體安全與防範計畫
- 重視專業倫理守則

◑ 圖 6-4 資訊正確性問題的成因與因應措施

Mason 認為，因為資訊正確性而產生的問題，不外乎是以下三個原因所造成：原始輸入的資料錯誤、軟體開發的錯誤造成、硬體設備故障產生。針對這些成因，他認為系統的管理者應該要採取以下的措施來防範這些問題的發生。

(一) 系統開發的品質規範

為防止軟體在開發過程中造成的錯誤，系統在開發過程中應該要制定品質相關的標準，在標準中要訂定資料的品質與系統錯誤的容忍度，並訂定軟體開發中所應遵守的各種程序，對於這些規範要定期的稽核、測試與維護。

(二) 硬體安全與防範計畫

企業對於資訊系統都要有可行的安全、防災、備份、回復的計畫，尤其要建立異地備援的機制，當系統遭遇到天災人禍時，才能確保系統能在一定時間內復原，以維護使用者的權益。

(三) 重視專業倫理守則

要維持資訊的正確性，必須靠系統開發、管理人員及資料維護人員共同合作才能達成，如果任一環節出了問題，都會造成資訊不正確。

三、財產權

數位資料的重製與散布都比實體文件容易，如果擁有資訊的人保管不力，將會造成重大的損害。資訊的財產權就是指個人對於資訊的控制及支配權力，並且規範資料擁有者的責任。

資訊財產權以智慧財產的形式呈現，受到相關法律的保護，包括：專利法、著作權法、商標法、營業秘密法等，各國都是透過立法加以保護。在著作權法上還有所謂的科技保護機制，相關細節將於 6-3 節中介紹。

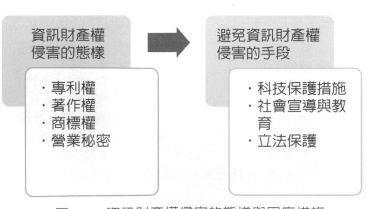

◑ 圖 6-5　資訊財產權侵害的態樣與因應措施

四、存取權

當個人資料被蒐集後，到底誰能夠存取、利用這些資料？如果沒有人管理這些資料，可能會造成當事人的損害。例如你在購物網站留下的個人資料，如果沒有人管，而被駭客入侵竊取、更改，輕者造成交易錯誤，重者可能會因此而遭到詐騙。

資訊存取權所規範的是個人或組織對所擁有、分配資訊資源的存取權力，資訊的擁有者在使用資訊時，首先必須要具備處理資訊的能力。其次，使用者必須擁有可以取得資訊技術的設備。最後，使用者要有經濟能力來負擔取得資訊的成本。

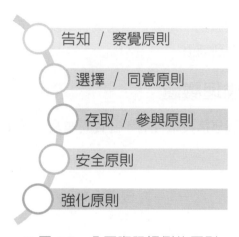

告知 / 察覺原則

選擇 / 同意原則

存取 / 參與原則

安全原則

強化原則

⋂ 圖 6-6　公平資訊慣例的原則

各國對資訊存取權的規範大同小異，其立法來源都是美國在 1973 年所提出的公平資訊慣例（**pair information practice**, FIP），它的主要原則有：告知 / 察覺原則（**notice / awareness principle**）、選擇 / 同意原則（**choice / consent principle**）、存取 / 參與原則（**access / participate principle**）、安全原則（**security principle**）及強化原則（**enforcement principle**）。

(一) 告知 / 察覺原則

任何網站在蒐集消費者的資料之前，都必須明確說明其資訊使用的政策，以及該組織會以何種機制來保護資料的隱私、正確性及品質，讓消費者能清楚的知道內容。

(二) 選擇 / 同意原則

資料蒐集者必須要讓消費者能自由的選擇他要輸入的資料，除了交易目的之外，願不願意被拿去做別的用途，包括組織內部其他單位或傳遞給第三方使用等。

(三) 存取 / 參與原則

　　資料蒐集者要提供一個方便的管道，讓消費者能隨時檢視其本身資料的正確性與完整性。

(四) 安全原則

　　資料蒐集者必須要有負責的措施，來確保其所保管資料的正確性及安全性，並防範未經授權的第三者竊取這些資訊。

(五) 強化原則

　　強化落實公平資訊慣例原則，無論是透過業者本身的自律規範，或是政府的立法管制，都要讓消費者的傷害得到補償。

6-1-2　網路的倫理議題

　　網路上常見的倫理議題包括侵權行為、言責問題及不當使用。

　　🎧 圖 6-7　網路的倫理議題

一、侵權行為

　　侵權行為指的是故意或過失，不法侵害他人權利的行為。行為的故意或過失，在刑法上是有不同定義的。刑法第 13 條規定：行為人對於構成犯罪之事實，明知並有意使其發生者，為故意，預見其發生而其發生並不違背其本意者，以故意論。第 14 條規定：行為人雖非故意，但按其情節應注意，並能注意，而不注意者，為過失，對於構成犯罪之事實，雖預見其能發生而確信其不發生者，以過失論。

　　數位化的資料比傳統資料容易重製，對於有著作權的資訊，什麼行為是侵害、什麼行為算是對著作的合理使用，如果拿捏不當，往往會對組織造成傷害，有關著作權的相關議題，將於第 6-3 節中討論。

二、言責問題

在網路普及的時代中，每個人都可能有好幾個網路帳號，由於在網路上的活動具有匿名性、隱密性，所以很多人會以為在網路上沒有人知道你是誰，就可以隨便的發表言論，殊不知凡走過必留下痕跡，你做過的事、走過的路都是有跡可循的。

雖然憲法保障了人民有言論自由，但是，言論自由是有限制的，應該要以不侵害他人為界限，它保障的是人民發言、表達意見的權力，但不保障表達的內容，如果表達的言論不恰當，還是會觸犯相關法律的。

三、不當使用

道高一尺、魔高一丈，很多人會利用網際網路來練功，例如入侵別人的電腦，竊取或竄改資料，或者在社群媒體中散發不實的事情，都是對網路的不當使用。

6-2 隱私權

➡ 6-2-1 資訊隱私

資訊隱私權是指個人對於自身資訊的保密或者公開的權力，在沒有通知當事人並獲得書面同意之前，資料持有人不能將當事人為了特定目的所提供的資料，自行運用在其他目的之上。

隨著網路技術的成熟，人們愈來愈習慣透過網路處理各種事務，個人資料及隱私的保護，也變得比以往更複雜。過去，個人資料都以書面文件的方式儲存，只要有完整的管理規範，就不易被竊取，現在，檔案都以數位化的方式存放，衍生出許多新的問題。資訊隱私被侵害的態樣有：個人屬性隱私（**privacy of a person's personal**）、個人資料隱私（**privacy of data about a person**）、通訊內容隱私（**privacy of a person's communications**）及匿名隱私（**privacy of anonymity**）等四種。

個人屬性隱私

個人資料隱私

通訊內容隱私

匿名隱私

♪ 圖 6-8 資訊隱私的態樣

一、個人屬性隱私

個人屬性隱私權指的是直接涉及個人屬性資料的隱私權，例如個人的名字、性別、電話、地址等。

二、個人資料隱私

個人資料隱私權指的是當個人屬性資料被形之於文字或數位化後，看到這些資料就可以間接的辨識出某人的屬性，如病歷資料、犯罪紀錄等，都應透過隱私權加以保護，以避免個人資料被商業化或被第三者所竊取。

三、通訊內容隱私

過去，人與人之間的溝通有賴信件，在數位化的時代裏，大家都靠各種電子工具溝通，像是電子郵件、各種通訊軟體等。當大家都習慣用電子通訊媒體與外界溝通時，個人所表達的思想、情感等內容，很容易就會暴露在外人的窺視之下。通訊內容的隱私權就是在討論如何去保護這些通訊內容，不會在網路上不知不覺的被監聽、監看。

通訊內容的隱私有時候也會跟企業的內部管理產生矛盾，企業為了溝通上的方便、效率，都會設有電子郵件伺服器，做為企業內、外部公務溝通使用。但是，管理者也擔心有人會公器私用，想要檢查看看員工是怎麼使用公務郵件，於是就產生了隱私權的爭議，弄得雙方都很尷尬。

四、匿名隱私

網路具有匿名的特性，匿名可以使網路使用者達到匿名隱私權的目的。但是，匿名雖然可以保護使用者的隱私，卻也可能讓網路成為犯罪的溫床。

➥ 6-2-2　網路個人隱私

在講求客製化的時代裏，網路業者無不絞盡腦汁的想知道消費者在想什麼，該送什麼廣告給正確的消費者，這些行為都要靠足夠的資訊才能做到，但是，這些資訊要從哪裏來呢？

還是要回到那句老話：凡走過必留下痕跡，網站業者大多會透過 cookie 來蒐集消費者的足跡，知道消費者進到官網後，瀏覽了哪些產品、停留了多久、瀏覽的路徑等，再做後續的消費者行為分析。以下分析網站業者及網站商家各自會蒐集哪些我們的個人資料。

一、網站業者蒐集的個人資料

個人資料是指那些可以用來辨識個人身分的資訊，像是姓名、地址、電話、電子郵件等，這些都受到相關法令的規範，因此，當第三者持有他人的個人資料時，當事人有權主張對方必須善盡保管責任。

網站業者在未經當事人同意之前，都不應該蒐集這些個人資料，但是，很多業者為了服務或管理客戶，不得不蒐集這些資訊，例如你在網路銀行開戶，銀行為了日後要跟你連絡，就會要你留下連絡地址、電話、電子郵件等資料。這些屬於個人資料法保護的範疇，為了避免違法，網站業者在蒐集這些資料之前，都要經過當事人的同意才能蒐集。

二、網站商家蒐集的個人資料

在會員經濟當道之際，消費者都希望網站商家提供的是客製化的專屬服務，沒有人希望在重複消費的過程中，每次消費都要重新輸入一次送貨的地址、電話等資料，其實，這在資訊時代是很容易做到的事。

重點在於：網站商家在蒐集這些資訊前是不是經過當事人的同意？商家為了避免違法，通常會在網頁上放置一個說明文件來取得消費者的同意，但是，有沒有對資料後續的處理、利用做好管理呢？這也不是一件可以忽視的事。

➥ 6-2-3　個人資料保護法

以上所敘述的資訊倫理議題，都和個人資料保護法（以下簡稱個資法）有關，為了避免誤踩地雷，在這一小節中將簡單介紹個資法的相關內容。

一、行為客體

個資法所規範的行為客體包括：一般個人資料、特種個人資料及其他個人資料，其中自然人之姓名、出生年月日、國民身分證統一編號、護照號碼、特徵、指紋、婚姻、家庭、教育、職業、病歷、聯絡方式、財務情況、社會活動等都屬於一般個人資料。醫療、基因、性生活、健康檢查、犯罪前科則是特種個人資料。除了以上這些正面表列的項目之外，其他得以直接或間接方式識別該個人之資料，也是個資法所規範的保護範圍。至於個人資料檔案的形式，則不限於數位化的資料才算，只要是依系統建立而得以自動化機器或其他非自動化方式檢索、整理之個人資料，都是個資法所稱的個人資料檔案。

二、行為主體

大家可能會以為個資法規範的是公務機關，私人機構應該不受約束吧！其實最新的個資法所規範的行為主體，包括了公務機關與非公務機關。公務機關是指依法行使公權力之中央或地方機關或行政法人，而非公務機關則是指公務機關以外之自然人、法人或其他團體，也就是所有人的行為都受到個資法的約束。

○圖 6-9　個資法規範的行為客體

三、當事人權利

當事人指的是個人資料的本人，也就是我們每一個人。當我們的個人資料被蒐集後，我們有什麼權利呢？個資法第 3 條規定，當事人對於自己的個人資料有：查詢或請求閱覽、請求製給複製本、請求補充或更正、請求停止蒐集、處理或利用、請求刪除等權利，而且這些權利不得預先拋棄或以特約限制它。

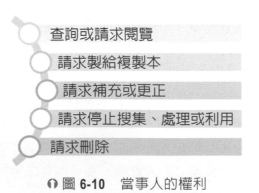

○圖 6-10　當事人的權利

公務機關或非公務機關（以下簡稱蒐集機關）應依當事人之請求，就其蒐集之個人資料，答覆查詢、提供閱覽或製給複製本。但有下列情形之一者，不在此限：

1. 妨害國家安全、外交及軍事機密、整體經濟利益或其他國家重大利益。
2. 妨害公務機關執行法定職務。
3. 妨害該蒐集機關或第三人之重大利益。

蒐集機關應維護個人資料之正確，並應主動或依當事人之請求更正或補充之，個人資料正確性有爭議者，應主動或依當事人之請求停止處理或利用。但因執行職務或業務所必須，或經當事人書面同意，並經註明其爭議者，不在此限。

個人資料蒐集之特定目的消失或期限屆滿時，應主動或依當事人之請求，刪除、停止處理或利用該個人資料。但因執行職務或業務所必須或經當事人書面同意者，不在此限。對於違反個資法規定蒐集、處理或利用個人資料者，應主動或依當事人之請求，刪除、停止蒐集、處理或利用該個人資料。

四、告知義務

依照個資法第 8 條，蒐集機關依規定向當事人蒐集個人資料時，應明確告知當事人下列事項：

1. 公務機關或非公務機關名稱。
2. 蒐集之目的。
3. 個人資料之類別。
4. 個人資料利用之期間、地區、對象及方式。
5. 當事人依第 3 條規定得行使之權利及方式。
6. 當事人得自由選擇提供個人資料時，不提供將對其權益之影響。

合乎以下條件所蒐集的個人資料可以不需要告知：

1. 依法律規定得免告知。
2. 個人資料之蒐集係公務機關執行法定職務或非公務機關履行法定義務所必要。
3. 告知將妨害公務機關執行法定職務。
4. 告知將妨害公共利益。
5. 當事人明知應告知之內容。
6. 個人資料之蒐集非基於營利之目的，且對當事人顯無不利之影響。

五、規範行為

個資法規範的行為包括：對個人資料的蒐集、處理及利用。蒐集指以任何方式取得個人資料，包括直接向當事人蒐集及自第三人處取得的個人資料。

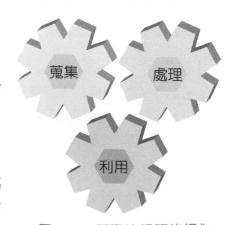

🎧 圖 6-11　個資法規範的行為

處理則是爲建立或利用個人資料檔案所爲資料之記錄、輸入、儲存、編輯、更正、複製、檢索、刪除、輸出、連結或內部傳送。利用是指將蒐集之個人資料爲處理以外之使用。

爲避免個人資料被濫用，個資法第 5 條規定：個人資料之蒐集、處理或利用，應尊重當事人之權益，依誠實及信用方法爲之，不得逾越特定目的之必要範圍，並應與蒐集之目的具有正當合理之關聯。

六、賠償及罰則

(一) 民事

違反個資法會面臨民事賠償、刑事處分及行政罰，蒐集機關違反個資法，致使個人資料遭不法蒐集、處理、利用或其他侵害當事人權利者，負損害賠償責任，但公務機關造成的損害是因天災、事變或其他不可抗力所致者，可以不負賠償責任，非公務機關如果能證明其無故意或過失者，也可以不負賠償責任。

被害人雖然不是財產上之損害，亦得請求賠償相當之金額；其名譽被侵害者，並得請求爲回復名譽之適當處分。如果被害人不易或不能證明其實際損害額時，得請求法院依侵害情節，以每人每一事件新臺幣 500 元以上 2 萬元以下計算。

(二) 刑事

刑事處分的範圍包括不法使用個人資料及不法變更個人資料，除對公務機關犯不法變更之外，都是告訴乃論，而且如果侵害個人的行爲在其他法律有較重處罰規定者，從其規定。意圖爲自己或第三人不法之利益或損害他人之利益，足生損害於他人者，處 5 年以下有期徒刑，得併科新臺幣 100 萬元以下罰金。

意圖爲自己或第三人不法之利益或損害他人之利益，而對於個人資料檔案爲非法變更、刪除或以其他非法方法，致妨害個人資料檔案之正確而足生損害於他人者，處 5 年以下有期徒刑、拘役或科或併科新臺幣 100 萬元以下罰金。

(三) 行政

行政罰有三種態樣，都是針對非公務機關，罰鍰的金額不一樣，但是有一點是相同的，非公務機關被處罰時，它的代表人、管理人及其他有代表權的人，除非能證明自己已經盡了防止的義務外，都要受到同一額度罰鍰的處罰。

1. 先罰再限期改正

違反下列事項，中央目的事業主管機關或直轄市、縣（市）政府可以處新臺幣 5 萬元以上 50 萬元以下罰鍰，並且命令它限期改正，屆期未改正者，還可以按次處罰，直到改正。

(1) 違反第 6 條第 1 項規定，違法蒐集特種個資。

(2) 違反第 19 條規定，未依特定目的蒐集個人資料。

(3) 違反第 20 條第 1 項規定，將個人資料做特定目的外之利用。

(4) 違反中央目的事業主管機關規定限制國際傳輸之命令或處分。

2. 先限期改正再罰

違反下列事項，中央目的事業主管機關或直轄市、縣（市）政府會限期改正，屆期未改正者，還可以按次處新台幣 2 萬元以上 20 萬元以下罰鍰。

(1) 違反第 8 條或第 9 條規定，直接或間接蒐集個人資料前未告知。

(2) 違反第 10 條、第 11 條、第 12 條或第 13 條規定之行為規範。

(3) 違反第 20 條第 2 項或第 3 項規定以個人資料進行行銷的行為。

(4) 違反第 27 條第 1 項或未依第 2 項訂定個人資料檔案安全維護計畫或業務終止後個人資料處理方法。

3. 規避檢查

非公務機關無正當理由違反第 22 條第 4 項拒絕接受中央目的事業主管機關或直轄市、縣（市）政府檢查者，處新臺幣 2 萬元以上 20 萬元以下罰鍰。

七、不適用情形

個資法也不是無限制的適用，在個資法第 51 條也規定不適用個資法的情形：

1. 自然人為單純個人或家庭活動之目的，而蒐集、處理或利用個人資料。

2. 於公開場所或公開活動中所蒐集、處理或利用之未與其他個人資料結合之影音資料。

6-3　資訊科技面臨的智慧財產權議題

資訊科技在今日所面臨到的智慧財產權議題包括了：著作權（copyright）、專利權（patent）及商標權（trade mark）等，問題是全方位的，除了國內的問題外，很多都涉及國際性的問題。我們了解智慧財產權的目的，消極的方面是知道如何才不會侵害別人的權利，積極方面則是在考量如何才能主張我們自己的權利。

➥ 6-3-1 著作權

一、保護標的

資訊科技的發展已從單純的電腦衍生到通訊、多媒體，它的產品或服務除了程式外，還包括音樂、影片、動畫、各式的數位圖片等，因此，著作權是一個相當重要的議題。

目前我國的著作權係採創作保護制，著作人在其著作完成的時候，就自然享有著作權，不需要再去申請，也不管有沒有公開過。但是，著作權的保護也是有限制的，它只保護著作的表達，而不保護所表達的思想、程序、製程、系統、操作方法、概念、原理及發現。

著作權所保護的著作有：語文著作、音樂著作、戲劇、舞蹈著作、美術著作、攝影著作、圖形著作、視聽著作、錄音著作、建築著作、電腦程式著作。前面所敘述的音樂、影片、動畫、各式的數位圖片等，都是著作權保護的標的。

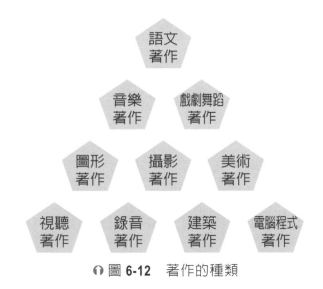

🎧 圖 6-12　著作的種類

一個網頁的組成就涉及了不同的著作，網頁上的文字屬於語文著作，圖片有可能是美術著作、圖形著作或者是攝影著作，影片則是視聽著作，背景音樂是音樂著作、錄音著作，如果還放了動畫，除了前面所述的這些著作外，又包括了電腦程式著作。

二、著作權

著作權法第 10 條規定：著作人在創作完成時就享有著作權，著作人所享有的著作權包括了著作人格權及著作財產權，其中著作人格權是著作人的專屬權利，不能讓與也不能繼承。

(一) 著作人格權

　　著作人格權包括公開發表權、姓名表示權及禁止竄改權。公開發表指權利人以發行、播送、上映、口述、演出、展示或其他方法向公眾公開提示著作內容。簡單的說，公開發表權就是著作人決定要不要把著作公開發表的權利。

　　姓名表示權是指著作人於著作之原件或其重製物上或於著作公開發表時，有表示其本名、別名或不具名之權利，換言之，就是著作人公開發表他的著作時，有權利決定要用什麼名字。

　　最後一個權利是：著作人享有禁止他人以歪曲、割裂、竄改或其他方法改變其著作之內容、形式或名目致損害其名譽之權利，也就是不能隨便對別人的著作斷章取義，進而扭曲原意。

(二) 著作財產權

　　著作財產權具有經濟價值，它不但可以全部或部分讓與，還可以全部或部分授權，因此，它的權利存續也有時間限制，著作人如果是自然人的話，他的著作財產權存續期間為著作人生存期間及死亡後 50 年，不是以本名所發表的著作，則是著作公開發表後 50 年。法人所發表的著作，其著作權的存續期間為公開發表後 50 年。

　　著作財產權除了重製、公開上映、公開播送、公開傳輸、改作、散布等權利外，語文著作的著作人有公開口述權。語文著作、音樂戲劇著作及舞蹈著作的著作權人還有公開演出權。對於未發表的美術著作及攝影著作的著作權人，則有公開展示權。而出租權除了電腦程式著作外，其他著作都適用。

全部著作適用	部份著作適用
重製、公開上映、公開播送、公開傳輸、改作、散布	・公開口述權　–語文著作　・公開演出權　–語文著作、音樂戲劇著作及舞蹈著作　・公開展示權　–未發表的美術著作及攝影著作　・出租權　–除電腦程式著作外

🎧 圖 6-13　著作財產權的種類

三、著作權歸屬

著作權的歸屬，可以從二個層面來討論：職務上的創作及委外的創作。

(一) 職務上的創作

首先要討論的是員工在公司裏工作，他所創作的作品，著作權應該是誰的？著作權法第 11 條規定：受雇人於職務上完成之著作，以該受雇人為著作人。但契約約定以雇用人為著作人者，從其約定。

這法條很清楚的說了：如果沒有契約約定，員工在工作上的創作，著作人就是員工，這看起來老板好像沒什麼保障，萬一勞動契約沒寫好，沒有著作權不能重製、散布，經濟利益就沒啦，豈不是做白工了嗎？

為了避免這個問題，著作權法第 11 條第 2 項也有規定，以受雇人為著作人者，其著作財產權歸雇用人享有。但契約約定其著作財產權歸受雇人享有者，從其約定。其實，著作權包括著作人格權及著作財產權，這二種權利不一定要在同一個人身上，它是可以分開存在的，員工拿到的是人格權，老板拿到的是財產權。

(二) 委外創作

傳統的生產大多在一家公司裏從頭包到尾，但是，在專業分工的時代裏，很多事情自己做不一定是成本低的選擇，因此，把工作外包給專業廠商即成為一種趨勢。在這個趨勢下，我們要面對的問題又是什麼？

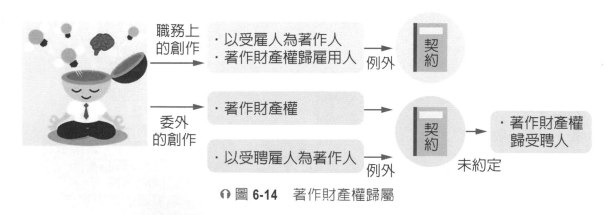

職務上的創作
· 以受雇人為著作人
· 著作財產權歸雇用人 ── 例外 → 契約

委外的創作
· 著作財產權
· 以受聘雇人為著作人 ── 例外 → 契約 → · 著作財產權歸受聘人　未約定

⚭ 圖 6-14　著作財產權歸屬

小西瓜是某校資訊管理系的學生，畢業後自己開了一個工作室，幫客戶代工寫程式。某日，隔壁的餐廳請她寫一個 chatbot，以便放在自家的 Line@ 官方帳號上做為行銷之用，因為是鄰居，雙方就沒有簽合約，小西瓜完成 chatbot 後，餐廳要求要原始碼（source code），以便日後修改，小西瓜該不該給原始碼呢？

要解決這個爭議,還是要回歸著作權法的規定。著作權法第 12 條規定:出資聘請他人完成之著作,以該受聘人爲著作人。但契約約定以出資人爲著作人者,從其約定。以這個案例來看,小西瓜和餐廳因爲是鄰居,就沒有簽約,既然沒有契約約定,那就以受聘人爲著作人,所以,著作人是小西瓜。

聰明的你可能馬上會想到:小西瓜拿到的是人格權還是財產權?著作權法第 12 條第 2 項規定:以受聘人爲著作人者,其著作財產權依契約約定歸受聘人或出資人享有。未約定著作財產權之歸屬者,其著作財產權歸受聘人享有。著作財產權又是依契約約定!

小西瓜跟餐廳沒有簽約,著作財產權當然就是受聘人小西瓜的囉!餐廳最後連著作財產權都沒有,怎麼辦呢?天無絕人之路,尤其是出錢的人,著作權法第 12 條第 3 項規定:著作財產權歸受聘人享有者,出資人得利用該著作,所以,餐廳本身還是可以利用這個 chatbot,但是,他就不能重製賣給同行,日後也不能自己修改程式。

四、著作權的授權(license)

著作權是一種無形財產,無形財產除了可以賣斷外,還可以用授權的方式,讓其他人實施該權利。著作權法第 37 條規定:著作財產權人得授權他人利用著作,著作財產權可以同時授權,也可以分開授權給不同人,授權的地域、時間、內容、利用方法或其他事項,依當事人之約定;其約定不明之部分,推定爲未授權。

(一) 專屬授權(exclusive license)

專屬授權指的是在授權契約約定的範圍內,包括:授權的地域、時間、內容、利用方法或其他事項,只有唯一的一個被授權人,在契約約定的範圍內,連著作財產權人都不得行使這些權利。專屬授權之被授權人在被授權範圍內,得以著作財產權人之地位行使權利,並得以自己名義爲訴訟上之行爲。

(二) 非專屬授權(non-exclusive license)

非專屬授權顧名思義就是不是專屬授權,因此,只要授權雙方的條件談得攏,在市場中可能會有很多非專屬授權的被授權人,非專屬授權之被授權人的權利僅止於契約約定,且非經著作財產權人同意,不得將其被授與之權利再授權第三人利用。

五、權利管理電子資訊及防盜拷措施

數位產品可以很容易的被重製、散布,爲了讓他人知道著作的著作權人,因此有了權利管理電子資訊的設計。權利管理電子資訊是指於著作原件或其重製物,或於著作向公眾傳達時,所表示足以確認著作、著作名稱、著作人、著作財產權人或其授權之人及利用期間或條件之相關電子資訊;以數字、符號表示此類資訊者,也算是權利管理電子資訊。

　　像我們在安裝軟體之前，都會出現一個畫面，告訴我們這個軟體的著作權是屬於誰的，哪些事情可以做、哪些事情不能做。在看租來或買來的影片時，一開始也會有一個全黑的螢幕，密密麻麻的寫了一些字，這些字也是在告訴我們這部影片的授權及可以利用的方式。

　　著作權人所為之權利管理電子資訊，任何人都不得移除或變更，而且明知道著作權利管理電子資訊已經被非法移除或變更者，也不得散布或意圖散布而輸入或持有該著作原件或其重製物，亦不得公開播送、公開演出或公開傳輸。

　　著作權人除了可以利用權利管理電子資訊讓他人知道權利外，也可以採取防盜拷措施，來防止他人盜拷。防盜拷措施指著作權人所採取有效禁止或限制他人擅自進入或利用著作之設備、器材、零件、技術或其他科技方法。

　　著作權人所採取禁止或限制他人擅自進入著作之防盜拷措施，未經合法授權不得予以破解、破壞或以其他方法規避之。破解、破壞或規避防盜拷措施之設備、器材、零件、技術或資訊，未經合法授權不得製造、輸入、提供公眾使用或為公眾提供服務。

↪ 6-3-2　專利權

一、專利要件

　　報紙上說流感重症不是老幼專利，這句話是什麼意思？流感重症是專利？還是老幼有專利？專利到底是什麼？

　　專利制度的目的在於促進產業發展，所以，一個技術要能申請專利，必須具備產業利用性、新穎性及進步性。新穎性指的是申請前，該技術未見於刊物、未公開實施、不是公眾所知悉的。進步性則是該技術在其所屬技術領域中具有通常知識者依申請前之先前技術不能輕易完成。一個技術要符合這些要件，經過審查後才能取得專利。

🎧 圖 6-15　專利是什麼

二、專利種類

目前國內的專利分為發明、新型及設計等三種。

(一) 發明

發明指利用自然法則之技術思想之創作，又可分為物的發明與方法發明，由於演算法（algorithm）在各國都不能成為申請專利的標的，目前和演算法有關的技術，如資訊系統、電子商務等，都是以方法申請專利。

(二) 新型

新型是利用自然法則之技術思想，對物品之形狀、構造或組合之創作，因此，原則上新型專利不會出現只有方法的專利。

(三) 設計

設計是對物品之全部或部分之形狀、花紋、色彩或其結合，透過視覺訴求之創作。目前國內的設計專利已將電腦圖像及圖形化使用者介面納入，在設計系統或 App 時，可以考慮將所設計的電腦圖像或使用者介面申請設計專利保護。

三、權利歸屬

(一) 職務上的發明 / 創作 / 設計

受雇人於僱傭關係中之工作所完成之發明、新型或設計，其專利申請權及專利權屬於雇用人，雇用人應支付受雇人適當之報酬。但契約另有約定者，從其約定。也就是說，員工在職務上的發明或創作，除非另有約定，否則專利的申請權及專利權都是公司的，雖然專利權是公司的，員工還是有姓名表示權。

(二) 非職務上的發明 / 創作 / 設計

受雇人於非職務上所完成之發明、新型或設計，其專利申請權及專利權屬於受雇人。但其發明、新型或設計係利用雇用人資源或經驗者，雇用人得於支付合理報酬後，於該事業實施其發明、新型或設計。

為了避免日後發生爭議，受雇人完成非職務上之發明、新型或設計，應即以書面通知雇用人，如有必要並應告知創作之過程。雇用人於前項書面通知到達後六個月內，未向受雇人為反對之表示者，不得主張該發明、新型或設計為職務上發明、新型或設計。

(三) 委外的發明 / 創作 / 設計

在專業分工的時代，委外研究也是常態，由一方出資聘請他人從事研究開發者，其專利申請權及專利權之歸屬依雙方契約約定；契約未約定者，屬於發明人、新型創作人或設計人。但出資人得實施其發明、新型或設計。

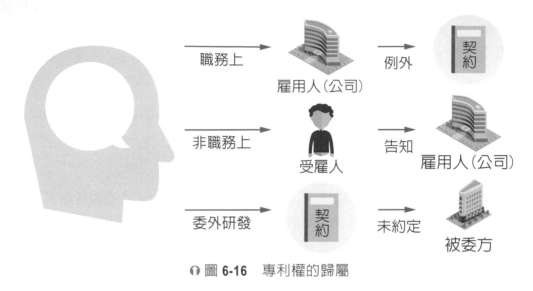

◯ 圖 **6-16** 　專利權的歸屬

當公司委託其他公司研發時，研發成果的專利權歸屬，依雙方的契約決定，如果契約沒有約定，則屬於被委託方。所以，在委託契約上，一定要把專利權的歸屬約定清楚，以免造成日後的困擾。

四、專利的授權

專利權也可以授權實施，專利授權可分為非專屬授權及專屬授權，專屬授權指在授權契約範圍只有被授權人可以行使權利，即使是專利權人也被排除不能實施。也就是說，被授權人的地位等同是專利權人，可以將授權的專利再授權，也可以對侵權人提起訴訟。而非專屬授權人就只能在契約範圍內行使權利。

➥ 6-3-3　商標權

一、商標種類

商標係指任何具有識別性之標識。所謂識別性，指足以使商品或服務之相關消費者認識為指示商品或服務來源，並得與他人之商品或服務相區別者。所以商標的種類可以是文字、圖形、記號、顏色、立體形狀、動態、全像圖、聲音等，或者是這些的聯合式所組成。

二、商標的授權

商標的授權也區分專屬授權與非專屬授權。商標權人得就其註冊商標指定使用商品或服務之全部分或一部分指定地區進行授權，專屬被授權人在被授權範圍內，排除商標權人及第三人使用註冊商標。商標權受侵害時，於專屬授權範圍內，專屬被授權人得以自己名義行使權利。但契約另有約定者，從其約定。

三、商標權的侵害

一般人對於商標權的感受可能沒有那麼深刻，因為你可能覺得沒有開店，商標好像事不關己。但是，在影音串流平台風行的自媒體時代裏，每個人都可能是 Youtuber，每個人都可能成為網紅，這些 Youtuber 大多獨立工作，靠著自己的品牌闖出一片天，你有沒有想過，有一天你用的名字被註冊商標後，該怎麼辦呢？

不要以為這是不可能的事，真實事件已經在我們周圍發生。2019 年 8 月，大陸影音平台 bilibili 中的知名影片主敬漢卿發布了一則「我被告知跟我 22 年的名字我不能用要我改名！我如何維權」影片，指稱有企業發函通知他，使用「敬漢卿」一名侵害該公司的註冊商標專用權，要求他要改名。

網路上的網紅都是自媒體出身，可能有個小團隊，但是大部分是單獨一人，若沒有商標的概念，很難跟商標蟑螂對抗。國內的一些網紅，像是理科太太、谷阿莫⋯⋯比較有危機意識，都把自己的名字拿去申請商標，以免被別人捷足先登。

個案：資訊科技在保護個人資料上的應用——司法電子化

在網際網路帶起了一股風潮後，TCP/IP 成了企業電子化的主流技術，不管是企業內網路（intranet）還是企業間網路（extranet），都是採用 TCP/IP 架構。在這個開放式的架構下，各行各業建置自己的電子化網路，於是造就了金融電子化、工業 4.0 等。

司法因為與人民權利息息相關，對於資料的保護相對會比較保守。近年來，由於個人資料保護法的實施，人民愈來愈重視自己的隱私權及個人資料的散布，促使各級法院、檢察署、調查機關，也愈來愈重視個人資料的問題。

當一個案子的利害關係人從警察、調查機關約談開始，就會有各式各樣的筆錄、證據等資料產生，以往筆錄都是由警察或調查人員用手寫的，電子化之後，這些筆錄都是由警察或調查人員輸入電腦再列印出來，由利害關係人蓋完手印後再裝訂送出。等案子到了檢察署或法院，偵察庭或開庭的筆錄，也是由書記官輸入電腦之後，再列印出來，交由各利害關係人蓋完手印後併卷。

行政院法務部檢察機關自 2016 年起，開始推動數位卷證管理系統，並於同年底完成系統開發及試辦，並將系統陸續於臺灣各檢察機關正式上線，在 2019 年 5 月全數完成推廣。自此，一個案件從警察局或調查局的筆錄、證據等資料，都用掃描的方式上傳到數位卷證管理系統。

司法院近年也積極推動司法 E 化，在 2018 年啟動了包括法制化電子卷證系統與跨部門整合、科技法庭等數位計畫。當司法院與行政院法務部雙方都將訴訟卷證數位化後，也就產生了數位卷證資料交換的需求。2017 年 7 月起，由臺灣新北地方法院與臺灣新北地方檢察署先行進行數位卷證交換試辦作業，並於 2018 年 5 月完成院部全國作業平台及網路交換測試作業。

訴訟資料在審判期間，律師及當事人都可以要求閱卷，但是，筆錄裏有些資料不適合讓當事人看到，如證人的資料、性侵被害人的資料等，書記官在把電子檔發出前，都要用人工把不該看到的資料遮隱起來，這是很耗人力的作業。

審判後的判決書，目前都會放在司法院的裁判書查詢系統中，供各界人士查詢，判決書在上網公告之前，也都會將身分證字號、姓名、住址、生日、性別、護照號碼、電話、金融帳號、車牌號碼及病歷號碼等 10 種個人資料，以人工的方式加以遮隱。

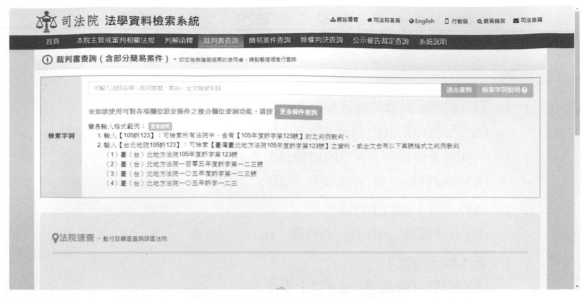

🎧 **圖 6-17** 司法院的裁判書查詢系統

　　當案件很多的時候，以人工方式進行遮隱，將是件耗時的工作，由於各種工具軟體的發展，司法院已先將掃描的各式筆錄，運用光學字元辨識（optical character recognition, OCR）技術轉化為文字，又在 2020 年委託網資科技，由該公司提供人工智慧引擎、開發平台，司法院提供大量的筆錄資料讓機器學習，透過平台讓使用者可以操作系統，讓系統自動把筆錄上的個人資料加以遮隱。

習 題

選擇題

( ) 1. 對於網路隱私權的保護措施，以下何者為非？
(A) 法律保護　(B) 電子化　(C) 技術保護

( ) 2. 下列何者是網路上常見的倫理議題？
(A) 侵權行為　(B) 不當使用　(C) 以上皆是

( ) 3. 個資法所規範的主體為？
(A) 公務機關　(B) 非公務機關　(C) 以上皆是

( ) 4. 著作權不保護？
(A) 思想　(B) 表達　(C) 以上皆是

( ) 5. 小強在公司裏為公司設計了一個 App 的圖像，這個圖像的專利權是誰的？
(A) 小強的　(B) 公司的　(C) 誰先申請就是誰的

問答題

1. 貴公司開發了一款手機遊戲，請問你要用什麼方法保護它不被侵害？

第二篇　科技篇

07　物聯網

7-1 物聯網

　　網際網路的出現，讓個人電腦不再是孤島，它不但改變了我們的生活方式，也讓人與人間開啓了另一種溝通方式，進而打破以往的商業模式，許多創新的商業模式因應而生。

　　在 30 年前電腦開始發展的時候，人們就開始想像著：下班離開辦公室時，可以透過網路，讓家裏的電鍋開始煮飯、冷氣在適當的時候能自動打開，讓我們一進門時就能感到涼爽。

　　這樣的場景一直是我們所期待的，但是，過去在網際網路上，人與人、人與資訊的互動，都還是以人爲主，直到物聯網（internet of things, IoT）的技術應用成熟，我們才慢慢有可能實現這些夢想。

　　在物聯網的時代裏，不再只有資通訊設備才能上網，每一種設備都可以裝置感測器（sensor）。感測器也有人翻譯成傳感器，透過電信網路或無線網路，物物皆可上網。一旦所有的物件都具備上網的能力，並且可以透過網路提供服務，讓物件與物件之間也能互相溝通與互動，物聯網的世界就已成形，它也可以說是網際網路的延伸應用。

➥ 7-1-1 物聯網的發展歷程

　　萬物聯網的想法，在 30 年前就已經被討論，但是受限於網路頻寬、網路位址等基礎建設，一直未能實現。1982 年，一群卡內基・美隆大學（Carnegie Mellon University）的學生就開發了一款網路可樂機，可以知道機器內的存貨狀況。

2020年	204億個物聯網裝置
2018年	車聯網快速發展
2014年	Apple、Google跨足智慧家電
2012年	美國安裝1,000萬具智慧電表
2011年	IPv6上市
2009年	歐盟宣布物聯網行動計畫
2006年	AWS雲端發布PaaS
2005年	ITU發表第1篇IoT報告
2001年	BMW推出第一台聯網汽車
2000年	LG推出全球第1台聯網冰箱
1999年	Kevin Ashton提出物聯網一詞

🎧 圖 7-1　物聯網發展歷程

物聯網的概念，早在 1995 年比爾蓋茲（Bill Gates）就在他的著作《未來之路》（The Road Ahead）中提到過，但囿於當時網際網路、軟體、硬體設備的技術尚未成熟而未能實現。直到 1999 年，美國麻省理工學院（Massachusetts Institute of Technology, MIT）自動化身分辨識實驗室（auto-ID）探索無線射頻識別（radio frequency identification, RFID）的應用時，才由實驗室的執行董事 Kevin Ashton 正式提出物聯網這個名詞。

到了 2000 年 6 月，LG 推出世界上第一台網路冰箱，這台冰箱可以感測到裡面所存放的物品，並且使用條碼和 RFID 掃描技術來追蹤庫存。儘管如此，這個冰箱仍然沒有在市場上獲得青睞，而成為一個失敗的商品，原因在於消費者並不認為這是冰箱必須具備的功能，而且增加了成本，想要解決的問題也模糊不清。

🎧 圖 7-2　物聯網的概念圖（參考來源：香港通訊事務管理局辦公室）

2005 年，聯合國的國際電信聯盟（international telecommunication union, ITU）發表了對物聯網的第一個報告，詳盡闡述物聯網、技術、市場機會、挑戰及其影響。提出物聯網延伸了網際網路的連結特性的觀念，使各種設備與產品，得以透過一致且整合的通訊協定，讓物與物之間能夠彼此互動與溝通，進而產生決策的智慧。

而這個無所不在的環境，則是透過時間（time）、空間（space）與物件（thing）的三維空間所串連而成，如圖 7-3 所示。

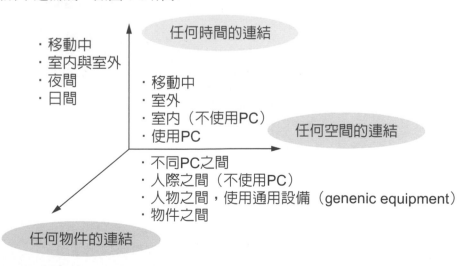

🎧 圖 7-3　物聯網的聯結特性

自此之後，物聯網開始在世界各地發展。2006 年，在瑞士舉辦了第一屆歐洲物聯網會議，邀請一流的研究人員，以及來自學術界和工業界的專家，一起分享相關應用、研究結果和知識。

2008 年，由 Bosch、Cisco、Ericsson、Intel、SAP、Sun、Google、Fujitsu 等 50 餘家公司，成立了 IPSO 聯盟（internet protocol smart objects alliance, IPSO），致力於使物聯網設備能夠在開放標準下相互交流，為物聯網建立良好的溝通介面。

中國大陸也在 2010 年，將物聯網列為重點產業，並於上海成立國家物聯網中心，結合產業及上海研究院、中國社科院等研究機構，共同進行物聯網技術的相關研究。

在 2011 年推出 IPv6，解決了 IP 位址不夠用的問題之後，美國在 2012 年時，智慧電表的安裝就達到 1,000 萬個。Apple、Google 等公司自 2014 年起，也陸續投入智慧眼鏡等穿戴式裝置、健康產業的研發，不但整個物聯網產業快速成長，車聯網也是未來的發展方向。根據陳榮貴的研究顯示，在 2020 年，全球約有 204 億個物聯網裝置。

➥ 7-1-2　物聯網的架構

物聯網的發展過程可分為三個階段：終端連接、平台分析及應用服務。在終端連接階段，主要是透過硬體載具的改變，讓可連網的終端裝置能快速成長。但是，這些感測器只具備感應資料、傳輸資料的能力，不具備儲存資料的能力，感測器之間也沒有資料交換的能力。

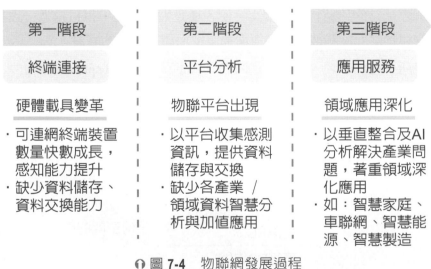

○ 圖 7-4　物聯網發展過程

當感測器不斷地傳回資料，數據變多之後，開始出現物聯網的平台。平台蒐集了感測器傳回來的大量資料，同時提供資料儲存與交換的功能。大數據資料可以做資料探勘（data mining），但缺乏跨產業、跨領域間資料的智慧分析與加值運用。

　　第三階段則是對平台所蒐集到的各種資料進行垂直整合，並且運用人工智慧的技術，針對各領域或跨領域的問題做深化應用，以分析及解決各產業所面臨的問題。

　　物聯網是提供物物相連的網路，在《科學月刊》中，將其架構分為三個層次：感知層（sense layer）、網路層（network layer）及應用層（application layer）。感知層針對各種不同的場景進行感測與監控，主要目的在蒐集實體世界上各種物理量的數據或數位資料，這層都是具有感測、辨識及通訊能力的設備，如 RFID 標籤及讀寫器、GPS、影像處理器、溫度、濕度、紅外線、光度、壓力、音量等各式感測器。

⋒ 圖 7-5　物聯網的架構

　　網路層的功用，是將感知層所蒐集到的各式數位資料，安全、可靠的傳輸至平台，其傳送的管道包括：網際網路、無線通訊網路等。應用層則是用來支援跨產業、跨應用領域、跨系統之間的資訊合作、共享和連通，將物聯網與產業間的專業進行技術融合，並根據不同的需求，開發出相對應需要的應用軟體。

➥ 7-1-2　物聯網的技術發展

　　物聯網乃是透過各種資訊感測設備，即時將所感測到物理世界的狀態，透過網路傳輸至平台，以進行智慧化識別、定位、跟蹤、監控和管理。如果以人體來形容，物聯網的每一個端點，就像是人身上的神經末梢，持續將感應的資訊，透過神經網路匯流到神經中樞，最後在大腦進行分析、判斷，決定最佳的回應方式。

　　在圖 7-5 所示的物聯網架構下，不同的階層配合其扮演的角色不同，所需發展的技術也有所不同。

一、感知層

若以人體來比喻物聯網系統，感知層扮演的就是類似人類五感的功能，它主要的功用在負責接收、辨識、傳送訊息等，其所需的技術包括：感測技術、**無線感測網路**（**wireless sensor network**, WSN）及嵌入式技術（**embedded system**）。

(一) 感測技術

感測技術與時俱進，早期是透過掃描器讀取貼在物件上的條碼（bar code），做為物件辨識之用。到了 1994 年，日本的 Denso-Wave 公司發明了二維條碼（**2-dimensional barcode**），二維條碼不需要透過掃描器才能讀，只要有智慧型手機，就可以讀取資料，使得條碼的運用更加廣泛。

一維條碼　　　　　二維條碼

🎧 圖 7-6　條碼

而無線射頻辨識，則是利用無線通訊的技術，由電子標籤（**tag**）及讀寫器（reader/writer）所組成。電子標籤可放在任何物件上。讀寫器經由無線電來讀取資料，或將資料寫入電子標籤，讀寫器可將資料寫入後端的資料庫內，在讀寫的過程中，讀寫器不需要接觸標籤。

🎧 圖 7-7　無線射頻辨識的標籤

電子標籤的樣式如圖 7-7 所示，中間有一個晶片，周圍則是天線。無線射頻辨識載具的形式也很多元，圖 7-8 左邊是用於門禁管制的磁扣，裏面即設置了一個無線射頻辨識裝置。我們日常使用的悠遊卡，它的裏面也是放著一個無線射頻辨識裝置。

🎧 圖 7-8　無線射頻辨識的載具

　　無線射頻辨識技術的優點包括：低成本、低耗能、便利性高、安全性高、壽命長，及易於應用在不同的場合中或物品上，加上無線射頻辨識裝置具有提供資訊流的能力，可以即時提供資訊給系統，且可以裝置在不同大小、形狀的載具上，未來在物聯網的運用上極具潛力。

　　感知層的功能在於接收、辨識、傳送訊息。為達此目的，無線射頻辨識技術是透過無線電波來傳遞資料。另外還可以運用的通訊技術為**近距離通訊**（**near field communication**, NFC），近距離通訊的技術可以使二個裝置相互靠近，即可傳送資料。物件間即使不接觸，也可相互交換資料。現在很多信用卡都運用這種技術，不再像以前一樣，要刷卡才能付費。

　　至於在感知層中所使用的感測器，是感知層用來接收信號或回應的裝置，它能感受到外界的變化或刺激，並將資訊傳給另一裝置。感測裝置可以透過紅外線、超音波、壓力、溫度、溼度等方式，感測到外界的變化，進而將資訊傳遞回系統。

(二) 無線感測網路

　　無線感測網路是由一群建置在特定空間中，擁有不同感知元件的感測器所組成。各個感測器間透過 Zigbee 無線通訊技術，彼此分享著感測到的資料，並形成連通的網路環境。

　　這些散布在特定空間裏的感知元件，可能是溫、溼度感測器、距離感測器、方向感測器、壓力感測器、加速度感測器等，散布在一個特定的空間中進行監測。如圖 7-9 右側圓圈內，裝置間透過 Zigbee 技術互相傳送資料，資料蒐集後，經由有線或無線網路傳回伺服器做後續處理。

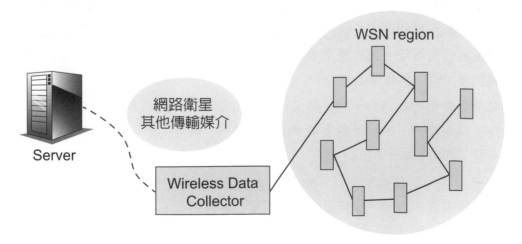

⋒ 圖 7-9　無線感測網路

一個感測器包含了感測單元、處理單元、無線傳輸單元及電源供應單元。

1. 感測單元

感測單元是由種類繁多的微感測器所構成，負責環境參數和資訊的量測，如溫度、溼度、光度、加速度、壓力、聲音、煙、紅外線、化學物品等，並把蒐集到的類比訊號傳送到訊號轉換元件，轉換成數位訊號。

2. 處理單元

處理單元就像個人電腦中的中央處理機，負責執行程式碼、協調並控制不同的單元，或接收命令啟動感測單元蒐集環境資訊，並在經過處理後，透過傳輸單元把資料發送回去。

3. 無線傳輸單元

無線傳輸單元負責感測節點和其他節點之間的溝通，並把感測器的資料依環境不同，使用不同的傳輸方法傳送給資料收集器。

4. 電源供應單元

電源供應單元主要用來提供感測器節點所需的能源，一般可以用鋰電池或太陽能電池。

(三) 嵌入式技術

嵌入式系統是一種嵌入機械或電氣系統內部、具有特定功能和即時運算能力的電腦系統，它結合了微電腦、感測器、電子電路技術及應用技術於一體，被嵌入的系統通常包含數位硬體和機械部件的完整裝置。

嵌入式技術即是針對每一個物件的應用需求，而設計出的一個專用系統，以增加其附加價值。在數位電鍋中置入嵌入式系統，我們就可以在到家前控制電鍋開始煮飯，讓我們回到家就有飯可吃。而智慧型手機也受惠於嵌入式系統，可以提供導航、定位的功能，讓我們外出時不再輕易的迷路。

物聯網物物相聯的特性，加上嵌入式技術的成熟，未來，不只是電鍋具備接收、傳遞及處理資料的能力，大到智慧家電，小到智慧型手機、手表…等，所有智慧產品利用嵌入式系統，都可以做到隨時上網。

感知層這些關鍵技術的整合，讓第一線的感測器能把蒐集到的資料做短矩離的傳送，就像人的五官、皮膚，能感受的周遭環境的各種變化，並將這些變化傳回大腦。同樣的，感知層的工作也是一樣，蒐集到的環境資料，除了在感測器間短矩離傳送外，最後還是要透過網路層來傳送。

二、網路層

　　網路層相對於物聯網來說就像是人體結構中的神經，它負責將感知層所蒐集到的資料傳輸至應用層進行後續處理，因此，網路層的技術涉及到網路位址、不同的無線網路需求。

(一) 第6版的網際網路協定（Internet protocol version 6, IPv6）

　　當萬物都上網之後，馬上就面臨到網路位址（address）不夠的問題，網路位址就像我們實體世界的地址一樣。你要寄信給小強，就要先知道小強家的地址，郵差才有辦法把信送到小強家。在網際網路上，每個設備也要有一個位址，訊息才能找到要傳送的地方。

　　網際網路採用的是 TCP/IP 的通訊協定，它的位址表示方式目前是採用第 4 版的網際網路協定（Internet protocol version 4, IPv4），它是把 IP 位址定義為 32 位元的數字，IP 位址是唯一的，通常以 XXX.XXX.XXX.XXX 形式呈現。目前 IPv4 技術可以使用的 IP 位址最多有 4,294,967,296 個（2^{32} 個），未來如果每個裝置都要上網，這些位址顯然是不夠用的。

　　為了解決網路位址不夠用的問題，2011 年推出了 IPv6，它是以 128 位元來定義 IP 位址，未來可用的 IP 位址將有 2^{128} 個，將可解決未來物聯網所需要的 IP 問題。

(二) 無線網路

　　物聯網的目標要做到讓任何東西在任何時間、任何地點都能相連，就要仰賴通訊網路。通訊網路的基礎建設包含了電信網路跟數據網路，當然，這麼多種不同類型的網路，要能順利的傳遞資訊，異質網路間的整合技術是不可缺的。

1. 無線電信網路

　　無線電信網路是由基地台（base station）與行動電話（mobile phone）等設備所組成，處於基地台服務範圍內的手機可以用無線的方式與基地台傳輸訊息，在行動網路系統中，把訊號覆蓋區域分為一個個的小區域，它可以是六邊形、正方形、圓形或其他形狀，但通常是六角形呈現蜂窩狀，如圖 7-10 所示，所以行動電話又稱為蜂巢式電話（cellular phone）。

　　無線通訊的技術源自於 1940 年，Motorola 為美軍製造的手持式無線對講機，包含無線電跟電池，全部重量達 25 公斤，當時只有軍方使用。第一個商用的行動通訊系統則是 1944 年安裝在計程車上的對講機，但真正被眾多使用者接受的，則是在 1982 年開始的先進移動電話服務系統（advanced mobile phone service, AMPS），開啟了行動通訊的世代，一般稱這個時期的手機技術為第一代行動通訊（1st generation, 1G）。

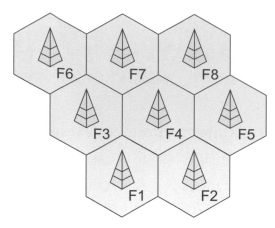

⌂ 圖 7-10　蜂巢式電話

　　1G 是類比式行動電話系統，只能打電話，不能上網，臺灣在 1989 年 7 月開放了以 090 為開頭號碼的行動電話，設計上因為使用模擬調製、FDMA（頻分多址），其抗干擾性能差，頻率復用度和系統容量都不高，這個階段的代表業者有 Motorola 及 Ericsson。

　　因為以類比訊號傳輸語音，會有較多雜音跟串音（迴音）的問題，因此第二代行動通訊技術（**2nd generation**, 2G）把語音訊號數位化，2G 行動通訊系統除具有通話功能外，也引進了簡訊（**short message service**, SMS）功能，在 2G 後期的系統中也支援少量的資料傳輸與傳真。臺灣在 1995 到 1998 年間陸續引進歐規的 GSM 行動電話系統，這階段的代表業者為 Nokia。

　　第三代行動通訊（**3rd generation**, 3G）主要建立在分碼多工存取（code division multiple access, CDMA）技術，可支援高速資料傳輸，除了提供語音服務外，還提供其他寬頻應用，包括數據上網和多媒體服務。臺灣約在 2005 年開啟 3G 行動電話服務，主要技術有 WCDMA、CDMA2000、TD-SCDMA。

　　第四代通信技術（**4th generation**, 4G）是集 3G 與無線區域網路（**wireless LAN**, WLAN）於一體，並能夠傳輸高品質影音以及圖像，傳輸品質與高清晰度的電視不相上下，主要的技術在正交分頻多工接取（**orthogonal frequency-division multiple access**, OFDMA），可以把高速的資料信號轉換成平行的低速子資料流程，並使其在子通道上傳輸。

　　4G 的另一個關鍵技術是多輸入多輸出（multi-input multi-output, MIMO）傳輸技術，它能利用發射端的多個天線各自獨立發送訊號，同時在接收端用多個天線接收並恢復原訊息。臺灣 2014 年開始了 4G 行動電話服務，因為不同電信業者而使用不同頻段，因此並非所有標榜 4G 的手機都可以到處使用。

2. 無線數據網路

　　在資訊匯流的時代裏，電信網路與數據網路間的分野，有時候也不是那麼的分明，3G 以後的電信網路都具備數據傳輸的能力，除了電信網路所提供的資料傳輸服務外，在網路層裏，還有**無線個人網路**（**wireless personal area network**, WPAN）、**無線區域網路**（**wireless local Area network**, WLAN）。

　　無線個人網路的傳輸距離短，常用的技術包括藍牙（Bluetooth）及 ZigBee，藍牙技術是在 1994 年由 Ericsson 所發展出來的，它最初的設計是希望用來替代 RS-232 連結多個裝置，克服同步的問題，目前大多用於電信、電腦、網路與消費性電子產品等領域。

　　ZigBee 是一種用於低速短距離的無線通訊技術，主要特色有低速、低耗電、低成本、支援大量網路節點、能支援多種網路拓撲、低複雜度、可靠、安全，由 ZigBee 聯盟於 2004 年 12 月所發布的第一個正式標準。

　　無線區域網路常用的技術為 WiFi，我們生活周遭到處都可以看到它的**存取點**（**Access Point**, AP）存在，手機、手持式裝置隨時都可與這些 WiFi 存取點相連，它是 Wi-Fi 聯盟所發布，建構在 IEEE 802.11 標準上的無線區域網路技術。

3. 異質網路整合

　　在物聯網的應用中，會因為使用場景及感測器需求的不同，而使用不同的網路技術，將感測器所量測的資料傳回雲端平台。但是，這些不同的技術所使用的通訊協定（protocol）不同，造成它們之間的溝通可能會有困難，而且，這些網路所使用的頻段可能也有重疊，形成有些設備無法使用。

　　以圖 7-11 中的智慧家庭的物聯網應用為例，智慧家庭為了提供一個舒適、休閒、安全和衛生保健的生活環境，它必須要建構多種不同類型的感測器，來對家庭設備和系統進行自動的監測與控制。

門和窗的感應器與節約能源　　　　　　　　　　遠程插座及調光器
　　　　　　　　　　　　　　　　　　　　　　　戶外動作探測器
外部電力插座　　　　　　　　　　　　　　　　壁掛式發射器
　　　　　　　　　　　　　　　　　　　　　　　房間溫控器
遠端煙霧探測器　　　　　　　　　　　　　　　中央控制器
散熱器恆溫控制　　　　　　　　　　　　　　　外部電力插座
　　　　　遠端控制　　室內遠端動作探測器　　加熱地板控制器

🎧 圖 7-11　智慧家庭的物聯網應用

在自動監控的過程中，每個感測裝置所使用的網路通訊技術可能都不一樣，例如室內的智慧冷氣透過 WiFi 傳送訊息，音響可能由藍牙來控制，而電視的選台控制是用紅外線，室外保全系統及環境的監控是由 ZigBee 傳送資料，整個智慧家庭的中央控制系統，除了透過有線網路可以監控外，還提供了利用手機遠端監控功能。這一連串的作業，涉及了不同的通訊方式才能順利完成。為了解決物聯網所造成異質網路的溝通問題，必須要發展異質網路整合的技術，讓不同的網路間溝通無礙。

三、應用層

應用層是物聯網與各產業間專業技術的應用介面，依照產業或是個別使用者的需求，對網路層中所傳送來的數據進行分析處理，以提供特定的服務，它包含了雲端運算平台及物聯網的產業應用。

(一) 雲端運算平台（cloud computing）

雲端運算是一種透過網際網路的運算方式，它把許多端點串聯起來，這些端點也就是所謂的物聯網設備。每一個端點集合起來後，將會形成如同雲一般豐富的運算資源，依照使用者的需求，方便且快速地提供各式各樣的應用服務。物聯網動輒連接了成千上萬個設備或感測器，必須要有一個可靠、有彈性的平台，才能夠有效支援這些應用，而雲端運算平台就正好提供了這樣的服務。

透過雲端運算的技術，可以在數秒之內處理數以千萬計甚至數億的資訊，雲端平台提供如同超級電腦般強大效能的網路服務能力。但是，對於雲端運算的使用者而言，他不需要知道現在是由雲中的哪一台電腦進行運算，也不需要知道系統在哪一個儲存設備上進行資料存取，只要透過一條網路線連上網路，即可使用龐大的電腦及網路資源。

根據美國國家標準與技術研究院（National Institute of Standards and Technology, NIST）的定義，雲端運算是一種能透過無所不在的網路，以便利且隨選所需的方式存取共享式運算資源池（resource pooling）的運作模式，運算資源的提供只需要最少的管理作業與供應商涉入，就能快速配置與發布運算資源。

雲端運算的服務方式有三種：軟體、平台、設備。

1. 軟體即服務（software as a service, SaaS）

軟體廠商以服務的型式，將其軟體在具有高度延展性的雲端基礎設施上運行，讓使用者透過瀏覽器等精簡型介面即可使用其軟體。在物聯網中，軟體即服務的模式是把感知層所蒐集大量的數據，進行分析和處理，最後依使用者的需求提供所需的服務。

2. 平臺即服務（platform as a service, PaaS）

　　以服務的型式提供應用程式開發平臺，使用者以供應商支援的程式語言與工具，可將自行開發或購買的應用程式部署到雲端架構。在物聯網的應用中，由於使用者的目的不一樣，應用的方式也不一樣。

3. 基礎設施即服務（infrastructure as a service, IaaS）

　　以服務的型式提供運算、儲存、網路等硬體運算資源，讓使用者能夠如同使用實體設備，而不需要考慮硬體架構與維護。它除了可以處理物聯網應用的大量資料與數據外，也對各類內部不同的資源環境提供了一致的服務介面。

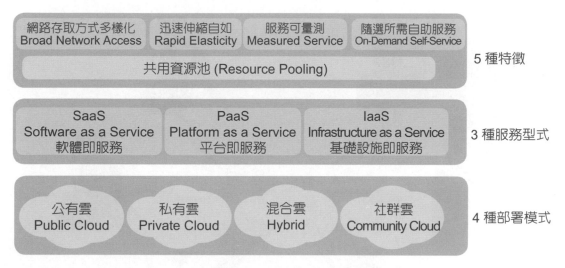

⋔ 圖 7-12　雲端運算的架構

(二) 物聯網的產業應用

　　物聯網藉由物物相聯，透過感測器蒐集大量、多元的即時資訊，經過分析後可以開發出新產品、服務，進入到新市場，為企業創造出新的價值，價值除了由新產品、服務產生外，也可能來自內部的製程改善、風險管理，或者行銷能力的增加所產生的價值。最後，企業會因為這些價值的改善而獲得最大的利益。

⋔ 圖 7-13　物聯網的價值鏈

　　了解了物聯網的價值鏈之後，我們可以發現：善用物聯網所蒐集的資料，在各個產業都可以獲得收益，它的產業應用範圍包括：製造業、零售業、醫療照護、物流、能源、家電、汽車、金融、農業、公共事業…等。

　　在第 5 章中，曾經提到福璟咖啡為了讓不同的咖啡烘焙師，甚至非專業人員都能烘焙出口味一致的咖啡豆，因此，開發了一款智能自動烘豆機，它除了有內建的烘焙方式外，也可以記憶不同客戶的烘焙需求，提供客製化的烘焙服務。

　　從物聯網的角度來看，這個咖啡豆烘焙機其實就是一個第一線上的感測器，它所蒐集的是每個客戶對咖啡豆的烘焙習慣，而這些客戶都是分布在門店附近一定距離的人。

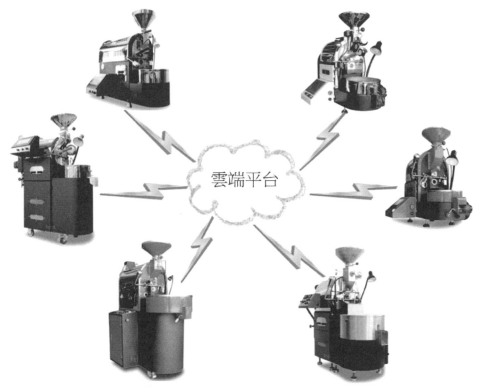

🎧 圖 7-14　烘豆機的聯網平台

　　當這部烘豆機賣給連鎖咖啡店，連鎖咖啡店再把每家店客人的客製化烘豆資料集中傳到公司的雲端平台，這時一個新的營運模式就產生了，客戶不一定要在同一家店裏買他習慣的咖啡豆。以前資料沒上平台時，因為是記錄在單機上的，所以，只能在住家附近那家店買，現在資料上雲端，消費者可以在公司附近的門市買到同樣口味的咖啡豆。

7-2　大數據（Big Data）

一、大數據的起因

　　在電腦剛聞世的時候，軟、硬體的資源都有限，隨便一部電腦的硬體就要占用一間教室大小的空間，但它的記憶體卻可能只有 64MB，在這樣的環境下，儲存媒體的大小也相對受限，大家在考量存檔時，都會斤斤計較哪些資料要存、哪些資料可以不用存，甚至於怎麼存才能節省空間，也是考量之一，所以才會在 2000 年時發生 Y2K 的問題。

　　由於近年來資、通訊科技快速發展，讓資料的量以前所未有的速度在增加，我們可以透過網路蒐集到各式各樣需要的資料，在儲存這些資料時，也很少去想到硬碟夠不夠的問題。除了行動硬碟愈來愈便宜之外，網路上還有各種付費、免費的網路空間可以儲存，資料儲存已不再是問題。

　　大數據其實不是一個新興的議題，早在 20 年前就已經發現資料量不斷的增加，而且資料呈現的方式也多樣化，因而有了資料倉儲（data warehouse）的概念。資料量增加的原因有：資料蒐集方便、儲存裝置便宜、網路活動盛行、資訊來源公開。

　　資料蒐集方便
　　儲存裝置便宜
　　網路活動盛行
　　資訊來源公開

🎧 圖 7-15　資料量增加的原因

(一) 資料蒐集方便

　　以往資料的蒐集要靠人力，蒐集的數量有限，物聯網的興起及穿戴式裝置的普及，很多資料可以由感測器自動蒐集、傳送，加上網際網路的瀏覽路徑、論壇的發言也可以被輕易的記錄，讓資料的取得管道更加多元，而且所蒐集的不限於結構化的資料。

(二) 儲存裝置便宜

　　Intel 創辦人 Gordon Earle Moor 在 1965 年提出摩爾定律（Moore's law），他認為當價格不變時，積體電路上可容納的電晶體數目約每 18 個月便會增加 1 倍。因為科技的進步，讓儲存裝置的價格不斷的下降，使得資料的保存變得更為容易，人們不用再考慮哪些資料要存、哪些資料不用存。

(三) 網路活動盛行

根據 Mary Meeker 所發布的 2019 網路趨勢報告指出，2019 年全球上網人數已達 38 億人，其中亞太地區占 53%、15% 位於歐洲、13% 位於非洲及中東、10% 位於拉丁美洲，北美只有 9%。以國別來看，全球前五大網路人口最多的國家依序是中國大陸、印度、美國、印尼與巴西。

但是，網路人口數與網路普及度並不是成正比，網路滲透率最高的地區為北美達 89%，其次是歐洲的 78%，拉丁美洲以 62% 排名第三，亞太地區的網路滲透率為 48%，非洲及中東則是 32%。

除了上網人口愈來愈多，隨著網路速度的增加及行動網路的普及，近年來，社群軟體的快速發展也是不容小覷，像是 Facebook、Line、Instagram…等社群平台，都提供了許多結構化與非結構化的資料。

(四) 資訊來源公開

過去的數據資料，大多來自於企業本身，像是客戶的消費資料、產品的品質資料…等。外部資料不易獲得，現在各國政府都在推公開資料的政策，希望把政府所擁有的資料透過一定的程序，讓人民可以利用，這些政府的大量資料，取得變得相對容易，也造成資料量的增加。

二、大數據的定義

大數據又稱為巨量資料、海量資料，其所涉及的領域和技術廣泛。Google 前執行長 Eric Emerson Schmidt 曾經預估，人類在 2003 年之後每年產生的資料量，將呈指數成長。IBM 在 2011 年提出大數據的概念，並於 2012 年 2 月，於《紐約時報》的專欄中，提出了大數據時代的論述。

大部分的學者都認為，只要是超出一般軟體工具所能儲存、管理、分析的資料集，就是大數據。也有學者認為，數據必須具有一定規模才有價值，且將會改變現有市場、組織、公民和政府之間的關係。

McKinsey 認為，只要是大小超出常規的資料庫，需要用特定的工具來獲取、儲存、管理和分析資料集，就稱之為大數據，並不一定要超過特定 TB 值的資料集才能算是大數據。

三、大數據的特性

大數據是大量、高速和多種類型的資料，且資料量大於以往一般的資訊軟體所能儲存、管理和分析的資料，需要全新的處理方式，即需要更強的決策力、洞察力和最佳化處理。

因此，Gartner Group 的研究，在 2001 年提出大數據具有：大量性（**volume**）、即時性（**velocity**）、多樣性（**variety**）等特性，IBM 在 2013 年又加上了第 4 個特性：真實性（**veracity**）。

(一) 大量性

由於科技與網路的發達，每個產業時刻都在蒐集與累積不同型態大量的資料，到底資料數量要達到多少才算是大數據，並沒有明確的定義，完全要視不同行業，不同組織型態，個別做認定。

IBM 在 2013 年的研究指出，人類文明得到的全部數據裡，有 90% 是過去 2 年內產生的，資料可說是呈指數的形式速度成長。國際數據資訊公司（International Data Corporation, IDC）的研究也顯示：全球資料總量以每年 40% 左右的增長速度在快速增加，全球的資料量從 2013 年到 2020 年預計成長 10 倍，由 4.4ZB 增加到 44ZB。

(二) 即時性

資料具有快速流動的特性，經由即時記錄、不斷變動的流動資料，在即時處理、高速讀取的要求下，數據由蒐集到應用，其反應的時間可能不到百萬分之一秒。

IBM 也認為，即時性指的就是資料處理的時效，既然大數據的一個用途是做市場預測，處理的時效如果太長就失去了預測的意義，所以處理的時效對大數據來說是非常重要的，500 萬筆資料的分析，可能只有 5 分鐘的空檔。

隨著機器設備運算速度的提升、社群網站的普及，網路中搜尋資料量每秒都在飆升成長，輸出的內容也越來越多，如何迅速回應龐大的資訊量，成了處理資料的挑戰，資訊需要能即時反應並給予回饋，才得以發揮其最大價值。

(三) 多樣性

大數據的多樣性在於資料不僅種類繁多，同時也會以不同的格式呈現，包含結構化、非結構化和半結構化資料。結構化資料是具有明確關聯性的固定結構資料，也就是經過編碼後，可以存放在資料庫中的資料。非結構化資料是資料格式沒有統一，難以用傳統電腦去做分析，像是圖像、聲音、影片皆屬於非結構化資料。

以往資料處理人員花費大部分的時間在處理 20% 結構化資料，現在資料來源多元化，愈來愈多的資料是經由社群網站、網際網路、電子郵件、手機、數位行動裝置所蒐集來的，這些資料大部分都不是格式整齊畫一的結構化數據，傳統資料分析技術不能處理，必須經由新型的資料處理技術加以分析管理，才能獲取資料的價值。

(四) 真實性

以往，企業的資料大多來自內部，除了資料的數量較少外，為求資料的正確性，通常會詳細檢核內部資料，所以資料的可靠性較高。在網際網路時代，因資料的來源多元，所蒐集的大量、多樣的資料其品質較難控制，從事大數據分析時，就要特別注意數據來源的真實性、減少不確定性的干擾，才能將資料做合理的利用。

IBM 在提出真實性時，就已指出有三個因素會造成大數據的不確定性：製作過程的不可靠、資料內容的不可靠、分析結果的不可靠。製作過程的不可靠指的是即使資料蒐集的過程沒有差錯，但是，在處理的過程中，還是會有難以掌握的地方。第二個造成資料內容出現錯誤的原因是資料內容的不可靠，包括：蓄意欺騙、非蓄意欺騙、時間性錯亂。蓄意欺騙是刻意留下對自身有利的資料。非蓄意欺騙是未經查證就傳遞錯誤資訊給他人。時間性錯亂則是傳遞的資料時效性已過。最後是分析結果的不可靠，雖然目前的資訊科技已經越來越成熟，但是，在分析過程中，仍舊會有失誤的時候。

四、大數據未來發展運用趨勢

不論大數據的資料是來自物聯網、雲端平台、行動裝置，還是網際網路、企業內部，數據的有效運用，創造其價值才是最重要的。大數據除了可以透過機器學習，進而產生人工智慧外，也延伸應用到其他的領域。

大數據的應用也需要各領域知識、技術的配合，因此，大數據的發展不僅帶動其他新興科技的發展，其他技術也會影響到大數據的發展方向，二者可說是交互影響，未來大數據的發展趨勢，在曾至浩的研究中，歸納出四個趨勢方向。

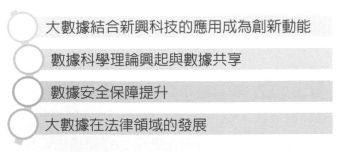

大數據結合新興科技的應用成為創新動能

數據科學理論興起與數據共享

數據安全保障提升

大數據在法律領域的發展

🎧 圖 7-16　大數據發展的趨勢

(一) 大數據結合新興的應用成為創新動能

由於大數據提供了足夠數量的資料，使機器在深度學習後，能產生類似人類邏輯思考的人工智慧，再加上雲端技術與物聯網的運用，使得大數據呈現出多樣化的內涵，有別於以往的數據單一構面的呈現，又稱之為富數據（rich data）。

大數據科技經由開放原始碼的分散式處理模式，使數據資源可以經由共享機制，應用在不同產業的不同需求上，大數據創新已轉變爲藉由數據資訊的創新及科技應用的創新，在各行各業產生出創新的動能。

(二) 數據科學理論興起與數據共享

大數據的發展將帶來數據蒐集、分析處理技術的革新，不僅對資料經濟造成重大影響，亦帶動雲端科技、物聯網與人工智慧的蓬勃發展，相關學科的理論不斷翻新，再加上資料本身具有價值性與非排他且非獨占的特性，使得數據走向跨領域的資源共享，藉由不同產業結合，在各自的產業的運作模式下，找尋自身的利基。

(三) 數據安全保障的提升

大數據開源（open source）共享的技術開啓了資料共享的大門，使得企業進入大數據領域的技術門檻降低，但也產生了數據的安全性問題。目前大數據的資料安全議題，主要集中於個人在網際網路的資料保護及政府所保有的數據資料。在開放的環境下，每一個人均可以利用便捷的管道取得大數據資料，甚至竊取個人隱私資料，進而危害社會、國家安定，數據安全的問題已是大家關注的議題。

(四) 大數據在法律領域的發展

法律領域的數據如同其他的領域，除了法律規定外，還有很多的判決、釋例…等，都可能會對案件造成影響，企業在進行法遵的同時，很容易掛一漏萬，造成違法的事由。

未來經由大數據分析系統的建置，蒐集大量的法律、判決…等資料，進行資料分析，並經由雲端科技與人工智慧的運用，從事法律檢索、法律文件自動化處理，再對影響判決結果的關鍵因素進行編碼分析處理，對相類似的案件產生預期效果，將對法律界造成重大影響。

五、大數據的影響與挑戰

大家都知道，在浩瀚的數據資料裡，如果能有效處理這些大數據，就可能挖掘出許多具有價值的訊息，進而開拓更多樣也更新穎的商業模式。McKinsey 在對美國的醫療業、零售業、歐洲公共管理部門與全球製造業這四個領域的研究中發現：有效地利用大數據可以替美國的醫療業創造約 3,000 億美元淨利潤，替零售業提高近 60% 的淨利潤，爲歐洲公共管理部門創造約 2,500 億歐元（約等於 3,500 億美元）的價值，並幫助全球製造業在產品開發與組裝作業上節省約 50% 的成本。該報告同時也描述了在發掘大數據時，所遭遇的各種隱私、安全、人才與技術等問題及挑戰。

　　美國政府亦於 2012 年 3 月整合政府相關部門，推動一個大數據研究與發展計畫（The Big Data Research and Development Initiative），認為如果大數據能結合公、私部門的合理有效運用，將可在國家實力、資訊安全、資訊科技發展與競爭力等三方面產生實質的影響。

(一) 增強國家實力

　　一個國家所擁有及掌握的數據規模，以及分析運用的能力，皆會對其國力產生直接的影響。同時，這些數據將有可能是除了陸、海、空權之外的另一種國家核心資產。

　　2014 年 5 月美國發表《2014 年大數據白皮書》，把大數據視為未來的新石油，認為應該要傾國家資源，全力發展相關應用和管理，藉以強化國家整體競爭力。可見得大數據除了可以替私人企業創造更高的獲利外，從國家發展及國家安全的角度來看，大數據對政府公部門的重要性自是不言而喻。

(二) 提升國家資訊安全

　　網際網路打破了國家的界限，加速了各國的經濟、資訊與文化交流，並且促進了人類文明社會的發展，但是不可諱言的，這種速度上的便利，也同時產生公、私部門所掌握的核心機密資料有被竊取及外流的危險。

　　美國政府為因應 2010 年 11 月美國大使館發出的機密電報被公開一事，就展開了大規模資料庫的異常檢測，並開發新技術檢測軍事電腦網路及網路間諜的活動，同時開發新的資料庫加密計算，提升國家資訊安全保障。

(三) 推動資訊科技發展與競爭力

　　美國把大數據的關鍵技術，如管理、分析、視覺化及從大量多樣的數據資料中，篩選有效資訊等關鍵技術，作為研發的重點。美國國家科學基金會更與美國學界合作，鼓勵大學開發這些學科課程及培養大數據人才等，以增加美國在資料萃取、管理與分析等專業核心技術上的競爭力。

六、大數據的系統架構

　　大數據在蒐集之後，接著要面臨的問題，不外乎是資料的儲存、處理、應用，目前被使用最頻繁的就是 Hadoop，它不但可以儲存超過 1 個伺服器所能容納的檔案，還可以同時處理、分析這些大檔案。

　　Hadoop 的核心技術是平行**運算架構**（**map reduce**）和分散式**檔案系統**（**hadoop distributed file system**, HDFS）。

(一) 平行運算架構

　　在傳統的資訊系統中，資料分析就是把整個檔案放到程式去做運算，往往會因為軟、硬體資源不足，造成運算速度的延遲，而無法做到即時處理。在處理大數據時，Hadoop 的做法是採用分散式運算的技術，來處理各節點上的資料，在 Mapping 階段，先在各個節點上處理資料片段，把工作分散、分佈出去，接下來的 Reducing 階段，再把各節點運算出的結果傳送回來歸納整合，透過多管齊下，在很多機器上平行處理大量的資料，因此，可以節省很多資料處理的時間。

(二) 分散式檔案系統

　　Hadoop 是一個**叢集系統**（**cluster system**），它是由單一伺服器擴充到數以千計的伺服器，這些伺服器整合起來像是一台超級電腦，而資料則是採用分散式檔案系統的方式，存放在這個叢集中。

　　在分散式檔案系統中，每個檔案的儲存都不像以往存在同一個硬碟，叢集系統中有數以千計的節點用來存放資料，有一個主節點（master node）及很多的工作節點（slave/worker node）。

　　當有一個檔案要儲存時，系統會把檔案切割成很多區塊（block），每個區塊的大小為 64MB，再把每個區塊都複製成三份，放在不同工作節點的 DataNode 上儲存，同時會在主節點上產生一份 NameNode 清單，記載著這份檔案被分割成哪些區塊，這些區塊散落在哪些工作節點的 DataNode。

　　當某個機器需要讀取這個檔案時，會先跟 NameNode 發出請求，NameNode 會根據這份清單回覆檔案的區塊位在哪些工作節點上，發出請求的電腦再根據這份清單將各個區塊讀取出來，還原成一個完整的檔案。

　　當主節點的 NameNode 發現到某個工作節點上的區塊遺失或遭到損壞，就會到其他 DataNode 找到複本（replicat），再把這個好的複本複製回來，因為每一個區塊都有三個複本在不同的地方，所以，可以確保資料的安全與正確。

　　隨著 Hadoop 技術的成熟，在其架構下的延伸技術與工具也愈來愈多，在夏可清的研究中，把 Hadoop 的運算架構分為：資料整合層、檔案儲存層、資料儲存層、程式設計模型層、資料分析層及平台管理層。

資訊管理

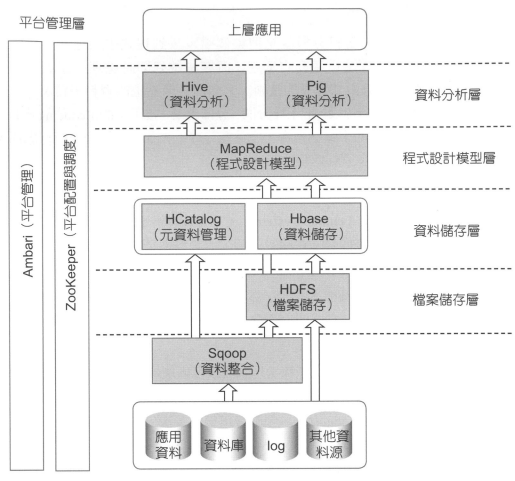

平台管理層

○ 圖 7-17 **Hadoop** 的運算架構圖

(一) 資料整合層

資料整合層在整個運算架構的最下方，系統需要處理的資料包括：內部的應用程式產生的資料、儲存在資料庫中的資料、系統運行產生的 log 資料及其他來源的資料等。這些資料具有結構多樣、類型多變的特點，既有結構化的資料，也有非結構化、半結構化的資料；既有純文字格式的 log 資料，也有多媒體格式的網頁資料。

面對各式各樣不同形式的資料，資料整合層提供了一個工具— Sqoop，它可以把儲存於關聯式資料庫（relational database）中的資料匯入 Hadoop 元件中，以利於 MapReduce 程式或 Hive 工具進行後續處理，甚至直接匯入 HBase 中，同時，還可以支援將處理後的結果匯出到關聯式資料庫中。

(二) 檔案儲存層

檔案儲存層是利用分散式檔案系統技術，將底層數量眾多且分佈在不同位置的資料，透過網路把各種儲存裝置組織在一起，經由統一的介面向上層應用提供檔案存取服

務。提供了資料備份、故障容忍、狀態監測、安全機制等多種保障可靠的檔案存取服務功能，向下與資料來源和資料整合層連接，向上為程式設計模型和資料儲存層提供檔案存取服務。

(三) 資料儲存層

大數據的資料是採分散式檔案系統存放，不同於傳統的關聯式資料庫，因此，它更需要的是在低成本的條件下，展現大數據的管理能力，並且在大規模資料量下，能快速完成資料讀寫，而不是對 SQL 的支援能力。

目前 Hadoop 為資料儲存層發展了二項技術：HBase 和 HCatalog，HBase 是欄位導向（column-oriented）的分散式資料庫儲存系統，HCatalog 是一個資料表和儲存管理元件，可以支援 Pig、Hive、MapReduce 等上層應用間資料共用。

(四) 程式設計模型層

程式設計模型層是整個 Hadoop 處理架構的核心部分，它為大規模資料處理提供一個平行程式設計的模型，並為此模型提供程式設計和執行的環境，它的運行效率決定了整個資料處理過程的效率。

目前在以雲端運算為基礎的大數據處理領域，MapReduce 模型可以說是一個重要的工具，其簡潔高效的特性，在與電腦叢集及高速網路結合後，具備了處理大數據的高效生產力，並成為 Hadoop 技術的核心，被各界廣泛的應用。

MapReduce 元件在整個架構中擔當了承先啓後的關鍵角色，一方面程式設計師可以使用 MapReduce 程式來設計模型，直接進行大數據資料的處理，另一方面，上層的資料分析工具，如 Hive、Pig 等也可以利用 MapReduce 的計算能力，進行資料分析。

(五) 資料分析層

資料分析層中的元件，主要功能就是要提供一些分析工具給資料分析人員，以提高他們的生產效率。Hadoop 中的 Pig 提供了一個建構在 MapReduce 基礎之上的資料處理工具，包括一個資料處理語言及其執行環境。而 Hive 則可以將結構化的資料對應為 1 張資料表，為資料分析人員提供完整的 SQL 查詢功能，並將查詢語言轉換為 MapReduce 任務執行。

(六) 平台管理層

平台管理層中的元件提供了包括配置管理、運行監控、故障管理、性能優化、安全管理等功能，目的在確保整個資料處理平台能夠平穩安全的運行。Hadoop 目前只是利用已有的一些開放原始碼元件，對平台進行針對性的管理，它的管理工具有：ZooKeeper 和 Ambari。ZooKeeper 主要提供配置管理及元件協調的功能，Ambari 則提供了一個用於安裝、管理和監控 Hadoop 叢集的 Web 介面工具。

各產業對大數據的應用，可說是各有不同，以上一節內容中所提到的福璟咖啡生產的智能自動烘豆機為例，當連鎖咖啡店把資料連上雲端平台之後，消費者除了可以在不同門市買到同樣口味的烘焙咖啡豆之外，消費者的購買週期也同時被記錄下來，長久下來，這些資料就可以做為促銷之用。

每一個門市在蒐集了這麼多產品、購買頻率的大數據之後，再加上知道來店客人的喜好，就可以針對不同喜好的客戶，推出不同的產品促銷活動，並且透過行銷工具通知到有興趣的客人，達到精準行銷的目的，並且能減少無效的行銷費用。

7-3　資料探勘

一、資料倉儲

我們透過各種感測器收到數以千、萬計的資料，最後當然是要用來做決策。當你在一個特定的路口蒐集了三個月中路過車輛的資料，接著當然要做分析，找出一個車流的規律性，再對交通號誌的時間做調整。重點來了，要怎麼找出規律來？最簡單的方法是把一週分成上班日與休假日，各自觀察每小時的車流量，找出高峰與離峰時間與車流的關係。

當然，你可能馬上會想到下雨天會不會影響到車流量，於是分析的變數就從單純的時間，又增加了氣溫與天氣狀況，把大數據跟愈來愈多的變數放在一起，就不是用人工可以很快能找得到模式（**pattern**）。

企業的內部資料是在日常營運的過程中產生，系統在設計時，可以掌握到其特徵，大多可以放到關聯式資料庫裏，但是，外部資料的結構就很難事先掌握，尤其是來自社群媒體的資料，大多是非結構化的資料。

在企業 e 化的過程中，如何把異質資料整合，是一件很重要的工作。資料倉儲的概念是來自倉庫儲存，只是實體倉庫存的是實體原物料或半成品，而資料倉儲存的是抽象的檔案資料。

資料倉儲所儲存的也是資料，但它與傳統資料庫不同的地方是：傳統資料庫中所儲存的資料，是與企業日常營運（operation）有關的資料，而資料倉儲則是把累積一段時間後的資料，再整理、移轉到另一個資料系統中，透過資料分析工具，輔助管理者做決策之用，如圖 7-18 所示。

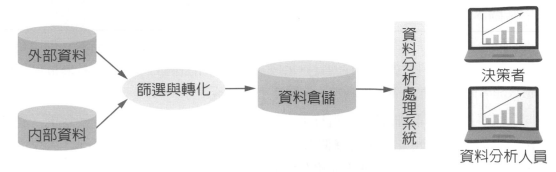

● 圖 **7-18**　資料倉儲架構圖

二、資料倉儲的特性

資料倉儲這個名詞最早是由 Inmon 於 1980 年代晚期所提出的，他認為：資料倉儲是支援管理決策過程、**主題導向**（**subject oriented**）、**經過整合**（**integrated**）、**依時間而不同**（**time-variant**）而且**不會劇變**（**non-volatile**）的資料集合。

(一) 主題導向

資料倉儲是把各種資料經過一系列的前置處理，產生出各類資訊，再以特定主題分別放在各個特定資料庫中，可以隨時擷取以進行分析，就像倉庫中放置的各類零件一樣，是按零件別的不同，集中放置在特定儲存位置上。

資料倉儲是針對個別主題而建置的，在確定主題之後，接著就要確定每個主題應該包含的資料。因此，事前必須要了解應該如何按照決策分析的模式來萃取主題，所萃取出的主題又應該包含哪些資料內容，或者是這些資料內容應該如何組織。

資料倉儲所欲解決的問題是決策分析的問題，而非交易導向的問題，因此，它是以主題為主要的處理對象。主題是一個抽象的概念，主要將企業資訊系統中的資料綜合、歸類並進行分析，它對應了企業中某一分析領域所涉及的分析對象。

(二) 經過整合

資料倉儲的資料來自企業各部門日常作業的交易處理系統，以主題為導向存放。資料來源通常包含了企業內部多種異質資料庫，根據決策分析的需求，將分散於各處的原始資料進行萃取、篩選、淨化、整合等工作，讓這些放在不同的系統、跨越不同平台的資料，透過資料轉換的過程，讓資料的格式具有一致性。在資料倉儲的建置過程中，資料整合是一項最重要也最複雜的工作。

(三) 依時間不同

依時間不同的特性也有人稱之爲時間差異性或時間變動性，時間在資料倉儲中是一個很重要的元素，資料倉儲中儲存的資料是與某個時間點有關的，有一定的時間區間限制，應該隨著時間的推移而不斷調整，決策才不會有落差。

同一個事件在不同的時間點，所反應的事情也不一樣，分析的結果不一定能一體適用。例如國道 1 號在 20 年前，每逢假日塞車是常態，但是，經過這些年來，國道 3 號通車、國道 1 號本身也拓寬，塞車並沒有以前那麼嚴重，我們在做決策時，就不能拿那麼久以前的資料來做分析。

(四) 不會劇變

不會劇變意味著放到資料倉儲裏的資料，不會輕易的就被改變，資料倉儲中所存放的資料是屬於歷史性的資料，是用來作爲長期性分析，以提供管理階層有持續性的決策分析用。資料一旦進入資料倉儲後，除選擇更新外，就不會再被更新，其操作僅有初期的載入資料與存取資料，因此它具有唯讀性和累積性。

三、資料探勘

資料探勘也有人把它翻譯成資料採礦、資料挖掘，它是從大量的、不完全的、有雜訊的、模糊的、隨機的實際應用資料中，找出隱含在其中、人們事先不知道、但又是潛在有用的資訊和知識的過程。

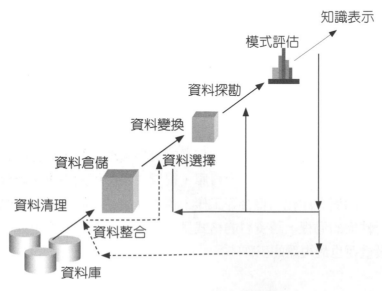

⋂ 圖 7-19　資料探勘的步驟

　　由於我們要處理的資料，都是存在企業內部異質資料庫中日常營運所產生的資料，在做資料探勘前，要先把雜訊跟不一致的資料清理過，讓資料格式都能一致。例如各部門對於日期的表示方法可能都不一樣，有的系統的表示方式是年 / 月 / 日，有的部門表示方法是月 / 日 / 年，又有的部門用西元的年，有的系統用中華民國的年，這些都要讓它統一。

　　接著就把各種來源的資料，依主題、時間整合在一起。例如我們要分析產品銷售的資料，就要把產品及各經銷商的銷售資料等整合在一起。資料整合後，再從資料中擷取跟分析相關的資料出來。例如要分析南部經銷商的銷售狀況，就把跟南部經銷商有關的資料擷取出來。

　　跟分析相關的資料被擷取後，要轉換或統一成特定的格式，以方便做資料探勘之用，資料探勘的結果，要再透過模式進行評估，以確定這個結果是不是適用。評估的結果如果不適用，就得回過頭去重新選擇資料、重做資料探勘。如果這個結果可以做為企業經營的知識，就以視覺化的工具將結果呈現給決策者。

四、資料探勘的方法

　　資料探勘是一種把企業日常營運的資料，利用一種或多種技術進行自動分析，以**歸納學習法**（**induction-based learning**）發掘資料中的趨勢與模式，進而獲取知識的過程。

　　平常你的每次信用卡消費都是在白天上班期間，系統根據你的消費習慣會歸納出一個消費模式，如果有一天在半夜三更，你有一筆上網購物的刷卡記錄，因為這個消費模式與你以往都不同，銀行就可以根據這個異常行為，提醒你確認信用卡是不是被盜刷。

　　歸納學習法是從過去發生的具體事件中學習，再歸納出通用的結果。例如我們在學生物的時候，會先看過動、植物的特徵，發展出自己的分類模型，以後就會用這個模型來判斷新的物件，這種學習方式稱為監督式學習（supervised learning），它是一種由上而下（top-down）的方法，在已知要預測的目標下，以演算法找出所屬的規則。

　　監督式學習是建構一個模型，能夠透過所輸入的屬性來預測輸出屬性的值，這個輸入屬性就是**自變數**（**independent variable**），輸出屬性就是我們說的**因變數**（**dependent variable**），它是由輸入屬性所決定，可能有一個也有可能有多個，完全看模型及演算法來決定。

　　另一種學習方式稱為非監督式學習（**unsupervised learning**），是一種由下而上（bottom-up）的方法，它的模型並不是事先建好的，而是根據系統所定義的相似性函數，經由一種或多種技術，歸納出數個群，也就是透過演算法，在資料間找到規則，再由使用者決定要不要用這個規則。在非監督式學習中，只有用來建立模型的輸入屬性，而沒有輸出屬性，因為輸出屬性是由相似性函數決定的。

　　資料探勘大多是用統計學的技術來做歸納，再預測未來的狀況。其策略依照學習方式不同，有以下幾種：在非監督式學習下可用分群（cluster）的方法，在監督式學習下有分類（classification）、估計（estimation）及預測（prediction）等方法，購物籃分析（market basket analysis）則是採用關聯法則（association rule）。

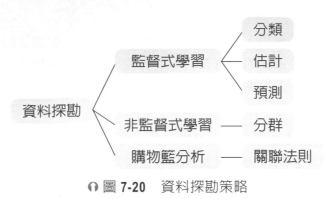

🎧 圖 7-20　資料探勘策略

(一) 分類

　　分類模型處理的是現在的行為而不是未來的動向，它把過去的資料按照某種特徵事先予以分類，新的事件出現後，再依照特徵歸到事先訂好的類別中。建立分類規則最常用的技術是**決策樹（decision tree）**演算法。

　　例如銀行根據以往貸款人還款狀況，列出一些評估項目，把貸款人分為五種類別，今天有一位新的貸款客戶，銀行就會根據客戶評估的結果，把他歸到五類中的一類。

(二) 估計

　　估計是用來決定一個值應該歸到哪一個未知的輸出屬性，它的輸出是一個值而不是類別。常用的技術為**迴歸分析（regression analysis）**及**類神經網路（artificial neural network）**演算法，可以把不同相關屬性的連續性數值，找到它們間的關聯性，並得到未知的連續數值。

　　例如根據以往颱風行進的方向、速度，估計再過三小時就會登陸。我們也可以建立一個評估信用卡有沒有被盜刷的模型，輸出屬性值在 0 至 0.3 表示不可能被盜刷、0.3 至 0.7 代表可能被盜刷、0.7 以上表示被盜刷的可能性極高。

(三) 預測

　　相較於分類、估計都是在處理現在的行為，預測模型則是用來決定未來的結果。它的輸出屬性可以是數值，也可以是類別。預測主要目的在找出因變數與自變數間的關係。常用的技術有迴歸分析、**時間序列（time series）**分析及類神經網路等演算法。

　　例如銀行可以根據客戶過去的刷卡記錄，預估他未來的刷卡消費量。政府通常會在每一年的年初，根據去年各項經濟指標的表現，預測當年度的各項經濟表現。

(四) 分群

　　分群的目的是在客觀處理資料的特徵分類，把相同特徵的對象歸成一類，以找出資料隱藏的資訊，是不是存在有意義的關係。分群是直接處理資料，不需要事先定義好該如何分類，資料依本身的相似性而分在一起，每個群的意義也是事後才加以詮釋。

　　分群時，群內的資料相似度愈高愈好，群間的差異度則要愈大愈好，分群的目的在把不同之同質化組別差異找出來，常用的技術為**判別分析**（**discriminant analysis**）、**群集分析**（**cluster analysis**）演算法。系統可能會把一群住在附近，每天搭大眾運輸工具上班、上班前會先到星巴客買一杯咖啡的人，分為同一群人，再來解讀這群人的行為態樣。

(五) 關聯分析

　　關聯分析是從龐大的資料中，找出二個事件間的相關性來，常用的技術為關聯規則。以日常的銷售資料庫而言，從日積月累的銷售資料，我們可以發現買低脂乳酪及低脂優酪乳的顧客，同時會再買低脂牛乳的機率是85%，就可以把這三種產品放在一起，方便消費者購買。

　　關聯分析除了可以找到同類產品間的關聯，也可以找到不同類產品間的關聯。最有名的例子就是：星期五晚上，新手爸爸到賣場買小孩的尿布，也會順便買啤酒，這個資訊就有助於賣場找出新的行銷商機。

　　最後再以福璟咖啡生產的智能自動烘豆機為例，如果某加盟連鎖的咖啡店，在每個門市都用了這個智能自動烘豆機，日積月累就會蒐集到很多客戶的消費資料，這些大數據就可以透過資料探勘，把客戶的行為分類，針對不同類的客戶採取不同的行銷方案，以創造更大的收益，也可以對大數據做關聯分析，找出產品間的關聯性，在促銷時互相做搭配。

個案：種田也可以很科技

近年來，物聯網的概念興起，各種可自主移動的聯網設備開始出現，並掀起世界各國的研究單位無不競相投入相關技術領域的開發。而其中，可離地飛行的無人機系統，更是具有相對其他載具更不受使用環境限制特性的物聯網載具平台。

自從 2015 年以來，應用微機電系統的慣性導航系統（MEMS-INS）技術趨於成熟，飛控系統開始大量商業運用在玩具般大小的微型多軸無人機上，無人機才開始圍繞在我們普羅大眾日常生活之中。

近年來，不論是在消費性、商用與軍事等市場上，由於人工智慧、電腦辨識、深度機器學習、群體智慧、慣性導航、自動迴避、通訊等技術演進與實用化有了爆炸性的進展，使得無人機的功能與應用領域，已更廣泛地應用在生活娛樂與藝術、極限運動、精準農業農藥投放與驅鳥、救災與災難勘查、航拍探／檢測、物流配送、電力巡檢和補給、警政執法與監控等領域。

因應農業人口的減少，農業機器人的需求變大，而無人機就是一個會飛的機器人，農民可以透過農業機器人達到大量育作、收成的目的。藉由無人機的空拍能力，結合人工智慧的影像辨識技術，可以計算農作物的產量、病蟲害的防治。

無人機於農藥噴灑的應用，近年來逐漸成熟並快速普及中，其與傳統作業相比，優勢不外乎：自動化作業可節省人力及時間成本。其次是以無人機噴灑藥劑，可大幅降低務農人員與化學藥劑的接觸，降低人員暴露在化學藥劑中中毒的風險。除了智慧噴灑，蒐集田野的大數據也是未來智慧精準農業不可或缺的一環。

經緯航太是國內大型無人機的供應商，2016 年，該公司利用自行生產的 ALPAS 無人機，搭配人工智慧的機器學習，在馬來西亞的油棕梠園進行大規模的智慧農業。除了可以一次完成物種的成長狀態與病蟲害防治的分析外，無人機具可以搭載農藥噴灑器，執行噴灑農藥作業。

ALPAS 無人機每次可搭載 10 公升容量的農藥噴灑器系統，利用無人機升空後，旋翼所產生的下降氣流，使噴灑的藥劑產生高穿透力，達到均勻噴灑的目標，效率比人工作業高 10 倍以上。

⋒ 圖 7-21　經緯航太的無人機

（圖片來源：https://www.geosat.com.tw/TW/product-uav-alpas.aspx）

　　ALPAS 無人機在每次起飛之前，都可以事先輸入預設的巡航路線與區域，起飛後即按照預定路線飛行，針對各區域作物的生長狀態、環境因素、農藥噴灑量等，進行精準的施作與監控。同時，也長期記錄、分析環境變化與作物生長間的關係，這些大數據透過人工智慧、影像分析、大數據分析等技術進行分析，可以預測當期農作物的收成量，提早做出因應對策。

　　運用人工智慧的技術，經緯航太在無人機上裝配攝影機，飛行後就可以得到當地地形的影像圖片。有了影像，就可以對所有的農作物進行分區編碼，標註出農作物位置的座標位置，結合農作物辨識出的名稱，就可以建立農作物的生產履歷，再結合影像辨識技術，還可以清點農作物的數量。

習 題

選擇題

( ) 1. 物聯網發展階段最先出現的是？

(A) 硬體載具變革　(B) 物聯平台出現　(C) 應用服務

( ) 2. 下列何者屬物聯網架構中網路層的技術？

(A) 感測器　(B) 金融業的應用　(C) 4G

( ) 3. 下列何者不是大數據的特性？

(A) 大量性　(B) 不變性　(C) 即時性

( ) 4. 下列何者不是資料倉儲的特性？

(A) 不會劇變　(B) 即時性　(C) 經過整合

( ) 5. 下列那一個是非監督式學習的資料探勘方法？

(A) 分群　(B) 分類　(C) 關聯分析

問答題

1. 請任選一種產業，說明物聯網在該產業的應用。

08 金融電子化

8-1 區塊鏈

8-1-1 從加密貨幣到區塊鏈

一、加密貨幣

區塊鏈（**blockchain**）是比特幣（**bitcoin**）所使用的技術。比特幣傳說是一位日本人中本聰（Satoshi Nakamoto）在 2008 年所發明的虛擬貨幣（virtual currency）。歐洲央行（European Central Bank）在 2012 年 10 月的報告中，把一群無法規範約束、由開發者自行發行及控管，並在特定虛擬社群成員中被使用與接受的**數位貨幣**（**digital currency**），就定義為虛擬貨幣，數位貨幣泛指所有利用數位（digital）方式發行、流通、交換、儲存的貨幣。

2014 年，歐洲銀行業管理局（European Banking Authority）認為：虛擬貨幣是一種以數位方式表示價值的貨幣，可以被自然人或法人所接受，做為支付移轉儲存或交易的媒介，這種貨幣不一定是由中央銀行來發行，也不一定要與法定貨幣連結。

比特幣則是用數位加解密機制，以確保貨幣發行、流通、交換及儲存的過程是安全的；這種具備數位加解密機制的貨幣，被稱為加密型貨幣（**cryptocurrency**）。囿於全書的篇幅有限，有關加解密的相關理論，讀者可先參照本書第 15 章的內容。

在加密型貨幣的機制中，貨幣都是數位化的，沒有實體的貨幣存在，所有的資產都是以電子記錄的方式，記在一個大帳本（ledger）上，而資產的交易或轉移，也是以流水帳的方式記錄在那個唯一的大帳本上，整個機制採用加解密演算法來進行資產所有權的確認，以確保資料沒有被變造、竄改。

接下來以一個例子說明大帳本的運作方式：我們假設這個帳本上有四個欄位：時間、給錢的人、收錢的人、交易金額。首先，所有的參與者都必須要在這個大帳本中開立一個帳戶，並登記自己現有的資產，如圖 8-1 所示。在大帳本上可以看到，張三、李四、王五分別在 2020 年 2 月中，在大帳本上登錄他們的資產，小強則是在 3 月將自己的資產登錄在大帳本上。

時間	給錢的人	收錢的人	交易金額
2020/2/20	資產登錄	張三	100,000
2020/2/22	資產登錄	李四	500,000
2020/2/29	資產登錄	王五	250,000
2020/3/1	資產登錄	小強	50,000

🎙 圖 8-1　參與者在大帳本上登錄資產

當參與者都在大帳本上登錄自己的資產之後，接著就可以進行資產轉移；所謂的資產轉移，就是在這個大帳本上記錄一筆筆的流水帳，如圖 8-2 所示。從大帳本上可以看到，2020 年 3 月 15 日，李四把資產轉移了 50,000 元給張三；2020 年 3 月 20 日，小強把資產轉移了 20,000 元給王五；2020 年 4 月 1 日，王五把資產轉移了 100,000 元給張三。

時間	給錢的人	收錢的人	交易金額
2020/2/20	資產登錄	張三	100,000
2020/2/22	資產登錄	李四	500,000
2020/2/29	資產登錄	王五	250,000
2020/3/1	資產登錄	小強	50,000
… …			
2020/3/15	李四	張三	50,000
2020/3/20	小強	王五	20,000
2020/4/1	王五	張三	100,000

⋂ 圖 8-2 參與者在大帳本上的資產轉移

在任何時候我們都可以計算出指定參與者的資產總和。例如，我們在 2020 年 4 月 10 日要計算張三的資產，就可以用一個很簡單的公式來計算：

張三的資產總和＝張三初次登錄的資產＋其他參與者轉移給張三的資產
－張三轉移給其他參與者的資產

二、區塊鏈

區塊鏈所用到的並不是新的技術，它其實是結合過去數十年所發展累積的各領域技術，包括：密碼學、數學、演算法，甚至於經濟學的模型，透過去中間化和分散式帳本的機制，讓參與者進行點對點的支付，在一個大帳本上記錄參與者間的交易及資產轉移。

在整個交易（transaction）過程中，帳本的運作不再需要中介機構協助做資產的清算或管理交易記錄，也不由特定的中央管理單位處理後，再把資料分送到各節點（node），而是透過分散式帳本，由各節點一起維護資產交易的資料。

所有的節點依照通訊協定透過網際網路相連，形成一個虛擬的計算機中心，大家一起提供各個參與者所需要的服務；而參與者只要能連上任何一個伺服器，都可以得到大帳本的服務，如圖 8-3 所示。

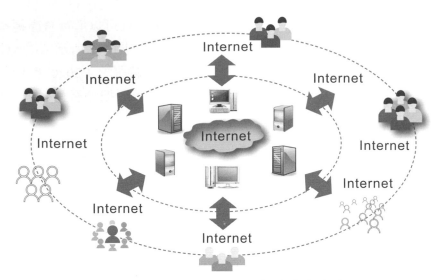

♠ 圖 8-3　區塊鏈的分散式帳本與參與者

　　這個機制裡最重要的概念，是所有帳本上的資料必須要一致；也就是說，全世界只有一本帳，但是在每一個節點上都有一個完全一樣的帳本，這就是一個帳本、多方儲存（1 ledger, N copies）的概念。如果參與者單方面想要更改某一筆交易資料，他就要把全世界所有節點上的資料都改掉才行，這是一個相當大的工程。

　　既然有這麼多的帳本同時存在於各個節點上，為了達到資料記載的一致性，當一筆交易寫入某一個節點的伺服器時，這個伺服器就會以**溢散式傳播**（**propagation casting**）的方式，把這個交易資料傳送到其他的伺服器上，以確保每個節點上的帳本資料都能維持即時同步（synchronized）。

　　這個大帳本就是由一個一個裝了資料的**區塊**（**block**），藉由**鏈結**（**chain**）組合而成的。我們可以把區塊想成是一個個的樂高積木，積木藉由設計好的機構鏈結在一起，而且可以隨著積木數量的增加而變大。

　　「區塊」（block）這個字，在英文中可以是名詞，也可以看成是動詞。當我們把區塊當成名詞時，它其實就是一組資料，這組資料以事先定義好的欄位及格式儲存在區塊內，如圖 8-4 所示。圖 8-4 左邊粗體字就是欄位的名稱，後面跟著的則是欄位儲存的內容。例如 tx 欄位儲存的就是交易資料，在這個區塊中的交易資料有 419 筆，它是以加密後的亂碼型式儲存的。

```
{
  "hash" : "0000000000000001b6b9a13b095e96db41c4a928b97ef2d944a9b31b2cc7bdc4",
  "confirmations" : 35561,
  "size" : 218629,
  "height" : 277316,
  "version" : 2,
  "merkleroot" : "c91c008c26e50763e9f548bb8b2fc323735f73577effbc55502c51eb4cc7cf2e",
  "tx" : [
      "d5ada064c6417ca25c4308bd158c34b77e1c0eca2a73cda16c737e7424afba2f",
      "b268b45c59b39d759614757718b9918caf0ba9d97c56f3b91956ff877c503fbe",
      ... 417 more transactions ...
  ],
  "time" : 1388185914,
  "nonce" : 924591752,
  "bits" : "1903a30c",
  "difficulty" : 1180923195.25802612,
  "chainwork" :
        "0000000000000000000000000000000000000000000000934695e92aaf53afa1a",
  "previousblockhash" :
        "0000000000000002a7bbd25a417c0374cc55261021e8a9ca74442b01284f0569",
  "nextblockhash" :
        "00000000000000010236c269dd6ed714dd5db39d36b33959079d78dfd431ba7"
}
```

⋒ 圖 8-4　區塊內的資料

　　爲了避免區塊內的資料被竄改，我們可以把區塊內的資料以金鑰透過 Hash 函數的加密演算法做加密運算，這個區塊放到大帳本上的時候，也再做一次加密運算，把這個區塊與前一個區塊間的關係加上去。

　　當這個帳本愈來愈大，修改資料的成本會非常大，因爲修改一個節點上某一區塊的資料，不只是要改那個區塊的資料，還需要把其他區塊鏈結上面的資料也跟著修改才行，這個把其他節點上的資料同時也改掉的動作，簡直是不可能的任務。

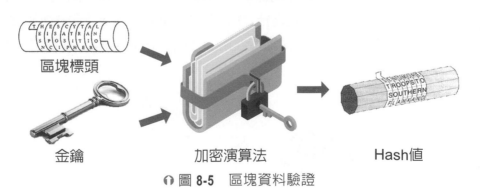

區塊標頭　　　　　　　　　　　　加密演算法　　　　　Hash值

金鑰

⋒ 圖 8-5　區塊資料驗證

　　區塊鏈的資料被竄改的機率，理論上是很低，但是，不怕一萬、只怕萬一，我們要如何知道區塊鏈的資料沒有被竄改過呢？以圖 8-4 區塊內的資料爲例，我們先取 previousblockhash、difficulty、time、nonce、merkleroot、version 等六個欄位當做區塊標頭（**block head**）。

　　接著就用區塊裡的 nonce 欄位的值做爲加密演算法的金鑰，以 SHA-256 Hash 的演算法進行加密運算，就會得到一個新的 hash 值，我們先記下這個金鑰和新的 hash 值，未來，如果這個區塊裡的資料被改過，用同一個方法算出來的 hash 值，就會和我們原先記錄的不一樣。

　　聰明的讀者可能會發現：我們選進區塊標頭的欄位，並沒有交易的資料，怎麼知道交易資料沒有被改過？那是因爲我們已經把交易資料那個欄位（tx）的摘要放到 merkleroot，而 merkleroot 這個欄位是放在區塊標頭中的。

　　一旦交易資料的欄位內容有變動，它對應的 merkleroot 值就跟著改變，於是，我們用這個 merkleroot 值重新做 hash 運算，所得到的 hash 值就會跟原來記錄的 hash 值不一樣，我們就知道資料被改過了。

　　區塊也可以是動詞，當我們把區塊視爲動詞時，就是鎖住或綁住的意思。我們透過一個加密演算法，把所有儲存在區塊裡的資料都鎖起來，以免被人變造或竄改。

區塊　　　　金鑰　　　　加密演算法　　　　區塊鏈

⌒ 圖 8-6　區塊鏈的鏈結

　　圖 8-6 右邊的積木可以視爲是區塊鏈上的那個大帳本，左邊的那個小積木則是我們要鏈結到大帳本上的區塊（B_{n+1}），在鏈結之前，系統會先把大帳本上最後一個區塊（B_n）上的 hash 值，寫到要鏈結上來的那個區塊（B_{n+1}）的 previousblockhash 欄位上，成爲它的區塊標頭的一部分。

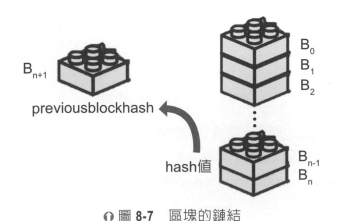

⌒ 圖 8-7　區塊的鏈結

B_{n+1} 區塊在做加密運算時，自然而然的就會把 B_n 區塊的 hash 值納入，一併鎖在 B_{n+1} 的 hash 值裡，如果你事後想改 B_n 的 hash 值，就要連 B_{n+1} 的 hash 值一起跟著改。

如果我們要更改 B_n 區塊中的某一筆交易資料，就要重新計算 B_n 的 hash 值，而這個新的 hash 值又影響到 B_{n+1} 的 previousblockhash 欄，而 B_{n+1} 的 previousblockhash 欄的資料，又會被 B_{n+1} 做一次 hash 運算，這樣一連串的糾結，形成一長串的鏈結，可謂牽一髮動全身。

當這個區塊鏈上有 100 個區塊時，雖然 hash 函數的運算很簡單，但是它運算時所需耗用的資源很大，要重算 100 個區塊，在合理的時間範圍，根本是不太可能做到的事。

➥ 8-1-2　區塊鏈的技術

區塊鏈一開始就是在做資產管理，因此，如何在交易過程中做到交易雙方的身分認證、確保資產不會被竄改、大帳本資料一致性，就是一件非常重要的事。為了維持運作，其所需的技術包括：公開金鑰（**public key cryptography**, PKC）、條件式雜湊函數（**conditional hash function**）及工作量驗證（**proof of work**, PoW）。

一、公開金鑰

為了確保交易雙方的身分，區塊鏈採用的公開金鑰加密技術為非對稱式加密（**asymmetric cryptography**），透過公開金鑰的技術，可以確認該筆交易訊息的確是被擁有該私鑰的人所簽署，有關公開金鑰的運作機制，詳見本書第 15 章的說明。

二、條件式雜湊函數

雜湊函數是一種數學演算法，它可以把大量的資料壓縮成小量的亂數值，雜湊函數是一個單向函數，其結果具有確定性，如果用同一個雜湊函數計算出二個不同的雜湊值，代表著這二個雜湊值的原始輸入也是不相同。因為雜湊函數的單向性，知道結果也很難推出原始輸入值，所以，區塊鏈把這個技術用來確認資料的完整性，驗證資料有沒有被竄改。

三、工作量驗證

區塊鏈的原則是資產在異動時，會由參與者節點的伺服器自動向其他的節點做溢散式傳播，以達到在大帳本上即時同步的目的。但是，當大帳本上同時收到兩筆交易時該怎麼辦？此時，區塊鏈的節點上就出現分岔（fork）現象，大帳本要接哪一筆資料呢？

　　區塊鏈的機制是以共識決（consensus）的方式，來決定大帳本要先接哪一筆資料。共識決演算法是以對整個生態系的貢獻度大小，做為處理分岔的原則，該節點會計算這二個分支上的困難度總和，困難度總和比較大的那個分支，代表它投入的資源比較多、貢獻度比較大，會先留下那筆資料，另一筆則接到後面。

➡ 8-1-3　區塊鏈的類型

　　區塊鏈可依參與驗證及查閱帳本的授權，區分為不同類型，如果參與者須透過管理單位預先選定，僅限特定人員才能參與驗證及查閱帳本，稱為**認許式區塊鏈**（**permissioned blockchain**），認許式區塊鏈也稱為實名制或私有鏈（private blockchain）；反之，開放任何人均可參與驗證及查閱帳本，則屬於**非認許式區塊鏈**（**permissionless blockchain**），非認許式區塊鏈也稱之為非實名制或公有鏈（public blockchain）。

一、認許式

　　認許式區塊鏈是一種不公開、需授權的區塊鏈，網路系統採開放式架構，透過可信任的中介管理單位來處理交易的驗證，參與者要加入時，需經過中介管理單位的審查程序，所有活動、交易都受相關法律規範。認許式區塊鏈採行**實名制**（**real name**），較能配合主管機關監管所需的反洗錢（**anti-money laundering**, AML）與客戶身分驗證（**know your customer**, KYC）規範。

二、非認許式

　　非認許式區塊鏈是一種公開的區塊鏈，網路系統也是採取開放式架構，但是沒有中介管理單位，所有人都可以參與運作，不需要任何審查作業；所有的交易行為，參與人都是以金鑰的方式進行，雖然在交易的過程中，金鑰的真偽還是可以**驗證**（**validatable**），但是，金鑰與參與者的身分是脫勾的，由於非認許式區塊鏈採行匿名制（**anonymous**），因此較不易監管。

➡ 8-1-4　區塊鏈的發展歷程

　　區塊鏈濫觴於 2008 年中本聰提出的比特幣，Swan 在他的研究中將區塊鏈的發展分為三個階段：區塊鏈 1.0、區塊鏈 2.0 及區塊鏈 3.0。

區塊鏈3.0

區塊鏈2.0

其他領域的應用

區塊鏈1.0

智慧型合約

加密型數位貨幣
分散式帳本

🎧 圖 8-8　區塊鏈的發展進程

一、區塊鏈 1.0

2008 年中本聰發表比特幣白皮書，提出了一個點對點的電子現金系統概念，掀起這波區塊鏈的浪潮。在 2008 年至 2011 年間，可謂是區塊鏈 1.0 的時代，這段期間數位加密貨幣興起，尤其是比特幣，引起了不少話題，但是它的安全性、穩定性、可信性都還有很多爭議。

區塊鏈的技術原來是提供給比特幣使用的，但是，比特幣一直無法成為真正的交易工具，區塊鏈開始朝多重技術的複合式組合轉型，慢慢轉向往分散式帳本發展。2016年，美國證券集中保管結算公司（Depository Trust & Clearing Corporation, DTCC）發行的致業界白皮書（A White Paper to the Industry）就不再使用區塊鏈，而直接用**分散式帳本**（**distributed ledger**）這個詞。

當區塊鏈的應用從加密型貨幣轉向帳本時，也就意味著大家已經發現，區塊鏈的技術可能不適合用在貨幣支付這種頻繁交易（high frequency transaction, HFT）的場合，金融業在區塊鏈上的應用，漸漸的就轉到資產價值的移轉及登錄（value transfer & registry）上了。

二、區塊鏈 2.0

2012 年以後，區塊鏈的發展開始尋找新的方向，以太坊（Ethereum）提出了可程式設計的應用，加入**智慧型合約**（**smart contract**）的概念，為區塊鏈在金融產業找到了新的出路。可程式設計係指通過預先設定的指令，完成複雜動作，並能通過判斷外部條件做出反應。

智慧型合約是一個會依據既定條件、因應外在回饋資訊，進而驅動執行指令的電腦程式，這些條件、資訊、指令都是由雙方的合約轉化而來的。智慧型合約出現，使得區塊鏈的應用從最初的貨幣，拓展到股權、債權與產權的登記及轉讓，證券和金融合約的交易、執行，甚至防偽、虛擬貨幣首次公開發行（**initial coin offering**, ICO）等金融領域。

三、區塊鏈 3.0

區塊鏈未來將會是網際網路價值的核心，因此，區塊鏈 3.0 的應用，將會聚焦在複雜的智慧型合約，透過可程式設計的技術，智慧型合約在網際網路中，可以讓有價值的資訊進行產權的確認、計算及儲存，也可擴散出金融產業之外，延伸到其他領域。

8-1-5　區塊鏈在金融產業的應用

　　區塊鏈是一個新興的科技，潛在應用的產業十分寬廣，雖然在技術上還沒看到比較成熟的解決方案問世，但各產業都在默默的研究。世界經濟論壇（World Economic Forum, WEF）及國際貨幣基金（International Monetary Fund, IMF）的研究，認為區塊鏈未來在金融產業的應用包括：支付金流、貿易融資、貨幣發行、資產交換、身分認證、法規遵循。

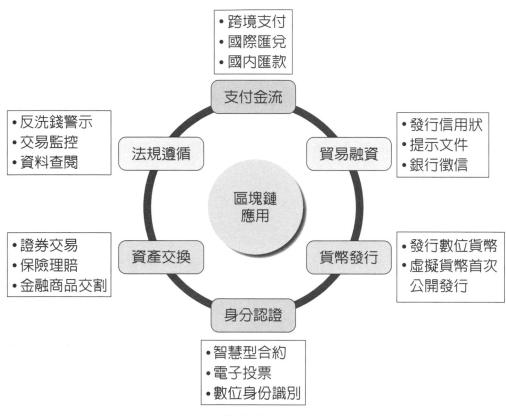

♪ 圖 8-9　區塊鏈在金融領域的應用

一、支付金流

　　貿易的金流流程，國內和國外有所不同；國內支付是透過國內銀行及中央銀行結算，而跨境支付通常要透過一個通匯銀行或全球銀行金融電信協會（Society for Worldwide Interbank Financial Telecommunication, SWIFT）來進行結清算。整個付款流程從一開始收取款項、傳遞訊息、資金結清算，到最後支付款項給收款人，需耗費數天到一週以上不等的時間，而且手續費不透明，無法事先預知。

　　跨境支付系統導入區塊鏈、分散式帳本與智慧型合約等技術後，無形中會改變目前的金流支付架構，不僅支付更有效率，也可以使支付成本降低，如果再跟人工智慧、生物辨識等技術結合，將可發揮更大的效益。

二、貿易融資

　　傳統的國際貿易多依賴信用狀（letter of credit, L/C）做為支付工具，但以信用狀支付，除過程曠日廢時、手續繁雜且昂貴外，尚過度依賴紙本作業及人工流程。根據世界經濟論壇在 2018 年所發布的報告指出：分散式帳本帶來新的貿易模式，將可大幅降低貿易融資缺口，因而額外增加約 1.1 兆美元的貿易量，並使交易更有效、安全，有助於金融業者提高融資可信度並節省成本。

三、貨幣發行

　　Bech 等學者的研究指出，中央銀行所發行的數位貨幣可分為：消費者支付使用的零售型數位貨幣、作為銀行間支付系統的批發型數位貨幣。中央銀行所發行的數位貨幣，可以以分散式帳本的機制為基礎，發行與法定貨幣相同計價單位的數位貨幣，民眾可以透過商業銀行或直接跟中央銀行兌換。

　　數位貨幣由中央銀行來發行，比較能受到使用大眾的信任，而且穩定的發行量也有助於匯率的穩定。但是，它的潛在成本與風險，如平台的管理與整合的成本、平台的安全性及隱私的問題，都是必須要考慮的。

四、資產交換

　　傳統證券交易需要經過中央結算機構、保管銀行、證券公司及交易所相互協作，才能完成整個證券交易流程，效率低且成本高。將區塊鏈應用在證券交易上，可以做到自動化交易縮短交易時間、標準化數據提升清算效率、降低交易對手風險、即時確認並降低證券帳戶的複雜度等，透過智慧型合約獨立地完成一條龍式的證券服務，包括股權、債券的轉讓、證券登記、結算交割等。

五、身分認證

　　以往合約的執行，大多靠人為控制，有「人」的因素在裡面，往往會不知不覺的產生失誤；智慧型合約的誕生，讓資產或價值的移轉變成可程式化和自動執行，它是由代碼所編寫、定義和強制執行，參與者無須透過彼此間的信任來履行合約義務，除了可減少人工干預和人為判斷外，亦可降低監管成本、提高執行效率和減少資源浪費。目前應用之金融領域包括：保險理賠、租賃服務等。

六、法規遵循

全球金融監管強度自 2009 年開始提高，伴隨而來的違規裁罰金額不斷攀升，金融機構營運的成長速度追不上金融裁罰的成長。根據英國金融行為監理總署（Financial Conduct Authority , FCA）的統計，從 2013 年到 2017 年間，全球計有 13 家重要銀行，先後遭主管機關罰 1 億美元以上的鉅額罰鍰。

國際金融嚴格監理管理的趨勢，也直接衝擊我國金融機構。2016 年 9 月，兆豐銀行紐約分行因未遵循美國反洗錢相關規定，被重罰 1.8 億美元，創下台灣金融史上的罰款新高，動輒上億美元的天價處罰，使金融機構再也不敢小覷法遵業務的重要。

區塊鏈如果能結合生物辨認及人工智慧的技術，應用在了解客戶（know your customer, KYC）及數位身分認證，將有助於資訊共享並降低法遵成本，有利於金融機構與主管機關進行反洗錢（anti-money laundering, AML）、反資恐及制裁等相關管控措施。

8-2　金融科技

➥ 8-2-1　金融科技的興起與演進

從 2014 年開始，金融科技（FinTech）成了全球資通訊產業最新的顯學。到底什麼是金融科技呢？從它的英文來看，FinTech 是由 finance 和 technology 二個英文單字所組成，它就是金融與科技的結合字。

從定義上來說，任何與金融相關的科技都可以被稱為是金融科技，這樣的定義看起來好像包山包海，範圍很大。也有人認為，金融科技是一種破壞式的創新，它是雲端運算、大數據、智慧分析、行動商務與社群媒體等新興科技的整合應用。

詹宏志則認為，沒有一種科技叫做金融科技，就像是把高等數學用在金融上，我們不會稱它為金融數學一樣，目前金融科技所運用的技術，都只是這些技術應用在各個場域的其中一種而已。也就是說，沒有一個叫做金融科技的技術，這個技術是為了要解決金融上的問題，而被應用與整合後所產生的。

第三代金融科技

第二代金融科技

第一代金融科技

加密貨幣

衝擊傳統銀行的金融科技

線上銀行與股票交易服務

♠ 圖 8-10　金融科技的演進

金融科技的發展可以分為三個階段：

一、第一代金融科技

在網路尚未發達的年代，不論哪一種行業，所有的交易都是以實體交割的方式進行；1980 年代，網際網路從學術網路逐漸走向民間商業化應用，促成 E-mail 的興起、網路商店的出現等。到了 1990 年代，網際網路更趨普及，金融體系也開始提供網路銀行服務及股票線上交易服務，將銀行相關的存匯表單作業轉移至網路上，同時也開發線上股票交易系統，但是有關客戶的身分認證，仍需請申請人至分行或券商營業處辦理，在這個階段屬於線上線下共存的時代。

二、第二代金融科技

2007 年開始，全球經歷次貸風暴，加上行動網路的興起，兩者交織影響的結果，開始出現一批新型態，特別是具有行動網路特色的創新金融服務出現。這批新型態金融科技服務的特點，在於顛覆傳統金融服務項目的商業模式，在某種程度上解構了傳統銀行與金融機構的商業模式，例如 P2P 借貸、群眾募資、電子錢包等。

這些商業模式利用網路的特性，觸及到原本被排除在傳統金融領域外的金融弱勢者，如經濟發展低落的國家、位在偏鄉地區的居民。正因為這些新型態的金融科技邊際成本較低，故能觸及原本非傳統金融領域內的參與者，進而達到金融的普及化。

三、第三代金融科技

2009 年中本聰發表關於應用區塊鏈技術的點對點支付系統，首次把區塊鏈技術結合分散式加密計算，用來確認交易的方式，具有去中心化、不可竄改、可追蹤性、避免雙重花費等特性。

➡ 8-2-2 金融產業的服務創新

2015 年，世界經濟論壇邀請了 197 位來自全球重要金融產業、創新社群、學術界及 FinTech 新創事業等各領域的領導者及專家，針對金融服務之未來，發布「金融服務的未來」（The Future of Financial Services）報告，揭露了未來金融核心服務的六大功能，包括：支付（payment）、保險（insurance）、融資（deposits & lending）、募資（capital raising）、投資管理（investment management）、市場資訊供應（market provisioning）等。

⊙ 圖 8-11　金融業 6 大服務

在金融業這六大服務裡，又衍生出 11 種創新的態樣：

* 支付包含新興支付管道（emerging payment rails）及無現金世界（cashless world）。
* 保險包含保險價值鏈裂解（insurance disaggregation）及保險串接裝置（connected insurance）。
* 融資包含消費者偏好移轉（shifting customer preference）及替代融資（alternative lending）。
* 籌資主要是群眾募資（crowdfunding）。
* 投資管理包含賦權投資者（empowered investors）及流程外部化（process externalization）。
* 市場資訊供應包含更聰明快速的機器（smarter, faster machines）及新市場平台（new market platforms）。

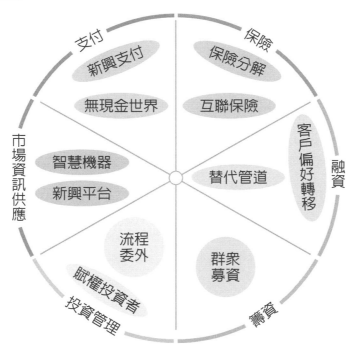

☊ 圖 8-12　金融業的創新應用

一、支付

　　支付是金融服務業的重要核心功能，近年來，金融卡、信用卡、轉帳卡、儲值卡、虛擬貨幣及電子商務漸漸成為生活必需品；而電子支付的便利、效率、交易可追溯、具安全性的優勢，都提升了民眾使用之信任度，進而逐漸取代部分的現金與支票交易，使得業務蓬勃發展。

近年來，大量支付創新模式的興起，善用行動裝置及聯網設備，使支付程序愈來愈簡化便捷，並帶來更多附加價值，讓電子支付業務朝多元化發展。總結而言，金融科技對「支付」此一金融服務核心功能所帶來的創新，造就無現金的環境以及新興的支付管道。

(一) 國際發展趨勢

國際在金融科技支付上的應用，從 1998 年 PayPal 掀起的跨境第三方支付革命，到 2010 年 Square 首創手機信用卡刷卡機，讓很多沒有設置刷卡機的小攤販也能使用信用卡支付系統。演進至今，已發展出電子錢包、行動支付方案、行動訂購及支付 App、地域性感應支付、M2M 支付、生物辨識或地域性驗證支付等支付方案。

這些在行動支付及交易安全方面的創新，大部分都沒有破壞原有的支付體系，而是修改現有支付面的前端程序，以增進消費者和店家的交易體驗，其成功創新的關鍵不外乎是操作簡單化、整合現有支付管道、創造附加價值等三個構面。

常用的行動支付系統包括：開放式行動支付系統（open-loop）、封閉式行動支付系統（closed-loop）及整合式行動支付系統。

1. 開放式行動支付系統

強化消費者與銷售點系統（point of sales, POS）間的支付程序，運用近場無線通訊（near field communication, NFC）及二維條碼（QR code）等新技術，使得支付更為便利，例如 Visa、Master、Google Wallet、Apple Pay。

2. 封閉式行動支付系統

整合電子支付程序中的銷售點系統、收單機構、支付網路，不透過中介機構，使得支付更具彈性，且消費者仍可透過傳統的支付方式（如信用卡）來進行付款，這類的行動支付系統以 PayPal 等第三方支付業者為代表。

3. 整合式行動支付系統

利用行動連結裝置以取代或補強現有的銷售點系統，讓支付過程更省力，並使店家不須建置銷售點系統，讓無現金交易成為趨勢。例如：Square 手機信用卡刷卡機、運輸服務平台 Uber、skip wallet。

以上這些金融創新技術的發展，讓未來的支付服務將會降低對現金的依賴，透過網路進行支付，也可在交易的同時，蒐集客戶大量的交易資訊。未來支付型態的特徵有：

(1) 無現金交易：即便是小額交易，消費者也可以使用行動電子支付來付款，新興的支付工具將取代目前的現金交易，達到無現金世界。

(2) 貼近顧客需求：由於自動化及虛擬化，使更多的支付轉為無形，這將改變顧客的購物需求及消費行為。

(3) 互動過程：支付工具與行動裝置的整合，對店家及金融機構而言，支付將成為與顧客互動的主要方式。

(4) 數據驅動：隨著電子交易大量被採用，金融機構將會累積更多交易資料，讓金融機構、服務提供者以及店家更深入認識顧客及業務。

(5) 擴展業務：因為更多支付活動藉由電子金流完成，金融機構更能分析出顧客及業務整體金流，藉此可擴展到原先較不熟悉的客層之業務。

(6) 低廉成本：由於金融創新方案建構在現有的金融基礎設施上，故具備非常低的成本，且隨著電子支付交易量的增加，成本可再降低。

(二) 國內發展趨勢

國內行動支付的發展主要有三個方向：虛擬卡片、條碼系統及行動刷卡機。

1. 虛擬卡片整合至手機錢包

國內行動支付的第一種模式，是把虛擬卡片整合到手機錢包上。台灣行動支付公司於 2014 年 12 月首先推出該服務，消費者可將申請之虛擬卡號整合入手機錢包 App，並藉由手機的近場無線通訊功能，或用 iPhone 之外接設備，進行非接觸式的信用卡支付。

2. 結合條碼系統

第二種型態是以行動裝置產生一維條碼（bar code）或二維條碼（QR code）的方式，做為買賣雙方交換支付資訊的載體。前述二種型態都是開放式行動支付系統之應用。

3. 行動刷卡機

第三種型態則是把刷卡設備外接於行動裝置上的行動銷售點系統（mobile point of sales, mPOS），使用行動裝置上的通訊功能和 App，將行動裝置化身為行動刷卡機，使刷卡消費更為行動化，這種型態的支付模式可視為是一種整合式的行動支付系統應用。

二、保險

近年來，保險業受網際網路、行動裝置、智慧型感測器、車載資通訊技術（telematics）、先進的分析技術及共享經濟等創新科技之衝擊，使保險業面臨價值鏈的分解，導致在這波金融科技創新發展的浪潮中，保險業將成為衝擊最大的金融服務產業。

(一) 保險價值鏈裂解

由於網際網路的普及，保戶可以透過網路上的聚合網站（e-aggregator）進行線上比價與投保；一些原來不是從事保險業的業務科技公司，也透過網際網路加入線上銷售保單的業務，如 Google、Amazon 等，再加上共享經濟（sharing economy）、無人駕駛車的出現，以及多元資本來源管道（如保險證券化）等新興力量之衝擊，導致保險業者原來所擁有的個人風險標準化及商品化、業務員通路及品牌之傳統競爭優勢將逐漸喪失，保險市場趨向價格競爭、保戶忠誠度降低，這都將使得傳統保險業價值鏈（包括產品開發、銷售、核保、理賠、風險資本及投資管理等）快速解體。

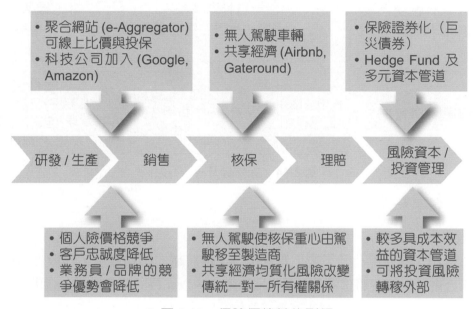

⊙ 圖 8-13　保險價值鏈的裂解

(二) 網路保險的發展

目前各種財產險、傷害險與健康險，都是依照歷史資料及預測性指標等資料來訂價，保險業者僅在續保時，才能依保戶個別行為模式及使用資訊等風險因素調整費率，無法在保障期間主動進行保戶風險管理。

例如汽車保險是依照性別、年齡等指標，訂一個一體適用的價格，而無法依駕駛的開車模式個別訂價，價格要調整也只能等到保費到期，針對上一個保險週期中，出過險的人／車保費調升、沒有出過險的人／車保費降低。在沒有更多資料的佐證之下，也許這已經是最佳解了，但是，未來有沒有更好的計價模式呢？

由於行動裝置、車載資通訊技術、物聯網及大數據等發展，提供了即時蒐集並追蹤保戶對車輛的使用情形及行為模式之資料，透過這些資料的分析，訂定個人化保費費率，將可避免保戶間交叉補貼現象。

又因為保戶對車輛的使用情形及行為模式比較具有可衡量性，使得保險業者更容易去分析理賠原因，進而減少詐騙行為。此外，保險業者也因為可以與保戶進行更頻繁溝通，並取得較廣泛性的保戶資訊，可以事先主動管理保戶風險，並設計個人化商品。

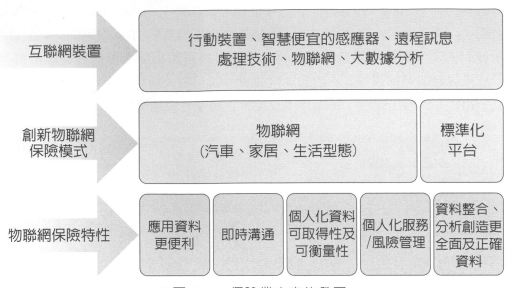

互聯網裝置 → 行動裝置、智慧便宜的感應器、遠程訊息處理技術、物聯網、大數據分析

創新物聯網保險模式 → 物聯網（汽車、家居、生活型態）　標準化平台

物聯網保險特性 → 應用資料更便利　即時溝通　個人化資料可取得性及可衡量性　個人化服務/風險管理　資料整合、分析創造更全面及正確資料

🎧 圖 8-14 保險業未來的發展

(三) 保險市場未來的發展

1. 規模經濟

當個人險商品化及風險均質化後，市場將趨向價格競爭，為取得規模經濟而逐漸合併，保險業將透過多元管道取得資本，以支持其快速成長及合併。

2. 個人化商品及個別費率

保戶對車輛的使用情形及行為模式，可藉由隨車設備、行動裝置、定位系統等產生數據，即時蒐集、追蹤並掌握，讓保險業者得以精確計算個別保險費率，並可透過事先管理個人風險，發展更多個人化商品。

3. 客戶導向之商品設計

以保戶需求為中心，發展與保戶所有相關風險之多產品線保單。

4. 移向利基市場

由於個人險朝向商品化發展，保險業發展重心將移至更具競爭優勢之利基市場，如強化精算及核保能力。

5. 提供全面性服務

全面審視保戶狀況及生活型態，藉以提供攸關且具財務效益的資訊，並透過異業合作，創造保戶更高價值。

🎧 圖 8-15　保險市場未來發展

三、融資

全球經濟活動已漸漸從實體交易轉為向虛擬世界發展，根據國際清算銀行支付暨市場基礎設施委員會（committee on payments and market infrastructures, CPMI）在 2015 年 9 月所提出的金融支付（payment aspects of financial inclusion）報告，指出零售支付、交易帳戶電子錢包，將是未來國際上重要的支付系統發展目標。

21 世紀虛擬數位技術衝擊，來自於人口結構及消費習慣改變，而金融活動是經濟活動的潤滑劑，一旦零售經濟活動產值轉由虛擬數位經濟產生，金融業之零售銀行業務及支付服務方式將會首當其衝。

(一) 國際金融業務發展趨勢

金融服務業的核心功能在存、放款（deposits & lending）業務，在資訊科技的引領下，國際上金融業務的創新發展方向有二，首先是新興的借放模型（emerging alternative models of lending），其次是虛擬銀行（virtual banking）業務的革新。

1. 新興的借放模型

透過大數據行為分析，能預警性的提早告知授信交易對象可能違約行為傾向，有效處理貸放信用風險。

2. 虛擬銀行業務的革新

當網路虛擬世界之各類通路介面科技已成熟至隨時影響實體金流交易活動，而且網路頻寬的效能及各類通路行動軟體或硬體載具得以多元地被廣泛應用，智慧聯網（internet of everything, IoE）、資訊安全及雲端技術的發展，又能有效解決金融交易安全防護要求，並符合各項監理規範，造成各種創新虛擬銀行業務平台之興起。

(二) 國內推動現況

虛擬交易首重隱密性、來源辨識性、不可重複性及不可否認性，在各項技術成熟後，2000 年時，金管會核准銀行開辦網路銀行業務（internet banking）；截至目前為止，國內各銀行均已建置自己的網際網路銀行系統，並開辦多項銀行業務，包含查詢類、訊息公布類、申請服務類、資金移轉支付類、財富商品、多幣別兌換存款及其他各種必要金融服務等。

但是，目前各金融機構之網際網路銀行業務作法，都只是把傳統銀行的服務作業模式移到網上而已，將網際網路當作是前台的介面，一切都還是循著既有的實體服務方式，只增加網路通路服務介面，業務服務成長有限。

四、籌資

網路的快速發展，帶動了消費行為的改變，使新創事業大幅增加。但這些新創事業的資金募集，受限於營業規模及發展，往往因為創新企業的資本及營業規模較小，且缺乏營運歷史資料，常被金融機構列為授信風險較高之族群，因此，很難經由傳統金融中介機構以貸款方式取得所需營運資金。

美 國 在 2012 年 通 過 企 業 籌 資 法 案（the Jumpstart Our Business Startups Act, JOBS），提供小型及新興成長企業一個便捷的籌資管道，以協助其在初級市場進行高效率之籌資，同時兼顧投資者保障。

我國的金管會於 2012 年底起研議群眾募資（crowdfunding）之相關機制，使募資管道更為多元，降低企業籌資成本，以協助扶植國內微型創新企業得以成長茁壯，並創造就業機會與經濟動能，促進國家經濟發展。

近年來，新創事業透過群眾募資平台與一般投資人及創投資金連結，而取得所需資金，已成為一種趨勢，而且發展得愈來愈成熟。群眾募資的金額近年來亦成長快速，群眾募資平台儼然成為小型企業在創業初期主要的籌資管道。

群眾募資平台的運作是透過網路來媒合新創事業與投資人，它的角色、功能與銀行、投資機構類似，它的蓬勃發展對目前金融中介機構所扮演角色，將會產生許多影響與衝擊。

(一) 競爭

募資平台定位為小型企業及新創事業在高風險、草創時期的主要籌資管道。新創事業籌資管道增加後，當投資機會有重疊情形時，傳統中介機構將會面臨與募資平台的天使投資人競爭投資機會。

(二) 投資

以往個別投資人要經由銀行、券商才能投資他們有興趣的金融商品，現在他們可以直接透過募資平台投資他們有興趣的金融產品，以獲取潛在較高的報酬，致使他們在傳統財富管理商品的投資組合將隨時間而變化。

(三) 資金成本低

募資平台亦可提供大型公司直接從客戶端募集資金之管道，降低籌資成本並鼓勵客戶參與公司經營。

(四) 去中間化

發行人與投資人之接觸變得更為便利，未來證券承銷商所扮演角色亦將受到影響，預期除募資平台外，尚有新的專業服務業者，像盡職調查（due diligence）及評等服務、專業企劃服務、籌資資料分析業者、媒體宣傳及服務業者，將會加入服務企業的籌資活動。

五、投資管理

金融風暴之後，投資人對傳統的投資理財顧問喪失了原來的信任感，加上國際經濟景氣仍然存在著相當多不確定因素，使得投資人的信任感復甦相當緩慢，這個現象也促使一些突破性創新順勢出現，這些可以摒除人為介入因素的新型態自動投資顧問，憑藉著低成本及精密演算技術，滿足更廣大的消費者，同時也讓投資人對於管理自己的財富更具主導權。

(一) 國際發展趨勢

金融投資管理的國際發展趨勢主要在：**機器人理財顧問（robo-advisor）** 的出現與流程外部化。

1. 理財機器人

透過自動化系統和社群網路的資訊分享，投資人變得更有自主權，這將改變現有理財顧問之經營模式。理財機器人透過低成本及精準行銷技術，將滿足更廣大的消費者，讓財富管理門檻降低變得更加普及。

理財機器人的創新關鍵因素有：自動化管理及報告、社群交易及零售演算交易。

(1) 自動化管理及報告

理財機器人提供了高價值且低成本之理財顧問服務，基於個人需求提供客製化投資組合，或透過他人各種投資型態提供彙整性之分析建議等。

(2) 社群交易

社群使個人投資者更容易獲取並分享他人的投資策略及投資組合。

(3) 零售演算交易

理財機器人使投資者更容易建置、測試及執行交易演算，同時提供專業投資者可與他人分享交易演算之平台。

這些理財機器人的新型態投資顧問，將會衝擊到傳統的財富管理市場，所產生的影響可能有三個面向：中產階層（mass affluent）的流失、改變理財顧問的價值、降低理財專家的門檻。

(1) 中產階層的流失

新型態的自動化理財顧問提供了便宜、快速的線上工具及自動化全年無休的服務，將會吸引傳統財富管理市場的投資人，導致其客源大量轉往自動理財顧問，特別是一般大眾和中產階層，迫使傳統財富管理業者將目標客群移轉到高淨值（high net worth）及超高淨值（ultra high net worth）的投資者，同時信賴關係的經營也變得更加重要。

(2) 改變理財顧問的價值

理財機器人所衍生出的自動化投資理財顧問，可以將傳統理專的高附加價值服務變得更商品化，同時也降低其對高淨值客戶的服務價值，將促使傳統財富管理業轉而強調個人化服務，同時為客戶提供差異化服務及滿足不同客群，勢必影響傳統業者調整內部組織以為因應。

(3) 降低理財專家的門檻

透過更實惠的投資理財管理工具，一般投資人也能夠晉升為理財專家，獲得充分完整的理財建議，並藉由社群分享投資知識及操作策略，投資人將變得更具主導性，成為生產性消費者（prosumers），侵蝕傳統財富管理業之利益，這也使得品牌和信賴關係，將成為致勝的關鍵要素。

2. 流程外部化

在專業分工愈趨精細的今日，為了使組織流程更具彈性及效率，金融機構對於過去認定的核心業務，在市場上已經出現新型態的流程外部化供應商，使用極具彈性的雲端平台，就可以幫助金融機構流程管理更有效率、績效更卓越。

由於業務範圍擴大及專業分工，金融機構內部流程外部化的範圍正逐漸擴大，透過流程外部化，讓金融機構達到更有效率及精密的新境界。創新的關鍵因素包括：電腦進階分析、支援多國語言、流程即服務（process as a service, PaaS）及能力共享。

(1) 電腦進階分析

利用進階的電腦分析技術、演算法和分析模式，不只可以把現有的人工流程自動化，還可以提供精密複雜的服務。

(2) 支援多國語言

系統整合了多國語言介面，使流程服務更能貼近終端使用者。

(3) 流程即服務

提供流程外部化的整體性服務功能，包含自動和手動流程，其服務型態可讓機構所需之基礎設施最小化。

(4) 能力共享

促進金融機構和他人共享的能力，或是透過建置法令和技術標準的傳播媒介，使金融機構容易與新的服務供應商連結。

(二) 國內推動現況

機器人理財顧問是根據客戶所設定之財務狀況與需求，透過財務規劃之程式設計，主動提供客戶財務規劃建議。目前金管會考量國內技術未成熟、金融商品多元，且需揭露資訊以確認客戶了解風險，因此，還沒有開放機器人理財顧問服務，交由相關公會研擬可行性中。

至於金融產業非核心業務的委外，金管會對於可委外的業務都訂有相關規定，目前只有投信事業開放主要投資於亞洲及大洋洲以外之基金可以將投資業務委外，其餘業務都還沒有委外處理。

六、市場資訊供應

金融業者正面臨國際金融科技公司無國界競爭，實體服務加速萎縮，加上本地市場與經營規模小，面臨生存危機，金融產業對於轉型與創新具有迫切性。行動、雲端、大數據與社群媒體，衝擊金融消費行為與企業營運，數位化成為金融機構經營的關鍵策

略，愈來愈多的企業利用電子平台建立自動交易系統，取代人工決策；更快速、更聰明的運算系統，促使更多產業交易可獲取自動化及精準的利益。

(一) 國際發展的趨勢

在市場資訊提供上，國際發展的趨勢有：更聰明快速的機器誕生、新興資訊交流及交易平台的出現。

1. 智慧機器

隨著市場的全球化，市場交易規模愈來愈大，高頻交易將會是各市場的常態。高頻交易主要特徵為：透過演算法及程式設計完成交易、迅速捕捉微小投資機會、頻繁下單、交易時間短暫、交易部位當日平倉以避免隔夜風險等。

高頻及演算法交易商最重視之因素為效率，加上大量且頻繁的交易，交易成本也會影響高頻交易商交易意願。高頻交易的關鍵，在於交易使用之資訊設備及演算法，交易資訊設備的處理效能，將會直接影響以演算法進行市場判斷的運算速度，而硬體的效能與演算法逐年進步，高頻交易商必須不斷升級軟硬體設備，優化演算法，造成高頻交易技術門檻不斷提高。

更聰明快速的智慧機器將進一步增加交易者的能力，並改變資本市場。未來交易的主要特性包括靈活度（agility）、準確性（accuracy）、特許（privileged）。智慧機器透過大數據分析與機器判讀新聞，分析影響交易的因素，讓交易策略更加多樣化。

2. 新市場平台

目前全球重要的新興市場平台有：交易服務平台、群眾投資平台、金融社群平台、交易商交易社群網路、保險軟體雲端平台。

(二) 國內發展的現況

1. 智慧機器

我國證券市場以自然人為主，採集合競價交易機制，而不是逐筆交易。目前約每 5 秒撮合 1 次，相對於以微秒為交易單位之高頻交易商而言，速度相對慢了很多。高頻交易方法目前並不適用於我國股市。目前國內金融機構對於智慧機器的需求，還有很多成長的空間。

2. 新市場平台

如何在網路銷售基金，將金融科技創新理念導入服務流程，並將產品端的基金公司與購買端的投資人，透過創新科技的基金網路平台相互結合，達到市場共贏的效果，是未來基金網路銷售平台發展的最大挑戰。

　　目前金管會核准臺灣集中保管結算所及櫃檯買賣中心轉投資設立證券商公司，規劃建置國內多元的基金網路銷售平台，使基金網路銷售平台之規劃符合金融科技創新，以及市場通路多元化服務需求。

8-3　金融電子化的應用

　　根據世界經濟論壇在 2015 年所發布的金融服務未來報告，揭露了未來金融核心服務的六大功能、十一項創新服務。未來各國的金融服務發展將會走向：網路自動化、行動金融、社群金融及電商金融（electricity financial）。

➥ 8-3-1　網路自動化

　　傳統的金融服務，在面臨到跨國金融科技的挑戰時，除了將傳統業務網路化之外，還要導入更多智慧化的設備與服務，才能提升其競爭力。在網路自動化的過程中，網路金融服務及金融自動化服務，是未來推動的方向。

一、網路金融

　　數位金融很重要的是能夠即時、快速的提供網路交易服務，目前各金融機構都已經把相關業務同時放在網路平台上，提供客戶即時且快速的服務。未來，除了將這些既有業務放上網路平台外，新的網路服務結合社群媒體等新興通路，將會帶來新的金融服務。

(一) 網路數位平台

　　傳統金融機構在數位化過程中，最早建立的就是網路數位平台，透過這個通路，增加與客戶互動的機會。也有業者會把內部資料提供給第三方業者（third party），直接串接應用程式介面（application programming interface, API）服務，雙方共享資料。

　　因此，銀行業者就陸續推出了網路銀行平台、行動銀行平台的服務，投信業者推出基金銷售平台，券商推出證券與期貨交易平台，保險業者推出保險銷售平台。

　　由於應用程式介面的技術成熟，金融機構開始思考如何結合資訊科技，透過跨業合作，創造更多的商機。最常見到的就是結合不同通路，把自己內部的資料開放給第三方業者。

　　例如，以往銀行的信用卡紅利積點，都只能在自己的平台上換禮物，這種方式不但消費者麻煩，銀行也要付出相當的人力成本及倉儲成本；現在則是和便利商店合作，把客戶的點數開放給便利商店業者，客戶可以直接到便利商店折換消費點數，同時在店中購物，不但銀行的服務成本降低，便利商店的營收也增加了，創造雙贏的結果。

🎧 圖 8-16　國泰世華銀行的網路貸款平台

(二) 直銷銀行（direct bank）

　　直銷銀行的歷史悠久，早在沒有網路的時代，它就存在了。想當年，在傳統銀行正以實體營業據點為客戶提供各種金融服務的年代裡，直銷銀行就已經透過郵寄、電話、傳真等方式在服務客戶了。

　　最早的直銷銀行是荷蘭 ING 集團的前身「德國法蘭克福儲蓄與財富銀行」，它在 1965 年就推出了直銷服務，那個時候，大多是用郵寄的方式與客戶連繫。由於網際網路的發展，現代的直銷銀行因為不需要實體據點，因此，營業成本可以大幅下降，把利潤回饋給客戶。

　　直銷銀行與網路銀行最大的差異在於：網路銀行只是把一般銀行的業務放到網路平台上，讓客戶可以隨時、快速的在線上辦理各項業務，它必須依附在原來的實體銀行上，不是一個獨立的個體；而直銷銀行則是一個可以單獨以獨立個體存在的銀行。

　　直銷銀行的營運模式可分為：純網路線上模式、網路線上與線下直銷店面融合模式二種。

1. 純網路線上模式

　　純網路線上模式的直銷銀行是所有產品或服務，全部透過網路系統或電話通路進行，沒有門市及櫃檯人員提供相關服務。

🎧 圖 8-17　國內首家純網路線上銀行

2. 網路線上與線下直銷店面融合模式

　　網路線上與線下直銷店面融合模式，是除了網路線上服務外，還會設立實體門市，提供人員進行線下服務。

🎧 圖 8-18　台新銀行 Richart

(三) 社群銀行（social bank）

　　網際網路的出現改變了商業模式，社群媒體的出現，讓群眾力量深化經營內涵。以往我們上網購物只是為了方便、便宜；有了社群媒體之後，我們在買東西之前都會先去看看其他消費者的評價，才決定要不要買。

　　社群媒體的力量已經可以影響到消費者的購買行為，因此，業者的經營模式就必須跟著改變。傳統銀行的經營也開始受到社群的影響，慢慢轉型為社群銀行，希望能利用社群媒體的力量，營造與客戶更多的互動機會，以便提供更多元的服務。

　　社群銀行跟直銷銀行一樣，不會設立實體的門市據點，都是透過網路提供各種金融服務；但是，社群銀行加入了更多的社群策略，它結合了各種主流社群媒體的運作，發揮社群的力量，創造新的營運模式。

　　社群銀行通常會結合主流的社群媒體，配合電子商務網路的運作，才能跟傳統銀行的經營模式做區隔，其經營模式有：

1. 透過社群媒體進行資金往來

　　　　社群銀行的第一種經營模式，是結合主流的社群媒體，利用社群媒體的群眾力量，從事資金的借貸、群眾募資、投資等銀行業務。

2. 透過電子商務從事支付業務

　　　　社群銀行的第二種經營模式，是與電子商務平台合作，利用社群關係，進行資金支付、法定貨幣與虛擬貨幣間的交換業務。

　　德國的社群銀行 Fidor 在 2005 年成立，已經把社群運用得淋漓盡致。它把客戶的借貸利率與 Facebook 粉絲團的按讚數連結，按讚數增加 2,000 個，客戶的存款利息就會提高 0.1%、貸款利息就會下降 0.1%。同時，它也跟遊戲業者合作，客戶在該銀行帳戶的錢，可以直接換成虛擬貨幣。

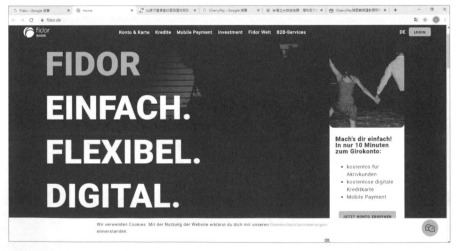

🔊 圖 **8-19**　社群銀行網站

　　國內的遠東銀行在 2018 年推出社群銀行 Bankee，讓客戶透過推薦碼或推薦連結，可以邀請朋友加入 Bankee 會員；當有朋友加入後，這位客戶就成了圈主、新進的朋友就是圈友，於是就構成了一個社群圈，客戶透過社群銀行可以經營自己的社群，此時，銀行就成了一個平台。

🎧 圖 8-20　社群銀行

二、金融自動化

傳統金融在面臨數位金融的競爭時，除了引入金融科技外，實體門市在金融自動化中，還需要導入智慧型設備，以取代人工的決策或服務，如智慧機器人、虛擬櫃員機、數位寫字板、識別裝置等。

(一) 智慧機器人

智慧機器人（**smart robot**）是把電腦的精密處理能力，透過智慧型運算平台，使機器能模擬人類，進行擬人化的溝通。目前很多銀行都有智慧機器人負責大廳的接待工作。

大家一談到機器人，都會直覺的想到實體的機器人；但是，在銀行的平台上，還有一種看不到的理財機器人，透過人工智慧的機器學習之後，它除了可以答覆客戶詢問的問題外，還可以提供個人化的理財諮詢，協助客戶做理財管理。

🎧 圖 8-21　國泰世華銀行的客服機器人

(二) 虛擬櫃員機

傳統的銀行為了服務客戶，都會在各地建置自動櫃員機（automated teller machine, ATM），讓客戶可以透過自動櫃員機辦理存、提款、轉帳等金融服務，未來，在自動櫃員機加上視訊裝置，即可成為**虛擬櫃員機**（**virtual teller machine**, VTM）。

虛擬櫃員機可取代人工櫃台服務，減少銀行門市據點的設立，降低營運成本，銀行可以突破開分行的限制，把營業據點藉由虛擬櫃員機，就可以在無形中擴展到各地。

(三) 客戶識別系統

隨著物聯網的發展，iBeacom 已是一種成熟的通訊技術，銀行可以在它的營業大廳建置 iBeacom 的客戶識別系統，客戶走進分行大廳，只要把手機的藍牙打開，系統就可以與手機溝通、交換資訊，銀行就可以知道客戶的身分，以便提供客戶客製化的服務。

➥ 8-3-2　行動金融

由於行動裝置普及、網路頻寬變大、雲端運算成熟，以往要在電腦上才能處理的工作，現在很多都可以在行動裝置上解決。以往消費者在實體商店或網路上購買物品時，只能用現金、信用卡、儲值卡等付款，現在，智慧型手機可以把支付工具都整合在一隻手機裏，讓我們可以很簡單的使用它們做為支付工具。此外，在非銀行端也興起了另一種被稱為第三方支付（third party payment）的工具。

一、行動支付（**mobile payment**）

廣義的行動支付是指消費者在實體店面或網路平台，購買商品或服務時，利用各種可以儲存金錢價值的卡片付款，而不用現金支付的消費模式。這些可以用來付款的卡片包括信用卡、儲值卡、金融卡等。

狹義的行動支付則是在行動裝置普及、網路技術成熟後，把以往所用的卡片、晶片、帳戶，都整合到消費者手上的行動裝置上，透過平板電腦、手機、穿戴裝置之類的行動裝置，進行付款程序。

目前，智慧型手機仍然是行動支付最主要的工具，其支付的技術可分為：遠端支付與近端支付。遠端支付指智慧型手機或行動裝置，不需要靠近任何感應設備，就可以完成行動支付。這種支付模式通常透過業者開發的 App 或網頁進行，系統的後台會結合相關付款資訊，例如透過街口支付 App 付停車費，App 自動會帶出繳費的資訊，消費者只要按下按鍵即可繳費。

近端支付則是智慧型手機或行動裝置，必須靠近感應設備，才能完成付款程序。例如利用街口支付 App 在實體門市付款，街口支付的 App 會出現付款條碼，店家用讀碼機即可讀到條碼，完成付款程序。

二、第三方支付

　　第三方支付原來是要解決網路購物的交易行為，而產生的一個商業模式，網路購物的買賣雙方互相不認識，又不像實體交易可以一手交錢、一手交貨，買方擔心付了錢拿不到貨，或是拿到瑕疵品；賣方也擔心出了貨拿不到錢，因此，需要一個公正的第三者，於是第三方支付因應而生。

　　第三方支付成立一個支付平台，與電子商務平台合作，買、賣雙方都要在付款平台上先開一個帳戶，買方在下單後，付款平台上的貨款就會被凍結，等到收到貨確認無誤後，平台才會把貨款轉到賣家，而賣家知道買家的貨款在付款平台上已被凍結，就不會擔心拿不到錢，可以安心的出貨。

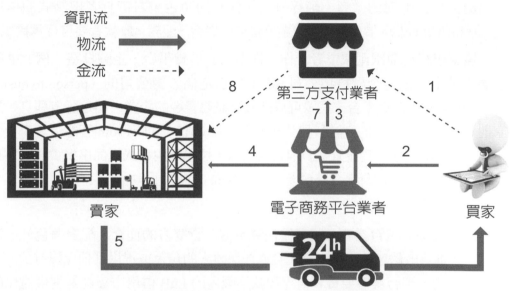

♪ 圖 8-22　第三方支付的交易模式

➥ 8-3-3　社群金融

　　金融科技被認為是一種破壞式的創新，主要是它在網路中加入了社群的因子，透過社群把全世界的網路用戶聚集在一起。昔日的入口網站在社群時代，其角色已日漸式微，取而代之的是能夠長期聚集人氣的網路社群。

　　網路社群是把人們過去在真實世界中面對面交流的實體社群，轉化成隱藏在電腦後端的個體，其成員大都是志同道合的人，人與人的互動大多是雙向溝通，停留在網站的時間比較久，向心力也較強。

　　金融社群的形成，也是因為交易的動機才會成立。傳統的金融社群是由資金的供給方、需求方及仲介的金融機構所組成，隨著網際網路的發達、資訊科技的進步，網際網路上的金融社群，將會淡化傳統金融機構仲介的角色，甚至於會去仲介化。未來，所有資金的流通、金融商品的交易，都可能會由網路社群平台裡的供給方、需求方直接進行。

一、P2P 平台

過去有關金融相關業務，都需要透過金融機構來處理，像資金的往來要經由銀行，保險業務要找保險公司，未來在社群的世界裡，所有金融活動都可以在社群中完成。

(一) P2P借貸平台

以往資金的存、放款業務都是由銀行辦理，銀行決定了放款的對象、利息。近年來，P2P 借貸平台興起，為借貸雙方開啟了另一個管道，其經營模式不外乎：平台配對、平台擔保、債權轉讓及導入銀行這四種模式。

1. 平台配對

提供平台配對的業者，純粹只擔任仲介的角色，對借貸者做制式的信用審查、發布借貸資訊，借、貸雙方透過平台自行撮合、配對，放款者要自行承擔風險。

遠東銀行目前跟兩家業者合作，推出 P2P 借貸平台，企圖打造一個 P2P 的生態圈。其中一家是金融科技公司 BZNK，它是個人對公司的（person to business, P2B）企業募資借貸平台，民眾可以借錢給需要資金的企業，藉以賺取利息。另一家則是遠傳電信旗下的金融科技公司遠寶，在 2019 年推出 Join 智慧借貸平台，利用客戶的電信資料做為審查核貸與否的依據，透過應用程式介面串接會員與遠東銀行的金流服務，當借貸媒合成功後，即由 Bankee 帳戶撥款。

2. 平台擔保

提供擔保的平台業者，除了擔任資金借、貸雙方的仲介、配對角色外，還要對借款者進行較嚴密的信用審查，且擔任保證人的角色或提供其他保障方式，一旦借款人違約，平台業者要負責償還放款，國內的 LnB 信用市集就是提供擔保的借貸平台。

🎧 圖 8-23　LnB 信用市集

3. <u>債權轉讓</u>

　　債權轉讓的借貸平台，會先對借款者進行嚴密的信用審查，再由一個大額放款者放款給借款者後，由該放款者將債權分割成小額債權，轉讓給其他小額放款人；借款人違約時，由平台業者協助小額放款人催收，目前國內的鄉民貸就是一個債權轉讓的借貸平台。

● 圖 8-24　鄉民貸

4. <u>導入銀行</u>

　　平台業者會先把平台上有資金需求的借款者轉介給合作的銀行，由銀行將其債權證券化後，再發行小額理財投資商品，並於平台上賣給投資者。這種模式的運作類似間接金融，有銀行做為保障。目前國內的蘊奇線上 P2P 借貸平台就是與玉山銀行合作。

● 圖 8-25　蘊奇線上

(二) P2P匯兌、匯款平台

傳統的匯兌業務或跨境匯款，都是要透過銀行來辦理，匯率、手續費都是由銀行來決定。現在，透過網路上的匯兌、匯款平台，即可找到貨幣的兌換者，直接進行交易，不但快速方便，而且降低了換匯的手續費與成本。

英國的 TransferWise 是在 2010 年成立的跨國換匯公司，透過區塊鏈的技術進行 P2P 的匯兌，90% 以上的交易都可以在 1 天之內完成，而且只收 0.5% 的手續費。國內的櫻桃支付（CherryPay）是最早從事跨境匯款的業者，2017 年在新加坡獲得金融科技創新獎，受金管會表揚並譽為台灣之光，2018 年則因其商業模式涉及地下匯兌，被移送法辦而暫停營業。

🎧 圖 8-26　櫻桃支付

(三) P2P保險平台

傳統的保險是由保險公司販售各類型的產品，保戶需要理賠時，則由保險公司承擔風險、負責理賠。隨著金融科技、社群網路的發展，讓社群與科技進入保險產業，保險科技（InsurTech）的興起，帶動了 P2P 保險平台的運作。

P2P 保險平台是一種共同承擔風險的概念，集合一群特定的保戶成為一個團體，當這個團體裡有保戶需要理賠時，若是小額理賠，則是由團體內的各保戶共同承擔理賠；當理賠超過某個程度時，再由保險公司負責。

全球第一家 P2P 保險公司是德國的 Friendsurance，它是在 2010 年成立，保戶可以在 Facebook 或是 Linkedin 等社群媒體中，邀約朋友或家人共同組成小團體，共同分攤風險。目前國內還沒有類似的平台運作。

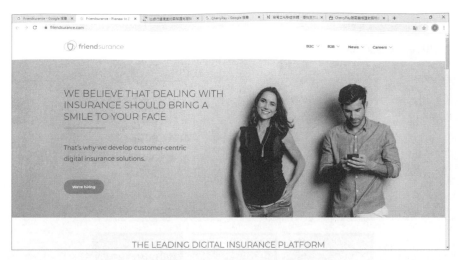

⚲ 圖 8-27　Friendsurance

二、群眾募資（crowdfunding）

群眾募資平台是提供給微型企業或具創意、公益的專案，向不特定大眾宣傳、募資的管道。它的營運模式包括：捐贈、回饋、股權、債權等四種。

🌸 捐贈：捐贈模式是投資者單純的捐贈，沒有要求提案者承諾任何回饋方案，這種募資模式大多用於公益型的活動。

🌸 回饋：提案者在募資時，會承諾將開發的產品或服務，回饋一定數量給投資者，這種模式帶有買賣的內涵在裡面。

🌸 股權：投資人投入資金後，取得一定的股權，成為公司的股東，有權參與公司的營運，並分配股利。

🌸 債權：債權模式的群眾募資平台類似P2P借貸平台，投資人投入資金後，募資人不但日後要歸還本金，還要支付利息。

三、產品銷售

以往各種金融商品，都是要透過金融機構才能銷售，隨著科技的演進，網路平台上也可以銷售各種基金及保險商品。

(一) 基金代銷

傳統上要買開放型基金，都要到投信或代銷機構；基金銷售平台可以提供更多元、便利、透明、經濟的投資管道，這些平台除了提供智慧型的投資理財服務外，還可以利用理財機器人，協助投資者找到理想的投資標的。

目前國內的基金代銷平台是由集保結算所與櫃買中心共同集資成立的基富通證券，國內約 90% 的基金都在該平台上架銷售。

🎧 圖 8-28　基富通證券

(二) 保單銷售

保險商品的銷售通路，不外乎是保險公司、保險經紀公司、保險代理公司。數位型保單依其複雜程度，又可分為直銷保單與科技保單，都可以透過網路平台銷售。

保險直銷平台上提供較簡單與標準化的保單，讓保戶可以自己在平台上比較、選擇，如車險、旅遊平安險等；同時也提供保單續保、理賠等服務。英國最大的零售保險平台是 Direct Line，國內目前還沒有類似的保險直銷平台。

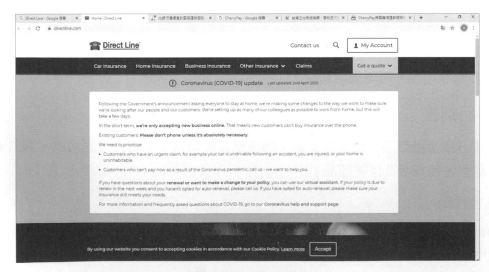

🎧 圖 8-29　**Direct Line**

過去的保險商品都是通用型，不容易按照個人的特性調整價格。例如車險只能在續保時，按照車主在上年度有沒有理賠，來決定下一個年度的保費。在物聯網、大數據的時代裡，汽車可以蒐集到車主更多的駕駛習慣，科技保單可以因應保戶的駕駛習慣，判斷未來出險的機率，給予適當的保費，讓開車習慣好的車主少繳一點保費。

美國的 Metromile 車險公司已經可以透過手機的 App，蒐集保戶開車習慣的資訊，進行大數據分析，進而施以客製化收費。也有保險公司透過車上的 CAN Bus 蒐集車主的開車習慣，分析後客製化收費。目前國內還沒有保險業者推出科技保單。

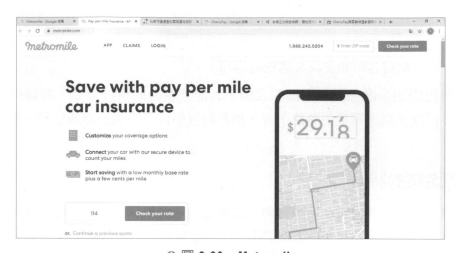

🎧 圖 8-30　Metromile

➥ 8-3-4　電商金融

網際網路的崛起，造就了電子商務的興起，在交易的過程中，產生了資金的流動，因而衍生出融資、投資等金融活動，也帶動了電商金融的發展。廣義的電商金融泛指由電商公司成立網路平台後，再提供的金融服務，如 P2P 借貸平台、群眾募資平台等。狹義的電商金融則是指電商公司在進行電子商務活動中，所衍生出來的金融服務，如電商公司提供的融資。

一、電商金融的發展

世界上電商金融蓬勃發展的地方在中國大陸，主要是因為近 10 年來，大陸的經濟快速起飛，人民的消費能力大幅增長，加上網路基礎建設、行動裝置普及，電子商務可以適時解決土地廣大造成實體交易不便的問題。

大陸最早設立的電子商務公司就是阿里巴巴，它成立於 1999 年，初期提供資訊流的服務，2003 年成立淘寶網購物平台，開啓了 C2C 的電子商務時代，造就了眾多的個人與小型商家在平台上交易。為了解決購物的金流問題，又在 2004 年成立了第三方支付系統支付寶，進入金流服務領域。

2013 年 3 月，阿里巴巴又成立了阿里小微，針對淘寶網上的買家、賣家提供小額放款業務。嚐到甜頭後，在 2013 年 6 月成立餘額寶，把支付寶儲值帳戶內暫時不用的錢，集合起來放到餘額寶的帳戶裡，集資投資基金，把利息回饋給客戶，自此，阿里巴巴從電商平台轉型為電商金融公司。

2014 年 4 月與銀行合作，另成立了一個名為招財寶的平台，引進各式貸款、理財商品，提供更多元化的服務；2014 年 6 月更名為螞蟻小微金融服務公司（螞蟻金服），統籌該公司所有的網路金融服務。

為了控管客戶的信用風險，2015 年 1 月成立芝麻信用管理公司，負責客戶的信用調查工作，對於客戶的徵信結果給予評等分數，藉以管理其信用風險。2015 年 4 月又成立螞蟻花唄，提供網路客戶預支現金購物的服務。

當阿里巴巴的金融版圖不斷擴張之際，其他非金融的科技業者，紛紛跨足金融產業，騰訊、百度、京東等電子商務平台，都各自發展自己的網路金融服務，來搶食這個大餅。

二、電商金融的特點

由電商公司所主導的電商金融，與一般傳統的金融機構所提供的服務，其最大的不同在於：以小額交易為主、交易連結信用、交易簡易便捷、資金靈活運用。

* 以小額交易為主：電商金融的對象是在電商平台上交易的買家與賣家，而這些參與者大部分是屬於小額商家、消費者或者是微型企業，因此，其消費的行為大多以小額交易為主。

* 交易連結信用：由於買家與賣家平時在電商平台都有消費記錄，這些資訊可以很容易的做為判斷信用的依據，而且這些記錄都是動態的，可以減少信用資訊不對等的問題。

* 交易簡易便捷：電商金融所有交易都透過網路進行，不需要設置實體據點，不只可以節省設點的支出，更可加快交易的速度，提升經營效率。

* 資金靈活運用：透過不同的平台，客戶可以根據自己的資金需求，自行選擇適當的理財服務，藉由客製化服務，彌補傳統金融之不足。

三、電商金融的風險

電商平台經營電商金融所遭遇的風險，與傳統金融類似，不外乎是：市場風險、信用風險、資安風險與法律風險。

◈ 市場風險：金融市場的風險有：天災、社會與經濟風險，尤其是總體經濟裡的利率、匯率與商品價格的變動所造成的風險，對電商金融所產生的風險最直接。

◈ 信用風險：電商金融在放款前都會針對借款者做徵信，但是徵信只能就網路上有的資料進行，加上貸款沒有抵押品，因此，其信用風險會比一般貸款高。

◈ 資安風險：由於所有交易都在網路上進行，因此，非法入侵的風險增高，如果介面設計不好，造成使用不便，也會讓客戶流失。

◈ 法律風險：電子商務是跨境的交易，而各國對於金融監管的法令也不同，業者會面臨各國不同的法遵要求，增加法律風險。

個案：由FinTech打造的金融生態圈

　　星期天你陪著家人到大賣場採購，在結帳時發現現金不夠，於是，拿出信用卡來結帳，這個場景應該大家都不陌生吧！隨著金融科技（FinTech）的快速發展，消費者也愈來愈習慣及依賴金融數位化，加上各項金融法規的與時俱進，使得金融業面臨到嚴峻的考驗，競爭者來自四面八方、各行各業，消費者卻流向線上線下，行蹤愈來愈難掌握。

　　從前，金融業是政府高度監管的行業，各項存放款業務都需要領有牌照的業者才可以做，競爭環境不像其他產業那麼激烈。現在，金融產業的競爭者愈來愈多，第三方支付、網路銀行……的陸續出現，讓金融業的破口愈來愈大。

　　國家發展委員會（以下簡稱國發會）在 2020 年 7 月宣布要推出 Mydata 數位服務個人化平台，將會開放戶籍、不動產、繳稅紀錄、勞健保及車籍等 31 種資料，只要取得民眾同意，就可以彼此串連、共享跨機關的資料。

　　未來，國發會還要跟金融監督管理委員會（以下簡稱金管會）合作，將 Mydata 與金融服務串接，銀行就可以運用 Mydata 的資料，做為個人的財力證明，加快民眾在線上辦理信用卡、信用貸款、車貸、房貸的速度。

　　2019 年起，金管會也推動開放銀行（open banking）政策，只要經過客戶同意，銀行必須將自己所擁有的客戶資料，與其他業者共享，讓金融服務打破銀行間的界限，變得無所不在（ubiquitous）。未來，產業與金融之間的界線將會愈來愈模糊，銀行單兵作戰的時代已經成為過去。

　　McKinsey 在 2019 年發表的生態圈世界致勝之道的報告指出：金融業如果要提升競爭力和獲利能力，對抗科技業、純網銀等新興對手，就必須建構自有的生態圈。

　　金融生態圈的發展有三種模式：銀行即服務（banking-as-a-service）、銀行即平台（banking-as-a-platform）、開放銀行（open banking）。

一、銀行即服務

　　銀行即服務係由銀行透過串接的方式，將自家的金融服務，融入合作夥伴的場景中，金融服務的本質並沒有改變，只是把金融服務化身為一種服務的模式，隱身在特定產業的場景中。例如把貸款流程融入在買車或購屋的流程中，提供一站式的購物體驗。

　　國泰金控認為，銀行靠補貼、優惠吸引顧客的時代已經過去，未來金融業勝出的關鍵是服務。因此，自 2019 年起，國泰金控就開始積極整合集團內的資源，並與台灣之星、蝦皮、易遊網、PChome 等業者合作，串接雙方的資料，研究新的商業模式，並進行概念驗證（proof of concept, POC），進而建構一個跨產業的生態圈。

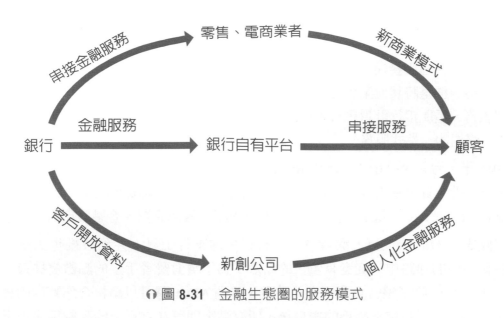

🔊 圖 8-31　金融生態圈的服務模式

　　國泰金控的生態圈有二大構面：強化數據應用與擴展合作夥伴。

(一) 強化數據應用

　　透過數據交換，創造出新的產品或商業模式。國泰金控與蝦皮合作，推出「蝦米貸」，在客戶同意的前提下，國泰金控以網路賣家的交易資料做為未來還款的依據，決定是否核貸，賣家不需像傳統貸款程序，出示財力證明才能貸款，增加開發新客戶的機會。

(二) 擴展合作夥伴

　　由銀行透過應用程式介面（application programming interface, API），將金融服務串接到合作夥伴的服務中，不但可以吸引各自的客群，還可以結合雙方的產品和服務，創造出新的商業模式。

　　過去保險銷售都是從產品的角度出發，透過數據分析，預測客戶的需求再推薦產品，預測難免有誤差。如果能把保險融入到顧客有明確的旅遊動機與投保需求的場景中，這種貼心的感覺將會勝過價格競爭。

　　國泰金控在與易遊網的合作中，就是藉由 API 的串接，讓顧客在購買旅遊商品時，可以直接帶入易遊網的會員資料，同時加購旅遊險，不需要重複填寫各項資料，甚至也不需要交換客戶的資料，就可以買好保險。

二、銀行即平台

銀行即平台的服務模式有二種：一種是利用金控集團各個子公司的資源，自成一個生態圈。另一種是將其他業者的服務，放在自己的平台上，讓客戶在單一平台上就可以享受到服務。星展銀行針對房貸市場，將房屋仲介服務整合到自己的網站上，提供消費者看屋、購屋的一站式服務。

2016 年，台新金控創立子品牌 Richart 數位銀行，做為推動數位轉型的起始，這些年來，一直投入資源優化客戶體驗，目前已達損益二平。在這樣的基礎下，2020 年 8 月推出 Richart Life App，這是一款結合了支付、點數、優惠資訊、金融服務的平台。

在點數經濟的時代裏，消費者手上有很多的支付工具，弄到最後也搞不清楚自己在各個不同的通路中，究竟有多少的點數。為了讓消費者手上的點數發揮最大的價值，Richart Life 除了整合自家平台的點數，透過 API，還可以串接合作夥伴的會員點數，由消費者自行設定要串接的帳戶後，所有點數即可在首頁上的點數儀表板上一目瞭然。

這些跨品牌的點數不只是資訊的串聯，還可以做到價值的互換，例如亞洲萬里通的里程數，可以選擇換成全家便利商店的點數。使用台新 Pay 付款時，也可以選擇用新光三越的點數折抵消費。

三、開放銀行

在消費者的同意之下，銀行把自己擁有的客戶資料開放給其他金融機構或第三方業者使用，以提供創新的服務與產品。

元大金控在國內的金控業中，一直以投資交易為大宗，並積極投入校園，吸引學生族群。2014 年起，透過客製化的繳費平台，串接支付寶、銀聯卡、國際信用卡等支付方式，提供校園支付方案。

元大銀行與記帳軟體 CWMoney 合作，提供個人帳務整合服務，消費者可以在 App 中試算各種保險產品的價格、管理保單，甚至可以推薦適合繳保費的信用卡資訊。

習　題

一、選擇題

(　) 1. 以下何者不是區塊鏈所需的技術？

(A) 公開金鑰　 (B) 比特幣　 (C) 條件式雜湊函數

(　) 2. 下列何者不是區塊鏈在金融上的應用？

(A) 身分認證　 (B) 法規遵循　 (C) 科技保單

(　) 3. 二維條碼會應用在哪一種行動支付系統？

(A) 開放式　 (B) 封閉式　 (C) 整合式

(　) 4. 下列何者不是行動金融的一環？

(A) 行動支付　 (B) 虛擬櫃員機　 (C) 第三方支付

(　) 5. 下列何者為群眾募資的營運模式？

(A) 捐贈　 (B) 股權　 (C) 以上皆是

二、問答題

1. 如何運用物聯網與金融科技，分析駕駛的習慣，以律訂客製化的保費？

MEMO

09 人工智慧

9-1 人工智慧的發展

在強調客戶關係管理（customer relation management, CRM）的今天，各公司為服務客戶，幾乎都備有 24 小時的免付費電話。但是，我們在撥打這些客服電話時，商家為了節省人力成本，都號稱客服電話結合資、通訊科技（information and communication technology, ICT），結果就是當消費者打了客服電話後，就開始聽那些永無止境的選擇題：從剛開始第一階段的國語請按 1、台語請按 2，到不知何時才會出現的連絡客服人員請按 9，在在都在考驗消費者的耐心。這時，如果有一個客服系統能夠直接聽我們的問題，然後精準地接到合適的分機，甚至於可以直接回答我們的問題，那該有多好！

以往電腦能自動回答的問題，都是事先存在資料庫裡的答案，但是，人們問的問題，可能不是剛好和資料庫中的問題一樣，這種情形往往會造成電腦的答非所問。人工智慧（**artificial intelligence**, AI）的發展，讓人們的需求可以得到滿足。

當人工智慧成為當前的顯學時，大家都以為人工智慧是一門新興的技術。其實，早在 1940 年代，人們就開始投入相關的研究，直到 1950 年圖靈（Alan Turing）提出可以判斷機器是否具有思考及判斷能力的圖靈測試（Turing test），才有所謂「智慧機器」的概念。而「人工智慧」一詞，則是到 1956 年，在 Dartmouth 會議才被提出，也引發了首波的人工智慧研究浪潮。

接下來的 1956~1974 年間，是人工智慧發展的黃金時代，各界對人工智慧前景樂觀，都投入大量資源在人工智慧研究上。人工智慧發展上主要成果在**自然語言處理**（**natural language processing**, NLP）及**專家系統**（**expert system**）的發展。但是，到了 1970 年初，研究人員發現電腦硬體效能不足、資料庫缺乏學習能力等多方面無法克服的障礙，讓人工智慧尚不具思考能力，遂導致人工智慧熱潮衰退，在 1974~1980 年間，進入第一波低谷期。

1980 年代，專家系統改以知識處理為主流，成為蒐集特定範圍的專家知識儲存於資料庫中，再模擬其決策能力的電腦系統。當時，日本正推動第五代電腦計畫，其他國家也跟進類似的智慧型電腦計畫，另一波人工智慧浪潮隨之興起。但隨著技術演進，發現專家系統的維護費用高昂、缺乏自主學習、規則關係不透明、檢索策略效率低，且其實用性僅局限於某些特定情景，不易普遍實用，人工智慧於是又面臨到第二波的低谷期。

類神經網路（**nNeural network**, NN）模仿生物大腦的神經元運作方式，所啟發建立的數學模型，為機器學習帶來新的運作方式，再次為人工智慧帶來希望。1997 年 5 月，IBM 製造的平行運算電腦系統深藍（deep blue）戰勝西洋棋世界冠軍卡斯帕羅夫，以科學證實電腦最終的勝出。2005 年，Stanford 大學開發的機器人，成功地在一條沙漠小徑上自動行駛 131 英里，贏得 DARPA 挑戰大賽頭獎。

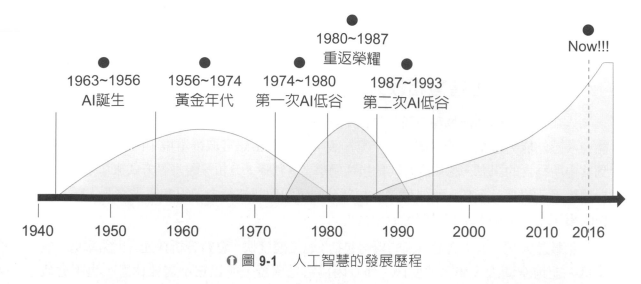

1963~1956
AI誕生

1956~1974
黃金年代

1974~1980
第一次AI低谷

1980~1987
重返榮耀

1987~1993
第二次AI低谷

Now!!!

1940 1950 1960 1970 1980 1990 2000 2010 2016

🎧 圖 9-1　人工智慧的發展歷程

　　深度學習（**deep learning**）是人工智慧的基礎。2012 年，AlexNet 將深度學習的技術運用於 ImageNet 競賽中，其圖像辨識的誤差率只有 15.3%，遠遠優於同期之圖像辨識能力。到了 2015 年，又將其圖像辨識的誤差率降至 3.5%，一舉突破人類極限的 5%。

　　而 Google 開發出來的 Alpha go 也打敗人類圍棋高手，並於 2017 年 10 月推出最新版本的 Alpha go Zero，以自我對戰的方式，在沒有使用任何人類資料下，於 40 天內超越所有對弈版本，讓世人重新認識到人工智慧技術的突破，並成為全球市場與媒體的焦點。

　　進入 21 世紀之後，受惠於資訊科技的進步運算與儲存技術提升、演算法累積及突破、物聯裝置興起及各種數據開放及分享所帶來的優勢，讓人工智慧再次蓬勃發展。雖然物聯網（Internet of things, IoT）的發展，使得資料量大幅成長，然而神經網路的運作效率提升，可以解決資料處理的問題。而資料與運算能力的提升，也促使了更多的研究人員投入深度學習的應用，而開源（open source）架構的開發者，可以更容易地投入到平台。

　　在硬體上，**圖形處理器**（**graphics processing unit**, GPU）的平行運算架構，可以適時支援機器學習所需的效能，加上其成本快速下降，使人工智慧的產品提早進入商品化的階段。

9-2 人工智慧的衝擊

9-2-1 人工智慧相較人類所占的優勢

　　人類之所以與其他物種不同，在於人類具備了感知（perception）與認知（cognition）能力。感知能力包括：看、聽、讀、寫、說，人類藉由感官取得環境中的刺激，並察覺到其中所蘊含的訊息。認知能力則是指透過學習、判斷、分析、觀察等方式來了解訊息。機器經過了學習及模仿，而具備了人類部分的感知與認知能力，很多原來需要人類才能做的事，現在透過人工智慧都可能會實現。

　　相較於人類，人工智慧具備的優勢包括：思考速度快、資料分析快速、出錯率低、成本低、記憶空間大、學習速度快，而且因為它是機器，所以它不需要休息，也不會疲勞，更不會怠工。

9-2-2 人工智慧對人類工作的衝擊

　　產業的變革是漸進的。1860 年，第一次工業革命（industrial revolution）以蒸汽機取代了人力。19 世紀末、20 世紀初第二次工業革命，產業由蒸汽時代進入電氣時代。到了 20 世紀中期，數位化成了主流，第三次工業革命由資訊科技所引領，知識經濟成為企業成功的關鍵。

　　20 世紀末至今，我們面臨的是第四次的工業革命，其內容目前仍然是眾說紛紜，有人說是工業 4.0，也有人認為是由新能源、生物科技主導。其實，與過去相比，網路變得無所不在、行動網路普及，感測器體積變得更小、性能更強大、成本也更低，人工智慧和機器學習也開始展露鋒芒，第四次的工業革命可謂是智慧革命。

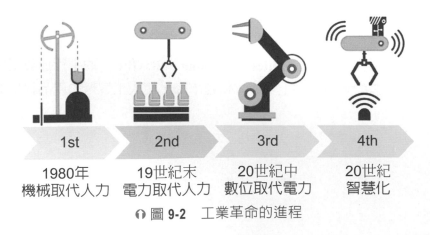

1st	2nd	3rd	4th
1980年 機械取代人力	19世紀末 電力取代人力	20世紀中 數位取代電力	20世紀 智慧化

🎧 圖 9-2　工業革命的進程

　　當機器可以自己學習，變得愈來愈聰明，人類的工作機會就相對可能會受到壓縮，我們必須要重新思考：人類的哪些工作可能會被具有人工智慧的電腦所取代？又要創造哪些不會被取代的工作？

一、容易被取代的工作

　　人類目前從事的工作，未來容易被具有人工智慧的電腦所取代的類型有：結構性工作、資料性工作、簡單性工作、能快速判斷的工作及具有經驗累積性的工作。

(一) 結構性工作

　　結構性的工作有固定的標準作業程序，遊戲規則明確、不需要額外的決策判斷，這種工作非常容易就會被人工智慧所取代。如賣場中的每樣物品都有條碼，一掃就知道價格，櫃台的收銀工作就很容易被取代。例如，大潤發在 2019 年，推出自助結帳的櫃台。

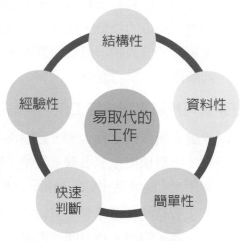

🎧 圖 9-3　容易被人工智慧取代的工作

(二) 資料性工作

　　電腦最擅長處理、分析大量的資料，傳統的資料處理、記帳、報表製作、行銷分析等工作，就容易被人工智慧取代。像律師助理、法官助理，他們通常要協助律師、法官整理訴訟資料，並依人別分類、整理、歸檔，透過人工智慧的協助，很容易就可以整理出人別筆錄，並予以歸檔備用。

(三) 簡單性工作

　　簡單性的工作可透過機器人來處理，又可分為服務型工作與勞力型工作。

1.　簡單服務型工作

　　以往談到機器人，大家想到的都是如電影《機器戰警》主角之類的機器人，或者在工廠中從事生產的機械手臂。到近期，由於深度學習、自然語言處理的技術成熟，各種客服機器人、聊天機器人、智慧助理等，都可以針對特定的領域與人類溝通，機器人不再是有形的硬體，很多是以無形的軟體方式呈現。

　　未來我們打客服電話時，電話的另一端可能就是個客服機器人，電話接通後，不再選國語、英語，也不需要一階一階的選擇服務項目了，直接就可以問問題，由這個人工智慧的客服機器人來回答問題。

2. 簡單勞力型工作

　　　　簡單勞力型機器人係模仿人的手、腳動作，許多需要靠人力負擔的工作，未來都可以交給它們來處理，像倉庫裡的搬運作業，甚至於是自駕車。

(四) 能快速判斷的工作

　　深度學習擅長把資料做分類、辨識、比對、分群、預測，而這些判斷的結果都是即時、快速、簡短的決策，像自駕車在路上行駛時，會根據路上的即時路況，隨時做出適當的決策。一個人臉辨識的門禁系統，也要在很短的時間裡，透過影像辨識及比對的技術，判斷這個人是否能放行。

(五) 具有經驗累積性的工作

　　大師之所以稱之為大師，是因為他的知識是經由大量經驗所累積成的，而經驗又需要時間才能累積出來。名醫是累積了數十年的經驗，歷經數百、甚至於數千個成功、失敗的案例，才能成就出他的價值，一般人沒有那麼長的時間，是無法累積出相關經驗的。

　　人工智慧的機器學習，可以在很短的時間內，從大量的資料中學習、累積經驗，進而成為大師。例如，利用圖像辨識技術，讓機器解讀 1 萬張癌症初期的 X 光片，它就能很快地判斷 1 張新的 X 光片，患者罹癌的機率有多少。

　　如果輸入機器正常振動的聲音讓人工智慧去學習，當機器中的某一個零件損壞，產生異常的聲音，就可以提早發出警訊，讓維護人員得以做預防保養，更換有問題的零件，避免機器在工作中停機，影響產能。

二、不易被取代的工作

　　想要不被人工智慧取代人類的工作，就要考量人類有哪些能力是機器所無法取代的。人類目前還不能被機器取代的能力有：創造力（creativity）、人際互動能力（social interaction）、情感支持（emotional support）、深思熟慮的判斷（sophisticated judgment）、審美能力（aesthetic ability）、抽象能力（abstract ability）、常識（common sense）與跨領域推理能力（cross discipline reasoning）、自我意識（self consciousness）。

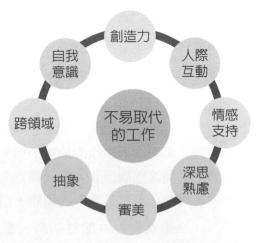

⚙ 圖 9-4　不易被人工智慧取代的工作

一、創造力

　　不論是在文學、音樂、美術、科學、技術等各方面，個人的智力、能力、知識、潛意識及個性所綜合形成的創造力，是人工智慧目前還無法學習的。這類的工作包括：科學家、發明家、文學家、藝術家、時尚設計師等。

二、人際互動能力

　　在專業分工的時代，人與人之間的溝通協調、討論、激勵、領導及團隊精神，相對地就變成重要的能力，這些能力也是目前人工智慧還沒有辦法學會的。這類的工作包括：經理人、教練、顧問、專案經理等。

三、情感支持

　　人類具有人與人之間的同理心、安慰、照顧、心理支持，這些都是目前人工智慧還沒具備的，這類的工作包括：牧師、護士、社會工作者、心理諮商師、幼稚園老師等。

四、深思熟慮的判斷

　　人類做決策都需要長期的觀察、蒐集相關資料，再經過不同角度的思考，才能擬訂各種不同的方案，最後採用適當的方法，對各項方案進行評估，進而選定合適的方案。而不是在很短的時間內，快速地做出決策。這些需要長時間深思熟慮的決策，也是人工智慧所不擅長的工作，像高階主管的工作。

五、審美能力

　　「美」對人類而言是一種感受，對於任何物體，都希望能有美的感覺。審美能力則是指人對於自然事物的美學所產生的愉悅感。例如，對風景或圖畫的清澈、優雅、壯觀、浪漫等特徵的感受。像攝影師、化妝師、時裝設計師等，都是人工智慧不擅長的工作。

六、抽象能力

　　抽象思考可以降低問題的複雜性，把複雜的具體問題，單純化成簡單的概念，再利用這些概念中的關係來取得連結、組合、類比或演繹出各種學問。抽象的能力就是指從具體事物中，抽取出「共同的本質」特性的能力。如機車、轎車、公車，它們的本質抽象出來，都是一種交通工具，再往上層抽象化，則它們都是在陸地上的運輸工具。

七、常識與跨領域推理能力

常識係指一個心智成熟的人，所具備且了解的基本知識。如生存的技能、基本行為能力、人文科學與自然科學的知識等。人類所具備的常識，依其學習過程、興趣、工作而有不同，碰到問題可以從既有的知識中，去找出可行的方案。而人工智慧則往往被侷限在某一特定領域中，而不具有跨領域思考的能力。

八、自我意識

自我意識是人類重要的特質，也是人類與其他動物最不相同的特徵。人具有自我認識、自我體驗與自我控制的能力，人工智慧還不具備這樣的能力。

9-3　人工智慧的技術

人類的學習歷程，從進入小學開始，就不斷從簡單到困難的學習各種領域的專業知識，加上自己的經驗累積，產生自己的智慧。機器要如何才能學到人類的感知與認知能力呢？

人工智慧裡機器學習的方法論，在學理上有二種學派的理論：法則學派（rule based approach）和機器學習學派（machine learning approach）。

法則學派認為，機器是以邏輯推理的方式模仿人類，它是根據人類學習到的法則及輸入的環境變數，推理、判斷出結果，所以重點在推理（reasoning）而不是學習，它的代表產品就是專家系統。

而機器學習是利用各種統計的模式，讓機器學習各種知識。深度學習則是利用各種類神經網路的技術來讓機器學習。本節將介紹人工智慧技術的機器學習及深度學習。

⇥ 9-3-1　機器學習

機器學習就像人類進學校唸書一樣，讓機器先學習以往既有的知識，再從中找到資料的特徵（features）、規則、建立數學統計的模型，並將其以向量（vector）的方式表達。新的資料輸入後，就根據之前所建立的模型，對新資料進行分析、判斷。它是一個不斷訓練、學習、回饋、修正的循環過程。

機器學習的流程如圖 9-5 所示：先取得所要訓練的專業資料，機器學習後選擇並擷取資料的特徵，並依據這些特徵建立預測模型，對於未經學習的資料，機器根據其所建立的模型，對它做判斷分析。

取得訓練資料 ➡ 選取、擷取特徵 ➡ 建立預測模型 ➡ 判斷分析

🎧 圖 9-5　機器學習的流程

　　接著以人類的學習與機器學習的過程做一比擬。我們在教小孩認識、分辨車子時，會給小孩看過很多車子的圖片，這些圖片就如同是給機器學習用的訓練資料。小孩看了這些圖片，學習擷取它們的特徵，如輪胎數、顏色、外觀形狀、乘坐人數等，機器在學習後，也會找出這些特徵。特徵會形成對車子分類判斷的心智模型（mental model），如機車、轎車、公車、貨車等，記憶在小孩的腦海中，對機器而言就是建立預測模型。下次機器再看到一輛車時，就會以腦中心智模型裡的車子類型（pattern）來做比對，判斷它是不是車？如果是，它是哪一種車？

　　機器學習的類型可以分為**特徵導向式**（**featured-based**）的機器學習及**回饋導向式**（**feedback-based**）的機器學習。

一、特徵導向的機器學習

　　特徵導向的機器學習是先選擇及擷取資料的特徵值，並以特徵值的關係來建立一個預測判斷模型，進而分析未來的資料。依人類介入的程度不同，可分為**監督式學習**（**supervised machine learning**）、**半監督式學習**（**semi-supervised machine learning**）及**非監督式學習**（**unsupervised machine learning**）。

(一) 監督式學習

　　監督式學習是在輸入給機器訓練的資料時，預先就給了標準答案。也就是在訓練資料上提供標記（label），以幫助機器自己擷取特徵值，並在輸出時判斷是否有誤差，若有誤差則加以修正。

　　監督式學習的優點是有標準答案做比對，機器可以很快地修正錯誤、調整參數來改進錯誤。缺點則是所有的訓練資料都要事先逐一標記，工作曠日廢時、成本高。

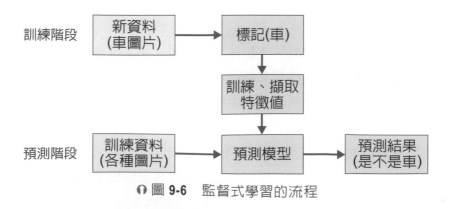

🎧 圖 9-6　監督式學習的流程

若用前面判斷車子的圖片爲例，在訓練階段，我們給機器大量的車子圖片，並在每張圖片上做標記，讓機器在訓練的過程中擷取它們的特徵值，最後建立預測模型。在預測階段，當我們拿一張圖片給機器，機器會根據它所建立的模型，與新進的圖片進行比對，進而判斷這張圖片的內容是不是車子。

監督式學習的應用主要在對名目尺度（nominal scale）的資料進行分類（classification）、對等比尺度（ratio scale）的資料做預測（prediction）。例如，我們拿到 1,000 張車輛的照片，機器可以根據所標示的特徵值，將其分類爲機車、轎車、貨車等。當輸入的是衡量天氣的各種資料時，機器就會根據這些資料預測明天的天氣。

目前監督式學習所用的演算法，可分爲傳統的統計模型及神經網路深度學習法二大類。

傳統的統計模型在分類上的演算法包括：決策樹（decision Tree）、區別分析（discriminant analysis）、貝斯分析（bayesian inference）及支持向量機（support vector machine, SVM）。在預測上統計模型則有線性規劃（linear programming）、決策樹及隨機森林（random forest）。

(二) 半監督式學習

半監督式的學習是機器採用部分監督式學習、部分非監督式學習的混合演算法。在學習之初，先由人工把少數樣本加以標記後，再由機器進行監督式學習，得到一個粗略的分界線，之後再給予大量沒有標記的資料，透過非監督式學習，讓機器做群集分析，是目前被廣泛應用的方法。

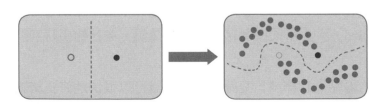

🎧 圖 9-7　半監督式學習

(三) 非監督式學習

非監督式學習是在訓練機器時，不給任何的標準答案，讓機器在訓練的過程中，自己做特徵的選擇與擷取，並建立模型來判斷、分析新資料。它的優點是從資料特徵的擷取、模式建立到最後的判斷、分析，都是由機器自己主導，完全沒有人工介入，是成本最低的機器學習方法。

由於沒有給機器標準答案，因此，非監督式學習也面臨到：不夠精確、無法調整、分群結果與人類目的不同的問題。由於機器在學習時沒有提供標準答案，所以在分群時可

能會錯置，以致影響精確度。例如把連結車分到貨櫃車。加上機器沒有正確與否的回饋資訊，以致無法自動調整參數來修正錯誤。

在沒有人介入監督下，機器會自行選擇差異性最大的特徵值，來做為區別分析的主要特徵值。但是，這個特徵值可能跟人們需要的不一樣。因此，非監督式學習通常會用在對資料還沒有清楚概念的探索階段，協助人類先了解資料的特性。

非監督式學習的主要應用在：**分群**（**cluster**）、**連結**（**association**）及**縮減維度**（**dimensionality reduce**）等三方面。

1. 分群

分群指的是把大量資料，依特徵值區分成不同群組，各群組之間具有很大的差異性。主要使用的演算法包括：群集分析（cluster analysis）、K-means、馬可夫模型（Markov model）、類神經網路（neural network, NN）等。

例如，把百貨公司的會員消費資料交給機器去分群，機器會自行根據會員的消費明細、數量、金額、頻率等，把會員分成貴婦群組、美少女群組等群組，各群組間消費的特徵差異性都很大。

2. 連結

連結分析是讓機器從輸入的資料中，把特徵值間相關性高的資料連結在一起，常用的技術是貝氏統計。例如，百貨公司從會員的消費紀錄中，找到常常一起出現的消費品項，就代表這些品項間的相關性高，像大家所熟知的啤酒與紙尿布，就是二個相關性很高的產品。

3. 縮減維度

為了減少特徵值的權重，並組成更具有預測能力的判斷模式，機器會自己把幾個變數組合成一個抽象程度更高的特徵函數，再來做預測分析。例如，把消費者的採購頻率、數量、金額、口碑，組合成一個抽象程度更高、判別度更強的構面——消費者滿意度，來分析、預測消費者的行為。

二、回饋導向的機器學習

回饋導向的機器學習是利用不斷試誤（try-error）、修正的方式，一步一步的向目標前進，其代表性方法就是強化式學習（reinforcements learning）。強化式學習的方式，我們不會對資料做任何標記，但是會告訴它所採取的哪一步是正確的、哪一步是錯誤的，再根據回饋的好壞，由機器自行逐步修正、最終得到正確的結果。

資訊管理

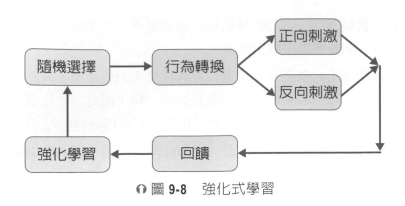

● 圖 **9-8** 強化式學習

　　機器為了達成目標，會自行隨環境的回饋調整自己的行為，同時會評估每次的行為
受到的回饋是正向還是反向。當機器得到正向的回饋時，為了追求最大的利益，它就會
朝向相同的方向前進，如果得到的是反向的回饋，為了讓懲罰極小化，它就會停止行動
或朝相反方向前進。

　　例如，有二位同學在做棒球的傳接球練習，當第一球投得太近、提早落地，他就會
修正他用的力量，用較大的力道投第二球，這就是投完第一球後得到的回饋，依據回饋
做下一球的修正。如果我們把這位同學換成是投球機，如果這個投球機具有強化式學習
的能力，它就會和人類一樣，根據前一次的回饋做自我修正。

➥ 9-3-2 深度學習

　　人工智慧的方法論有很多，但是，過去的精確度都在 60% 至 70% 間，一直無法有
效提升，直到深度學習的演算法出現後，才把辨識、分類的準確度提升到 90% 以上，甚
至於到 99%，讓人工智慧成為現今的當紅炸子雞。

　　深度學習是一種多層次、能由下而上，逐步堆疊抽取高抽象層次特徵值的類神經演
算法。**類神經網路（artificial neural network, ANN）**早在 1980 年就問世，但是，由於
當時的硬體效能有限、演算法又有瑕疵，因而技術停滯了數十年。

　　受限於淺層的類神經網路只能解決簡單的線性問題，求得局部最佳解（local
optimum），而無法得到全域最佳解（global optimum），直到 2006 年，Hinton 建立了
多層次神經網路，才解決了這個梯度消失（vanishing gradient）的問題。為了要跟以前
的類神經網路做區隔，就把這個多層次的類神經網路稱為深度學習。

　　深度學習的多層次架構，其內部架構可以有上百層，像 AlphaGo 就有 13 層。
層次愈多、神經元就愈多，它能做到的抽象層次就愈高，可解決的問題複雜度就高。

　　深度學習的另一個特色，是透過由下而上的堆疊（stack）來提升特徵值的抽象層
次，它利用不同的層級獨立學習，以處理不同層次的抽象概念。低層的輸出就是高層的

輸入，低層次只辨識低抽象的概念，再將這些訊息傳給高層次，辨識更高的抽象概念。層級愈高的神經元，可以了解的訊息抽象程度愈高，特徵值的辨識能力就愈精準。

　　深度學習的演算法很多，目前常用的有**卷積神經網路**（**convolutional neural network**, CNN）與**遞歸神經網路**（**recurrent neural network**, RNN）。

一、類神經網路

　　人類的大腦中存在著很多的神經元（neuron），其中的細胞核（nucleus）會發出電波來刺激其他的神經元。神經核外有軸突（axon），可與其他神經元的樹突（dendrite）連結，形成電網並傳遞電波。軸突與樹突連結的地方稱之為突觸（synapse），它就像一個可變電阻，透過權重（weight）可以調整神經元的學習反應。

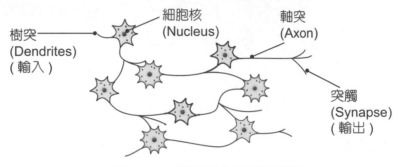

⌒ 圖 **9-9**　人類腦神經網路架構圖

　　類神經網路是一種模擬人類大腦思考過程的機器學習模型，包括一個輸入層、數個隱藏層及一個輸出層。它可以藉由訓練來找出資料的特徵值，並建立預測模型，來分析與預測問題。

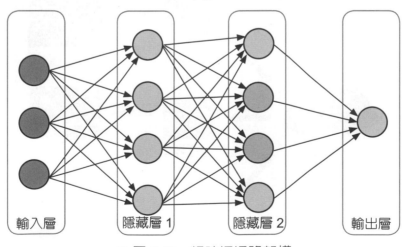

⌒ 圖 **9-10**　類神經網路架構

　　類神經網路的運作模式如圖 9-11 所示，當我們想根據消費者以往的購買行為，預測其未來購買機率時，可以把過去的消費者資料，如消費者的年齡、收入、過去的購買記錄、購買頻率、平均購買金額等，當作訓練教材，提供給機器先做學習，機器經過學習、修正之後，就會產生預測的模型。當有新的消費者資料進來，機器在取得他的資料之後，就會利用模型，預測這位新的消費者或潛在消費者會購買的機率。

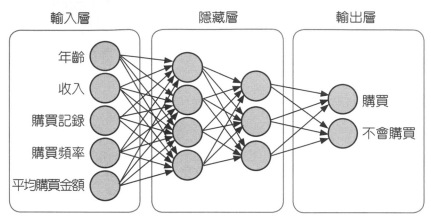

⋂ 圖 9-11　類神經網路運作模式

二、卷積神經網路

　　卷積神經網路是透過篩選、過濾、壓縮而減少層與層間的資訊傳遞，資訊傳遞速度快。主要用於圖像辨識（image recognition）、人臉辨識（face recognition）、物件偵測（object detection）等。

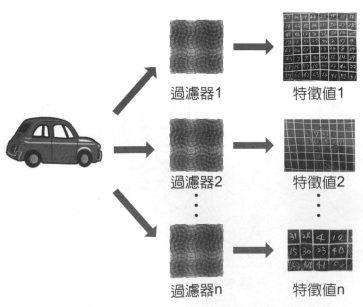

⋂ 圖 9-12　卷積層的工作原理

卷積神經網路包括了**卷積層**（**convolution layer**）與池化層（**pooling layer**）。卷積層是卷積神經網路的核心，人類在看圖片時，會自動把圖片分成很多個區塊，再在每個區塊中找出它的特徵，最後呈現在腦海中。機器在判讀圖片時，也可以模擬人類的方法，用很多的過濾器（filter）去篩選圖片中不同的特徵。例如有一個過濾器專門在看圖片中的直線，它就會一直掃描整個圖片，把圖片中各處具有直線的特徵強度記下來。機器會用很多不同功能的過濾器，去把圖片的特徵分別記錄下來。

每個過濾器都有它要記錄的特徵，而它的大小就和原圖的大小一樣，也就是說，如果有一張畫素為 128×128 的圖，每一個過濾器要記錄的特徵大概也是要 128×128 的大小空間。如果有 10 個過濾器，就需要 10 倍的空間，這對資料的儲存與運算都是相當大的負荷。

考量經過過濾器處理後所記下的特徵，可能也不是整張圖都有特徵值產生，因此，就把圖面分成很多個區域，把每個區域裡最大的特徵值集中出來就可以了。池化層就是做這件事。

23	25	40	34	50	60
17	20	35	38	56	70
30	40	20	14	30	35
35	50	30	40	40	50
12	13	14	20	38	44
10	5	25	30	50	55

25	40	70
50	40	50
13	30	55

⟳ 圖 **9-13**　池化層的工作原理

圖 9-13 左邊是一張經過過濾器處理的特徵資料，池化層把每 2×2 的方格劃成一個區域，再把這個小區域中最大的特徵值擷取出來，放到右邊對應的位置上。例如左上方區域中有四個特徵值：23、25、17、20，就把最大的特徵值 25 提取出來，放到相對應的左上角的位置。

在卷積神經網路中，可以執行很多次的卷積、池化，也可以只做卷積不做池化，最後都會接到上一層或更多層的全連結層（fully connected layer），再做最後的輸出，其工作架構如圖 9-14 所示。

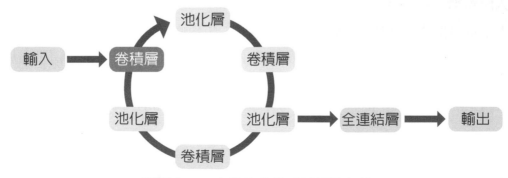

⟳ 圖 **9-14**　完整的卷積神經網路架構

(一) 圖像辨識

圖像辨識是機器對圖形做分析、辨識、分類的技術，最主要的演算法就是深度學習的卷積神經網路。一張圖可以看成是由很多小格子所組成，每一個格子就是所謂的像素（pixel），當每一個格子賦予不同的顏色，這樣的矩陣（matrix）就成為圖片，而這個矩陣的行數和列數的組合，就是它的解析度（resolution）。

在 2012 年以前，人們想要透過電腦自動辨識圖像，幾乎是不可能的事。近年來，隨著深度學習技術的成熟，電腦不僅可以辨識圖像，更可應用在各種無人的環境中，做為監控之用。

對電腦來說，不管是黑白圖像還是彩色圖像，其實都是由一連串的數字所組成。黑白圖像就是灰階圖像，只有明暗不同，通常用 0 代表灰階中最暗的顏色（黑色），用 255 代表最亮的顏色（白色），介於 0 到 255 間的整數代表著不同的明暗程度。

彩色影像則是用紅色（R）、綠色（G）及藍色（B）三種顏色的組合來表示其明暗程度，每種顏色都是由 0 到 255 的數字來顯示其明暗，每 1 像素都是由這 3 個數字所代表的顏色疊加起來的，數字愈大，代表該色所占的比例也愈大，如 (R,G,B) = (255,0,0) 所代表的就是紅色。

在卷積層把輸入的圖片轉成以 RGB 三原色的矩陣表示，它把一張圖片上的每一個像素都用三個數字來表示，所以需要用三個跟原圖一樣大的矩陣來標示這些數字。經過卷積運算後，在多層的卷積層相連時，新的輸出圖片透過過濾器，擷取其特徵形成特徵圖（feature map）。

接著把三原色（RGB）的矩陣各自分開，用池化層的技術把它們各自切割成很多大小相同的小區塊，在每個區塊擷取最大的特徵值做代表，再把這些值組成新的矩陣，重疊成新圖片。

為了讓卷積運算的結果不會受到特徵所在位置的影響，使得相同的特徵出現不同的特徵向量，全連結層會讓這二個特徵向量都會觸發同一個神經元，讓最後一層的分類器產生同一個結果。

(二) 人臉辨識

人臉辨識是機器利用數位圖像或影片中的人臉特徵，進行身分辨識與鑑別，這包括了辨識與鑑別（verification）。人臉辨識指的是從芸芸眾生中，辨識出這張照片中的人是誰。例如，在路人中找到通緝犯。人臉鑑別則是在判定照片上的人是不是某人。例如，海關人員利用護照上面的照片和入關者做比對，進而鑑別入關者與護照上的人是不是同一人。

目前人臉辨識的技術不外乎有：傳統式的人臉特徵辨識法、深度學習的人臉辨識法及 3D 人臉辨識。

1. 傳統式的人臉特徵辨識法

傳統的人臉特徵辨識法是先由專家在人臉上設定特徵關鍵點（facial key point），如人的臉型、眼睛、瞳孔、眼眶、鼻子、嘴唇、下巴等，以及這些特徵相互間的距離，電腦就擷取這些人臉的特徵，並且將這些特徵做成特徵向量，再利用統計模型建立辨識模型。做辨識時，就比對這些特徵向量的相似程度即可。

⋒圖 9-15 人臉特徵

2. 深度學習的人臉辨識法

深度學習的人臉辨識法，是由機器直接從人臉的相片中，自行選擇與抽取特徵，從像素、線、邊界、形狀、輪廓等，層層往上辨識，一直辨識到人臉，並建立出辨識模型來分析圖像，是目前效能較好的辨識方法。

3. 3D人臉辨識

3D 人臉辨識是利用 3D 感測技術，從不同角度來擷取人臉五官的立體特徵，再把這些特徵值運用深度學習的卷積神經網路演算法，建立辨識用的特徵模型。由於相片來自不同角度，對於有光線陰影的地方，甚至於是被遮蔽處，都可以輕易處理。

(三) 物件偵測

物件偵測是機器能在圖像或視訊中，辨識出圖像或視訊中存在哪些不同種類的物件，並且能判斷它們的位置、大小、數量等資訊的技術。它是一種「動態」的技術，像是自動駕駛車的系統要能判斷車的前方有沒有異物出現、圍牆上的監視攝影機要能判斷出異物入侵並發出警示。

物件偵測的主要技術，是利用深度學習的卷積神經網路，在物件導向領域所發展的 Region-CNN（R-CNN）技術。它的做法是把輸入的圖像，預先篩選出約 2,000 個可能的區域（region proposals），再將這 2,000 個區域個別分類，經由一個預先訓練好的卷積神經網路模型擷取特徵，並將結果儲存起來，然後再以支持向量機分類器來區分是否為物體或者背景，最後經由一個線性回歸模型來校正邊界框（bounding box）的位置，如圖 9-16 所示。只要把圖片輸入電腦，就會自動的分成 2,000 個小圖塊，運用 R-CNN 的技術判斷、分類出物件的種類。

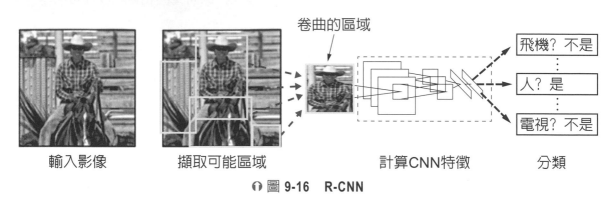

卷曲的區域

飛機？不是

人？是

電視？不是

輸入影像　　　擷取可能區域　　　計算CNN特徵　　　分類

🎧 圖 9-16　R-CNN

三、遞歸神經網路

遞歸神經網路是一種有記憶的神經網路，它會把每一次輸入所產生的狀態都記下來，儲存在一個暫存的記憶空間內，稱為隱藏狀態（hidden state），再跟著下一次的輸入一起輸出。

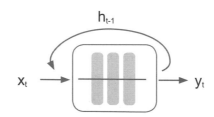

h_{t-1}

x_t　　　　y_t

🎧 圖 9-17　遞歸神經網路記憶方式

遞歸神經網路的記憶方式如圖 9-17 所示。在第 t 次輸入時，除了來自輸入層的資料 x_t 外，還有前一次（第 t-1 次）的資料 h_{t-1}，同時輸入處理後，才會產生出 y_t。

如果把圖 9-17 依時間展開，就像圖 9-18 所示。第一次的輸入 x_1，會產生一個狀態 h_1、一個輸出 y_1；第二次的輸入除了 x_2 外，還要考量第一次的隱藏狀態 h_1，處理完會產生一個狀態 h_2、一個輸出 y_2。依此類推，每次輸入都會產生一個狀態及一個輸出，直到第 m 次的處理，除了本身的輸入 x_m 外，還有前一次的隱藏狀態 h_{m-1}，輸出則是 y_m。

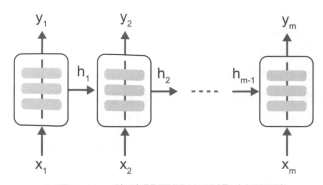

⏿ 圖 9-18　依時間展開的遞歸神經網路

遞歸神經網路是一種會考慮時間序列，處理連續性串列對串列（sequence to sequence）的神經網路，主要用於和時間有關的串列資訊，如**機器翻譯**（**machine translation**）、**語音辨識**（**speech recognition**）、**文本辨識**（**text recognition**）、**自然語言處理**（**natural language process**, NLP）等。

(一) 自然語言處理

中文的句子是由個別的中文字所組成，句子中的字、詞間不像英文有空白隔開，斷詞就成了中文處理系統中的基本運算功能，斷詞的位置錯誤，往往會讓整個段落的意思和原意南轅北轍。常見的一句話是：「下雨天留客天天留我不留」，這句話主人原來要表達的意思是：「下雨天，留客天，天留，我不留」，但看在賴皮的客人眼裡卻是：「下雨天，留客天，天留我不，留」，到底是留還是不留？一樣的字卻有不一樣的結果，這要電腦如何是好呢？

自然語言處理就是訓練機器能了解、處理、應用人類的語言、文字的一種技術，讓機器具備聽得懂、說得出、了解語言意涵的能力。自然語言讓電腦成為一個耳聰目明、能言善道、思路敏捷的智慧機器人。在中文句子的訓練、判讀，首先要處理的是斷詞，其次要標記詞性、辨識詞意的歧異，最後做語法剖析。

人類的語言是活的，新的詞彙又會不斷地產生出來，尤其是網路上的新詞，想要建立一個常用詞的詞庫也是非常困難又不切實際的。中文斷詞系統的功能，是要從輸入的中文字串中找出它的詞彙邊界，再輸出適合的詞彙。目前已有多個中文斷詞系統研發完成，系統開發者可以將現有的中文斷詞系統整合到自己的應用系統中，如國內的中央研究院就開發了中文斷詞系統（http://ckipsvr.iis.sinica.edu.tw/）。

接著就把特性類似的詞彙放在一起，並賦予相同的詞性（part of speech, POS），以掌握各詞彙的特性。我們把前面提到的：「下雨天留客天天留我不留」，用中央研究院的中文斷詞系統，標記詞性的結果為：「下雨天（Nd）　留客（VA）　天

天（D）　留（VC）　我（Nh）　不（D）　留（VC）」。其中 Nd 表示為時間詞、VA 為動作不及物動詞、D 為副詞、VC 為動作及物動詞、Nh 為代名詞。

同一個中文字，在不同的位置有不同的詞性，這就要看前後文的關係來決定當時的詞性。例如「打」這個字，當我們說打球時，它是動詞；當我們說買一打啤酒時，它是量詞。當「打」是及物動詞時，後面就要接一個名詞，當「打」是量詞時，前面就要有數詞、後面要接名詞。標記詞性的系統，它的功能就是要能根據上下文的意義，將句子裡的每個詞彙標上詞性。

同樣的中文字詞，在不同的場合也有著不一樣的詞意。例如「關門」這個詞，分別就有：把門關上、打烊、倒閉停業等不同的意思，當句子中出現關門這二個字時，我們怎麼知道是指哪個意思呢？

例如：「距離銀行關門還有 5 分鐘」、「因為疫情嚴峻，很多餐廳都關門了」，這二句話裡面都有「關門」，但是意思不一樣，我們很容易從前後文的關係知道：第一句的關門指的是打烊下班，後一句的關門指的是倒閉停業。詞意的產生來自於該詞彙如何使用，要了解詞彙的意義，關鍵在於伴隨該詞彙出現的其他詞彙。

前面所討論的斷詞、詞性、詞意，都是探討一個句子裡的字、詞的意思，屬於詞彙層次的問題。自然語言處理上，更重要的是如何讓電腦把詞彙組合成有意義的句子，這才能產生智慧機器人。

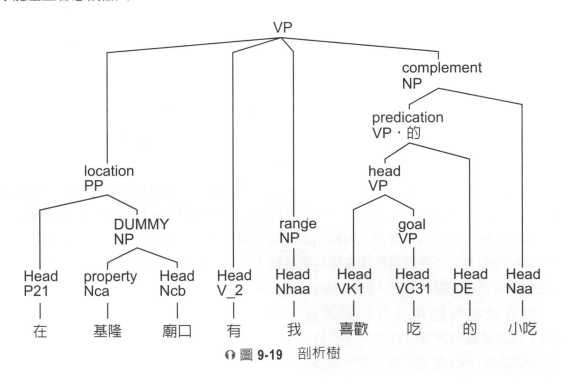

🎧 圖 9-19　剖析樹

語法剖析系統是一個分析句子結構的軟體，用來分析輸入句子的成分（constituent）以及成分間的關係，如名詞片語及動詞片語大多是由哪幾個詞彙所構成。句子經過剖析之後，會產生一個剖析樹（parse tree），展現成分組成及結構的關係。

接下來我們把「在基隆廟口有我喜歡吃的小吃」這句話，以中央研究院的剖析軟體分析，其分析結果的剖析樹如圖 9-19 所示。基隆廟口是一個名詞片語（NP），在基隆廟口則成為一個介系詞片語（PP），喜歡吃是動詞片語（VP），喜歡吃的小吃則是名詞片語（NP）。

(二) 語音辨識

讓電腦能跟人對話，一直是人類的夢想，30 年前的電視影集《霹靂遊俠》中的霹靂車，就已反應了人的需求。近年來，由於電腦計算速度的提升，語音辨識的應用也愈來愈普遍，像 Apple 的語音助理 Siri、Amazon Alexa、Google Assistant、小米的智慧音箱，都是應用語音辨識，目前成熟的產品。

語音辨識是由機器根據所輸入的人類語言，透過訓練、擷取它的特徵值，透過分析、建模後，轉化為相對應的文字。語音辨識根據使用者的不同，可分為**與語者相關**（**speaker dependent**）和**與語者無關**（**speaker independent**）二種。

與語者相關的語音辨識系統，是以特定人士的聲音做為機器訓練的樣本，只有該使用者才能與系統溝通。它最常使用的方法，就是利用**動態時間扭曲**（**dynamic time warping**, DTW）來進行比對，這是一種**動態規劃**（**dynamic programming**, DP）的方法，可以根據說話者的音色進行比對，也可以針對不同的語音速度進行局部伸縮，以達到最好的對位（alignment）效果。

與語者無關的語音辨識系統，則是用一般人的聲音做為訓練樣本，系統可以通用於一般人士。它就像是一個個人的虛擬助理一樣，可以與使用者做簡單的對話，並了解對話的內容，進而協助人們做某些事情，如提醒時間、預報天氣等。

這類系統通常採用複雜的聲學模型來建置，語音特徵的擷取仍然用**梅爾倒頻譜係數**（**mel-frequency cepstral coefficients**, MFCC），這種方法讓聲波比較不會受到諧波影響，使用不同的聲學模型代表不同的音色，並根據聲學模型計算出所對應的機率密度（probability density）。

(三) 文本辨識

文本辨識是訓練機器去了解一篇文章的內容，進而能從非結構化的文章中擷取出有用的資訊，以對這篇文章做搜尋、索引、分類及摘要。其主要的應用包括：**關鍵句抽取**（**key phase extraction**）、**摘要抽取**（**abstract extraction**）、**意圖抽取**（**intention extraction**）、**命名實體抽取**（**named entity extraction**）、**主題抽取**（**topic extraction**）、**情緒抽取**（**emotional extraction**）及問答集（Q & A）。

1. 關鍵句抽取

　　關鍵句抽取是讓機器從一篇非結構化的文章中，利用統計模型或機器學習的技術，抽取出重要的關鍵句。關鍵句本身就是對文章內容的簡潔說明，能夠辨識出關鍵句，就能了解整篇文章的內容，並對文章做分類、索引（index）、搜尋等整理。

　　目前抽取關鍵句主要採用半監督式學習的類神經網路技術，先用人工對少數文章做關鍵句的抽取與標記，再以這些處理過的文章做為訓練資料，讓機器做學習，建立關鍵句抽取的模型。

　　接著把大量沒有經過標記的文章讓機器去抽取關鍵句，再將正確抽取關鍵句的文章讓機器做比對、修正，經過多次不斷地學習、調整，最後形成一個能正確判斷關鍵句的模型。

　　在這個資訊爆炸的時代，我們面對網路上每天增加的大量資料，以人工方式不容易做篩選與整理。透過人工智慧的關鍵句抽取，就可以讓使用者很快地找到他所要的內容，甚至於可以用來整理企業內部的大量資料。

2. 摘要抽取

　　摘要抽取是讓機器從原始文章中自動把最具代表性的文句或知識摘要出來的技術。透過摘要，可以讓讀者很快地了解這篇文章的內容與重點。使用者輸入關鍵字，透過摘要抽取可以從大量的文章中，快速找到自己有興趣的文章。

　　如何在一篇非結構性的文章中，找出最重要的幾句話，讓人對內容可以一目瞭然，考量的是文章中重要性的排序問題。在統計上，判斷句子重要性的方法，不外乎是句子間的相關性及新穎性。

　　要抽取最能代表文章的句子，通常以句子的位置及詞頻—逆向文件頻率（term frequency-inverse document frequency, TF-IDF）來衡量。詞頻—逆向文件頻率常用於評估在一個文件集中，一個詞對某份文件的重要性。一個詞對文件越重要，越有可能成為關鍵詞。

　　詞頻是統計一個詞在一篇文件中出現的頻率。一個詞在文件中出現的次數越多，其對文件的表達能力也越強。而逆向文件頻率則是統計一個詞在文章集的多少篇文章中出現，即是如果一個詞在越少的文章中出現，則其對文章的區分能力也越強。

　　為了避免所抽取出來的重要句子太過重疊，也就是說前後二句不能太過於相似，因此，以權重來控制前、後句間的相似度，相似度太高時，就要減輕權重。為了確保摘要的連貫性，這些重要句子抽取後，會按照它們在文章中原來出現的先後順序排列。

3. 意圖抽取

　　相較於關鍵句抽取、摘要抽取都是從現有的文章內容中，去擷取關鍵句或重要的文句，再組合成有意義的句子。更多時候，使用者的談話內容中或文字敘述中，並無法看到他真正想表達的關鍵句或重要的文句。

　　為了避免機器誤判或遺漏，另外發展出意圖抽取的技術，它是讓機器從使用者所輸入的談話內容中，擷取出使用者心裡真正的意圖及動機，又稱為意圖分析（intention analysis）。

　　消費者有很多行為意圖，如推薦、購買、詢問、稱讚、抱怨、比價等，在談話的字裏行間並不會顯示出來。但是，人類的智慧與經驗自然可以加以判斷，例如：小強對張郎說：「這款洗髮精用了不會掉頭皮屑，你應該要趕快去買來用。」，這句話裡並沒有出現「推薦」這個關鍵詞，但是，我們都知道小強在向張郎強力推薦這款洗髮精。

　　很多文章中都可能會出現類似的字句，但都不是很明顯看得出重要性來。透過意圖抽取的技術，機器就可以抽取出使用者內心真正的想法，協助人們去做正確的判斷與決策。

4. 命名實體抽取

　　命名實體抽取又稱為專有名詞抽取，機器經過學習之後，可以從文章中抽取現實世界中已經命名好、具體存在的特定實體（entity）。如果在文章中能夠正確地辨識出主要的人、事、時、地、物等專有名詞，就可以建立一個標記集合（tag set），不同的文章透過標記，就可以做檢索、分類、推薦、歸檔等工作。

　　實體命名的方法有很多，目前大部分是依領域別的不同，建立起不同的辭典庫來支援命名實體抽取的比對，再利用監督式或半監督式學習的方式，來訓練機器做命名實體的抽取。

　　實體一般可分為三大類、七小類。三大類指數字、時間、實體。七小類包括人、組織、地點、時間、日期、貨幣、百分比。例如：「小強 7 月 7 日在基隆廟口買了 100 元的鼎邊銼」、「張郎 8 月 8 日在基隆廟口買了 200 元的三明治」，這二句話分別做命名實體抽取，可得到以下結果：「小強（人名）　7月7日（日期）　在基隆（地名）　廟口（地名）　100 元（貨幣）　鼎邊銼（食物）」、「張郎（人名）　8 月 8 日（日期）　基隆（地名）　廟口（地名）　200 元（貨幣）　三明治（食物）」。

　　做了這些標記後，未來可以用標記做為檢索、分類、歸檔的依據。例如，我們可以把文章內有標記「基隆廟口」的文章都歸檔在一起，也可以把跟「小強」有關係的文章放在一起。

5. 主題抽取

　　主題是指文章中主要討論的問題、理論、技術或產品。主題抽取由機器從輸入的文章中，把重要的關鍵字集（key word set）抽取出來，再透過不同的關鍵詞群組，來了解這篇文章所討論的各種主題。

　　當我們想了解某個學術研討會所探討的主題，可以把該次研討會所有論文的關鍵詞進行主題抽取，把關鍵詞出現的頻率做群集分析（cluster analysis），看看哪些關鍵詞會同時出現在同一篇論文中，就可以確定這篇論文的主題。

6. 情緒抽取

　　情緒抽取是要透過與機器的對話過程，或者從文章中，了解到當事人是正面還是負面的情緒，以採取必要的對策。一般可從人的臉部表情、語音與生理反應等三方面去做判斷，但是機器不容易同時做到。

　　臉部動作單元（facial action units）是構成臉部表情的基本單位，如眉毛上揚、嘴角下垂。而用於臉部動作分類最常見的方式就是：臉部動作編碼系統（facial action coding system, FACS）。

　　用人工智慧做臉部表情辨識時，在機器學習階段，首先要蒐集很多人的臉部表情，接著由熟悉臉部動作編碼系統的專家，將資料庫中的相片或是影片進行臉部動作編碼，最後，是用已編碼的資料來訓練機器。

　　在抽取人類情緒時，會先偵測臉部範圍與臉部運動支點部位，接著萃取臉部五官與動作，對臉部動作單元進行分類與強度判讀，最後判讀情緒與強度。不同的臉部動作單元組成，會對應到不同的情緒表達，通常情緒判讀以生氣、厭惡、恐懼、高興、難過、驚喜等六種核心情緒為主。

　　當一個人說話時，會傳遞出二種訊息：一種是與說話的字面意思相同的顯性訊息，一種是透過語調、姿態、表情等所隱含的隱性訊息。語音情緒抽取即是用來偵測在語音通話中可能錯失的隱性訊息，協助使用者對於訊息有更正確的解讀。目前該技術主要用於客戶服務專線，幫助服務人員能更精準掌握到客戶的情緒與需要。

　　運用人工智慧做語音情緒抽取時，首先要搜集各式各樣的語音資料，接著將語音資料處理成可用的檔案、進行特徵擷取並加以標記，最後再用這些已經編碼過的資料訓練機器。在抽取語音情緒時，機器會根據先前所訓練出來的辨識模型，將受測語音與其所學的語音特徵進行比對，進而辨識受測語音的情緒。

　　生理反應的情緒提取，主要透過心跳、呼吸、流汗、血液含氧量、吐出的二氧化碳變化等生理反應辨識情緒。目前主要用於醫療方面，例如當機器偵測到心跳加快，可以協助判讀病患出現的反應。

7. 問答集

　　很多客服的網站除了提供免付費的電話外，都會把顧客常問的問題做成問答集（questions and answers, Q&A）放在網頁上，讓客戶在打電話前可以自己先查詢。以往這些問答集都是以文字的方式呈現在網頁上，使用者要逐筆瀏覽才能找到自己問題的答案。

　　也有些企業為了讓使用者不用逐筆瀏覽找答案，會把問答集的內容放到資料庫，使用者透過使用者介面，以關鍵字進行查詢，以找到所需的答案。但是，在資料庫查詢語言中，大多只能做到精準查詢，也就是說，使用者輸入的關鍵字必須一模一樣才能找得到，對於同義字就找不到了。例如，問答集裡如果放的是「營業時間」，輸入「上班時間」可能就找不到了。

　　隨著科技的進步，目前很多企業的網站會採用**智慧助理**（**intelligence assistant**）、**聊天機器人**（**chatbot**）來回答顧客的問題，機器會根據輸入的文字或語音問題，透過分析模型，找到配對的答案後，再以文字或語音，把結果回覆給使用者。

　　以人工智慧的技術做顧客服務，在問答集的資料庫裡存放的不是傳統的文字，而是抽取問題的特徵值。當使用者輸入問題時，透過自然語言處理的技術，擷取問題裡的命名實體、關鍵詞，同時分析他的意圖，以了解真正的問題後，再從問答集中找出配對的答案。

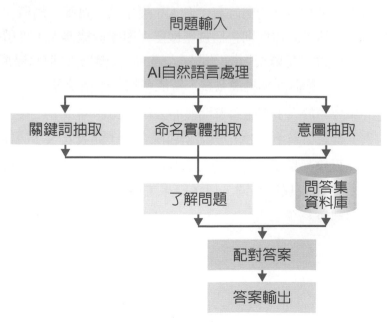

○ 圖 **9-20**　人工智慧問答集的處理流程

個案：AI也能知道痛

　　資訊科技的發展，成為各行各業推動數位轉型的動力，白色巨塔也不例外。尤其是人工智慧技術的進步，正逐步改變臨床醫師的日常工作型態在前線治療上的應用，從冠狀動脈狹窄、腦出血、骨頭年齡的研判，到醫師開立處方箋的建議提醒。在後勤生產力端的應用，有放射腫瘤科的自動圈選系統、心臟主動脈鈣化判讀分析的技術。

　　除了各大企業陸續投入市場外，醫院也是一個不可忽視的角色，他們不但是各種智慧醫療產品服務的買家，更是未來所有醫療產品服務最終的實施場域。根據研調機構 Frost & Sullivan 的預測，在 2025 年時，全球將有 10% 的醫院會轉型成為智慧醫院，到 2030 年時，傳統醫院將會消失，可見醫院的數位轉型也是迫在眉睫。

　　根據《數位時代》雜誌的調查，智慧醫院的發展有三大趨勢：人工智慧輔助醫療、機器人流程自動化及數位孿生，各有不同的醫院投入發展其技術應用。數位孿生是投入資源相對較少的領域，目前只有振興、北醫附醫投入，其主要應用為病歷數位分身及居家數據串聯診所、全人照護平台。

　　人工智慧輔助醫療是目前投入資源較多的領域，投入的醫院有：台大、林口長庚、北榮、三總、北醫附醫、中醫附醫、國泰及奇美等醫院。應用內容包括：冠狀動脈狹窄、腦出血判讀、骨齡判讀、胸腔 X 光正 / 異常分類、心電圖波形判讀、腎衰竭判讀、眼底影像視網膜病變判讀、乳房超音波判讀等。

　　投入機器人流程自動化發展的醫院有：台大、恩主公、員基、馬偕、花蓮慈濟、桃園長庚、北醫附醫。機器人的類型則包括實體機器人與虛擬機器人。實體機器人的應用有：牙科器械運輸輕軌、開刀房廢棄物搬運機器人等。虛擬機器人則有：醫療語音平台、出院服務 App、國際疾病分類診斷碼推薦系統、智能藥物調劑系統等。

　　網資科技是一家致力於人工智慧引擎開發的公司，2018 年成立之後，就不斷研發適用於不同領域的人工智慧引擎。2020 年與馬偕醫院合作，開發成人疼痛程度偵測技術。

　　目前病人的疼痛反應都是藉由自己的口述及醫生的觀察，搭配疼痛量表加以判斷。然而，每個人對疼痛的忍受程度不同，口述結果主觀不易判斷，而觀察病人臉上的表情，也是非常主觀的判斷。

VDS ——→
（語言描述量表）

NRS-11 ——→
（數字等級量表）

🎧 圖 9-21　疼痛量表

　　為了提供醫生一個判斷病患疼痛的客觀標準，俾能準確投藥、減少患者痛苦，馬偕醫院找到網資科技，希望能夠把影像辨識與人工智慧相結合，開發一個能自動判斷的技術，將疼痛程度予以客觀的量化。

　　首先，由馬偕醫院的醫生建立一個疼痛資料庫，找 100 個人經過實驗，每人拍出不同疼痛程度的照片 100 張，合計 1 萬張照片，再由醫生將每張照片標示疼痛等級，供人工智慧引擎做機器學習之用。

　　網資科技則負責人工智慧引擎的開發，採用特徵工程的方法，利用疼痛資料庫裏的 1 萬張照片，擷取受測人臉部的表情變化，記錄眼睛周圍皮膚的皺摺及眉毛週邊的特徵，將受測者從不痛到痛的變化，再從痛到不痛的變化的整個過程，總和評估其痛覺程度。

　　為了避免資料過少，影響到未來判斷的準確性，接著再利用資料擴增的技術，從資料的拍攝角度、光源明暗度、表情變化等各方面，擴增了資料的豐富性與變化性。最後融合這些學習資料集，經過多次的調校，成為一個痛覺引擎。

　　這個痛覺引擎建置後，未來可能多方面的應用發展，可以透過 API 與醫材廠商合作，將此引擎放到醫療材料中販售，也可以與醫院的資訊管理系統稼接，或授權給有興趣的業者透過 App 串接應用。

習　題

一、選擇題

( )　1.　以下何者可用來判斷機器是否具有思考及判斷能力？

(A) 圖靈測試　　(B) 摩爾定律　　(C) 以上皆非

( )　2.　下列何種工作是不容易被人工智慧所取代的？

(A) 經驗性工作　　(B) 抽象工作　　(C) 以上皆是

( )　3.　非監督式學習的主要應用是？

(A) 分群　　(B) 連結　　(C) 以上皆是

( )　4.　下列何者非卷積神經網路的主要用途？

(A) 圖像辨識　　(B) 文字辨識　　(C) 人臉辨識

( )　5.　下列何者不是遞歸神經網路的主要用途？

(A) 語音辨識　　(B) 機器翻譯　　(C) 物件偵測

二、問答題

1.　我們要訓練一個銀行的客服機器人，應該給它什麼資料做機器學習？

10 從電子商務到行動商務

10-1 網際網路的演進

10-1-1 web 1.0

在大型電腦（mainframe）的年代裏，每個終端機（terminal）都是使用主機（host）上的資源，無形中，電腦是處於連網的狀態。當電腦由大型主機演變成個人電腦（personal computer, PC），每個個人電腦突然間變成孤島，但是，由於基礎建設（infrastructure）資源不足，人們也只能將就著用。

網際網路（Internet）的發展起於 1960 年代，美國國防部成立了一個高等研究計畫署（Advanced Research Projects Agency, ARPA），初期研究的主軸在太空計畫及飛彈上，後來一直從事與國家及安全有關的研究，1969 年發展出軍用網路 ARPANet，即為網際網路的前身。ARPANet 誕生後的 10 年間，它連結了美國國防部與大學等研究單位，成為學術研究成果的分享、鏈結途徑。

直到 1982 年，網際網路這個名詞才被首次使用，ARPANet 這時被分為 ARPANet 及 MILNet。ARPANet 用於研發及學術界，MILNet 則專用於國防部的資訊傳輸。在後續的 10 年間，陸續建立了**網域名稱系統**（**domain name system**, DNS），並訂定各種網域名稱及網址的命名規範。在**全球資訊網**（**world wide web**, WWW）的概念被提出後，網際網路開始走入產業、家庭以及人們的生活中。

1994 年，Amazon.com 成立，開始在網路上賣書，成為電子商務（electronic commerce, EC）的先驅者，演變到現在，Amazon.com 已成為一個電子商務的平台，無所不賣了。

在這個年代，網際網路與全球資訊網在使用上還是以技術導向，受限於網路頻寬，主要運用以文字、圖片、表格為主，內容由網站管理員來更新、維護，大多被用來宣傳產品，很少會與使用者做互動。雖然被炒作得看起來很有前景，但最終還是在 2000 年歷經了一次泡沫化的危機，大多數的公司並沒有因此取得先機。

10-1-2 web 2.0

隨著資訊科技的日新月異，網路世界也跟著產生多樣性的變化，網頁內容從單向的資訊傳播演變成互動與分享，內容不再是由網站管理員一人所提供，而是由所有參與的使用者分享所產生。

至於為什麼網際網路的活動會從 web 1.0 轉變到 web 2.0 ？在劉文良的研究中，認為有五個驅動力，促使了這個改變。

一、全球性的連結（global connected）

網際網路連結了全世界，很多人從小就跟著網路一起成長，這些 30 歲以下的 web 2.0 使用者，可以說是數位原生族（digital natives），他們在青少年時期開始接觸並熟悉電腦運作，在這個基礎下，網際網路促成了全球的市場。

二、長駐線上（always on）

在數據機（modem）的年代裡，不但頻寬有限，且上網是以秒計價，這樣的環境使得網際網路的發展無形中受到限制。當頻寬大幅提升，計價方式也從時間改成流量後，上網的成本也減少，人們掛在網上的時間變長。當人們無時無刻不在線上時，他的角色就同時是消費者也是知識的分享者。

三、廣泛的網際網路存取（pervasive Internet access）

當上網成本下降，使用者又可以隨時隨地的使用各種行動裝置上網，在**網路外部性**（**network externalities**）的效應下，正向的推動網際網路的發展。

四、起始成本低（low startup cost）

由於開放原始碼（open source）的軟體及相關硬體技術的成熟，個人電腦、伺服器的成本下降，加上資訊系統委外服務的成熟，促使 web 2.0 時代各種創新模式的起始成本降低。

五、使用者參與（customer engaged）

透過部落格、相簿、影音等網站，讓使用者得以藉由網際網路來創造、分享他們的內容，並與其他的使用者、同好一起互動或交流。

從 web 1.0 到 web 2.0 的改變，如表 10-1 所示，除了由使用者共同建構內容外，它的商業模式、價值等，也隨著改變。

Web 2.0 是網路新時代的應用，它是在 2005 年時，由 O'Reilly 在一場腦力激盪的會議中所提出來的，概念強調自己就是一個媒體，讓使用者變成主角，由使用者來主導、創造並分享各種資訊與內容。也就是說，web 2.0 提供了一個使用者可以自由參與及互動的平台，平台的內容則是由使用者共同創造。

⊕ 表 10-1　web 1.0 與 web 2.0 的比較

	web 1.0	web 2.0
出發點	以資料為核心	以人為核心
呈現方式	出版 個人網站 創作者編排內容、設計	參與、分享 網路日誌（Blog） 使用者編排內容、設計
知識傳遞	透過商業方式傳播	透過使用者分享
內容產生者	商業公司 資訊加值業者 網路業者	個人 社群
價值來源	網站提供的功能、資訊、服務	使用者共同貢獻的內容、資訊、服務
模式	商業模式	部落格空間
網站經營模式	B2B、B2C	P2P
收入	網頁瀏覽次數	點擊次數
行為	下載、閱讀	上傳、分享

O'Reilly 認為，web 2.0 具有以下三個特性：參與式的架構、持續創新的服務、組合。

一、參與式的架構

Web 2.0 透過參與式的架構，提供豐富的使用者經驗，系統與使用者的互動都是以使用者為中心，同時也鼓勵使用者參與內容的創作，如部落格、維基百科、YouTube 影片等。

二、持續創新的服務

Web 2.0 強調的是開放平台與分享的重要性，鼓勵使用者彼此討論、分享，才能不斷創造價值。應用 web 2.0 的服務提供者，將軟體視為一種持續性的創新服務，透過集合眾多的使用者，共同創造平台的效益。如維基百科透過所有使用者的參與、分享，而創造其平台的價值。

三、組合

Web 2.0 強調使用者的網路外部性，愈多人使用，則網站的價值愈高。因此，在使用時，除了可將個別使用者提供的各種資訊來源單獨應用外，也可以加以重新組合。

➥ 10-1-3　web 3.0

Web 2.0 的使用者端仍然停留在使用瀏覽器的思維中，強調使用者自創內容（**user generated contents**, UGC）及分享。但是，這個分享只是單方面的，例如把自己在 Line 上的貼文轉分享到 Facebook 後，就不知道以後發生什麼事了，造成網路上的資訊爆炸，但品質低落。

在雲端運算、行動網路、行動裝置與個人電腦的互動這三種服務出現後，促使網際網路進入到 web 3.0 的時代。透過行動網路，雲、端之間有了更多元化的互動機會，無論是人與人之間、人和物之間，甚至於社群間的互動都變得更緊密了。

Web 3.0 時代所提供的網路服務，將不再只是電腦的應用，而是無所不在的（ubiquitous），使用者可以在任何時間、任何地方，使用任何裝置，得到跨平台相同的使用經驗。當我們把 Line 上面的貼文轉貼到 Facebook 之後，以前我們要到不同平台上才能看得到回饋的資料，未來，可以把這些內容依使用者的喜好和社交行為，分別彙集在一起，以方便使用者觀看及回應。

在劉文良的研究中，將 web 3.0 的特色歸納為：虛擬和真實世界的融合、愈來愈行動化、服務個性化。

一、虛擬和真實世界的融合

以往的網際網路是一個虛擬的網路，到了 web 3.0，把物理的實體世界一起融合進來，也就是透過感測器（senser）把物聯網（Internet of things, IoT）整合進來。

二、愈來愈行動化

透過雲端技術建構了一個溝通平台，隨時隨地都能與網路連結，使用者不但可以快速取得各項服務，也可以和其他使用者或社群交流。

三、服務個性化

以前的服務是由資訊提供者單向供給的，不一定符合使用者的需求，未來的服務將透過雲端運算，根據使用者的需要提供客製化的資訊。

10-2 電子商務（electronic commerce, EC）

➥ 10-2-1 電子商務的演變

　　一般人都以為，電子商務是網際網路成熟後的產品，其實，大型主機的年代裡，大家已經在想，要如何透過電腦來交換資訊了。根據經濟部商業司所出版的《中華民國電子商務年鑑》，就把我國電子商務的發展，從 1970 年代開始起算，並區分為五個階段。

一、第一階段

　　我國電子商務發展的第一階段在 1970 年代，由銀行領頭開始推動，透過銀行間本身既有的網路，進行**電子資金轉換**（**electronic funds transfer**, EFT），利用電子匯款資訊，提供電子付款的作業。

二、第二階段

　　電子商務發展的第二階段從 1970 年代末期到 1980 年代初期，在這個階段中，主要的技術是**電子資料交換**（**electronic data interchange**, EDI）及電子郵件（e-mail），而電子郵件在當時也是網際網路最主要的應用。

三、第三階段

　　電子商務發展的第三階段則是在 1980 年代中期，網際網路以線上服務的形式提供消費者新的互動與知識分享的方式。

四、第四階段

　　電子商務發展的第四階段自 1980 年代末期到 1990 年代，電子資訊的技術轉化成工作流程系統或**群組軟體**（**groupware**）的一部分。

五、第五階段

　　在 1990 年全球資訊網出現後，電子商務發展進入到第五階段。網際網路上的關鍵性重大突破，是全球資訊網提供商業使用，由於在應用程式及使用上的便利性有了大幅的進展，成為電子商務的轉捩點。

10-2-2　電子商務架構

根據 Zwass 的定義，電子商務是以網路科技爲基礎，來支援企業與客戶之間買賣資訊的分享、交易執行及關係維持的流程及經營模式。由定義可以看出，電子商務科技主要支援的重點在於：支援買賣雙方線上資訊的提供與分享、支援線上交易的執行，支援買賣雙方線上互動、溝通、服務等關係的建立與維持。

電子商務是一個虛擬化、全球化的全新市場，如果要有效的運作，就必須和傳統市場一樣，有屬於自己的各種基礎建設，而且這些基礎建設要普及、成熟、穩定，市場才能蓬勃發展。

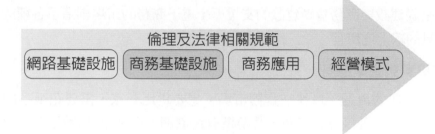

倫理及法律相關規範

網路基礎設施　商務基礎設施　商務應用　經營模式

∩ 圖 10-1　電子商務的基本架構

在林東清的研究中將電子商務市場的整體架構歸納成五大構面、四大層次，如圖10-1 所示。

一、網路基礎設施

電子商務連結了全世界的網路市場，這個市場的發展要有快速、經濟、穩定及安全的網路基礎建設來支援。基礎建設包括網際網路的實體網路、無線網路、行動網路，以及支援、操作所需的電腦、行動／通訊裝置，這些都要具備方便而且穩定的特性，才能讓電子商務的交易能快速且普及。

二、商務基礎設施

傳統市場之所以存在這麼久，是因爲在這個市場中已經建立了一個安全、可靠的商務運作模式，包括貨幣制度、交易機制、資訊分享等。電子商務的市場也要具備一些商業的基礎建設，買賣雙方才能安心交易。

(一) 交易資訊提供的基礎設施

交易資訊提供的基礎設施是要讓買賣雙方資訊能互通，消除資訊不對稱的問題，因此，需要有 web 的開發應用平台、電子目錄、電子出版、搜尋引擎等。

(二) 交易金流的基礎設施

網路交易在網路上進行，不是面對面的交易，如何才能順利地一手交錢一手交貨？金流是個很重要的基礎設施，包括：電子錢包、儲值卡、線上支付工具等。目前國內的線上支付已經百花齊放，如台灣 pay、Line Pay、街口支付等。

(三) 交易安全的基礎設施

交易金流及各種敏感資訊在網路上進行，如何維護資訊的安全，是使用者所擔心的事。因此，需要有數位認證管理機制、數位簽章、資料加解密等技術的支援。

三、電子商務的商務應用

在網路基礎建設與商務基礎建設的支援下，電子商務的市場創造了各種的可能應用模式，最常見的線上運用有：

(一) 支援交易資訊蒐集應用

交易始於資訊的流通，以往在實體市場，想要貨比三家，需要花很多的時間。如今，透過網路很容易可以找到商源，甚至還有比價網，自動幫你貨比三家，像 Trivago 就號稱可以從幾百個訂房網站中，找到最便宜的一家。

(二) 支援價格決定的應用

議價、比價等開標作業，在實體世界上是很花時間的，買方要找到適合的賣方，而且賣方還要有時間到現場來投標，二者缺一不可。透過網路，這些問題都可以迎刃而解。投標資訊在網路上可以看得到，投標的價格也可以得到，像網路上露天拍賣、Yahoo 拍賣等，都是這類的應用。

(三) 支援線上交易的應用

網路時代來臨之前，需要面對面的交易。透過網路，可以讓人們不要出門，在家就可以解決了。證券交易以往都要親自到證券公司的櫃檯下單，現在經由證券公司的網路服務，就可以在家下單。甚至連大潤發、家樂福之類的賣場，都提供了網路下單的服務，讓消費者在家裡就可以購物。在新冠肺炎疫情之後，宅經濟成了另一個顯學。

(四) 線上服務支援

客戶服務也從人工走向線上，從最先在網頁上提供 FAQ（常見問答集），到現在人工智慧技術的進步，很多客戶服務的網頁都建置了客服機器人，利用自然語言處理的技術，即時回答客戶的問題。

(五) 支援社群應用

社群並不是一個新的名詞及活動，在實體社會上，早就存在著諸如扶輪社、獅子會等國際性社團。但是，這些社團雖然號稱是國際性的，但是，單一組織（分會）仍受限於地域，參與的範圍是有限的。例如，在台北的分會，其會員的分布，最遠也是在北北基桃的範圍。網路則是無遠弗界的，即使你在拉拉山上建立一個 Facebook 的社群，台北、高雄，甚至於國外，都有可能有人加入。

四、電子商務經營模式

各種不同的商務應用加以排列組合，就可能產生出不同的電子商務經營模式。例如，入口網站、線上內容提供者、線上市場等。

五、倫理及法律相關規範

倫理及法律的規範橫跨所有的基礎，電子商務是一個虛擬的市場，有很多的狀況與實體市場不一樣，傳統的倫理與法律規範不一定適用。如電子文件的法律效力、網路著作權、色情及犯罪、隱私保護等問題，如果沒有良好、適當的規範，未來都會影響到消費者對電子商務交易的信心。

↳ 10-2-3　電子商務特色

與之前各次的科技革命相較，Loudon 認為，網際網路的發展遠超過廣播、電視、電話等科技，它具有無所不在、全球性、統一標準、豐富性、互動性、資訊密度、客製化及社群等特性，使得架構在網際網路上的電子商務能夠快速地發展。

↻ 圖 **10-2**　電子商務的特色

一、無所不在

在傳統的市場裡，必須到實體的地點才能進行交易，一旦這個地點下班，交易就無法進行。而網際網路打破了地域、時間的限制，也讓電子商務的市場可以無所不在，讓市場空間（marketspace）延伸出傳統的邊界。

既然市場是無所不在的，所以，消費者在家裡或辦公室可以透過電腦上網購物。出門在外，也可以使用行動裝置上網購物。從消費者的角度來看，它降低了消費的交易成本（transaction cost）。

二、全球性

傳統商務受到地域的限制，包括商家及消費者。例如，你在拉拉山種水蜜桃，在傳統的商務中，可能只能在路邊賣，或者透過盤商送到山下賣。透過網際網路，可能讓國外的消費者看到，而可以賣到全世界。

三、統一標準

電子商務是架構在網際網路上的應用，而網際網路已經有一個全球統一的技術標準，因此，建構在網際網路上的電子商務，讓全世界的使用者都可以上線取得服務，而不用考慮目前使用的是哪一種平台，任何可以支援 TCP/IP 通訊協定的裝置，都可以連得上。

網際網路與電子商務在全球統一的技術標準下，大幅降低了商家要將自家產品上網銷售的進入成本（entry cost）。同時，對消費者而言，由於全球有統一的標準，在尋找產品時不需要擔心裝置及網路不相容的問題，相對的也減少了他們的搜尋成本（search cost）。

四、豐富性

在傳統的商務中，賣方要準備大量的資訊和內容，才會吸引顧客上門，提供面對面交易的機會，而面對不同的顧客需求，往往要準備各式不同的資料。然而，資料的豐富度又與成本有關，準備得愈多，要花的成本就愈高。

有了網路之後，網路資訊的豐富度提高。在多媒體時代，可以用文字、照片，甚至於影片來展現自己的產品。成本上並不會提高太多，而且可以依客戶的興趣自行選擇適合的資訊。

五、互動性

傳統的媒體所提供的都是單向的服務，例如電視、報章雜誌等，都只能把業者的產品資訊單向傳送給消費者，消費者無法透過這些媒體提出問題或交流。電子商務透過網際網路，可以做到雙向溝通，顧客對產品有疑問，可以透過電子商務的平台與業者溝通，互動性拉近了買賣雙方的距離。

六、資訊密度

網際網路與網站大幅增加了市場參與者、消費者與商家所使用的資訊總量及品質，也就是所謂的**資訊密度**（**information density**）。透過資訊科技，降低了資訊匯集、處理、溝通等成本，並提升了資訊的傳播率、準確性及即時性。

資訊不對稱讓消費者在購物的時候沒有議價能力，資訊密度提升對消費者而言，可以讓價格與成本更加透明化，減少資訊不對稱的成本。價格透明化（price transparency）指的是消費者可以在市場上，針對同一商品找到多個不同的價格來源。成本透明化（cost transparency）指的是消費者有能力找出商家的成本。

資訊密度提高對商家也有好處，透過與消費者的互動，商家可以比以前更了解顧客的需求，因此，可以把市場區隔切分得更細，找到願意支付不同價格的小團體。例如，同樣的銀髮族旅遊，就可分為當天來回的低價一日遊行程，及多日的高價旅遊行程，以滿足不同需求的客人。

同時，也可以透過互動進行價格的差異化（price discrimination），將相同或類似的產品，以不同的價格銷售給不同的目標客群。例如，同樣的旅遊行程，可以配合高端客戶的需求，提供五星級的住宿，也可以配合對價格敏感度較高的客戶，提供不同的住宿、不同的價格。

七、客製化

個人化（personalization）及**客製化**（**customization**）是傳統商務很難做到的。消費者可以選擇買《自由時報》、《蘋果日報》，但是，這都沒有辦法改變報紙的內容，報紙的內容在賣給消費者前都已經決定了。

電子商務則可以依照消費者瀏覽網頁的行為、以往的購買紀錄等，提供個人化的資訊。也可以隨時依照消費者的偏好、當前的行為，提供客製化的資訊。例如，消費者曾經上網買過手機，下回再上網時，就會看到手機保護貼、保護套的資訊。當消費者在網路上查詢過花蓮的景點，接著就會看到花蓮住宿、美食相關資訊。

八、社群

傳統媒體都是一對多模式，由媒體將資訊單向傳送給閱聽人，閱聽人只能被動接收資訊，進而從事消費。在網際網路的時代，每個人都可以創作及發表自己的內容，同時也允許其他的閱聽人回應。逐漸演進成一種社群的態樣，提供使用者創作，同時也讓其他具有同樣興趣的人共同參與討論。

↳ 10-2-4 電子商務的構面

電子商務的交易流程如圖 10-3 所示，消費者依其需求，1. 先上網找到合適的商家，下單訂購並提供付款資料。2. 商家收到訂單及付款資料後，會向銀行確認消費者的付款資料是否正確。3. 如果付款資料無誤，則 4. 透過物流業者出貨。5. 消費者收到商品後，商家即向銀行請款。6. 銀行在付完貨款後，會併在信用卡費中，在下一期向消費者請款。在整個交易過程中，包含了資訊流（information flow）、物流（logistic flow）及金流（cash flow），這也是電子商務三個重要的構面。

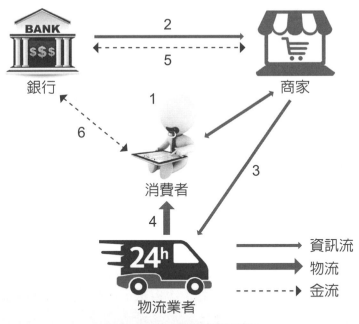

↑ 圖 10-3　電子商務流程

一、資訊流

資訊流除了指各種完成交易所需的資訊外，還包括了經營決策、管理分析等資訊，它可能來自網站上的留言、會員資料、監測軟體等所蒐集的消費者資訊。

二、物流

物流是指實體貨品的流動或運送傳遞,從原料轉換成成品,再運送到消費者手中的實體商品流動過程,包含了產品的開發、製造、儲存、運送、保管。消費者在網站上下單後,除了數位產品外,都需要透過物流系統,把實體商品送到消費者手上。

物流系統的良窳,攸關電子商務業者的成敗,畢竟消費者都不願在下單後,等很久才能收到商品,各家業者也在交貨時間上不斷地改善,像 pcHome 就有條件的提供 24 小時送達的服務。

三、金流

金流指的是在電子商務中因為資產所有權的移動,所產生的帳務改變,也就是錢的流動過程,包含了應收帳款、應付帳款、會計、財務、稅務等。電子商務中的金流所在意的重點,不外乎是付款系統與安全機制。

國外電子商務的支付大多使用信用卡,國內電子商務的付款方式則較為多樣化,除了跟國外一樣,可以使用信用卡之外,還可以選擇貨到付款、到便利商店付款,甚至可以使用其他行動支付工具或第三方支付的方式付款。

➥ 10-2-5 電子商務應用型態

電子商務依交易對象的不同,可分為四種類型:企業對企業(**business to business**, B2B)、企業對消費者(**business to consumer**, B2C)、消費者對消費者(**consumer to consumer**, C2C)、消費者對企業(**consumer to business**, C2B)。

⚲ 圖 **10-4** 電子商務的類型

一、企業對企業

企業對企業的電子商務指企業間透過網路,進行電子化交易的行為。最常見的應用是企業上下游之間的供應鏈管理(supply chain management, SCM),透過網路大幅提升了企業的供應鏈交易及管理的效率。

此外，企業與上、下游合作夥伴間建立資訊分享平台，也是企業對企業電子商務的另一種應用場景。例如台灣經貿網，它是一個由經濟部所建置的入口網站，整合了國內外的商情，協助廠商找到商機。

二、企業對消費者

企業對消費者的電子商務，是企業透過網路直接與消費者交易的行為。這是目前在網路上最常見的一種交易模式。例如，博客來就是一個很大的交易平台，消費者透過這個平台，很容易買到需要的書。

三、消費者對消費者

消費者對消費者的電子商務，顧名思義，就是買賣雙方都是消費者，彼此經由網路上的互動後，產生電子交易的行為。在這個交易模式中，平台業者扮演交易仲介商的角色，它提供了一個方便、有效率且讓買賣雙方信任的交易機制。除了提供買賣雙方的資訊外，並建立信用評價制度，但不參與交易的過程及物流活動。

典型的消費者對消費者電子商務是網路拍賣，它是一種公開競標的過程，賣方會先公開一個起標價及截標時間，有興趣的人根據這個起標價再公開出價，每次出價大家都看得到，拍賣物的價格也會提高，直到截標時間到，由最高價者得標。

目前的消費者對消費電子商務，和以往的拍賣已有所不同。雖然露天、蝦皮等網站的名字上都還保留著「拍賣」字眼，但是，它們的實際行為已與原來的「拍賣」有差異，這些網站都只是提供一個消費者對消費者的交易平台，讓個人賣家有一個銷售商品的平台而已。

四、消費者對企業

個人消費者對企業而言，他的議價能力是非常低的，通常他拿到的價格也相對較高。要提供消費有議價能力，自然就需要量，個別消費者很難取得量的優勢，唯有集結很多消費者的量，才具備議價能力。

在實體世界有所謂的集體採購（demand aggregator），消費者可以根據自己的需求及預算，集體向企業洽談合適的商品或服務。如 U-CAR 自 2017 年 12 月 1 日起，推出汽車團購的服務，消費者登記想買的車款，由 U-CAR 找到可以提供優惠價格的業務代表，由業務代表自行聯絡購車者辦理後續事宜。

消費者對企業的電子商務，就是在這種需求下因應而生的。它是指消費者群體與企業在網路上的交易模式，其特色是交易的發起由廠商端轉移到消費者端。在虛擬世界裡的集體採購就成了**團購（group buying）**，透過網路集結了許多對某產品有興趣的人，集體議價、下單，尤其在社群媒體風行普及的今日，社群媒體上有各式各樣的團購主，提供不同的團購內容。

➥ 10-2-6 　電子商務的收益模式

收益模式（revenue model）指公司如何賺取收入、產生利潤、獲取高額的投資報酬。前面介紹過不同的電子商務模式，其收益模式不外乎是：廣告（advertising）、銷售（sales）、訂閱（subscription）、免費（free）、交易（transaction）及合作（affiliate）等六種方式。

一、廣告

廣告收益模式是一種常見的收益方式，網站透過吸引大量的瀏覽流量，增加曝光度，進而吸引廣告商在網站上投放廣告。對廣大的閱聽眾而言，瀏覽網站的內容不用付錢，但是因為網站流量大，廣告商為了要在網站上讓產品露出，就必須支付廣告費，以換取廣告露出於閱聽眾眼珠的權利。

網站收取廣告費的方式也不相同。Yahoo 是採用位置、大小來決定價格，也就是廣告主的廣告想要放在網站的什麼地方決定了價格，最上面的橫幅廣告最貴。選定了位置、大小，只要網頁有被點開，廣告出現就收錢。Google 則是點擊了廣告才付錢，商品出現不用付錢，閱聽人點擊進去才付錢。此外，Google 還提供了 AdWord、AdSense 等收費的廣告服務。

二、銷售

銷售收益模式是公司透過網站銷售商品、服務給客戶，取得收益的方式。例如博客來透過網站銷售書籍、保養品、家電等商品獲得收益。不同於銷售實體商品網站，需要有物流的配合，Apple 的 iTune 則是提供內容的網站，消費者可以直接在網路付費後，下載喜歡的音樂，這是另外一種銷售模式。

三、訂閱

訂閱收益模式是由網站業者向訂閱者收取費用，並定期或連續地提供內容或服務的存取，很多內容的提供者都是採取這種收益模式。如資策會的產業情報研究所對會員收費，不定期提供各種產業分析資料給會員。愛奇藝則是一個提供影音內容服務的平台，會員付費後，即可觀看平台所提供的影音內容。

四、免費

免費的收益模式其實是一種誘敵策略，先透過免費的方式吸引消費者加入會員，當消費者習慣使用這項免費服務之後，再提供可以加選的收費服務。例如，YouTube 平台上的影音內容都可以免費看，但是，在看免費的影片時，會不定時出現廣告，有的廣告

可以馬上跳過，有的廣告一定要看到固定秒數後才允許跳過。當大家都習慣在 YouTube 上面看免費的影片，也只好諒解業者需要廣告營生的難處。最近，YouTube 推出了一個新服務，如果你不想在看影片時一直被廣告干擾，只要另外付錢成為會員，在看影片時就不會有廣告。

Google 也提供了 15GB 免費的雲端硬碟給每位會員，當你習慣把資料都放到雲端硬碟後，免費的 15GB 雲端空間很快就不夠用了，這時就只好成為付費會員，購買更大的雲端空間。

五、交易

交易收費模式是由平台收取費用，使交易能順利進行。一般的拍賣網站或企業對消費者的電子商務平台都是採取這種營運模式。通常在賣方銷售商品後，抽取一筆小額的交易費用，以維持平台的運作。

六、合作

合作收益模式是由網站將瀏覽者引導到合作網站進行交易，依其引導後不同的行為收取不同的費用。如 Google 的 AdSense，會將廣告置放在不同的合作網頁上，當瀏覽者在合作網頁上看到廣告，點擊進入該廣告的網站，Google 就會向廣告商收取點擊費用，並且將所收取的廣告點擊費用分給合作網站。

➥ 10-2-7　電子商務對企業的影響

企業採購面臨最大的問題是交易成本過高。交易成本包括了採購前的詢商、訪價、簽核過程所需的人力，採購過程中議價、履約的成本。尤其是履約過程的協調特別地複雜，如賣方通知交貨、買方安排收貨、驗收、入庫等程序，若都靠電話、信件往來確認，會是一件極耗人力的工作。

早期為了改善這些問題，發展出電子資料交換技術，買賣雙方的各項交易資料，都透過組織間電子資料交換系統來傳遞，不僅節省了紙張列印、傳送的成本，更減少資料重複輸入的成本。

隨著網際網路與資訊科技的發達，在電子商務興起後，電子資料交換已經被企業對企業電子商務所取代。在網際網路的通訊協定下，不再需要專屬的電子資料交換系統，企業很容易建構企業間的網路及電子化市集，並藉此進行企業間的採購、銷售工作。

企業面臨了電子商務在交易上的影響，將會建置私有產業網路（private industrial networks）做為供應鏈管理之用，並透過網路市集（net marketplace）找到合適的供應商與銷售通路。

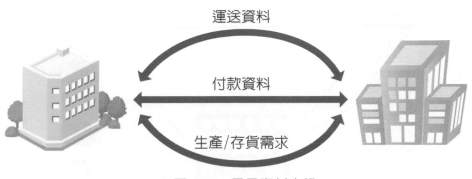

運送資料

付款資料

生產/存貨需求

☊ 圖 10-5 電子資料交換

一、私有產業網路

　　網際網路畢竟還是一個公開的網路，任何企業或個人都可以連上網路，對於企業內部的資料，無形中產生了資訊安全的疑慮。近年來，由於**虛擬私人網路**（**virtual private network**, VPN）技術的成熟，很多企業利用虛擬私人網路的技術建置自己的私有產業網路，連結上下游的業者。

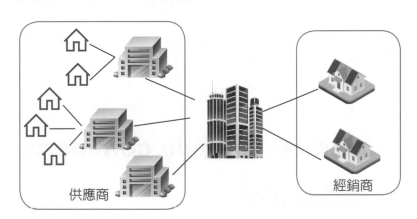

供應商

經銷商

☊ 圖 10-6 私有產業網路

　　私有產業網路基本上要有一個大公司發起，也就是由一個中心工廠帶動衛星工廠。中心工廠負責建置安全的私有產業網路，連結上下游的關鍵夥伴，允許這些夥伴透過這個網路來分享產品設計、開發、行銷、生產排程、存貨管理等資訊，並可利用電子郵件進行非結構化的溝通。

二、網路市集

　　網路市集是使用網路科技提供買家與賣家一個單獨的數位市集，又稱為電子集散地（e-hub）。網路市集提供買、賣雙方一個可以透過線上談判、詢價的平台。平台則是扮演獨立、客觀的中介角色，從提供給客戶交易服務中取得收益。

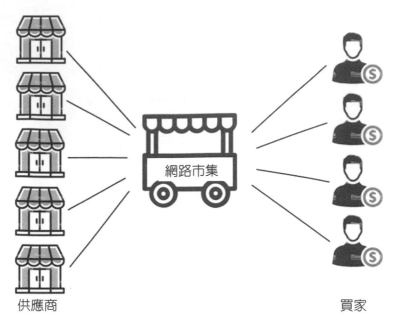

○ 圖 10-7　網路市集

　　網路市集所銷售的產品，依其目的而有不同。有的網路市集專門銷售直接材料（direct goods），有的網路市集則是專賣間接材料（indirect goods）。有的網路市集專攻特定產業的垂直市場，有的則是服務水平市場。

10-3　行動商務（mobile commerce, MC）

➥ 10-3-1　行動商務的發展

　　行動商務是利用無線通訊網路進行交易的活動，也就是透過行動裝置、無線網路、應用服務業者、資訊與交易提供者四者互相配合，才能完成的交易行為。從另一個角度來看，行動商務其實是電子商務透過無線科技的延伸，讓人們不再需要在固定裝置上才能購物。

　　隨著無線通訊技術的開放，行動裝置愈來愈普遍，帶動了行動商務的需求。由於行動技術具有行動化（mobility）的特性，讓使用者不再像以往要受限於固定設備，或在固定地點才能交易。只要在有網路的地方，隨時隨地都可以透過行動裝置進行交易，大幅提升了使用者的便利性（convenience）。

○ 圖 10-8　行動商務

➡ 10-3-2　行動運算的特性

在企業進入了電子化及電子商務的經營模式之後，由於行動科技的進步，默默的引發了一場行動運算的典範轉移。行動運算是利用手持式裝置，透過無線網路或行動網路，來使用行動應用程式，進行各項商務活動。

而行動運算具有：無所不在、適地性、離線資訊處理、情境感知、即時交易及線上線下整合等特性。

一、無所不在

現代人幾乎人手一機，出門可以不帶錢，但是不能不帶手機。行動商務提供一個讓人們在任何地方都可以上網交易的平台，在坐車、等待的時候，隨時都可以交易。

二、適地性

透過手機上的全球定位系統（global positioning system, GPS），可以偵測所在的位置，適時的提供適地性服務（location-based service, LBS），將潛在客戶即時地導入門店消費。

三、情境感知

行動商務是經由行動裝置進行交易，而行動裝置是跟著消費者行動的，透過更多即時的資訊偵測與蒐集，行動商務比電子商務更能了解使用者目前所處的環境、情緒、消費習慣等資訊，可以更精準的進行個人化行銷。

四、離線資訊處理

傳統的電子商務，所有資訊都必須透過電腦在線上取得，一旦離線就動彈不得。而行動商務則可以把資料存放在行動裝置上帶著走，即使離線仍舊可以瀏覽。像 Google 地圖，就可以事先下載要去的目的地的圖資，就算到了目的地附近沒有網路，亦可使用離線圖資。

五、即時交易

行動商務平台業者所開發的 App，都具備金流的功能，使用者只要自行綁定信用卡，即可完成付費程序，讓消費者可以即時交易、即時付費。

六、線上線下整合

透過無線網路所提供的適地性服務與行動付款機制，消費者可以心動馬上行動，線上線下無縫接軌。

➡ 10-3-3　行動加值服務與行動商務的應用

一、行動加值服務

行動加值服務是電信業者將自製的內容，或與內容業者合作，將話務以外的數位內容提供給用戶的服務。如客製化的來電答鈴、文字簡訊等服務。資策會將行動加值服務的應用，依使用者消費的目的分為：行動通訊、行動娛樂、行動交易、行動資訊等服務。

(一) 行動通訊

行動通訊是目前國內最大的行動加值服務，由電信業者提供消費者可以即時通訊的服務，如文字簡訊、多媒體簡訊、電子郵件等。

(二) 行動娛樂

行動娛樂主要是由電信業者提供消費者娛樂性的應用服務。如鈴聲、遊戲的下載等。它是目前國內第二大的行動加值服務。

(三) 行動交易

行動交易是提供消費者金融與商務的服務。如行動購物、行動銀行、定位服務等。

(四) 行動資訊

行動資訊提供消費者即時的資訊服務，如新聞、氣象、股市等資訊。

二、行動商務的應用

根據 Gartner 的預測，未來與消費者相關的行動商務運用包括：適地性服務、行動社群網路（mobile-social networking service, MSNS）、行動搜尋（mobile search）、行動商務、行動付款（mobile payment）、情緒運算（affective computing）、擴增實境（augmented reality）及情境感知運算（context aware computing, CAC）。

(一) 適地性服務

適地性服務是透過手持式裝置上的全球定位系統或手機基地台定位系統，獲知使用者目前的位置資訊，再利用這個位置資訊，將附近的服務推播給他。這項服務應用又可分為：地緣性搜尋（proximity-based search）、地緣性通告（proximity-based notification）及地緣性執行（proximity-based actuation）等三種服務。

1. 地緣性搜尋

地緣性搜尋是一種拉式（pull）的搜尋，它是利用具有定位系統的手持式裝置，來接收一定距離內的資訊，這些資訊包括了人、地、物。如臉書會自動顯示出有哪些朋友出現在你附近，Trivago 會顯示在你附近還有哪些空房間。

2. 地緣性通告

地緣性通告是一種推式（push）的搜尋，它是利用簡訊或其他的 App，把週遭的重要訊息通知給相關的人。如 Google map 就會利用顏色顯示不同的路況，將最新路況告訴使用者。

3. 地緣性執行

地緣性執行可以是執行某種交易行為，也可以是資訊的傳達。例如，在超商買的高鐵票上都有一個 QR-code，進出站可以直接掃描這個 QR-code，就完成這個交易。而在臉書上打卡則是資訊的傳達，告訴你的好朋友們你到過什麼地方。

(二) 行動社群網路

使用社群網站已是一個大趨勢，只是不同的地區、不同的族群，他們所選擇使用的社群軟體不一樣而已。透過行動網路，利用手機上的社群 App 呼朋引伴、互動分享，也是行動運算的下一個商機應用。

(三) 行動搜尋

Google search 是目前在網際網路上較多人使用的搜尋引擎。利用搜尋引擎可以迅速地找到所需的資訊。在行動運算中，搜尋引擎同樣是個商機，利用行動搜尋可以很快找到商品，進而產生交易。行動搜尋的應用有：最佳化行動搜尋引擎（mobile optimized search engine）、行動目錄搜尋（mobile directory search）及行動導航服務（mobile navigation）。

目前網路上知名的搜尋引擎，如 Google、Yahoo! 等，都開發了符合行動裝置使用的行動版搜尋引擎。而搜尋的方式，也從以往輸入關鍵字搜尋，演變成能運用行動裝置定位功能來搜尋週遭的目標。例如「停車大聲公」App 就可以讓使用者依據所在的位置，找到附近還有哪些停車場有停車位。App 甚至與圖資結合，利用地圖進行路徑導航，如 Google map，除了可查詢目標位置外，還可以直接將使用者導航到目標位置。

(四) 情緒運算

情緒運算是利用感知器、電腦視覺、語言、臉部辨識等裝置，來偵測使用者的各種狀態，並結合人工智慧的深度學習演算法，對所偵測到的狀態進行判讀與分析後，能自動的採取各種對策。

例如，偵測病患臉部表情的變化，透過人工智慧的深度學習結果，結合疼痛量表，可以判斷病患疼痛指數，提供醫護人員或照護人員處置的參考。偵測駕駛眼部的變化，可以及早發現疲勞駕駛、提早防範，以減少車禍的風險。

(五) 擴增實境

大家在用導航的時候，都會有種經驗，就是機器告訴你「前面圓環從第二個出口微向右轉」，如果你以前沒到過這個地方，就會很緊張地找第二個出口到底是哪一個？這時候你會想：如果導航能顯示出現在這個地方的照片不是很好嗎？我就會知道，是從超商旁邊那個路口走了。

擴增實境是用電腦所產生的多媒體資訊，用來提升、擴增使用者對目前在實際世界上看到的一個實體物件的資訊。它結合了實體世界的物件與虛擬世界的資訊。前幾年流行的寶可夢，就是一個典型的擴增實境遊戲。透過相機拍攝到的現地資訊，結合虛擬寶物，進行各項遊戲。

再回到前面所說的導航，當圖資結合了擴增實境，導航系統就可以讓使用者看到現地的狀態。當你再聽到機器告訴你，在前面圓環從第二個出口微向右轉時，螢幕顯示了現地第二個出口有家超商，同時出現一個右轉彎的箭頭，相信這樣大家都不容易走錯路。

(六) 情境感知運算

每項工作都有其不確定性（uncertainty），蒐集、分析資訊最主要的目的就是在降低決策的風險。而行動運算讓我們可以蒐集到更多、更細的環境、情緒等資訊，運用不同的資訊組合，將會產生不同的應用場景。

當我們把環境資訊定義為位置時，就會產生適地性服務的議題，當環境資訊定義成使用者的心理情緒時，就會產生情緒運算，再擴大到使用者附近的物理環境（physical environment）、社會環境（social environment）時，就演變成情境感知運算。

情境感知運算是結合感知器、行動運算、人工智慧，透過對使用者各種環境資訊的蒐集、分析後，所採取的適當反應。其所蒐集的環境資訊包括：地點、時間、個人、物理、社會心理情緒，以及附近的資源等資訊。個人資訊包括個人的行為、興趣、偏好資訊。物理的環境資訊包括溫度、溼度、明暗度及噪音。心理情緒資訊包括心跳、血壓、音調等。社會的環境資訊則是使用者目前身處的環境，如會議室、捷運車廂等。附近的資源資訊是指使用者目前所在位置附近的資源，如加油站、車站等。

利用這些環境資訊，系統可能偵測出小強在下午6點半剛從辦公室走出來，而此時的室外溫度為10度且下著雨。根據小強以往的行為資訊得知，在這個時候小強最喜歡去吃小火鍋，於是，系統就會把辦公室附近，網友評價較高的幾家小火鍋店列出，建議他去用餐。

個案：電腦不只會挑花生

　　2019 年起，全球人類的生活，都受到 COVID-19 疫情的影響。疫病流行期間，為避免群聚感染，不但在家工作的情況愈來愈多，連外出購物的比率也在下降，平時沒事時，大家都少去人多的地方，雙薪家庭在上班的時候抽空透過電商下單，購買日常用品甚至是生鮮食品，下班時取貨回家就可以煮了，這樣的銷貨模式已變成常態，帶動生鮮電商的另一波商機。

　　根據東方線上的調查顯示：因為疫情的影響，超過 70% 的消費者選擇在家開伙，透過網路購買生鮮食品的比率，也從 2019 年的 20% 上升到 2020 年的 31%，販售農產品的電子商務平台，遂成為前景看好的明日之星，投入者日眾。

　　全聯於 2021 年 1 月，在自家的 App「PXGo！」上推出「小時達」的服務，結合了外送平台 UberEats，主打 1 小時內把生鮮食品外送到府，全聯預估這項服務可以帶動單店 12.5% 的業績成長。

　　生鮮食品的外送服務，時間是一個很重要的因素，擔任最後一哩路的配送人員不足，一直都是業者的痛點。Foodpanda 則是利用它的外送夥伴，配送消費者在熊貓超市（pandamart）所購買的生鮮食品，強調 20 分鐘內就可以把貨送到。

　　Foodpanda 在 2020 年 4 月開始經營虛擬的熊貓超市，它並沒有像全聯一樣的門市，而是隱身在都會的巷弄間，消費者透過 App 就可以看到超市裏超過 4,000 種貨品，不但有日用品，還有 30% 是冷凍、冷藏的生鮮食品。

　　生鮮食品的配送，除了物流的人力之外，面臨的另一個問題是保存期限短，而熊貓超市隱身的巷弄，倉儲空間又有限，存貨過多容易造成保存期限到還沒賣完的報廢成本，存貨過少則有缺貨成本。

　　在熊貓超市經營初期，要如何精準預估出消費者的購買需求、該訂多少貨做為庫存？一直是個無解的問題，隨著營運據點愈來愈多，所蒐集到的消費者數據也愈來愈多，熊貓超市開始運用大數據分析，從消費者的購物習慣來調整進貨策略。

　　在 2020 年 12 月的幾波寒流中，熊貓超市裏的火鍋相關食材，從肉類到蔬菜、海鮮等，幾乎全部賣完，但是，庫存沒有跟上，以致少賺了一大筆生意。於是，熊貓超市開始導入預測採購量的運算模型，希望能夠建構出氣溫變化與肉類銷售關係的模型，因此，發現到當寒流來襲時，肉品的安全存量應為平時的 2~3 倍。

　　由於倉庫的空間有限，而生鮮食品的保存期限又短，在計算完預估的進貨量之後，熊貓超市要考量的問題變成進貨頻率，供應商多久該進一次貨？於是，透過大數據分析，針對不同食品，找出不同的供貨頻率，如肉品的配送應該要一週二次，切盤水果則需一天二次。經過嚴密的計算，倉庫存貨的報廢率，也降到運作初期的 1/3 以下。

　　熊貓超市除了利用大數據計算存貨的安全存量外，還做到情境商品組合，利用超市裏原來的單品，配合情境組合成相關商品，創造出新的商品組合，讓消費者有一個新的選擇，間接創造出新的需求。

　　在 2020 年 12 月寒流期間，配合溫度與消費者需求，就推出了包含番茄汁、清雞湯的番茄鍋組合。也會把鮮奶與布丁搭配起來，變成點心組合，把泡麵跟雞蛋組合成宵夜組合，都創造了不少營收。

　　生鮮食品幾乎都要冷凍或冷藏，而生鮮電商最大的痛點，就是冷鏈斷鏈的問題。造成冷鏈斷鏈的原因有二：其一是消費者無法在家即時取貨，另一個就是由大樓的管理室代收後，沒有冰箱可以存放。

　　根據資策會對於網購行為的調查顯示，目前消費者網購時，最喜愛的取貨方式就是超商取貨，這無形中為生鮮電商解決了送貨時的冷鏈斷鏈問題，對超商而言，透過取貨服務，可以帶來更多的人潮，間接帶來金流。

　　然而，生鮮食品的存放不像一般商品，找個空間放著就可以，它必須要有冷藏設備，而超商的冷藏空間有限，除了現有商品要放外，可以提供給電商作為超商取貨的空間就必須仔細計算，免得貨到時沒有空間放。

　　為了解決門市爆倉的問題，確保貨品到店時，門市的低溫櫃有足夠的空間可以存放，萊爾富特別為此開發了一套系統，讓店內的低溫倉儲空間與電商平台即時連接。

　　系統知道每家門市有多少個低溫儲存空間，一旦空間被選走了，在沒有被釋放出來之前，就不能再被選，透過系統，消費者在電商平台上就可以知道每個門市的低溫儲存空間的數量，方便自己選擇要取貨的門市，同時，也讓門市的冷藏空間能被最有效率的運用。

習　題

一、選擇題

(　) 1. 下列何者是讓 web 1.0 轉變到 web 2.0 的驅動力？
(A) 全球性的連結　(B) 使用者參與　(C) 以上皆是

(　) 2. 以下何者為電子商務的特色？
(A) 無所不在　(B) 地域性　(C) 以上皆是

(　) 3. 電子商務中的付款屬於哪個構面的行為？
(A) 資訊流　(B) 金流　(C) 物流

(　) 4. 連結企業上下游廠商的電子商務屬於哪一種類型？
(A)B2B　(B)C2C　(C) 以上皆非

(　) 5. 下列何者不是行動運算的特性？
(A) 線上線下整合　(B) 離線資訊處理　(C) 以上皆是

二、問答題

1. 小強在下午 6 點半剛從辦公室走出來，而此時的室外溫度為 10 度且下著雨，根據小強以往的行為資訊得知，在這個時候小強最喜歡去吃小火鍋，於是，系統就會把辦公室附近網友評價較高的幾家小火鍋店列出，建議他去用餐。

   針對以上情境，你認為在行動商務上，還可以有哪些可能的應用場景？

MEMO

11 企業系統

- ▶ **11-1** 企業系統
- ▶ **11-2** 企業資源規劃
- ▶ **11-3** 供應鏈管理
- ▶ **11-4** 客戶關係管理
- ▶ **11-5** 企業系統的發展趨勢
- ▶ 個案：建構於資訊系統的生態系

11-1 企業系統

企業系統（enterprise system, ES）指的是一個大型、模組化、流程導向、能支援企業的價值鏈、提升企業決策品質並具快速反應能力的資訊系統。目前主要的企業系統包括企業資源規劃（enterprise resource planning, ERP）、供應鏈管理（supply chain management, CRM）及客戶關係管理（customer relationship management, CRM）等三大類系統。

企業資源規劃主要是在支援企業價值鏈中的生產、庫存、財會及人力資源。供應鏈管理系統支援跨組織的資訊分享，並整合企業內外部與供應鏈相關的各種流程管理。客戶關係管理系統則是支援企業價值鏈中的行銷、銷售及服務。

➡ 11-1-1 企業導入企業系統的原因

企業電子化後，各部門紛紛建置自己的資訊系統，但為何還要引進企業系統呢？首先，企業面臨到全球化的競爭，必須要有快速的反應，才能回應市場需求。其次，傳統的企業資訊系統在運作一段時間後，無法解決資訊孤島及系統升級問題，最後只好重新架構一個新的基礎建設，以因應營運需要。

一、全球化競爭

當市場全球化之後，產品的生命週期變短、市場變大，需求更加難以預測。因此，產品上市時間成了企業掌握競爭力的重要因素。未來，整個產品市場的競爭力，不再只看單一廠商的競爭力，而是由供應鏈（supply chain）來決定。也就是說，未來市場的競爭將由廠商間的競爭，轉向供應鏈間的競爭。企業如何在接到訂單後能快速出貨，不但要靠自己的排程彈性應變，供應鏈的良窳更是不能忽視因素。

二、解決舊系統的問題

(一) 孤島式系統

傳統的資訊系統都是由企業的各部門自行建置，因為在規劃之初，只為自己部門使用，因此，不具備跨部門資訊分享的能力，成為孤島系統。業務部門的系統只能輸入訂單，至於這個訂單在何時交貨、客戶付款了沒有，這些資訊就要另外用人工方式取得。

(二) 系統無法整合、升級

也許你會認為，孤島系統在目前網路技術這麼發達的時代，要解決根本不是問題。其實這個問題沒有想像中的那麼簡單，企業裡的孤島系統，數量可能很多、形式也不統一。例如，每個業務手上可能都有一份客戶資料，但這個客戶資料庫，有的是用 Word

做的、有的是用 Excel 建的，也有 Access 的資料庫，不但軟體不同，欄位的數量、資料的格式也不同，整合的困難度就變高了。

　　進展快一點的部門，可能已有一個屬於自己部門的小系統在運作，而各部門小系統所使用的語言、資料庫、網路平台都不一樣，資訊部門要把大家的資料整合，將是一項大工程，何況還要隨著時間與需求進行系統升級。因此，企業的整合系統需求開始興起。

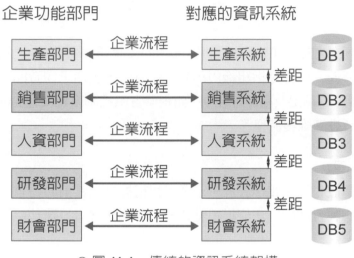

　　○ 圖 11-1　傳統的資訊系統架構

三、整合性系統

　　由於網際網路的成熟，在 TCP/IP 的架構下，它已成為一個容易取得資料的工具及介面，企業內的系統（intranet）也利用這個架構來建置，它不但可以整合企業內部的資料，也可透過介面，讓供應商分享生產的資訊，客戶服務部門也可以對內部與外部客戶快速支援各種服務。

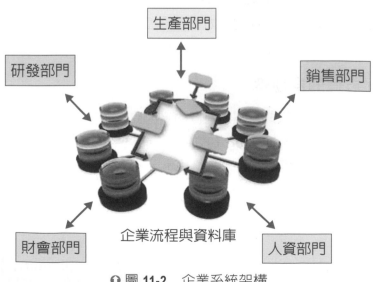

　　○ 圖 11-2　企業系統架構

➥ 11-1-2　企業系統的特色

企業系統具備以下特色：流程導向（**process oriented**）、模組化系統（**modulartity information system**）、集中式架構（**centralized contral framework**）、企業的數位神經系統（**digital nerve systems**）、企業流程再造的推動者（**BPR enabler**)、內建最佳實務（**embedded best practice**）。

一、流程導向

傳統的資訊系統在設計時，是以功能部門的支援為主要考量，企業系統則是以支援企業的流程為導向。流程是指組織內部的工作方法，包括工作時間、地點、資源、角色、工作順序、輸入／輸出及處理等規則。如企業資源規劃系統支援企業的製造流程、訂單交貨流程、工廠設備維護流程等。

二、模組化系統

企業系統的建置是採模組化設計，企業可以根據自己當前的需求，導入適當的流程模組，而不用擔心整合問題。功能模組整合後，資訊流就可以跨功能部門，快速的自動交換、快速反應。

三、集中式架構

企業系統在設計時，就是公司集中管理的思維，透過共用資料庫達到資訊整合、相容、共享的目的。在組織上，以階層式架構來設計流程及共用資料庫，基本上是以集中式的架構在設計企業系統。

四、企業的數位神經系統

企業系統是一個整合性的系統，它能無縫（seamless）整合企業所有的功能作業流程。所以，它的反應速度是非常快的，如生產排程、人力資源等問題，一旦發生都能馬上反應、處理。

五、企業流程再造的推動者

企業系統各個模組都是根據流程所建置的，因此，企業系統的導入必須考量企業流程再造（business process reengineering, BPR），不能只是單獨的導入企業系統，否則，在系統導入後，日常運作上，就會常常感到格格不入。

六、內建最佳實務流程

為了方便不同產業能夠很快速導入系統，企業系統在建置的時候，就考量了各種產業的需求，為各種產業設計了最佳化的流程。企業導入後就可以直接使用或稍做微調後使用。

11-2 企業資源規劃

→ 11-2-1 企業資源規劃的發展

企業資源規劃的需求，最早是來自於生產。在做生產排程時，存貨是很重要的因素。存貨包括成品、半成品及原物料。成品不夠就要排入生產線，但是，原物料或半成品不足，也是不能排上線的。因此，生產就與採購、物料息息相關了。

而到底什麼時候要下單？每次要買多少的量？又是另一個問題。買太多，除了庫存成本外，還有跌價損失。買太少，會來不及供料，造成生產線停工待料。為了解決這個問題，衍生出經濟訂購量（economic order quantity, EOQ）、安全存量（safety order）、料表展開（bill of material processing explosion）及工令管理（work order）等技術。當產品的材料數量多的時候，要用人工來處理這些表單，就顯得緩不濟急了。

1960 年代中期，電腦技術已經成熟，於是利用電腦，把經濟訂購量、安全存量、料表展開及工令管理等功能整合在一個系統中，稱之為**物料需求規劃（material requirements planning**, MRP）。企業透過 MRP 系統，把存貨與生產結合在一起，並予以電腦化，以確保物料不會有過剩或缺料的問題，永遠能維持在最低存貨水準上，使生產作業順遂。

到了 1980 年代，標準化的產品已無法滿足客戶的需求，客製化產品的興起，改變了以往多量少樣的生產模式，加上客戶對產品品質的要求愈來愈高，而 MRP 系統又只能控制原料存量及生產排程，面對少量多樣的需求，無形中增加了 MRP 系統的負擔。

為了滿足少量多樣的客製化需求，MRP 系統將行銷、財務、採購、人資、研發一起納入，把製造相關資源整合，讓存貨的變動與財務活動連結成一個系統，稱之為製造資源規劃（manufacturing resource planning, MRP II）。

1990 年，軟體供應商把製造資源規劃加以延伸，涵蓋所有的企業活動，將企業中各流程所需的資料都整合在即時系統中。這套軟體是以功能為模組所開發的套裝軟體（packages），就稱為企業資源規劃系統。

根據美國營運管理協會（American Production and Inventory Control Society, APICS）的定義，企業資源規劃系統是財務會計導向（accounting oriented）的資訊系統，它的主要功能是將企業用來滿足客戶訂單所需的資源，進行有效的整合與規劃，以擴大整體績效、降低成本。因此，它具有加速企業流程進行、提供決策支援所需訊息的功能。

隨著產業環境的快速改變，企業內外部資訊整合的需求也日益迫切。企業資源規劃系統原來只是把企業內部流程產生的資訊加以整合，為因應環境的變遷，到了 2000 年代，開始規劃把供應鏈管理、客戶關係管理及資料倉儲都納入，成了延伸式的企業資源規劃（extended enterprise resource planning, EERP），俾能提供經營者更精確的即時資訊。

2010 年後，網路技術與資訊科技都有跳躍式的進步，傳統的企業資源規劃系統已經不能滿足現今流行的行動運算、穿戴式裝置等科技帶來的需求。為了因應科技帶來的衝擊，未來的企業資源規劃系統已開始朝雲端發展，以提供更即時的服務。表 11-1 是資策會有關企業資源規劃系統的演進整理。

⊍ 表 **11-1** 企業資源規劃系統的演進

	1970年代	1980年代	1990年代	2000年代	2010年代
企業應用軟體	MRP	MRP II	ERP	EERP	雲端ERP
應用範圍	部門	工廠	企業	供應鏈	全企業流程
	小區域	大區域		全球	
組織型態	集中式		分散式	虛擬式	
資訊系統架構	大型主機	迷你電腦	主從式架構	網格運算	雲端運算
需求重點	成本	品質	速度	協同規劃	協同合作
市場特性	大眾市場	區隔市場	利基市場	1對1行銷	
生產模式	產品供給導向		客戶需求導向		
	少樣多量	多樣少量	少量客製	大量客製	

➥ 11-2-2　企業資源規劃系統的功能模組

企業資源規劃是一個模組化的套裝軟體，系統供應商在設計系統時，都會分割成多個模組，讓企業在導入企業資源規劃時，可以依自己的需求選擇導入的規模，並視需要分批購買、分批導入。

　　而系統供應商在規劃開發企業資源規劃系統時，都會採流程導向設計，因此，各家系統供應商所開發出的模組及流程，還是會大同小異的。大多數的系統會包含進銷存、財會及製造等三個模組，再視需要可以選購附屬模組如人力資源、品質管理等模組。

⊙ 圖 11-3　企業資源規劃系統模組

　　若以企業的價值鏈觀點來看，企業資源規劃主要在解決主要活動的進料後勤、生產作業及行銷銷售活動，支援活動的人力資源管理與財會作業，其模組的名稱可能各家不同，但不外乎是：財務會計模組、生產製造模組、物料庫存模組、銷售訂單模組及人力資源模組。

一、財務會計模組

　　財務會計是企業很重要的功能，在這個模組的操作面上，雖然都是應收、應付帳款及資產等一般的會計作業，但是，它除了要產生各式會計報表外，背後還有個很重要的工作，就是計算成本，在較新的財會模組中還導入了作業基礎成本制（activity based costing）。

二、生產製造模組

　　生產製造模組是製造業不可或缺的功能，它包含了生產所需的生產排程、物料需求、採購作業、工廠維護、品質管理等功能，隨著客製化、小量多樣生產的需求日增，對生產製造模組都是一大考驗。

三、物料庫存模組

　　物料庫存模組提供企業本身、企業與供應商間的各種後勤支援作業，包括物料管理、存貨管理、產品資料管理、供應商管理等功能。在全球化的市場趨勢下，未來將會納入全球供應鏈管理的功能。

四、銷售訂單模組

銷售訂單模組主要在管理從客戶端來的訂單，將產品準時的送到客戶手上，並能按時提供客戶相關服務。它的表現將會直接影響到客戶對企業的觀感，尤其是客戶全球化的同時，業務變得更複雜，更需要有個好的模組支援作業。

五、人力資源模組

人力資源模組也是在支援活動方面很重要的模組。它的工作包括人員的進用與離職、考核與升遷、人事資料的管理、教育訓練紀錄、請假程序等。

➥ 11-2-3　企業導入企業資源規劃的挑戰

系統成功的導入，需要組織的配合。企業資源規劃是橫跨各部門的系統，又跟作業流程息息相關。因此，企業在導入企業資源規劃時，將會面臨成本、組織、策略及系統等各方面的挑戰。

一、成本面

企業資源規劃是流程導向的系統，導入需要時間及成本。大型的企業資源規劃系統導入，平均約需要三年的時間。所花的成本，除了一開始系統採購、安裝的成本外，還有後續維護、升級、顧問服務、教育訓練等。如果沒有想清楚導入的**總擁有成本**（**total cost of ownership**, TCO），很可能會造成企業的財務負擔。

二、組織面

企業導入企業資源規劃，不論是對組織的結構、流程還是員工，都會造成衝擊，必須要妥善處理才能成功導入。

(一) 對組織結構的衝擊

企業資源規劃在設計上，就是採集中式架構，如果組織架構不是集中式組織，則在各項流程運作上，可能會造成衝擊與抗拒。當組織有大幅度的改變時，系統也沒有辦法立刻就跟著改變。

(二) 對組織流程的衝擊

企業資源規劃的開發，都會把企業最佳實務流程放在裡面。而這些在系統供應商眼裡最佳的實務流程，可能會與企業目前所運作的現況不同。為了配合系統的流程，可能要大幅調整目前現有的流程，這對組織來說，將會是一個很大的挑戰。

(三) 對員工的衝擊

在導入企業資源規劃後，員工的工作方式、責任、角色可能都會改變，配合著新的工作模式，他們原來的知識、技能也可能不足以勝任，這些改變會讓員工感到害怕，進而產生抗拒。

三、策略面

企業的競爭優勢可能來自於獨特、差異化的生產流程或服務流程，一旦導入企業資源規劃，採用了它內建的最佳實務流程，反而讓自己失去競爭優勢。因此，在導入前就要思考，在策略上是要自行開發專屬自己的企業資源規劃，還是選擇現有系統，但是對於特殊流程另行處理。

四、系統面

如果企業內部目前已經建置了資訊系統，導入企業資源規劃後，勢必要能與現有系統整合。因此，原有系統和資料庫與新系統間的相容性，就是個重要的議題，會影響到導入的成功與否。

➥ 11-2-4　導入企業資源規劃的成功關鍵因素

導入企業資源規劃的成本高，對企業的衝擊又大，要成功的導入，必須要具備幾項因素。

一、選出最適合的系統

坊間有很多的系統供應商，都會提供企業資源規劃的系統，而且各有特色。但是，企業要的不是最好的那套系統，而是最合適自己的那套系統。因此，在導入前要先思考自己的特色及需求，才能找到最合適自己的系統。

二、明確的績效指標

在引進企業資源規劃之前，要先訂好導入後可以量化的關鍵績效指標（key performance index, KPI），例如：降低庫存20%。有了關鍵績效指標，才能持續的追蹤考核，除了讓組織有努力的目標，也可以了解導入後的成效是否達到目標。

三、專案管理

導入企業資源規劃是件長期的工作，在新舊系統同時存在的時候，對組織成員的工作是會造成干擾的。組織必須成立一個專案團隊，設置具有實權的全職專案經理，負責協調系統供應商與組織內部，才能確保專案成功。

四、高階主管的支持

企業資源規劃的導入是件跨部門的工作，它涉及流程上的改變，而且導入過程對組織及人員衝擊大、成本又高，如果沒有高階主管的支持，各部門的抗拒將難以擺平。

五、充分的事前規劃

導入企業資源規劃前，要對自己的需求做充分的分析與準備，才能找到最適合的系統，降低失敗的風險。同時，也要先和使用者進行溝通，做好變革管理，減少導入過程的衝擊。

六、完善的教育訓練

系統導入後還要進行教育訓練，讓使用者能快速進入狀況，減少學習時間，提高他們使用系統的信心。

11-3　供應鏈管理

➜ 11-3-1　供應鏈

在全球化的市場裡，企業已經不能再像以往一樣的單打獨鬥，除了自己本身身強體壯外，還要有優秀的上、中、下游合作夥伴，才能一起打群架。未來產業的競爭已走向**供應鏈（supply chain）**的戰爭，誰的供應鏈反應快，誰就能取得市場的先占優勢。

依據供應鏈管理協會（supply chain council, SCC）的定義，供應鏈是從上游供應商到下游最終顧客，其間所有的生產與配送最終產品或服務過程。也可以說，它是由一個或多個上、中、下游廠商所連結而成的網路，透過網路中的活動或程序，把產品或服務送到最終客戶手上。

消費者買到的產品或服務，往往不是單一廠商就可以完成，必須要有上、中、下游的廠商通力合作才能做到。製造商的上游有很多個不同層級的供應商或製造商，提供原料、半成品或總成件。製造商組裝後，透過下游各層級的經銷商，把貨鋪到零售商，以供消費者購買。

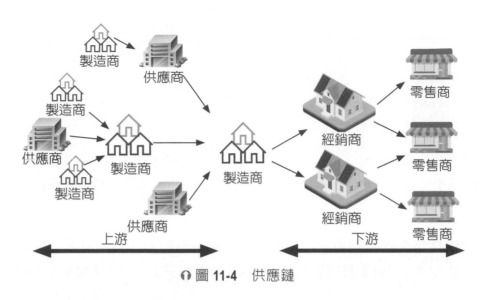

🎧 圖 11-4 供應鏈

➥ 11-3-2 供應鏈的種類

供應鏈依照接訂單的方式、產品的需求型態等不同,可以分為**推式供應鏈**(**push supply chain**)、**拉式供應鏈**(**pull supply chain**)及**推拉式供應鏈**(**push-pull supply chain**)。

一、推式供應鏈

推式供應鏈是傳統預測生產下的產物,生產工廠根據過去的接單狀況,考量未來的市場需求及目前的庫存狀況,規劃生產的數量。經銷商與零售商也是根據產品以往的銷售情形、目前的庫存及未來的需求預測,決定進貨數量,如圖 11-5 所示。因為所有的生產與存貨都是根據預測來的,既然是預測,就會與實際有誤差,於是,供應鏈上的每一個環節,都可能會有存貨出現。

預測導向供應　預測導向生產　預測導向存貨　預測導向進貨　現貨架內容購買

🎧 圖 11-5 推式供應鏈

例如文具用品的市場,供應商會依據往年同期的銷售狀況,預測今年同期的銷售量,做為進貨的依據。遇到 2 月、9 月的開學季,則會提高進貨量,以因應學生的需求,如果這二個月碰到滯銷時,就會產生庫存了。

在計畫性生產（build to stock, BTS）的模式下，工廠根據市場需求的預測，訂定需求計畫。生管單位依據需求計畫規劃生產計畫、主生產排程及物料需求規劃，生產線則根據生產排程進行生產。在這樣的生產模式下，產生了預測困難、反應慢、長鞭效應（bullwhip effect）、轉換成本高及服務水準低等問題。

(一) 預測困難

市場的狀況瞬息萬變，消費者喜好捉摸不定，造成市場需求不易正確預測。市場預測錯誤的結果，存貨不是過多就是短缺，使業者的存貨成本或缺貨成本居高不下。

(二) 反應慢

預測往往是根據長期需求平均而來，既然是長期平均值，市場上短期的需求變化，常常無法完全反應在長期需求線上，造成計畫跟不上變化，產能無法快速、有效的因應不斷改變的需求。

(三) 長鞭效應

Peter Senge 在《第五項修練》（The Fifth Discipline）一書中提到的啤酒遊戲（beer game），就是一個典型的長鞭效應問題：在長期預測與批次訂購的條件之下，造成供應鏈末端需求不能即時的反應回工廠，最後導致產品失去市場。

(四) 轉換成本高

計畫性生產是長期預測下的產物，如果要配合市場短期需求的變化而改變，生產線不斷地調整，將會產生昂貴的轉換成本。

(五) 服務水準低

由於整體供應鏈反應速度慢，容易造成延遲交貨、服務水準降低的問題，使得客戶滿意度下降。

二、拉式供應鏈

拉式供應鏈則是一種接單式生產（**build to order**, BTO）的模式，是在拿到訂單之後才生產。因此，它需要有強力的供應鏈支撐，才能在短時間內完成產品生產，並交貨到客戶手上。

接單式生產的模式如圖 11-6 所示，先收到客戶的訂單，再依照客戶的訂單需求，安排原料及零件、規劃生產排程，最後能準時的出貨給客戶。拉式供應鏈的管理關鍵在於：如何能因應客戶的個別或特殊需求，在沒有庫存的狀況下，仍能快速滿足其需求。

訂單導向供應　訂單導向生產　自動補貨倉儲　自動補貨貨架　客戶下單

⋂ 圖 11-6　拉式供應鏈

　　以往我們買沙發、床組等家具，都只能到家具店買現成品。但是，這些現成品的尺寸可能和我們房間的尺寸不合，以致於喜歡的家具放不進去，或者放進去還有一個小空間，不知道怎麼去填補。現在很多家具店都提供了訂製服務，不但可以依客戶要求的尺寸訂製家具，連家具的材質都可以客製化的調整，完全以滿足客戶的需求爲目標。

　　由於拉式供應鏈是在客戶下單後，才啓動生產程序，原料、成品的庫存不夠時，隨時由上游的供應商補貨，因此，存貨成本可以大幅下降。像 Toyota 就強調，它的庫存管理可以做到零庫存。但是，要做到零庫存，需要有好的資訊系統協助，上下游可以共享生產資訊，才能做到即時供料。幸好目前資訊科技的進步，透過資訊系統的運作，已經可以做到資訊共享了。

三、推拉式供應鏈

　　爲因應大量客製化的市場需求，所有的產品都要等到接單後才生產，交貨期程通常要很久。爲了解決這個問題，工廠會先做好模組化的半成品，等到接單後，再依實際需求，選擇不同的模組進入生產線組裝生產。這種供應鏈中涵蓋了推式供應鏈裡的計畫生產、拉式供應鏈裡的接單生產的概念，稱之爲推拉式供應鏈。

預測　　生產計劃　　購料　　組裝　　半成品

訂單　　備料　　生產　　出貨

⋂ 圖 11-7　推拉式供應鏈

我們到麥當勞點餐，先到櫃檯點餐，等廚房做出來之後，櫃檯再叫號取餐。整個流程看起來像是接單生產，實際上，薯條、生菜、肉餅、飲料等，都已經是半成品了，根據客人的點餐，再把這些半成品組合起來，就可以很快地出餐了。像牛肉堡裡的牛肉餅、生菜、蕃茄、洋蔥、麵包等，都是現成的，客人點餐後，只要把牛肉餅煎熟，與其他配料組合、包裝就可以出餐，客人不喜歡吃番茄，也可以客製化的拿掉蕃茄。

推拉式供應鏈是以堆積木的方式，彈性組裝不同產品，達到大量客製化的目的。推拉式供應鏈同時具備了推式供應鏈大量生產的經濟規模優勢，又有拉式供應鏈量身打造的客製化，而其關鍵點，則在於怎麼決定模組化的大小，也就是推、拉的界限（push-pull boundary）要設在哪裡？

➥ 11-3-3　供應鏈管理

供應鏈管理是一種有效整合供應商、製造商、配銷商、零售商和客戶，使產品能以正確的數量，在特定的時間與地點進行生產及配送，並滿足服務水準要求，同時達到整體系統成本最小化的方法。也就是說，企業透過供應鏈管理，將上游供應商、中游製造商、下游零售商整個串連起來，讓產品可以在供應鏈上無縫接軌的傳送。

企業在規劃、管理自己的供應鏈時，要思考哪些環節呢？美國供應鏈管理委員會（supply chain council, SCC）在它的供應鏈作業參考模式（supply chain operations reference, SCOR）中認為，為了能夠達到配送的可靠性、作業流程的靈活度、快速提供客戶產品、降低成本，並有效利用資產，供應鏈管理必須具備規劃（plan）、資源（source）、生產（make）、配銷（deliver）及退貨（return）等五大流程。

♎ 圖 11-8　供應鏈管理的流程

一、規劃管理流程

規劃管理流程的目的，在於使企業的供給與需求能夠達到平衡，並以此目標規劃出最佳的進料、生產、配銷、退貨的流程。因此，它包含了供需規劃的活動與供需規劃基礎建設的管理二項工作。

在供需規劃的活動中，主要在評估企業整體的產能與資源，以決定需求的優先順序，進而執行存貨、配銷、生產、物料需求等規劃，並粗略的規劃產能與通路。

供需規劃基礎建設管理的主要工作為：擬訂進料及生產的決策、設計供應鏈架構及相關配置，依此規劃長期產能與資源、產品生命週期、產能提升計畫、產品線等。

二、資源管理流程

資源管理流程是將採購作業與供應商之間做最佳化的連結，包含了採購作業及採購基礎設施的管理。採購作業是尋找合適的供應商、收料、檢驗與入庫等作業。採購基礎設施管理主要工作在於：供應商的評估與管理、採購的品質管理、採購的運輸作業管理、供應商的合約管理等。

三、生產管理流程

生產管理流程是在管理從物料的投入到產品的生產整個過程。主要工作包括：生產作業及生產基礎設施管理。生產作業從接到工令後的領料、產品製造、測試、包裝到入庫、出貨，一系列的作業。生產基礎設施管理則著重在工程變動管理、生產品質管理、生產排程管理等。

四、配銷管理流程

配銷管理流程是將銷售與配送相關流程作業最佳化。主要的活動有：需求管理、訂單管理、庫存管理及運輸管理。需求管理是對產品的需求預測、促銷規劃、銷售資訊的蒐集與分析、客戶滿意度分析等。訂單管理主要是產品的報價、訂單的維護管理、應收帳款的管理、客戶信用管理等。庫存管理從成品入庫，到揀貨、包裝、出貨。運輸管理則是對產品運輸方式的安排與調度、運輸路線規劃、進出口管理等。

五、退貨管理流程

退貨管理流程是一種逆物流，主要在處理退貨程序及退貨的運輸作業，包含把物料或成品退回供應商的相關活動。

➥ 11-3-4　資訊科技對供應鏈管理的衝擊

在沒有電腦的時代，因為需求的資訊傳遞緩慢，第一線的訊息無法快速反應到工廠。供應鏈中的廠商為了確保能供貨無虞，只好提高庫存量，要解決供應鏈的**長鞭效應**（**bullwhip effect**）是相當不容易的。利用資訊系統，可以快速的彙整需求、快速的出貨。像便利商店都可以在早上訂貨，下午就可以收到貨了。

一、供應鏈管理軟體

在網際網路出現之前，採購、原物料管理、生產、配送的內部供應鏈，在資訊交流上非常不易，造成供應鏈中的業者也不容易協同合作。加上供應鏈上、中、下游的廠商自己又有不同的系統，溝通更是不易。網際網路普及後，有了共同的通訊協定，供應鏈的協同合作變得可行。

供應鏈管理的軟體可分為：協助企業進行供應鏈規劃的供應鏈規劃系統（supply chain planning system）、協助企業執行供應鏈管理的供應鏈執行系統（supply chain execution system）二大類。

供應鏈規劃系統能讓企業對現有的供應鏈建立模式，產生產品的需求預測，並開發出最佳的物料與製造計畫，來協助企業制定更好的決策。供應鏈執行系統則是管理產品從配銷中心到倉儲的流動，確保產品在最高效率下，送達正確的地點。

二、網際網路的衝擊

當世界變平之後，國與國的界線漸漸消失，愈來愈多的企業進入國際市場。在講求專業分工的今天，供應鏈更加複雜化，產品生產前，設計、開發、半成品或總成件的生產等都可以外包（outsource），而且外包的地點也不一定就在當地（local）。產品生產後，銷售的通路也不限於國內，衍生出全球供應鏈的問題。

全球供應鏈面臨了比國內供應鏈更大的挑戰，除了參與成員來自不同地區及國家，這些地區之間還有時差問題，文化、法令上也各不相同，造成管理上的難題。透過網際網路，可以協助企業管理全球供應鏈，包括購料、運輸、溝通、財務等的管理。

在整個供應鏈上，工廠除了可以把生產外包給生產成本低的地區的工廠外，成品也不需要先送回總部，再分送給客戶。透過供應鏈管理系統，可以交由第三方（3rd party）物流業者直接送到客戶端，以節省時間及成本。

以往的生產都是採推式供應鏈的方式，雖然有可能會造成存貨的增加，但在權宜之下，還是得採行計畫生產。有了網際網路，訂單資訊可以透過網路快速蒐集到。生產排程的資訊透過供應鏈管理系統，很快地與上游供應商分享生產資訊，接單生產變得可能了。生產模式轉變為拉式供應鏈，庫存成本可以下降。

11-4　客戶關係管理

11-4-1　客戶關係管理的定義

　　Kotler 認為，客戶關係（customer relationship, CR）指的是企業與其顧客，透過在經濟、技術、資訊及人際上的結合，建立起長期、互相滿意、互相信任的合夥關係。也就是雙方長期透過多種方式連結，所形成的一種互信、互相滿意的合作關係。良好的客戶關係可以從客戶滿意度（customers satisfaction degree）、客戶維繫率（customer retention rate）、客戶流失率（customer defection）、客戶忠誠度（customer loyalty）等構面看出。

　　客戶關係管理（customer relationship management, CRM）依 Tiwana 的定義，指企業從各種不同角度來了解及區別客戶，以發掘出適合客戶個別需要的產品或服務的模式，目的在於管理企業與客戶的關係，使其達到最高的滿意度、忠誠度、維繫率及貢獻度。

11-4-2　客戶關係管理的發展

　　客戶關係管理其實不是一門新的技術，在傳統社會的商家，都已經很熟悉這個操作。例如，在傳統市場的攤販或是住家附近的雜貨店老板們，在每次客人來買東西的時候都會聊上幾句，久而久之，客人的家庭狀況他們都瞭若指掌，也就可以適時地推薦合適的食材給他們，藉此提高銷售額。

　　工商社會裡，大家較少到傳統市場採購，而社區的雜貨店也漸漸被超級市場、便利商店所取代，這裡的工讀生流動性大，也不會去做這些客戶關係管理的事了，反而受惠於資訊科技的發展，客戶關係管理又變成了顯學。

　　客戶關係管理的概念，最早出自於美國 Gartner 所提出的一種商務戰略，透過持續不斷地重組企業的經營理念、組織機構及業務的過程，實現以客戶為中心的自動化管理。

　　在 1980 年代初期，客戶關係管理著重在接觸管理（contact management），主要在蒐集、分析客戶與企業聯繫的所有資料。到了 1990 年代的客服中心，其主要工作在於提供客戶產品的售後服務或解答問題。2000 年初期，客戶關係管理發展成整合網路通訊科技與資訊系統的客戶關係管理系統。在現今這個電子商務的時代裡，客戶關係管理有了更大的應用與發展空間，更向前與企業資源規劃、供應鏈管理系統結合，為企業提供整體服務。

➥ 11-4-3　客戶關係管理的三個階段

Kalakota 認為，客戶關係管理可以看成企業在運用資訊科技整合銷售、行銷、服務策略下，所發展出來的策略性行動。從企業流程與資訊科技的整合，找出客戶的真正需求，同時要求企業內部在產品與服務上，能創造客戶的終身價值，並提高客戶對公司利潤的貢獻度。

因此，他把客戶關係管理分成：獲取（acquire）新客戶、增進（enhance）現有客戶的價值，以及維持（retain）具有價值客戶等三個階段。

⋒圖 11-9　客戶關係管理的三個階段

一、獲取潛在新客戶

一個新業務關係的開展，買賣雙方都對彼此不了解，事前需要有詳盡的規劃。企業需要能夠利用行銷的便利性，以創新性的產品或服務來吸引客戶，並透過產品或服務的差異化（differentiation）來提供客戶較高的價值。

資訊科技在這個階段的運用，主要在協助客戶快速找到自己需要的產品或服務。在人工智慧的時代，很多企業的網頁都設有聊天機器人（chatbot），讓瀏覽網頁的客人可以透過聊天機器人，很快地找到想買的產品或服務。

二、增進現有客戶的價值

企業通常會運用交叉銷售（**cross selling**）、進階銷售（**up-selling**）的方法，來強化與客戶間的關係，讓雙方關係更緊密。如何規劃適當的產品組合，讓客戶以低成本取得更方便的產品或服務，則是這個階段的重點工作。

資訊科技在這個階段應用，主要在於如何可以提升客戶的滿意度，進而增加客戶的忠誠度。例如，當客戶購買電腦之後，客服人員或系統除了關心他的使用狀況外，應該也要能推薦互補性產品做交叉銷售，如印表機。

三、維持具有價值客戶

根據 80/20 原則，企業 80% 的營業額來自於 20% 的客戶。開發新客戶的成本約為維持既有客戶的 7 倍，但企業往往還是會忽略了有價值的舊客戶。維持具有價值的客戶，要針對客戶的需求，滿足客戶的期望，企業要持續傾聽客戶需求，因應客戶需求發展新產品或服務。

資訊科技在這個階段的運用，在於如何能夠快速找到忠誠度高的客戶，並將產品銷售訊息傳達給他們知道。當百貨公司週年慶活動時，除了媒體廣告外，還會從會員系統中篩選貢獻度高的會員，另行提供優惠，邀請他們來店消費。

➡ 11-4-4 客戶關係管理的流程

在客戶關係管理的三個階段中，每個階段都是一個反覆的流程，不斷地將新客戶與舊客戶的資訊轉化為新的客戶關係。客戶關係管理的流程包括：知識發現（knowledge discovery）、行銷規劃（marketing planning）、客戶互動（customer interaction）及分析修正（analysis and refinement）。

⋒ 圖 11-10　客戶關係管理的流程

一、知識發現

知識發現是協助行銷人員利用既有的客戶資訊，做出更好的決策。最常採取的作為，是從已有的客戶消費資料中，分析客戶的資訊，以確認在特定市場中的商機與投資策略。它的過程包括：客戶確認、客戶區隔、客戶預測等。

二、行銷規劃

行銷規劃是利用在知識發現階段所確認的市場與策略，針對特定客戶需要的產品，提供通路、時程等規劃。主要工作在協助行銷人員，能先行確定活動種類、通路偏好、行銷計畫等。

三、客戶互動

客戶互動流程是運用即時資訊及產品,透過各種互動管道和資訊系統,執行和管理現有客戶或潛在客戶間的溝通。

四、分析修正

對於與客戶間互動所產生的新資訊,需即時加以分析,並依分析的結果,修正客戶關係管理作為。

➥ 11-4-5 資訊科技對客戶關係管理的影響

傳統的客戶關係管理靠人的記憶,就像菜市場裡的攤販,靠著聊天了解每位客戶的家庭狀況、成員的喜好,並藉此來促銷產品。當這名攤販知道媽媽為了在外地求學的小孩要回家,而上市場買菜時,他就會根據小孩的喜好推薦食材。

現代的人較少上傳統市場採買,反而常常到大賣場或超級市場去買日常用品及食材。大賣場、超級市場都採自助式服務,沒有人在櫃檯前招呼客戶,對著大量的客戶,靠人工記憶的客戶關係管理也不容易做到。

透過資訊科技的協助,讓客戶關係管理有更佳的做法。由於儲存媒體成本下降、系統效能提升,經由前台的銷售點系統,客戶的每筆採購資料都會被記錄下來,包括:時間、地點、品名、數量等。當大量的消費資料被記錄後,後台就可以對這些資料做分析,推出適當的銷售策略。

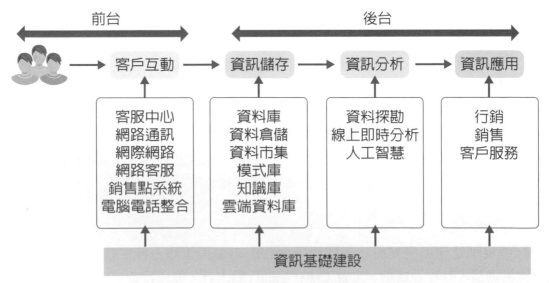

♬ 圖 11-11　資訊科技在客戶關係管理上的應用

資訊科技在客戶關係管理上的應用如圖 11-11 所示，最底層是資訊的基礎建設，包括軟體、硬體、資訊系統、網路等設施，前台系統主要是與客戶互動有關的活動，後台的系統則有資料儲存、資料分析與資料應用等。

一、客戶互動

客戶關係管理系統的前台主要在支援與客戶間的互動，早期都是採用客服中心（call center）、電腦電話整合系統（computer telephone integration, CTI）、網際網路、企業入口網站（enterprise information portal, EIP）、銷售點系統、企業應用軟體整合（enterprise application integration, EAI）、智慧代理人（intelligent agent, IA）等方式。

未來，除了上述這些應用之外，結合人工智慧的聊天機器人，將會是客服中心一個很重要的幫手。透過機器學習後，聊天機器人可以解決掉大部分的問題，不能處理的部分才由客服人員接手去處理，可以節省很多的人力。

像銀行的客服人員常常要回答貸款的利率、貸款的流程之類的問題，每個問題都由客服人員回答，不但需要很多的人力，而且目前電腦電話整合系統的總機設計，也會造成客戶的不悅。聊天機器人不需要問客戶想聽哪種語言，也不會問客戶要問哪個性質的業務，更不會讓客戶在按鍵選擇後，一再地聽音樂等待。

二、資料儲存

由於儲存媒體的成本愈來愈低，使得企業想要蒐集、存放的資料量也愈來愈大。在大量資料的時代中，資料庫已不足應付，在儲存技術上陸續發展出資料倉儲、資料超市（data mart）等。而歷史資料經過資料探勘之後，衍生出知識庫、模式庫，供企業做決策之用。

三、資料分析

資料分析是客戶關係管理系統最重要的功能，它可以從客戶的歷史交易資料中，找到新的商機。最有名的案例就是：新手爸爸在週末到賣場買尿布就會順手買啤酒。在早期，這些發現都是透過資料探勘的工具。

傳統的資料庫是以資料表（table）的形式存放資料，各種資料放在不同的資料表中，很難做即時的交易分析。客戶的基本資料、產品資料及客戶的交易資料，往往被放在三個不同的資料表中，想要知道特定客戶在特定時間的交易狀況，必須要透過程式的篩選，不是一般工作人員可以做到的。

資料倉儲存放著多維度（multidimensional）、多角度的資訊，可以快速分析資料、進行決策。它的核心是一個多維度的立方體（cube），存放著不同維度的資料。前面提到的客戶基本資料、產品資料及客戶交易資料，就可以不同維度的方式存放，搭配著線上即時分析（online analytical processing, OLAP）軟體，隨時進行不同維度的分析。

資料探勘是用統計的方法，對資料進行分類、分群，俾從大量資料中找到資料與資料間的關係。然而，以統計的方法做分類、分群，它的標準是由人為定義，在發現不周全的時候，要再重新定義、重新執行。

在人工智慧技術成熟後，分類、分群的方式可以在機器學習後，由機器來做分類、分群，機器根據它的學習結果，可以隨時調整分類的規則，重新將資料進行分類，而且會累積以前學習的經驗，讓分類、分群愈來愈精準。

四、資料應用

在客戶關係管理的過程中，企業如何針對不同的客戶，規劃出有效的銷售活動，是企業創造利潤的重要工作。在蒐集了客戶大量的歷史資料後，針對客戶的需求，透過企業內部的知識管理系統，找出合適的應用，才是建立客戶關係管理系統的目的。

11-5 企業系統的發展趨勢

企業系統的出現，原本是要解決企業內資訊孤島的問題。但是，在剛剛發展的時候，企業資源規劃系統、供應鏈管理系統與客戶關係管理系統間，也還是彼此獨立存在的，只是每個大系統解決了企業價值鏈上的部分問題。直到後來，各個系統供應商開始思考系統的整合問題，於是把這三個系統整合成一個企業整體解決方案（enterprise solution）。

隨著資訊科技的發展，各個系統供應商對於企業系統的開發趨勢，除了漸漸走向雲端運算之外，也配合企業需求，提供開源軟體（open source software, OSS）的系統及行動化平台（mobile platform）。

衡酌資訊科技的發展，企業系統未來的發展趨勢可能的方向會是：通用介面設計、與社群網站整合、整合企業智慧。

11-5-1 通用介面設計

企業系統的供應商在新系統開發上，試著透過彈性化、行動化，希望提供企業更大的價值。為了整合企業內部的各個系統，系統通常會把網路伺服器（web server）整合進來，除了方便連結自己的系統外，也可以快速連結第三方業者所開發的軟體。

近年來，網際網路已經成熟、普及，各企業的內部系統（intranet）或外部系統（extranet），在硬體上大多也採用 TCP/IP 架構建置，在軟體上也採用 XML 的架構。為了不同系統間的相容性，各家系統供應商紛紛在產品中納入服務導向架構（service oriented architecture, SOA）。

➡ 11-5-2　與社群網站整合

自從臉書（facebook）在 2004 年成立之後，帶起了一片社群網站的風潮，龐大的社群使用者，在社群中自由、熱情的相互分享、交流、互動，除了對整個網路經濟產生了嚴重的衝擊外，對實體店面更造成了破壞性的變革。

以往消費者對商家的不滿，僅能透過口語傳播，對商家的影響有限。現在，消費者的不滿透過社群發洩，在鄉民的推波助瀾之下，往往一發不可收拾，到最後可能很難發掘真相，商家的危機處理挑戰變大。

此外，為了取得消費者的議價能力，網路社群的團購風也在持續發酵中，除了網路上知名的團網之外，在社群裡也有無數的團購社團。如何把這些需求轉化為自己的商機，就是一件重要的課題。

因此，各系統供應商開始把社群溝通整合到客戶關係管理系統內，設計專用模組對大型的社群，像臉書、推特（Twitter）、YouTube 等，進行即時的偵測、分析，以了解消費者對於公司產品的看法、意見、評論等。除了可以即時澄清問題外，也可以從中找到商機。

➡ 11-5-3　整合企業智慧

企業智慧是透過資訊的分析、歸納、演繹、邏輯推理而來的，是一種由分析中學習的外顯知識。系統供應商已經將企業智慧的功能加入企業系統內，藉由彈性化報表、偶發性資料分析（Ad hoc analysis）、互動式儀表板（interactive dashboard）、視覺化資料（data visualization）等工具，幫助管理者從系統所蒐集的大量資訊中，找到有意義的資訊。

個案：建構於資訊系統的生態系

企業生態系（business ecosystem）的概念最早是在 1993 年，由美國學者 James F. Moore 所提出，他認為企業不應該被視為是單一產業的一員，而要看成是橫跨多種產業的生態系成員之一，企業是圍繞在一個創新的思維下，在一個商業生態系統內，共同演化出各種能力。

以大自然來比擬，生態系就像一座森林，在這個森林裏住著：老虎、猴子、鳥類、昆蟲等動物，還有各種植物與微生物。當然，也不能沒有空氣、陽光、水、土壤等。這些物種與物種間、物種與環境間都會互相影響，從而維持了生態的平衡，使森林能夠持續運作。

企業間的生態系要能維持與運作，最重要的因素在於組成生態系統的成員間要能共享價值，並提供客戶更好的產品或服務體驗。2020 年 10 月以來，生態系又被拿出來討論，主要原因是因為各種資訊科技成熟，透過資訊系統能讓生態系的成員有更好的共享體驗。

企業生態系的發展大致可分為三種類型：平台型（transaction ecosystem）、解決方案型（solution ecosystem）及價值核心型（value-based ecosystem）。

一、平台型

平台型的生態系是由數位平台擔任中心角色，連接生產者的產品或服務與消費者的需求，顧客在平台型生態系中扮演了重要的角色，他不但提供資料與回饋，有時候也會成為生產者。

如電商業者 Amazon、阿里巴巴，最初都是以媒合買、賣雙方為目的的電商平台，最後，二者都逐步擴大其自身的生態系，涉足金融、實體超市等領域。

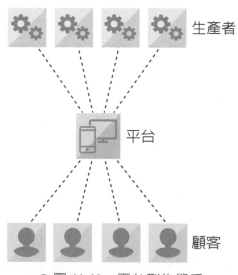

⚙ 圖 11-12　平台型生態系

　　Amazon 成立於 1994 年，是美國第一家網路書店，後來發展到百貨電商，又陸續建立了物流體系、開發 3C 產品、進軍實體零售、打造串流影音、投入遊戲製作等，嘗試建構一個生態系，將消費者牢牢綁住。

　　Amazon 於 2005 年推出 Prime 會員服務，它看起來是做為旗下各項業務整合的窗口，用戶每年只要支付 199 美元，就可以免費享有快速到貨、影音串流等服務。實際上，它改變了人們在 Amazon 的消費模式，把偶爾才上 Amazon 消費的客戶調到生態系中，變成頻繁互動的顧客。

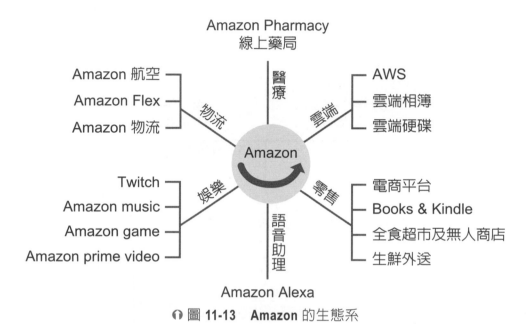

⋒ 圖 11-13　**Amazon** 的生態系

二、解決方案型

　　解決方案型的生態系是由很多種類的參與者所組成，目的在創造一個連貫的解決方案，此時，核心企業扮演著協調的角色，它整合了所有參與者的資源，共同投入產品或服務的持續改進，並且負責維護這個生態系。

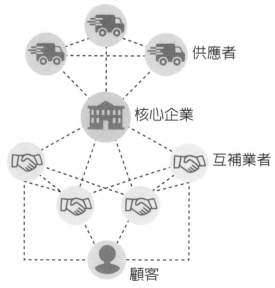

⋒ 圖 11-14　解決方案型生態系

　　為了能結合多項資源、商品，以提供顧客模組化、客製化服務，生態系中會有一家關鍵業者擔任協調者，如台積電的生態系中，就由台積電整合了矽智財、電子設計自動化等業者資源，再結合自己的製程參數，減少了半導體在製程中的阻礙。

　　TSMC 成立於 1987 年，為了服務客戶，在 2005 年打造了一個開放創新平台（open innovation platform, OIP），同時建立一個入口網站（TSMC-online），讓 IC 設計的客戶像是電子設計自動化夥伴、雲端夥伴、矽智財夥伴、設計中心…等，都可以連結到這個跨領域的生態系統中。

　　TSMC 的開放創新平台有 IC 設計業者需要的模擬軟體、設計模組…等所有關鍵性技術架構，可以有效降低設計時，可能會遭遇的障礙，縮短設計時間、降低量產時程、加速產品上市時間。

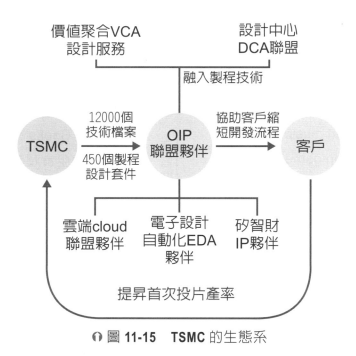

🎧 圖 11-15　TSMC 的生態系

三、價值核心型

　　價值核心型生態系圍繞著顧客的需求出發，由核心企業主導，尋找可互補的業者共同加入生態系，涵蓋層面包括垂直供應鏈與水平供應鏈。

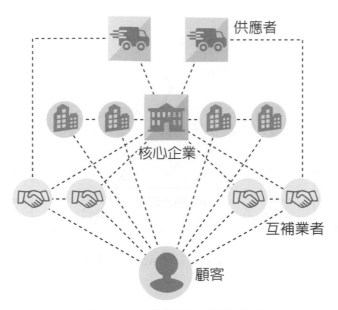

⌂ 圖 11-16　價值核心型生態系

　　價值核心型生態系的業者是基於特定目標、族群，尋找能夠強化影響力的業者所組成。業者之間可以獨立運作，如電商平台 momo 購物網，結合同集團中的電信公司台灣大哥大，透過點數、門市互相串連各自的資源。

　　2018 年，富邦的 momo 購物網及摩天商城的年度總營收，正式超過了 PcHome，會員人數也達到 800 萬，於是開始思考建構生態系，希望透過集團的力量，把客戶介紹到 momo 來買東西。

　　2019 年推出 momo 幣，對內串起整個集團的資源，包括台灣大哥大的音樂、影音串流服務，對外，準備跨出集團，從封閉走向開放，與外部的便利商店業者、連鎖餐飲業者展開合作，進一步讓消費者體驗加值服務。

　　2019 年 11 月 momo 與台北富邦商業銀行合作推出 momo 聯名卡，消費者購物後會得到 momo 幣回饋用於購物上，同時，台灣大哥大的門市也成為 momo 購物網的取貨點，無形中為門市帶來人流，也給銷售人員推廣產品的機會。

　　2020 年底，台灣大哥大推出 mo 幣多專案，電信用戶每個月都可以收到 momo 幣的回饋，吸引用戶到 momo 網去購物，消費又有機會得到更多的 momo 幣，讓零售、金融、電信三大服務，成為正向循環。

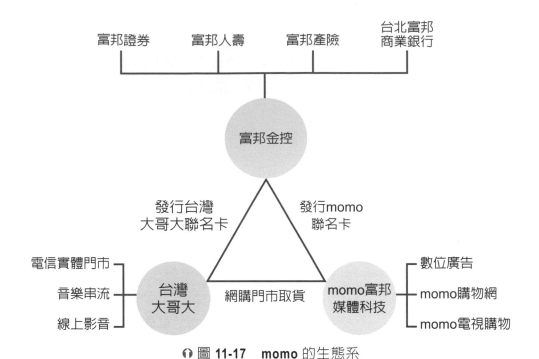

🎧 圖 11-17 momo 的生態系

習　題

一、選擇題

(　) 1. 下列何者是企業系統？

　　　(A) 供應鏈管理系統　(B) 客戶管理系統　(C) 以上皆是

(　) 2. 下列何者是企業系統的特色？

　　　(A) 流程導向　(B) 資料導向　(C) 以上皆是

(　) 3. 下列何者是企業導入 ERP 時對組織的衝擊？

　　　(A) 財務負擔　(B) 對員工的衝擊　(C) 以上皆是

(　) 4. 接單式生產屬於哪一種供應鏈型態？

　　　(A) 推式供應鏈　(B) 拉式供應鏈　(C) 以上皆非

(　) 5. 企業系統未來發展趨勢是？

　　　(A) 與社群網站整合　(B) 供應商各有特色　(C) 以上皆非

二、問答題

1. 若你是公司的 MIS 主管，當公司要導入 ERP、SCM 及 CRM 時，需要考量哪些問題？

MEMO

第三篇 應用篇

12 產業電子化

12-1 工業 4.0

➡ 12-1-1 工業 4.0 的背景

一、工業 4.0 的濫觴

工業 4.0 最早出現在 2011 年德國漢諾威工業展開幕典禮時,梅克爾總理宣布,德國將進入工業 4.0 時代。Bosch 於 2013 年 4 月 8 日向德國政府提出工業 4.0 發展建議之最終報告後,工業 4.0 這個名詞正式問世。

德國外貿與投資處將工業 4.0 定義如下:工業 4.0 是一種典範轉移,它顛覆傳統生產流程邏輯的技術,未來,生產機械不再僅簡單處理產品,而是讓產品與機械溝通,告訴機械該做什麼。製造系統及其製成品不僅相互連結、將實體資訊帶往數位領域,且能溝通、分析並運用上述資訊,於實體世界中進一步驅動行為,達到實體到數位到實體的轉型。

它是全球工業在歷經蒸汽動力、電力及資訊等三次工業革命之後,由智慧製造所推動的第四波工業革命。它的核心意義是智慧製造,透過嵌入式的處理器、存儲器、感測器和通信模組,把設備、產品、原材料、軟體連在一起,使產品和不同的生產設備互聯互通。

因此,工業 4.0 的架構是以**智慧工廠**(**smart factory**)為核心,加上物聯網所組成。智慧工廠可大規模生產差異化產品,生產設備間不但能藉物聯網相互溝通,更可透過大數據與雲端運算,進行自主管理與改善,這當中,軟體扮演著重要的角色。

在 Deloitte 的研究中認為,工業 4.0 的概念,是在實體世界的環境裡,整合並拓展數位企業與數位供應網路的數位連結,進而推動製造、分配、績效提升等實體行為,創造持續不斷的實體—數位—實體(physical-digital-physical, PDP)的迴圈。

在這個迴圈中,實體世界和數位世界之間的資訊和行動持續且循環的流動,驅動了資料與資訊的即時存取。許多製造和供應鏈組織已經具備了 PDP 迴圈的一部分,亦即實體到數位,乃至於數位到數位的流程。然而,從數位領域再跳回實體,由相互連線的數位技術衍生成實體世界的實際行動,才是工業 4.0 真正的精髓所在。

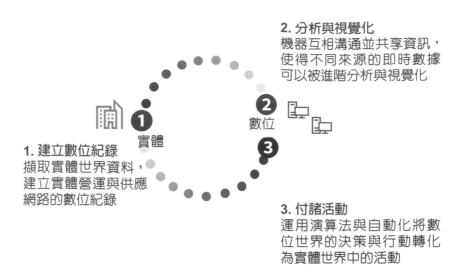

2. 分析與視覺化
機器互相溝通並共享資訊，
使得不同來源的即時數據
可以被進階分析與視覺化

數位

1. 建立數位紀錄
擷取實體世界資料，
建立實體營運與供應
網路的數位紀錄

實體

3. 付諸活動
運用演算法與自動化將數
位世界的決策與行動轉化
為實體世界中的活動

🎧 圖 12-1　實體—數位— 實體迴圈

二、主要國家的發展

(一) 德國

德國在面臨工業製程複雜化、美國網路巨頭跨入實體經濟之威脅下，以其製造業技術優勢，結合軟體與網路，推動以**虛實整合系統**（**cyber-physical system**, CPS）爲核心的智慧工廠，藉此維持在全球製造領域的領先優勢。智慧工廠的技術策略是以**物聯網**（**Internet of things**, IoT）和**網路服務**（**Internet of service**, IoS）爲範疇，發展水平整合價值網路、終端對終端流程整合、垂直整合製造網路、工作站基礎及虛實整合系統等技術，以維持德國在全球製造產業領域的競爭優勢。

(二) 日本

日本於 2013 年提出「日本產業重振計畫」，利用設備和研發之促進投資來重振製造業。2015 年，爲因應經濟長期不景氣與高齡化社會，日本開始發展智慧化無人工廠，提出日本機器人新戰略，建置人機共存的未來工廠，技術策略爲發展感測器、控制與驅動系統、雲端運算、人工智慧機器人，且讓機器人相互聯網。

(三) 美國

美國前總統歐巴馬爲強烈表達振興美國製造業的決心，於 2011 年 6 月，向全國宣布先進製造夥伴計畫（advanced manufacturing partnership, AMP）。透過產學研合作的國家研究網路（national network of manufacturing institute, NNMI），加速政府科研成果落實於產業應用，提升國際競爭力及創新能力。

(四) 韓國

韓國政府於 2014 年提出「製造業創新 3.0 政策」，以鼓勵韓國製造產業轉型與發展，協助中小型製造業建立智慧化與最佳化生產程序，希望以政策來主導製造業的革新，創新產業並整合。

未來產業科技發展強調跨產業融合發展，針對以 IT 產業為主的跨產業融合進行佈局。以創意及整合為基礎，促進 IT 產業、主力產業、新產業之融合，以朝融合革命時代發展。

(五) 中國大陸

中國大陸在 2015 年宣布實施「中國製造 2025」，希望能掌握重點領域關鍵技術，推動製造業數位化、網路化及智慧化，使工業化與資訊化融合邁入新境界，讓企業能利用互聯網，由售後服務邁向工業 4.0。

(六) 我國

行政院為解決製造業面臨的市場型態改變與前後夾擊之外在挑戰，及資源有限與高齡化、少子化等內在問題，推動「生產力 4.0 發展方案」，除製造業外，並涵蓋農業與服務業。主要策略即是結合國內智慧機械及資通訊優勢，運用物聯網、智慧機器人及大數據等技術，再加上精實管理，使產業邁入 4.0 階段。

12-1-2 工業 4.0 的特色

一、智慧機械是關鍵

智慧工廠將機械設備及企業管理數位化，可自動調整生產流程、預測及修復機械故障、降低庫存、以最有效率的方式製造彈性乃至即時的客製化產品。智慧機械可辨識產品上的數位晶片，依照不同的訂製需求給予不同的加工，機械間可相互溝通，自主解決問題，並可利用雲端平台提供的大量數據及資訊來自我管理與自我改善，且提供有效的遠端服務。

二、由生產型製造轉型成服務型製造

智慧工廠透過智慧型網路連結物料、機械設備、生產線、產品、物流網、生產線及客戶，使企業內部所有生產要素都密切連結，企業間也能全方位密切合作，且可無限貼近客戶。生產與行銷等部門與系統軟體互動，挖掘使用在雲端平台的大量數據，做成最符合客戶需求的產品設計與行銷方案，使企業由生產型製造轉型為服務型製造。

三、軟體是競爭優勢

工業 4.0 將數位化的虛擬世界與現實世界緊密融合，軟體是一個不可或缺的角色。為了提升競爭力，企業不斷地在改進與創新流程：產品設計、生產規劃、生產工程、生產實施、生產物流以及生產服務。在每一個環節及整體的生命週期中，需要軟體系統整合數據及優化流程，以維持競爭力。當流程與產品愈多，網路化及國際化愈廣，複雜性就愈高，優化的難度就愈大。提升軟體以克服這種複雜度，會反過來成為國際競爭的優勢。

➥ 12-1-3 工業 4.0 的核心概念

工業 4.0 的核心概念就是虛實整合系統與智慧工廠。

一、虛實整合系統

虛實整合系統是整合網路科技（cyber）及實體機械（physical）的一組人機協同的智慧系統，由虛擬系統（cyber system）來監控管理對應的實體系統（physical system）的運作。

虛實整合系統是工業 4.0 的關鍵技術，它藉由電腦、感測器，並運用網路技術連結各種設備、機器及數位系統，使它們能相互溝通，以整合虛擬及實體世界。虛實整合系統的內涵就是人、機、物的整合計算，它能夠從實體、環境及活動中做大數據的採集，並與對象的設計、測試和運行性能表徵結合，使網路空間與實體空間深度整合，進而透過自感知、自記憶、自認知、自決策、自重構，達成生產製造的全面智慧化。

虛實整合系統在設計上可分為五個層次：連結層（connection level）、轉換層（conversion level）、電腦網路層（cyber level）、認知層（cognition level）及組態層（configuration level）。

組態層

認知層

電腦網路層

轉換層

連結層

�“ 圖 12-2 虛實整合系統的架構

(一) 連結層

連結層利用各式感測器來監控機器設備的狀態，也就是在每個設備內部，都會嵌入不同的感測器，來執行自我連結（self-connect）與自我偵測（self-sensing）功能。

(二) 轉換層

轉換層會把監視的資料轉換成對應的有用資訊，做為故障診斷、健康評估管理之用。系統內的各組件透過各種參數的衡量，可以做到自我感知（self-aware）與自我預測（self-predict）。如預測零組件何時需要更換或維修，達到預防保養的目的。

(三) 電腦網路層

電腦網路層透過網路與電腦，建立與機械設備對應的虛擬物件，進行機械設備的點到點的對應監督，以及各機械設備適應與效能的分析和比較。它利用轉換層所蒐集的資料，與標準值或其他機台的績效做比較分析（self-compare），以發現異常。

(四) 認知層

認知層的主要功用是識別與決策，藉由分析當前機械設備的任務目標和狀態，制定協同優化的決策。系統根據上一層比較分析的結果，對自己做自我評估（self-evaluation）與自我評定（self-assessment），並將評定的結果透過人機介面，顯示給管理者做判斷與決策。

(五) 組態層

組態層把決策按照各機械設備的運行邏輯，轉化成它們聽得懂的語言，並把指令發送至機械設備端的執行機構實施。系統會根據自我評定的結果進行修正，並自我重新組態（self-configuration），使系統達到最佳化結果。

從以上的架構來看，虛實整合系統是一個智慧的人機系統，管理者可以透過虛擬的系統來監控工廠裡的實體機器，並藉由物聯網讓機器間、產線間、設備與零件間都能溝通資訊，解決以往自動化孤島的問題，可以說是智慧工廠的關鍵技術。

二、智慧工廠

智慧工廠指的是以虛實整合系統為核心，兼具智慧化、彈性化、協同化、動態化的整合性製造系統與流程。它不僅整合了整個產品的製造生命週期，也整合了整個製造價值鏈。

三、智慧工廠的特色

　　Deloitte 在其研究中認為，智慧工廠的特色包括：互聯、優化、透明化、前瞻性與靈活性。這些特色可以幫助組織在充分掌握資訊的情況下做出決策，且能協助改進生產流程。

互聯
· 持續自傳統資料集以及感測器等不同位置的新型資料集中擷取數據
· 透過即時數據與供應商及顧客合作
· 跨部門合作（如生產部門給予產品開發部門回饋）

優化
· 可靠的、可預測的產能
· 增加資產正常運作時間並提高生產效率
· 高度自動化生產與需要最少人力的原料處理
· 將品質管理成本及生產成本降至最低

透明化
· 透過現場指標與工具協助達成快速且一致的決策
· 即時掌握顧客需求
· 顧客訂單追蹤透明化

前瞻性
· 事前辨認並排除異常
· 自動補充庫存與備貨
· 及早辨識供應商品質問題
· 及時安全監測

靈活性
· 具彈性與適應性的排程調整
· 改良產品並即時觀察影響
· 動態配置之工廠及設備佈局

◑ 圖 12-3　智慧工廠的特色

(一) 互聯

　　互聯可以說是智慧工廠最重要的特性，也是最關鍵的價值來源。工廠中的各項設備均裝有智慧感測器，系統可以持續從新舊資料來源中擷取資料集，確保數據不斷更新並反映當前狀況。在原料與流程相互連結後，就可以產生即時決策所需的數據，再透過整合來自操作系統、業務系統以及供應業者與顧客的數據，便能對供應鏈上下游製程有全面的了解，提升供應網路的整體效率。

(二) 優化

　　智慧工廠具備自動化工作流程、設備同步連線、改良的追蹤及排程設定、最佳化電力與能源消耗等，能進一步提升產量、資產運作時間與品質，也能降低成本及減少浪費。經過優化後，能使人為操作的程度降到最低，同時兼具高可靠度。

(三) 透明化

　　智慧工廠中的數據都是透明化的，透過即時數據可視化工具，可以將製造流程、成品及半成品所獲得的數據，轉換為可以執行的決策，供現場人員或自動化系統做決策的參考。透明化網路亦能提升對工廠的掌握，並確保組織可藉由提供針對不同角色客製化的觀點、即時警告與通知，和即時追蹤與監測等設定做更準確的決策。

資訊管理

(四) 前瞻性

在一個具備前瞻性的體系中，員工及系統可以預見到即將發生的問題，如辨認異常現象、補充庫存與備料、辨認品質問題並預先處理，以及監督安全與維護等相關問題，並立即採取行動，而非事後反應。

智慧工廠以歷史與即時資料為基礎，預測未來，能延長運作時間、提高產量及品質，並提升安全。在智慧工廠內部，也可以透過數位分身（digital twin）等方式將操作數位化，在自動化與整合的基礎下，進一步發展預測能力。

(五) 靈活性

智慧工廠具備靈活性能，能夠快速適應排程及產品的變動，將干擾降至最低。具靈活度的智慧工廠能減少排程或產品的變動造成的影響，而延長工廠運行時間及增加產量。

➜ 12-1-4 資訊科技在工業 4.0 扮演的角色

德國在 2011 年提出工業 4.0 時，是以虛實整合系統為核心來建構智慧工廠，跳脫了自動化全面取代人的思維，反而強調人機協同合作的重要性，將人納入智慧系統的設計之中。因此，人在未來的智慧工廠中並未被邊緣化，而是由勞力工作的操作者，升級為生產過程的設計者、決策者與流程的管理者。

Roland Berger 認為，工業 4.0 裡的虛實整合系統，是以物聯網與資通訊系統，將實體智慧機械、工廠乃至客戶連結成一體，進行智慧化生產的智慧工廠，它的關鍵技術如圖 12-4 所示。

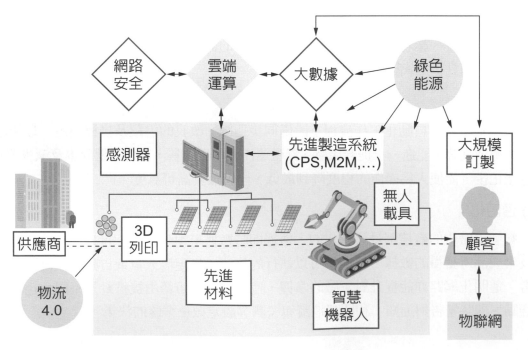

◑ 圖 12-4　智慧工廠的關鍵技術

在圖 12-4 所示的智慧工廠關鍵技術中，資訊科技可以扮演的角色包括：虛實整合系統開發、大數據分析、網路安全。

一、虛實整合系統開發

虛實整合系統中整合了生產設備、感測器、通訊及資訊系統，各種硬體間、硬體與系統間的溝通，都要靠程式來處理。未來資訊專業人員在這個領域扮演重要角色。

二、大數據分析

智慧工廠的大數據除了來自於各種感測器及先進製造設備，還有供應鏈上的供需資訊，當資料量變大之後，需要透過資料探勘或人工智慧等技術、工具，找出大數據間的關係，進而做到生產機器的預防保養、產線的推拉式生產。

三、網路安全

當所有的資料都透過網路傳送時，資訊安全就成了重要的議題。資訊安全除了對傳輸中的資料要防止被入侵外，對儲存的資料也要做保密措施，必要時，對於重要的資料還要做加密處理。

12-2 農業電子化

→ 12-2-1 農業科技的發展

農業是傳統的一級產業，影響它的因素有空氣、土壤、天氣、水。各國為了解決氣候暖化所造成可用資源短缺、勞動人口老齡化、與產銷結構快速改變等問題，紛紛制定相關農業科技政策、發展工程技術，希望藉由跨領域資源整合，發展出創新農業技術，並運用物聯網、雲端運算、大數據等技術，提升產品服務附加價值。

根據行政院農業委員會的研究，我國農業科技化的發展歷程如圖 12-5 所示。傳統的農業採露天栽種，搭配簡易的農耕器具，主要靠的是勞力與經驗，種植的目標在確保能有基本產出，這個階段視為是農業 1.0。

到了 1980 年代，因資材改良與機械化的導入，演進到可透過簡易設施栽培的技術與機械密集的農業 2.0 年代，在這個年代開始追求產量最大化。邁入 1990 年代，借助生物科技、資通訊以及自動化機械等技術，逐漸演化變成知識與自動化密集的精緻農業 3.0，開始講求精準、提升產值、重視品質。

在面對全球性的農業升級挑戰,先進國家都以工程技術,進行跨域資源整合,讓農業能邁向下一個 4.0 世代。我國也在生產力 4.0 中,將農業 4.0 納入,希望藉由感測技術、智慧機器裝置、物聯網、大數據分析等技術,建構智慧農業產銷與數位服務體系。

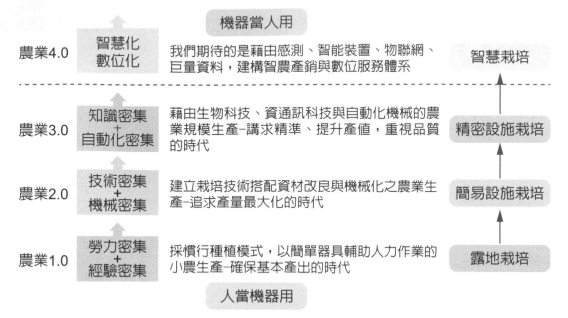

○ 圖 12-5　我國農業科技化發展歷程

農業 4.0 是以智慧化、數位化、精準化、透明化的精神,利用新的資訊科技,整合水平的產銷系統、垂直的生產系統,以提升農業的生產效率、產品品質、產品安全的經營模式與架構。

➥ 12-2-2　農業生產力提升方法

近年來,受到農村人口老化與少子化的影響,從事農業的人力大幅短缺,農業生產力受到相當衝擊。為了推升農業生產力,行政院在生產力 4.0 中,將農業 4.0 解決方案分為智能生產與數位服務二大構面。

一、智能生產

智能生產在解決目前農村面臨的勞動人口老齡化,勞動力不足、生產決策無法即時因應氣候與水資源變化而即時調整,以及現有小面積耕作模式生產效率低、產品品質差異性大等問題。

　　農業 4.0 的解決方案，將以導入人機協同機械，提高勞動生產力、建構 GIS 等空間資訊大數據分析決策模組，推升高質化精準生產、並推動協同合作的智慧化集團栽培模式，來提升生產效率。

二、數位服務

　　數位服務在解決產業面臨的生產環節資訊無法即時分析並串接／因應後端銷售資訊，及消費者與生產者間的資訊來源不對稱、互信不足等問題。希望藉由導入大數據分析與物聯網串接技術、並推動安全履歷智慧化，建立全方位人性化數位服務網。

➥ 12-2-3　資訊科技在農業的應用

　　在行政院所規劃的生產力 4.0 裡，資訊科技在農業 4.0 的應用包括：感測元件與系統整合、大數據分析、物聯網、產銷履歷。

一、感測元件與系統整合

　　為解決農業生產的人力問題，運用感測器在生產場域監測溫度、濕度、水質、天氣等，再以無線感測網路（sensor network）將資料傳回，與系統其他資訊、供應鏈需求整合，對這些大數據進行分析，可以提升生產的精準度。

二、大數據分析

　　將農業生產環境所產生的大數據加值運用，再結合生產端與物流、銷售端資料數位化，建置一個智慧農業大數據平台，型塑產銷決策支援體系，提供智慧化的產銷數位服務，可以強化農業的風險控管能力。

三、物聯網

　　當物物都聯網之後，掌握物聯網所傳送的資訊，並解讀生產與需求的關鍵數據，建立供需即時預測與彈性配銷模組，以降低產銷落差。

四、產銷履歷

　　近年來，食品安全的問題一直困擾著國人，大家開始重視這個問題，產銷履歷成了熱門話題。為了農產品的溯源管理，目前大多建立資料庫，消費者透過手機掃描產品上的 QR-Code，即可知道該產品的履歷，讓消費者可以安心食用。

12-3　新零售

→ 12-3-1　新零售的背景

一、零售的發展

零售（retail）是向最終消費者出售生活消費品及相關服務，以供其最終消費之用的全部活動。1796 年，Harding Howell & Co 在倫敦設立大時尚雜誌（Grand Fashionable Magazine），用來銷售毛皮、日用雜貨、珠寶、鐘錶以及女帽製品等，被認為是第一家現代百貨公司。

百貨公司的出現，可視為是零售 1.0 時代。百貨公司徹底打破了傳統零售業的運作模式，改變了零售業的兩端。在生產端，百貨公司透過大批量採購，促使製造商可以大批量生產商品，降低了生產成本。在消費端，百貨公司就像博物館一樣，陳設大量五花八門的商品，使得消費者的選擇性大大增加。且百貨公司寬敞的購物空間和良好的購物環境，讓消費者可以實現一站式消費，讓購物真正成為一種娛樂和享受。

連鎖店的出現，讓零售的生態產生第二次變革，視為是零售 2.0 的年代。它是百貨公司發展到成熟階段的產物。1959 年，世界上第一家連鎖商店——美國大西洋和太平洋茶葉公司成立，正規的連鎖店擁有完整的統一管理和運作系統，同一品牌的連鎖店可以分布在更廣的範圍內，一方面提升了零售企業的品牌知名度和實力，另一方面也可以大大降低成本，提高門店營運效率，使得消費者的購物更為便捷。

超級市場的出現，造成零售業的第三次革命，是為零售 3.0。超級市場最早出現於 1930 年代，它將各類食品、家庭日用品，分門別類地陳列於貨架上，採取開架銷售、顧客自我服務的模式，提供了全新的購物體驗。現代超市還引入了自動化的收銀系統、訂貨系統、進銷存系統等，提高了商品的流轉速度和周轉率。

到了 1990 年代，隨著網際網路的普及，電子商務開始誕生並高速成長，突破了傳統零售在物理空間和時間上的限制，電商所售商品近乎無限，消費者擁有了近乎無窮的選擇。同時，由於電商顛覆了傳統零售的分銷體系，改變了傳統零售的成本結構，使得商品的價格大大降低，讓利於消費者，提升了營運效率。

21 世紀零售進入到 4.0 的年代，隨著電子商務的成熟，加上行動通訊技術的進步，人們的購物需求已經不是在家裡或辦公室才會產生，當行動裝置到了人手一機的時候，購物的行為已經無時無地都可以進行了，零售 4.0 可說是全通路的無縫零售。

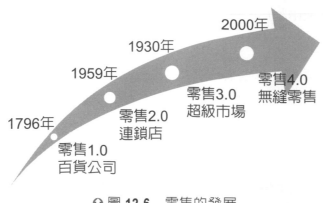

2000年

1930年

1959年

零售4.0
無縫零售

零售3.0
超級市場

1796年

零售2.0
連鎖店

零售1.0
百貨公司

🔊 圖 **12-6** 零售的發展

二、新零售

電子商務的興起，透過網路直接銷售的模式，壓縮了傳統零售的生存空間，再加上行動商務的衝擊，使得傳統零售商也開始想要進軍網路，紛紛開設線上商店。同時，線上商店在受到傳統零售上線的影響，只好也開始想方設法的建立實體門店，於是，**線上（online）線下（offline）的全通路模式**，就在網際網路與物流的推波助瀾之下，成了當前最紅的話題。

馬雲於 2016 年 10 月 13 日在杭州雲棲大會上提出：純電商時代很快會結束，未來 10 年、20 年，將沒有電子商務，只有新零售。也就是說，線上線下和物流要結合在一起，才能誕生新零售。

不管是線上的電子商務，還是線下實體商店，零售行業都在經歷巨大的變革，進入新的階段，那就是從零售到新零售。這不僅僅是一個字的差別，背後擁有更多新的商業場景、應用技術、供應鏈以及消費關係。

馬雲認為，未來線下與線上零售將深度結合，再加上現代物流，服務商利用大數據、雲計算等創新技術，將會構成未來新零售的概念。也就是說，新零售就是在消費升級的時代趨勢下，利用大數據、雲計算等各種新技術來打通線上線下，建立高效能物流，創新整個零售業產業鏈，從而發起的一場商業變革。新零售加速了實體零售業與網際網路的融合，未來單純的零售業將不復存在，取而代之的是一個相融共生的新商業生態系統。

三、新零售的思維

在新零售時代，消費者選擇的多樣性和便利性都大幅提高，購物方式的選擇成為與產品選擇同等重要的消費決策。企業的競爭策略更側重於與消費者的連接和互動，並藉由提升消費體驗，提高銷售轉化率。

資訊管理

在 Deloitte 的研究中認為，新零售是以消費者為中心、突破通路壁壘的商業模式。

(一) 以消費者為中心

傳統零售的競爭策略是以企業為中心，思考產品及通路的管理模式。因此，傳統的管理思維，主要圍繞在如何將產品推銷給消費者，所以競爭策略強調產品為王（品質、性價比）和通路為王（市場佔有率），這樣才能涵蓋並吸引更多的消費者以提升銷量。

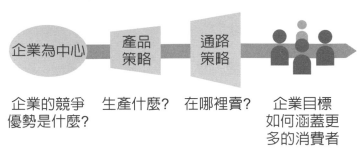

⋒ 圖 12-7　傳統零售的思維

新零售的競爭策略則是以消費者為中心，思考如何提供產品和體驗。在新零售模式下，消費者在消費過程中的搜尋阻力（如資訊不對稱）和購物阻力（如門店數量）急劇下降，消費場景也豐富化。因此，競爭策略強調的是用戶為王，比如用戶數量、黏著度、流量、互動和體驗等，這樣才能把握消費者，提高銷售轉化率。

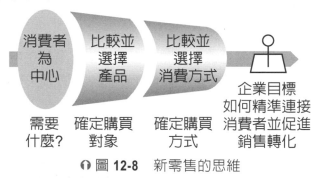

⋒ 圖 12-8　新零售的思維

(二) 突破通路障礙

在新零售模式下，通路的界限已模糊化，企業需要改變既有的思維模式，突破以往內部傳統的、按通路劃分的經營管理和業績考核模式，思考企業要如何才能做到跨通路整合。

傳統零售的管理模式下，企業將業務劃分為不同的通路進行管理和營運，建立相對獨立的業務團隊，配置相對應的行銷和供應鏈資源，並制定各自的績效指標，考核不同通路的銷售團隊業績。

大部分品牌企業在推行全通路零售時，並沒有突破這一傳統的通路管理思維，仍然以消費者作為最終的購買和支付節點，將銷售收入劃歸線上或線下通路。傳統關鍵績效指標的束縛，以及如何制定全通路零售的獎勵機制，成為企業進行全通路轉型的最大障礙。

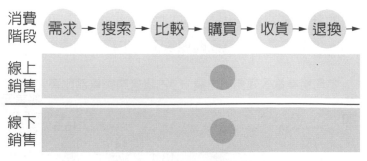

◑ 圖 12-9 傳統的通路管理

而在新零售模式下，線上和線下的邊界已變得非常模糊，消費者隨時處於線上和線下場景中。企業需轉變觀念，著力研究消費者所處的位置以及消費的時間，爭取在更多的場景中與消費者進行互動，以覆蓋其從需求到購買到退換的消費全過程，提高流量和轉化率。繼續將線上和線下分開營運，對如今的消費者而言已無太大意義，整合企業內部按通路劃分的管理資源和管理制度變得非常重要。

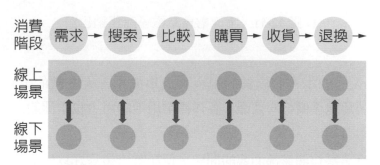

◑ 圖 12-10 新零售時代的全通路管理

➥ 12-3-2 新零售的起因

隨著智慧型手機的普及、網際網路進入成熟期，電商業者經營線上平台的成本開始升高，為了獲利，只好去爭取線下的客人。傳統零售業者在遭到電商業者搶食客戶後，也朝向線上發展。因此，新零售的興起原因，與線下零售及傳統電商的痛點有密切關係。

一、傳統零售的痛點

(一)電商的衝擊

根據 E-Marketer 的報告顯示，全球零售業電子商務的銷售額，自 2016 年的 1.9 兆美元，預估到 2021 年約為 4.5 兆美元，成長約 3 倍。全球零售業電子商務的銷售額占整體零售業銷售額的比率，也從 2016 年的 8.7% 逐年增加，預估到 2021 年時將達到 15.5%，成長約 1 倍。傳統零售商在電商的競爭下，生存空間受到擠壓。

⌖ 圖 **12-11**　全球零售業電子商務銷售額

(二) 營運成本高

傳統零售最大的成本在於店鋪的租金和人事成本。大多數的零售業門店都是租賃，近年來，隨著房地產價格的猛漲，各類商業用地的租金也水漲船高，致使店鋪租金不斷攀升。

員工流失率高是零售商家都面臨的問題，傳統零售業只好以增加工資來因應，加上法令的制約，如一例一休，都直接、間接導致人工成本的增加。

(三) 差異化不足

在市場中，想要全面超越競爭對手是很難的，但要做得和競爭對手不一樣，則相對容易，這就是所謂的差異化。差異化定位、差異化發展，將是零售商家未來打造競爭優勢的關鍵所在。

(四) 未以使用者角度思考

使用者思維是傳統零售業最為欠缺的，那些經營不善的實體零售業者，往往仍在固守商家思維、商品思維，而不去研究並設法滿足使用者的需求，終致在產業升級中被邊緣化乃至淘汰。

二、傳統電商的痛點

(一) 流量成本變高

　　不論是線上的電商、線下零售，流量都是很重要的一環。實體零售需要人流，線上電商也要人流，只是這裡的人流化成是點擊的網頁流量。想要流量是一定要花成本的，大家都知道，傳統零售的流量成本很高，但是，線上電商的流量成本也愈來愈高。

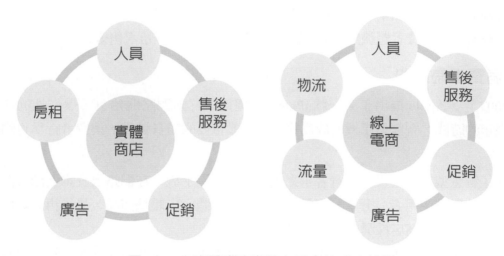

🎧 圖 **12-12**　實體商店與線上電商的成本結構

　　傳統實體商店與線上電商的成本結構如圖 12-12 所示。由圖 12-12 中可以看到，影響傳統實體零售業績效的主要外部因素是租金，而影響線上電商績效的主要外部因素是流量和物流成本。當線上電商的流量成本與物流成本上漲到比實體零售的租金成本還高，電商的線上優勢就不見了。

(二) 客戶只有價格忠誠度

　　忠誠度是人們發自內心深處的一種情感投入，不管環境因素如何變化，也不管市場上存在什麼樣吸引顧客做出行為改變的促銷措施，人們在這種情感投入的驅使下，會在未來不斷地重複購買相同品牌或者相同品牌的商品。

　　在商業活動中，客戶的忠誠度有：衝動型忠誠、認知型忠誠、情感型忠誠、行為型忠誠等四種不同的層次。理論上，愈上層型態忠誠度的客人，其忠誠度愈高，但不幸的是，線上電商的消費者，大多屬於衝動型忠誠，他們只在意價格。

(三) 缺少消費者體驗

　　Starbucks 的咖啡那麼貴，但是，為什麼它的門市始終是人潮洶湧？其實，它賣的並不是咖啡，而是一種氛圍、一種環境、一種體驗，當人們在意的是消費氛圍的時候，咖啡本身就已經不重要了，重要的是體驗，顧客願意為之支付高價。

　　而電子商務在消費者體驗上本來就是先天不足，使得網頁的轉化率始終低迷。轉化率指實際成功下單的顧客在總體訪問流量中的比例。根據統計，網站的平均轉化率大約是 2% 至 3%，但是很多平台的轉化率都比這個值還要低。

↬ 12-3-3　新零售的趨勢

　　由於雲端服務、行動化、社群、數據分析與網路安全等資訊科技的崛起、成熟與普及，各個產業都在做結構性的翻轉。零售產業也從早期單純的實體商店、電子商務經營型態，轉型為以消費者體驗為中心、數據驅動的零售模式。新零售未來的發展趨勢有：

一、消費者為中心

　　2007 年，Apple 推出了第一款 iPhone 手機後，行動網路開始有了爆炸性的成長。短短幾年的時間，智慧型手機就成為每一個人最重要的隨身裝備，消費者行為也隨之改變。

　　有了智慧型手機之後，消費者越來越習慣先透過手機，在網路上查詢與瀏覽商品資訊、聽取社群（使用者）分享的意見，然後會到實體商店體驗商品，最後再以習慣的方式，在實體或虛擬商店採購、支付費用。

　　因應零售供需市場的巨變，企業必須化被動為主動，循著變化軌跡，打造以數據驅動的消費者體驗為中心的全新零售模式，才能在市場上取得一席地位。

二、全通路的平台

　　根據 IDC 的調查顯示，全通路購物者的消費金額，平均較單通路購物者高出 30%。除此之外，也有調查數據顯示，74% 的線上消費者會透過網站或社群媒體的評價和推薦來發現新商品。

　　新零售時代的商業模式是透過打破線上與線下零售的方式，以更智慧且便捷的手法，將零售服務帶到消費者身邊，讓消費者的每一次購物體驗都是獨一無二的個人化體驗，觸發消費者積極參與整個零售過程，讓消費者再也不只是客戶，同時也是外部（行銷）效益的貢獻者。全通路的銷售平台除了傳統的電子商務平台、行動 App 外，還需要進一步串聯新零售場域中的資料流、金流、物流與服務，打造獨一無二的、以消費者為中心的新零售平台。

三、產業生態體系

新零售強調的是無縫的零售服務，消費者可以到實體商店體驗產品服務，當然，也可以享受網路購物帶來的便利與樂趣。為了實現此場景，必須依照消費者需求，動態的連結與調整生產、派送、展示、體驗、購物、支付、取貨到服務等產業價值鏈，才能創造無限的消費可能性。

但由於新零售平台涉及的範疇極廣，不可能由單一廠商就可以提供所有的服務，因此，想發展全通路零售服務的企業，可以尋求一同成長茁壯的夥伴，協助、循序建立敏捷且智慧的產業生態體系，一起在新零售時代共生、共存且共榮。

四、行動化的零售

新零售就是一種線上線下結合的零售模式，傳統零售業者透過線上商城，不但可以達到線上線下的流量互通、獲取更多客戶的目的，還有利於滿足消費者碎片化或客製化的需求、建構更完整的會員機制。因此，不論是使用別人的平台，或者是自建平台，都是必要的投資。

行動支付則是新零售的另一個推手。雖然政府正在大力推動行動支付，但是，目前在國內仍是百花齊鳴。零售業將來會越來越依賴行動支付，例如，無人商店因為沒有人收銀，所以要依賴於行動支付，才能完成交易。而很多傳統零售業者在新零售的衝擊下，也開始思考讓消費者可以利用行動支付工具自助式的結帳。像大潤發就有部分的結帳櫃檯可以自助結帳。

個案：麥味登的數位轉型

　　麥味登早餐店成立於 1987 年，一向販售傳統的台式餐點，像是蘿蔔糕、蛋餅、古早味奶茶等，不過，現在再走進麥味登，菜單上看到的不只是那些傳統的台式餐點，還可以看到美式鬆餅、咖哩蛋包飯等異國餐點，而且它的營業時段，也從以往的早餐時段，延長到下午 2 點，搶攻咖啡、簡餐的市場。

　　對麥味登而言，2014 年是個轉捩點，這一年，麥味登從新進的門市開始，導入銷售點系統，讓後台可以很精準的知道：哪家店、什麼品項、在什麼時間賣得最好，而不再是憑感覺。

　　針對消費者端，麥味登推出會員 App，讓顧客可以透過會員 App 點餐，並預約取餐的時間，除了可以解決顧客排隊點餐的問題外，也可以解決店家一邊出餐，一邊還要接電話訂餐的問題。目前的客人約有 5% 至 10% 的點餐已經透過 App 進行。

　　目前麥味登的 800 多家門市中，90% 都是加盟店，而有的加盟主又不只加盟了一家店，為了協助這些加盟主對門市的管理，麥味登研發推出了店長門市管理系統與智慧總部系統，加盟主透過手機就可以查看庫存、物流補貨進度及門市的即時銷售數據。

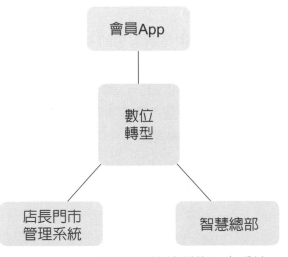

　　麥味登也在思考桌邊點餐服務，未來，顧客可以用智慧型手機，掃描桌邊的 QR-Code，手機就會跳出菜單供消費者點選，點選後的訂單就自動進入 POS 系統，讓廚房同步接收到訂單的資訊，結帳時也可以透過信用卡或行動支付。

🎧 圖 12-13　麥味登數位轉型的三大系統

　　為了有效串連並維護數位轉型的三大系統間的資料，麥味登特別編制了一個 10 個人的資訊團隊，也成立大數據加值中心，以協助各部門使用這些系統所蒐集到的資料，做更精準的人流分析，描繪出消費者的面貌（customer profile），進而推出相對應的產品及行銷策略。

習　題

一、選擇題

(　) 1. 以下何者是工業 4.0 的特色？

　　 (A) 智慧機械　 (B) 軟體　 (C) 以上皆是

(　) 2. 以下何者是工業 4.0 的核心？

　　 (A) 虛實整合系統　 (B) 機器人　 (C) 以上皆是

(　) 3. 在虛實整合系統中，可以做到自我感知的是？

　　 (A) 連結層　 (B) 轉換層　 (C) 認知層

(　) 4. 以下何者為新零售的思維？

　　 (A) 以消費者為中心　 (B) 由企業主導　 (C) 以上皆非

(　) 5. 新零售興起的原因有？

　　 (A) 傳統零售業者受到電商的衝擊　 (B) 電商的流量成本變高　 (C) 以上皆是

二、問答題

1. 區塊鏈如何運用在農產品的生產履歷上？

MEMO

13 社群媒體的快速發展

13-1 社群媒體

➡ 13-1-1 社群媒體的發展背景

你每天起床的第一件事是做什麼？當你出門時忘了帶錢包，可能不會太在意，但忘了帶手機呢？你可能會整天心神不寧！在這個數位匯流的時代裡，手機、社群，已經都與我們的生活息息相關，你早上起床優先要做的事，可能不再是洗臉、刷牙、吃早餐，而是拿起手機，打開 Facebook、Line 或是 Instagram，追蹤一下身邊的好朋友們，昨天在你睡覺之後，又去做了些什麼？或是又發布了什麼文章？

以上的場景，不斷重複出現在我們的日常生活中，不限於晚上睡覺，只要一離開手機，就會顯得焦慮，想要打開那些社群媒體（social media），即使可能沒有什麼新鮮事，都要看一下才安心。顯示社群媒體在我們的生活中，已經扮演了非常重要的角色。

社群媒體的出現，改變了人們彼此互動的模式。它的使用者眾多，提供廠商一個最棒的露出媒介。傳統媒介很難觸及到如此龐大的消費者群。其次，由於社群媒體的分眾化、小眾化特性，與過去的媒體相比，它讓使用者享有更多的選擇權利和編輯能力，也更容易形成某種主題社群，這些特性大大顛覆傳統行銷模式。

社群媒體指的是人們用來創作內容、分享資訊、交流意見想法的虛擬社群和網路平台，它來自於 Web 2.0 的網路應用裝置。它的核心思維，就是使用者創作內容（user-generated content, UGC）。

根據經濟合作暨發展組織（Organization for Economic Cooperation and Development, OECD）的定義，使用者創作內容必須滿足三點要求。首先，創作的內容必須在公開網站或社群網站發表，並觸及特定群體，但不包含在 e-mail 或即時訊息上交換的內容。其次，部分內容必須是原創的，而不能僅僅複製現有內容。最後，它需要在專業之外創造規則和做法，不包含依據商業需求所創造的內容。

使用者創作內容的出現，改變了媒體的運作方式，過去媒體自己創造網路內容，現在則是提供平台給業餘愛好者發布自己的創作。使用者可以透過這些內容，表達他們對新聞報導的評論回饋或分享，這是一個雙向的互動過程，顛覆了過去媒體單向推播的模式，它鼓勵使用者發布自己的內容，並對他人內容發表評論。

社群媒體的發展已經很久，只是以不同型式被應用。在 1980 年代早期，當時的社群媒體主要提供學術使用，其目的在於傳播不同主題的新聞，以論壇、電子布告欄系統（bulletin board system, BBS）等形式，讓使用者可根據不同的主題張貼或讀取訊息，形成一種分享興趣、交流經驗的虛擬社群。

到了 1990 年代，全球資訊網（world wide web）出現，替虛擬社群添加了商業風氣，出現了早期的即時通訊軟體，像是微軟的 MSN、Skype 等，可建立一對一的個人聊天室。1990 年代中期，線上遊戲逐漸興起，開始出現以遊戲虛擬場所與社會關係連結的社群，且目前仍然在持續發展中。

國內自行成立管理的社群網站，最早是在 1995 年成立的批踢踢實業坊（PTT）。它原來是由台灣大學資訊工程學系學生建置在學術網路上的一個電子布告欄。2000 年，PTT 成為國內最大的網路討論空間，2003 年正式與台灣大學分離。

1997 年，Jorn Barger 發明了網路紀錄檔（weblog）。Peter Merholz 在自己的 weblog 側邊欄，開玩笑地將 weblog 變成詞組 we blog。不久，Evan Clark Williams 把 blog 同時作為名詞和動詞，blog 可以表示部落格，也可以表示編寫部落格，同時設計了 blogger 這個詞。2004 年 Facebook 出現後，社群媒體如雨後春筍般蓬勃發展。

13-1-2　社群的特性

近年來，網路社群所提供的功能相當多元且豐富，逐漸增加人們使用網路的頻率，並延長使用時間。社群在人們生活中已經占有重要的角色，像是情感交流、共享資訊，甚至是消費購物，都會選擇在網路上進行。網路社群具有虛擬性、開放性及獨特性。

一、虛擬性

網路社群在線上孕育現實生活行為，形成一種特殊的社會文化及精神，以豐富現實社會生活。不單單只是給人們一種親身體驗，也能延伸現實人們的生活及工作。

像虛擬實境（vertual reality, VR）的技術，可以將人造事物模擬得和真實事物一樣真實，為人們營造新的空間以及體驗，可以用來做為展場導覽、產品介紹等應用。

二、開放性

網路社群在橫向上，跨越了地理位置的限制，地區、國家間的距離不復存在。在縱向上，種族、歷史間的隔閡也逐漸淡化，它可將不同文化背景、語言的人聚集在同一地點相互交流，不單單只是減少人際交流與傳遞訊息的中間成本，也擴展了人們的活動範圍。

三、獨特性

傳統的社群是靠血緣、地緣等關係結合而成的。但是網路社群的組成，卻和傳統社群不同，它是以網緣結合。網緣就是因網結緣、以網結緣的聯繫方式。

➥ 13-1-3 社群媒體的類型

社群媒體的平台百花齊放，Kaplan 採用社群媒體中的二個構面：媒體研究（media research）與社會過程（social process）做為分類標準。其中，媒體研究又分為社會臨場感（social presence）與媒體豐富度（media richness）。社會過程則包括自我呈現（self-presentation）與自我揭露（self-disclosure）。

社會臨場感指的是人際溝通中，雙方可以相互感受到對方是否真實存在。社會臨場感越高，越能夠透過溝通影響對方行為。媒體豐富度指的是任何溝通的目標，應該都是致力釐清模糊與降低不確定性。自我呈現指的是人們試圖控制他人對自己所形成的印象。自我揭露指的是個人會有意識的或沒意識的表達個人資訊，這些資訊與個人想傳達的形象是一致的。

藉由媒體研究與社會過程的二個構面，可將社群媒體分為六類：協同計畫（collaborative project）、部落格（blog）、內容媒體（content community）、社群網站（social networking site）、虛擬遊戲世界（virtual game world）、虛擬社群世界（virtual social world）。

● 圖 13-1　社群媒體分類

一、協同計畫

協同計畫式的社群允許最終使用者參與同時創造內容，最有名的當屬維基百科（Wikipedia）。

二、部落格

部落格是最早的社群媒體，通常以反向時間順序顯示以日期標記的內容，也就是最新的內容會出現在最前面。

三、內容媒體

內容媒體主要的目的，是讓使用者間分享媒體內容。媒體種類很多，包含圖片、影片、PowerPoint，目前最為大家知曉的內容媒體社群就是 YouTube。

四、社群網站

社群網站指的是一個允許使用者建立個人資訊頁面的應用裝置。使用者可以邀請朋友、同儕來加入自己的頁面，交流資訊與即時溝通。最有名的當屬臉書（Facebook）與 Instagram。

五、虛擬遊戲世界

虛擬遊戲世界指的是在大量玩家的網路角色扮演遊戲（massive multiplayer online role-playing game）中，使用者的行為必須要遵守嚴格的規範，例如魔獸世界（World of Warcraft）。

六、虛擬社群世界

虛擬社群世界允許使用者自由表現他們的行為，就像活在真實世界一樣。例如第二人生（Second Life）。

➥ 13-1-4 社群的發展趨勢

傳統市場與超級市場間最大的不同，就在於人與人的互動、信任。未來在網路上的商務，也會走向互動、信任，電商平台也會漸漸走向社群發展，掌握了社群，自然就會有商機。

一、電商平台社群化

傳統網購業者在建置平台時，會花很多時間在設計購物車流程、使用者介面。未來電子商務著重的是：要用什麼社群機制才能培養出一個交易社群。因此，思考如何讓使用者可以看到他的朋友或追蹤者的商品，一旦這些人上傳了新的商品、或好友按讚了商品，都可在個人化的平台上第一時間發現，進而在同理心之下導購商品。

二、買賣雙方建立對話機制

傳統的電商平台業者擔心弱化平台角色後，無法從中賺取中介費用，因此，大多會避免讓買賣雙方做太頻繁溝通，但無形中也造成買賣雙方因為溝通不良，而產生購物糾紛。

未來的思維其實應該是要反其道而行，平台要提供更流暢的買賣雙方溝通管道，才能降低因為誤解而產生的退貨比例，並促成買方成為老主顧，創造新的需求與供給。

三、從使用的回饋中找商機

網路購物不斷在演進中，也產生了新的應用情境。因此，如何不斷因應使用者的需求，快速調整服務，是行動購物時代勝出的關鍵。很多商機其實是從使用者回饋的資料中找出來的。

四、線上線下一體

不同於以往的導購，社群電商應注重與粉絲之間的互動、希望更貼近粉絲的心。互動不一定要有實體門市，也可以在線下舉辦實體的活動。辦活動的目的不在於導購訂單，而是讓平台成為有溫度的品牌，促成在線上非官方粉絲團或是購物社團中，產生自發性的死忠擁護者，協助回答新手賣家的問題，擴大品牌的接觸面。

13-2 自媒體

➡ 13-2-1 自媒體的發展背景

以前講到媒體，大家會想到的不外乎是報章雜誌、廣播電視這一類的媒體型態。現在，除了以往這些既有的媒體型態之外，由於網路科技帶動的新媒體已蓬勃發展，一般人透過電腦、手機及網路，隨時都可以把自己看到的事物、心得，放上網路與大家分享。

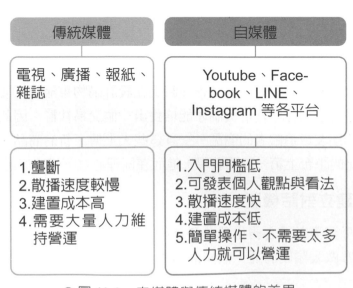

傳統媒體	自媒體
電視、廣播、報紙、雜誌	Youtube、Facebook、LINE、Instagram 等各平台
1.壟斷 2.散播速度較慢 3.建置成本高 4.需要大量人力維持營運	1.入門門檻低 2.可發表個人觀點與看法 3.散播速度快 4.建置成本低 5.簡單操作、不需要太多人力就可以營運

⋒ 圖 13-2　自媒體與傳統媒體的差異

自媒體（**we media**）的概念，最先是由 Gillmor 所提出。他認為，自媒體是一種傳播者與收訊者從單向走向雙向或多向式的運作與互動方式。Bowman 及 Willis 也認為，一般民眾透過數位科技與全球連結，並運用此連結途徑提供並分享他們欲傳遞的資訊，就是自媒體。

在社群網路的推波助瀾之下，每個人都擁有話語權，都可以成為訊息的傳播中心。所提供的資訊也更具私人化、平民化。傳播方式也更具自主化、互動性。每個人都可能會因為一則訊息、一段影片，甚至是一個看法，在資訊快速傳播之下而迅速竄紅。自媒體上訊息傳播的速率，比傳統媒體快速，也更具影響力。

自媒體的內容透過網路平台發送，且具有入門門檻低、傳播速度快、成本低等優點，使它成為企業或個人在社群網站上建立形象的工具。很多人透過自媒體，在網路上建立自己的知名度。

13-2-2 自媒體的特性

自媒體讓一般民眾不需要擁有或建置傳統媒體的運作架構，只要透過網際網路的環境，就可以將自己欲傳遞的資訊傳播出去，讓每個人都可以像傳統媒體一樣發送訊息。在林宜平的研究中認為，自媒體具備以下特性：

一、普眾及個性化

傳統的媒體在內容的製作與傳遞上，有著一定的限制與規範。而自媒體不同於傳統媒體，所有民眾都可以透過網際網路與免費的社群媒體，建置一個專屬個人對外發表、接觸與回應的媒體平台，讓自己成為媒體的主角，不必受特別專業與內容製作的限制，資訊接收也可以由被動轉主動。因此，自媒體可說是全民媒體，是一般大眾宣揚自我價值、表現自我意念的最佳舞台。

二、低門檻且操作簡單

傳統媒體需要龐大的資本、高技術及眾多的人力資源，才能完成媒體內容的製作。同時，它也受到法令與公司股權結構等種種限制，這樣的媒體要正常營運，它的門檻其實相當的高，單純的個人想要在傳統媒體中獲得滿足，是不可能被實現的一件事。

但是，在自媒體的時代中，個人想要透過自媒體，滿足自身的需求，可能只需要手機、無線網路，再加上一個免費提供，可以編輯與製作文字、音樂、圖片、影片等相關資訊的平台，就可以建構並擁有一個專屬於自己的媒體，幾乎沒有額外的費用支出，更不需要什麼樣的專業技術與知識。

三、互動性高，傳遞速度快

自媒體可以快速發展，與其具有雙向互動的機制有絕對的關係。換句話說，如果自媒體沒有辦法讓資訊的傳遞者與接收者，可以在同一時間內產生互動，自媒體就不可能有今天的價值與影響力。

四、操作管道及工具多元化

網際網路是自媒體運作的基礎，所有相關的管道與工具，都是依附在這個基礎上進行發展。目前自媒體的運用與表現主力，多數與 Facebook、Instagram、YouTube 等社群媒體有密切的連結。未來，隨著管道與工具的變革及新創，自媒體的運作空間與表現只會更寬廣、更多元化。

13-3　網路直播

➝ 13-3-1　直播的發展背景

直播其實是件歷史悠久的事。在沒有電視媒體以前，像舞台劇、演唱會、音樂會等，都是一場現場的表演。它的特色是會和在現場的觀眾產生即時性的互動。在電視、廣播等傳播媒體相繼出現後，人與人的距離開始不再是障礙，接收、互動的時間與空間產生了非常大的轉變。這個階段的現場節目都是直播，但這種直播只是單向的，由電視台傳送即時的內容給閱聽眾，而閱聽眾也只能單方面接收，兩者間無法進行雙向的互動。

隨著網際網路逐漸興起，科技越來越發達，社群網站已然成為大眾最常使用的互動媒體。部落格開啟了個人在網路上發布圖文的時代，它的留言功能賦予了人與人更多的互動機會。

在 4G 網路出現後，由於網路速度的提升，以及行動裝置的普及化，傳播方式從路媒（way）、電媒（wave）、網媒（web）演進到群媒（we），開啟了**全媒體（one media, numerous integrations**, omni）的時代。在這個時代，因為媒體與使用者連結，透過一個平台就可以全部交融與串流起來，從此，過去媒體的界線已難以再去區分。

網路直播始於 2013 年，Yevvo 推出網路影片的直播。到 2015 年，累積了約 30 萬的用戶。隨著 4G 網路與智慧型手機普及、資費下降，2015 年 Meerkat 推出真人直播的影音平台，不到一個月就有 30 萬的用戶。資策會的研究也認為，2015 年可被視為直播元年，在這一年中，17 直播、UP 直播及浪 Live 等手機直播平台紛紛成立。

網路直播的內容愈來愈豐富、多元，並具備與閱聽眾的互動性、即時性，逐漸改變了傳統的媒體生態。它具有以下特點：

一、即時發布內容

泛生活類直播平台的誕生，弱化了美色對主播的重要程度，陪伴與分享，成了網路直播的趨勢，現場即時發布訊息逐漸成為潮流。網路直播由於操作便利，各階層的人們都可以把此時此刻正在經歷的新鮮事情放到網路上，並即時與觀眾互動，同時也可以讓觀眾即時觀看別人的分享，而這也符合心理學家所研究的偷窺心理。

網路直播使用圖像、聲音、文字和語言與非語言符號等多種傳播媒介，閱聽眾在情緒上受到畫面上特定現場和氣氛的影響，也比其他形式的媒體更強烈。而且網路直播在空間上，讓發布主體與觀眾之間的距離縮減到最小，使觀眾關注程度增加，對直播的各個環節都有新鮮感和臨場感，進而產生強烈的參與意識。

二、即時互動

社群媒體可以隨時隨地發布資訊及評論，讓人們能夠隨時交流。但是，社群媒體仍然無法做到真正的即時互動。網路直播能夠做到實質上的即時互動。網路直播的主播和電視節目的主持人不同，他在展現自我的同時，還特別強調與閱聽眾間的互動關係。

像中國大陸很多的直播節目，觀眾可以直接送主播虛擬禮物，而這些虛擬禮物都不便宜，這也是主播收入的一環。主播為了吸引閱聽眾的注意及贈送禮物，就會頻繁地與閱聽眾進行互動，這樣的互動強度是一般媒體很難達到的。

國內的網路直播雖然不像中國大陸那樣，透過贈送禮物進行互動，但在有線電視頻道上有很多直播節目，主持人藉由與觀眾間的電話 call in，達到互動的目的，除了閒話家常外，還兼賣產品，廣播電台也有很多類似的即時互動節目。

三、個性化的媒體

社群媒體的出現，使人們有管道更自由地表達自己的想法。每個在社群裡的人都有自己的獨特性，進而成為該領域的意見領袖（key opinion leader, KOL）。網路直播帶來了更直接、更有效果的傳播方式，滿足了人們個性化的表現需要和觀看需求。

個性十足的直播主迅速成為不同話題的意見領袖，帶著自己的跟隨者，不斷地設置新的議題，強化了人人即媒體的傳播格局。再加上進行直播和收看直播所需要的工具也越來越簡單，只要有意願，每個人都可以隨時切換身分，成為主播，發出自己的聲音，呈現自己的意見，釋放自己的個性。

四、真實的使用者體驗

人們在接受資訊傳播時，其信任程度與傳播層次成反比，亦即資訊轉述層次越多，資訊損耗或變形就越嚴重，其可信性就越差。反之，傳播層次越少，可信度也就越高。直播的直接性傳播優勢，就在於資訊在傳播過程中無需轉述，減少了資訊損耗，也就增強了資訊的可信度。

對網路直播平台而言，當直播節目開始後，平台也沒有把握下一秒會發生什麼事。它可以讓觀眾與現場進行即時連接，有著最真實、最直接的使用者體驗。觀眾可以在直播節目中，與平日接觸不到的名人互動。相較於文字、圖片等形式，網路直播的修飾難度增強，公開性大幅提高，也更加真實。

➥ 13-3-2　網路直播的類型

網路直播的類型，在簡嘉裕的研究中，認為傳播學的使用與滿足理論，可從閱聽眾的角度，將其分為：秀場模式、粉絲模式、平台內容模式及場景模式。以下介紹前面三種模式。

一、秀場模式

秀場模式是目前網路直播中最流行的一種模式，主要利用觀眾想要窺探、獵奇的心理，利用俊男、美女來吸引大量的用戶。這種模式促進了網路直播的普及與認知，甚至造成了全民直播。

二、粉絲模式

粉絲模式是透過引入擁有龐大粉絲數的人物，帶動直播平台人氣的攀升與流量。對粉絲而言，重要的不是主播所講的內容，而是直播內容可不可以展現主播的特質，讓一個遙不可及的意見領袖變成觸手可及的人，以及主播是否與觀眾相關聯。

三、平台內容模式

平台內容模式主要是透過各式各樣的內容和營運策略，推出形式不同的獨特內容，聚集具有相同興趣的用戶，吸引某一內容下的同質使用者。平台內容包括演唱會、遊戲直播、美妝教學、才藝表演、發表會等。

透過平台提供內容的多樣性，提升平台的喜好度（favorite），確保平台閱聽眾的需求得以滿足。平台就要從這些大數據中，找到可以長期獲利的高品質內容，這是所有模式中最難做到的。

➥ 13-3-3　網路直播的分類

依據內容的不同，網路直播可以區分為：專業製作的直播內容（professionally-generated content）及使用者創作內容。專業製作內容係指影像、視訊（video）的內容，係按照一般錄製電視節目的規模製作而成，又可分為網路電視與網路直播。

網路電視是將電視訊號轉換成數位訊號，再透過網路播放。常見的網路電視直播有體育賽事直播、各國跨年煙火直播。網路直播則為將現場器材設備所拍攝的現場節目，直接連結至網路伺服器，再發布到各大平台讓使用者觀賞。

使用者創作內容是平台使用者透過自行上傳即時的影片當作直播內容。自從 YouTube 平台成立後，使用者可以上傳自行產生的影片至網路。而隨著技術的進步，眾多媒體串流平台都開始支援直播的分享模式，用戶可以直接將即時的畫面上傳至網路給大眾收看。

⊕ 表 **13-1**　網路直播內容的比較

	專業製作內容 (professionally-generated content)		用戶自製內容 (user-generated content)
影片來源	電視訊號	直播平台在現場架設信號採集設備	用戶自行上傳至直播平台
舉例	運動賽事、演唱會、煙火表演等	產品發表會、音樂表演等	電競直播、素人直播等
與觀眾互動性	低	中，有聊天室功能	最高，可以影響內容
製作成本	高	中	低
收入來源	廣告、使用者訂閱		廣告、贊助、使用者訂閱

➥ 13-3-4　網路直播的商業模式

網路直播主的收益，大多來自業配文（advertorial）與置入性行銷（placement marketing）。業配文顧名思義，就是業務配合文章的簡稱，就是廠商與媒體、網路紅人或是公眾人物合作，透過這些頻道推銷及置入產品的廣告行銷方式。當網路文章或媒體有推銷某種商品的嫌疑時，網路的留言有時候會出現「葉佩雯」，代表這些網路鄉民們認為，該媒體或文章本身的立場不公正。

　　根據陳彩琜的研究，業配的型態包括：業配文、業配新聞、置入性行銷、隱性行銷及業代文。業配文通常是透過新聞媒體發送，記者配合新的餐廳或新建案等進行採訪，穿插在新聞中播出。這些內容看似是新聞，但其實是業配的廣告，讓閱聽者不知不覺被洗腦，進而選擇上網查詢商品並購買。

　　業配新聞看起來是一般新聞的內容，但播放出的內容卻跟廠商宣傳商品相同。隱性行銷雖然內容中有明顯傾向於廣告的投射，但閱聽者卻無法明確了解，內容是否為廣告行為。業代文是已擁有專業知識者，拿著廠商提供的最新產品做開箱介紹。

　　置入性行銷是指刻意將想販售的商品，以巧妙手法置入影音播放媒體，以既存的傳播媒體的曝光率，達成商品廠商想要的廣告效果。但在媒體中突然穿插一些與內容不太相符的廣告，這樣明顯的置入，通常閱聽者一看就知道是廣告。

13-4　網紅經濟

13-4-1　網紅的發展背景

一、網紅

　　網紅（Internet celebrity）是網路紅人的簡稱，2015 年被上海《咬文嚼字》雜誌列為年度十大流行語。網紅是一個由大陸流行到台灣的名詞，指人物因外貌、才藝或特殊事件，在網路上爆紅，受到網路世界追捧的網路紅人。網路紅人快速竄出，主要是網路社群媒體打破以往媒體單方向傳遞訊息的模式。尤其是社群媒體的直播功能，促使網紅與閱聽眾的互動，使許多素人趁此新媒體趨勢崛起，進而成為所謂的網路紅人，發展出自己的廣大受眾。

　　根據彰化銀行的研究，大陸網紅經濟的發展可分為三個階段。第一階段是文字網紅，這個階段是以文字作為主要的交流方式。網紅一般都具有優秀的文筆，但通常還沒有商業行為。

　　第二階段是圖片網紅時代。網際網路傳輸速度提升，進入圖片時代，網友流傳一句「無圖無真相」，彰顯文字交流的沒落和圖片傳播的崛起。這時候的網紅，大多都是 V 型臉的美少女，透過高顏值來吸引人氣，成名後開始把粉絲引導到商業推廣上，網紅的商業運作逐步興起。

　　第三階段是全媒體網紅時代。2015 年，中國大陸人口突破 9 億人，讓網紅吸引粉絲的方式更多元化。除了原有的文字和圖片外，出現了語音、歌曲、影音，特別是影音直播。而網紅已不僅僅侷限在推銷產品的美少女，已成為社群媒體的話題人物、意見領袖、流行主力的統稱，網紅的商業化逐步形成一個成熟的生態產業鏈。

二、網紅經濟

　　網紅經濟（Internet celebrity economy）是指網路紅人利用自身的知名度和影響力，在網路社交媒體上快速地集聚人氣，藉此龐大的粉絲群體來進行網路宣傳，將粉絲轉化為購買力，從而獲得經濟利益的一種新型商業模式。

　　網紅經濟除了強調新穎時尚、標新立異以及展現自我外，更充分滿足年輕消費族群者在心理上的個性化需求。而這種簡單、高效的商業運作模式，使其與傳統的商業經濟相比，更具市場競爭力，從而呈現出蓬勃迸發的發展態勢。

　　網紅經濟之所以能在最近幾年出現並快速、蓬勃發展，其主要原因在於行動網路上的社群平台快速發展，好的內容創作者透過社群平台，可以用低成本來獲得精準粉絲。

➡ 13-4-2　網紅經濟的產業鏈

　　網紅可以粗分為三種類型：利用長相圈粉變現的顏值派、以內容 IP 取勝的實力派、透過特殊或有趣的技能表演博取眼球的個性派。中國大陸目前最常見的社群平台是新浪微博，台灣較常見的平台則有 YouTube、Instagram、Facebook 等。

　　由於網紅具有親民化、平價以及精準行銷的特點，在特定領域、特定屬性的情境中，網紅能夠更精準地將產品導向粉絲需求，做到精準行銷，提高了消費轉化率，其商業價值正在被逐漸挖掘中。

　　中國大陸網紅經過這幾年的發展，已經擺脫單打獨鬥的型態，逐漸產生一個產業鏈。在網紅產業鏈中，主要的成員除了網紅之外，還包括社群平台、直播平台、網紅經紀公司、電商平台以及為網紅提供產品的供應鏈平台或品牌商。

　　此外，當社群、直播、電商平台組成產業鏈時，周邊也衍生出許多網紅經濟的相關產業。如提供服務給網紅直播的軟硬體設備，協助打造網紅形象、個人品牌的美妝、造型及美容服務、營銷服務等，這些能夠滿足網紅專業性需求的附屬產業，構成了網紅經濟的外圍生態。

　　而網紅的商業化，也催生了一系列的網紅孵化經紀公司及網紅第三服務公司。網紅孵化經紀公司除了擔任網紅的經紀人與服務商外，同時也支援現有店鋪營運服務與供應鏈。網紅第三服務公司則是擔任媒合廠商與網紅的中間人，為廠商尋找適合的產品代言，為網紅開發有前景的網路店面等。這些元素組成了完整的網紅產業鏈。

13-4-3 網紅的商業模式

網紅經濟商業模式的發展過程如圖 13-4 所示。首先透過社群媒體，在網上直播自己的日常，分享自己在某一領域的經驗，積累大量的粉絲。接著把自己變成一個值得信賴的品牌。然後，根據自己的專長開設相關的網路店鋪。最後，透過置入性行銷，將粉絲流量變成實際的銷售業績，這時社群媒體和網路商店就成為共同吸引和維護粉絲與消費者的平台。

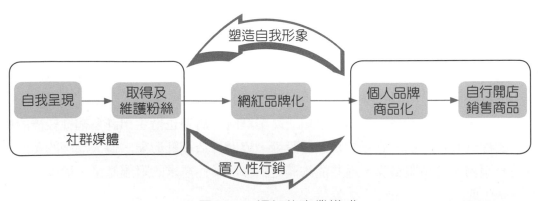

▲ 圖 **13-4** 網紅的商業模式

在這樣的商業模式中，網紅的收入不外乎來自：活動推廣、廣告、業配文、銷售產品及內容 IP 化。

一、活動推廣

接受廠商邀請，擔任代言人或推銷商品。

二、廣告

與廣告商合作，在影片上提供廣告商的廣告，如 Google AdSense。

三、業配文

由公司的廣告文案人員或市場部策劃人員來負責寫的業配文廣告。

四、銷售產品

在粉絲專頁或網紅直播時，直接介紹廣告商或自己的商品。

五、內容 IP 化

把內容變成公仔或其他衍生性產品。

➥ 13-4-4　國內網紅的發展

國內早在網際網路開始普及之後，陸續出現了無名小站、痞客邦等大家耳熟能詳的部落格網站，這些內容包括有趣的美食、旅遊日誌、亮眼的照片，造就了不少擁有網路高人氣的紅人。

真正開啟網紅紀元的時間點，應該是在 2016 年 YouTube 開始大力扶持創作者，訂出明確的分潤機制之後。2018 年九合一選舉前夕，台北市長候選人柯文哲上了 YouTube頻道，打開了媒體與政界的疆界，後續的各種選舉，政界與網紅的合作已不勝枚舉。

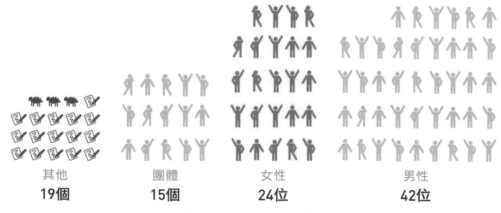

其他	團體	女性	男性
19個	15個	24位	42位

🎧 圖 13-5　網紅的性別統計

（資料來源：ikala）

國內的網紅，只要在 Facebook、Instagram、YouTube 任一平台上，擁有過 1,000 名粉絲（fans），就被納入愛卡拉（iKala）的網紅搜尋引擎 KOL Radar 資料庫中，截至 2019 年 11 月，該資料庫已有超過 1.5 萬人。根據 YouTube 的統計，國內擁有百萬以上訂閱戶的 YouTuber 在 2020 年已有 65 位，10 萬訂閱戶以上的 YouTube 也有 1,250 位。隨著網紅引導力的擴散，藝人與網紅間的界限也開始模糊，愈來愈多網紅慢慢走向大螢幕，也有愈來愈多的藝人專心經營社群平台。

根據《數位時代》雜誌與愛卡拉公司在 2020 年所做的國內 100 大影響力網紅的評選，經過統計發現，有 42% 的網紅為男性、24% 的網紅為女性、15% 的網紅為團體，出人意外的，約有 20% 的網紅是插畫人物或是寵物。如果以網紅的內容來看，約 40% 屬於娛樂型的網紅，但名次都沒有在很前面。

🎧 圖 13-6　網紅的發展現象

根據 2020 年的百大網紅調查結果，我們可以發現國內網紅的發展有四個現象：娛樂力、知識力、公民力及導購力。

一、娛樂力

雖然 2020 年娛樂類的網紅仍是主流，但是，這類型的網紅排名大多都退步，顯示著觀眾仍有放鬆、歡樂的需求，而這類型的內容相對入門的門檻也比較低、競爭者也多，如果沒有明確的定位或個人風格，很容易就會被取代。

根據痞客邦在 2020 年 4 月所發表的社群藍皮書 PIXNET Social Survey 顯示，有 44% 的社群媒體使用者，使用平台是為了打發時間、38% 的使用者則是以休閒放鬆為目的，從使用者的角度出發，誰最能吸引住觀眾的目光，誰就能勝出。

蔡阿嘎是在 2008 年踏入網路內容創作領域，2014 年訂戶人數突破百萬人，他從單打獨鬥到成立工作室，粉絲們幾乎是不離不棄，跟他一起經歷了人生的各個階段。

🔊 圖 13-7　蔡阿嘎主頻道

　　目前他經營的四個頻道在 2020 年都進入 100 大影響力網紅的排名，四個頻道的內容有著不同的定位，以滿足不同觀眾群的需求。像主頻道蔡阿嘎，多半聚焦在他自己以及大型主題企畫，就不會有他的兒子出現。蔡阿嘎 Life 大多是生活、療癒的影片，影片的長度會長一點，而不會特別去注意影片的精緻度。另外二個頻道則是以親子、母嬰為主，擁有不少婆媽粉絲。

　　蔡阿嘎的創作靈感泉源來自於觀察，新聞、廣告、生活上發生的大小事都是他的取材範圍，同時，他也會觀察同業，訂其他內容創作者的頻道，看看大家都在關注哪些議題、觀眾喜歡什麼話題，做為日後創作的參考。

二、知識力

　　我們在日常生活中遇到問題，一個會想到的就是去問 Google 大神，或者是到社群網站裏去找藏在民間的高手，創作知識型的網紅一直都存在著，只是當觀眾量體小的時候，較少被關注而難以壯大。

　　在傳統教育制度之下，教學方式主要是由學習者被動接受教學者所提供的知識及資訊，但是，在網路時代，這樣的教學方式被顛覆，學習者從被動接受轉變成主動學習，來自世界各地的高手，在 YouTube 頻道上提供的實作影片，不只滿足了人們多元知識的需求，也大幅降低了學習的門檻。

　　民以食為天，疫情期間，人們不能外出覓食，但又想知道有什麼好吃的、要怎麼做？在這樣的情結之下，不僅想要吃得更安全，也因無法外出而有了自己做的念頭，使得美食網紅在 2020 年竄起。

台灣會煮菜的大廚、明星何其多，像阿基師、詹姆士等大師級人物，都沒有成為網紅，肥大叔來自營建業，專長是蓋房子，沒有受過正規的烹飪訓練，純粹是因為喜歡煮東西給太太吃，才對料理有想法，最後為了太太的創業而走上網紅之路。

⊙ 圖 13-8　肥大叔

2017 年，台灣掀起了網路賣食材的熱潮，賣家藉由開箱互動的方式，在 Facebook 上銷售牛排、海鮮等產品，肥大叔的太太也趕上趨勢，和朋友創業成立了白姑娘直播，為了幫忙太太做生意，他以輝哥的名號上場，示範如何料理食材，竟意外吸引了一票鐵粉，指名要看他賣東西。

肥大叔自 2019 年 9 月正式出道拍影片，他回想小時候媽媽煮的菜，食材和手法都很單純，卻能帶給家人幸福的感受，遂以台灣家常菜為教學主軸。不到 1 年就創作出多部熱門料理教學影片，如古早味炒麵、番茄炒蛋等家常菜，單支影片都有超過 200 萬人次的點閱。

三、公民力

網紅過去都是在自己的創作範疇上發揮其影響力，由於網紅是從社群平台崛起，而不是傳統媒體透過資方取得資源，他們的人氣來自於廣大的粉絲支持，因此，近年來，對於特定的公共議題，網紅的參與度也逐漸提高，愈來愈勇於表達自己的看法。

網紅對於公共事務的關切與熱忱，是一種全新型態的公民參與，而劉維公也將公民參與畫分為 4 個階段。在第一次工業革命之後，18 世紀的歐洲，一些文人、藝術家、受過教育的女子等，會在客廳、臥室等私人空間聚集交流的沙龍，可稱作是公民 1.0。在

沙龍裏所討論的內容，針對包括女性地位、馬克思主義在內的各種文化與政治議題，進行實體、菁英、理性的公民交流。

公民1.0
限縮於菁英的
聚會交流
文人、藝術家等中產階級在小房間內探討公民議題，如女性地位。

公民2.0
學生、知識份子
激烈參與
包括反越戰示威、民權運動等學運，以街頭抗爭為主的激進式公民參與。

公民3.0
網路公眾匿名，
參與公共議題
網友環繞特定主題在網上討論，但並非每一個議題都能吸引公眾參與。

公民4.0
網紅成意見領袖，
吸引公民參與
網紅站在個人立場，以創作內容包裝議題，引起網路社群參與討論。

🎧 圖 13-9　公民參與的演進
（資料來源：數位時代315期第71頁）

　　1960 年的美國學運，可稱為是公民 2.0 的先趨，知識份子的加入，讓公共議題的討論不再被菁英階層所把持。到了 1990 年網路興起後，科技的普及降低了民眾參與公共討論的門檻，公民參與不再侷限於特定時間、空間，讓討論變得更加沒有邊界，視為公民 3.0。

　　2010 年後，行動通訊高度發展，連帶使社群媒體風靡全球，在訊息碎片化的數位時代，公民 4.0 的溝通變得相對感性、更加注重文案包裝，現在的社群內容以網紅個人觀點為主，訴求的是一句話、一個能打動人心的畫面，藉此來吸引閱聽人的共鳴。

　　黃氏兄弟的哥哥黃雍哲、弟弟黃挺瑋出道時分別為 26 歲及 24 歲，在創作者中的年齡層算是較低的，他們的影片主要是以拍攝生活紀錄、整人、開箱實測、公益、唱歌等內容為主，深受青少年族群的喜愛。他們的 YouTube 頻道自 2017 年 4 月成立至今，訂閱數已超過 155 人次。

　　2017 年兒童節當天，黃氏兄弟上傳第一支影片，並沒有受到很大的迴響，2018 年卻是一個轉捩點，訂閱數從年初的 10 幾萬，增加到年底的 80 萬，成為 YouTube 上頻道訂閱成長最快的創作者之一。二人同時也在 2018 年底辭去工作，全心投入影片創作。

　　網路世界不會因為你休息而停止轉動，在決定專心投入創作後，他們二人幾乎沒有休過一天假，隨時上緊發條，每週固定更新 3 支影片，創作的來源，發自內心想做的企劃占 50%，另外的 50% 則會從觀眾的留言、當下熱門時事等去尋找素材，他們認為一半內容是自己喜歡的、一半內容是觀眾想看的，才是頻道永續經營的作法。

🎧 圖 13-10　黃氏兄弟

四、導購力

　　過去，網紅透過業配、直播電商的方式，展現了他們對於粉絲導購上的動員能力，鄭鎧尹將導購的金字塔分析如圖 13-11 所示，最下層是網紅轉單（drop shipping），這是多收網紅的入門式，在這個階段裏，網紅不經手物流、金流，純粹以貼文導購並附上產品連結的方式，將產品推薦給粉絲。

🎧 圖 13-11　導購的金字塔

　　當網紅確立了自己的影響力及流量後，就能進一步與業者談合作、分潤，也可以透過團購與廠商洽談分潤條件。當網紅在某個領域上具有對的影響力後，當他具有號召消費者非他不買的能力時，他就可以跟業者討論推出聯名品牌。推出聯名品牌對網紅而言，也是一個考驗，考驗著網紅對於產品的 know-how 及對自己粉絲輪廓的了解，如果沒有做好萬全的準備就出手，可能會一下子就砸了自己的招牌。

在 Facebook、Instagram、YouTube 尚未問市之前的部落格（blog）年代時，486 先生就已經開始發跡，1998 年 486 先生還在震旦集團擔任業務員，出於對攝影設備、3C 用品的興趣，開始在蕃薯藤的天空部落撰寫文章，當初只是單純的圖文分享。

2007 年在讀者的簇擁下，發起了第一筆團購，當時掃地機器人剛上市，他買了一台回來，並且拍了很多照片實測給大家看，1 台掃地機器人的單價是 28,000 元，他向經銷商爭取到 22,000 元的團購價，在部落格上銷售，1 個晚上就賣了 200 多台。

當他確定了團購這個商業模式是可行的，於是在 2010 年正式成立了 486 團購網，由導購網紅轉型為電商平台。到了 2020 年，486 團購網約有 500 個品項的產品，年營業額約為 16 億元。

對 486 先生而言，導購的關鍵不外乎是了解到商品的特質及消費受眾的需求，因此，他非常堅持：486 團購網上所販售的每一個商品，都必須經過他親自試用過、確認過品質，由於這項堅持，也使得他不得不放棄那些他沒有用過的商品。

🎧 圖 13-12　486 先生

➡ 13-4-5　網紅經濟的發展趨勢

隨著網際網路相關應用的蓬勃發展，網紅經濟正逐步走向成熟化與制度化，專業的網紅經濟產業鏈也逐漸成形，為網紅經濟的後續發展提供有利條件。網紅經濟未來的發展趨勢有：

一、網紅從現實走向虛擬

隨著網際網路技術的發展、用戶對新奇事物的渴望及虛擬人物的爆紅，粉絲們逐漸把注意力從真實存在的人，轉移到虛擬創造的人和形象上。而這些新的形象也在逐漸崛起，成為新一代的網紅。

相較於現實人物，虛擬人物以其特有的可塑性和趣味性，增加了自身的傳播速度和認知程度。而其自身形式和內容的多樣性，也賦予其強大的行銷能力，博得廣大廣告主的青睞。

以虛擬形象直播或拍攝影片的做法，其實已經很久了，不過，世上公認 Vtuber（virtual YouTuber）的始祖，應該是 2016 年出道的絆愛。YouTube 官方在 2020 年 12 月中表示，Vtuber 頻道在 2020 年快速成長，10 月的單月觀看次數首次突破 15 億次。

⊙ 圖 **13-13** 絆愛

二、網紅職業化

伴隨著網紅經濟的逐步專業化、孵化經紀公司（multi-channel network, MCN）產業的完整，網紅與孵化經紀公司簽約成為專職網紅，形成了一種新趨勢。同時，簽約孵化經紀公司的網紅人數逐漸增加，意味著越來越多人把網紅當成自己的正式職業和工作，職業網紅的人數將不斷增加。

三、多平台化成為主流

隨著網際網路的不斷發展，不同的內容領域衍生出不同的平台，導致曾經紮根於單一平台的走紅方式，無法跟上市場的節奏。在適合自身優勢及內容的多個平台同時上傳作品，以吸引不同使用習慣的粉絲，成為網紅提升自身知名度及吸引流量的新方式。

13-5　會員經濟

➥ 13-5-1　會員經濟的發展背景

　　會員制度搭起了企業與消費者之間的溝通橋樑，也促進彼此感情，並凸顯出會員的價值與差異性。它的起源有二種說法：一種說法是源自於俱樂部，另一種說法則是來自傳銷制度。

　　俱樂部派認為，全球最早的會員制度來自於英國，1754 年，ST. Andrews 的高爾夫球俱樂部，是全球歷史最為悠久、聲名顯赫的高爾夫球俱樂部。當時的俱樂部帶有上流社會的氣氛，多由社會上具有相同階層的人們，為創造出具有隱密性且近距離的社交場所而衍生出來的。

　　傳銷制度派的說法，則是會員制度源於早期西方興起的傳銷制度，當時的小型商家在部分的消費者中直接販售，目的除了在降低廣告行銷的成本外，產品的試用者也可作為商家日後宣傳的窗口。

　　會員經濟（membership economy）是將個人與企業或組織間，建立一個持續性且信賴度高之正式關係，企業或組織能提供會員更好的服務及福利，會員則以高忠誠度回饋，甚至提供建議，幫助改善產品或服務。

　　會員經濟對消費者及商家都有好處，商家藉由會員可以培養忠實顧客、穩定顧客。商家可藉由與會員間的互動，促進其與顧客間的雙向交流，同時可以即時了解顧客的需求變化，立即加以因應，以滿足消費者需求。

　　消費者會因為有會員資格，而享有會員獨特的優惠、優先權利或特殊服務。也可以參與會員才有的限定活動，使其因為會員的身分尊榮，而感受到其地位的不同。商家的活動及訊息通知也可以即時收到，並藉由會員與品牌建立感情連結。

➥ 13-5-2　線上會員

　　線上會員制是由 Amazon 所首創。1996 年 7 月 Amazon 發起了一個聯合行動，網站只要註冊或是加入 Amazon 程式，而成為 Amazon 的會員，在自己的網站放置各類產品或廣告的連接，再加上 Amazon 所提供的商品搜尋功能，當網站的訪客點擊這些超連結，進入 Amazon 網站並購買某些商品之後，Amazon 將會依據該訪客的銷售額，付給這些網站一定比例的佣金。

　　在洪宗賢的研究中，將線上會員的類型分為：App 程式平台、儲值系統及積分制等三類。

一、App 程式平台

　　以往商家發行會員卡，會員人手一卡。而且不同的店家發不同的卡，往往皮夾內都是會員卡，要用時才發現要用的那張沒帶。由於現今的行動通訊發達，幾乎是人手一機，手機的普及率相當高，讓消費者在外出時，可以不需要另外攜帶會員卡，便能向商家出示自己的會員身分，並享有會員的專屬優惠。例如，現在各大便利商店、全聯等賣場都發行 App，會員只要下載安裝在手機上，以後就不需要攜帶會員卡購物，除了在使用中加深對商家的印象，也增加會員與商家之間的黏著度與聯繫。

二、儲值系統

　　會員儲值對於商家而言，是一種資金儲備和行銷推廣的方式。會員儲值的行為，代表會員對商家的認同，間接替商家的營業額做保障，而其背後的相關數據，更可以做為區分會員群體的指標，讓商家可對於不同消費層次的會員，制定適合該群體的行銷策略。如 7-11 在 2004 年推出的 iCash 卡，就是一張只能在 7-11 消費的儲值卡，當初是不記名的卡，後來也可以記名，更能掌握個別消費者的消費習性。

三、積分制

　　積分制度是商家最常用的會員行銷手法，目前也滲透至各種領域，像是商場、便利超商、汽車百貨等等。透過會員消費、分享等方式獲取積分，積分達到某一數額就能升級會員的等級或享有特別優惠。因積分制度可吸引顧客再次購買的意願，商家也能培養顧客的忠誠度及黏著度。

　　不過，在數位匯流的時代裡，這三種線上會員的界線也不是那麼明顯，業者往往會交互運用。例如，全聯的 PxPay 除了是 App 外，也具有儲值及積點的功能。全國加油站推出的會員 App，也具有積點的功能。

➡ 13-5-3　會員經濟的類型

　　會員經濟常見的類型有：訂閱制、線上社群、會員忠誠方案、封閉式營利制、開放式營利制等五種。

　　訂閱制的會員會定期付費，以取得內容、功能或服務。像 Netflix 網站，付費後即可收視平台提供的內容。Gogoro 的會員付費後，可取得它提供的更換電池服務。

　　線上社群是由一群具有共同嗜好或目標的網路體所組成，像 Facebook 裡的社團，它是由一群對該主題有興趣的人所組成，在社團裡可以交換資訊，也可以進行團購，Facebook 就有很多團購的社團。

　　會員忠誠方案目的在讓會員成為忠誠的客戶，只要會員持續消費，就會得到不同的優惠。如航空公司的累積哩程數優惠方案，就會讓很多消費者在搭飛機的時候會考量到特定的航空公司。

　　封閉式營利制是利用會員制的方式，限制只有繳費的會員才能進行消費。如健身房的客戶要先加入會員，事先繳費才能進來消費。這種組織通常會利用會員制來限制消費者。

　　開放式營利的會員制和封閉式營利制不同的是，它也接受非會員的消費，它是把會員經濟與自己目前的商業模式結合，希望透過會員制來提高消費者的忠誠度，但也不排除非會員的消費。像書局、藥局等替代性較高的業者，為了吸引客戶，往往會採用會員制的方式，消費者若加入會員，在消費時可獲得折扣，沒有加入會員的消費者還是可以進來消費。

➡ 13-5-4　會員經濟的商業模式

　　會員經濟的目的，主要是要藉由會員來增加客戶的黏著度與忠誠度。因此，國內外都有很多企業採會員制來經營。因為目的不同，其商業模式也有差異，其收費方式不外乎以下幾種：

一、免費

　　只要填寫基本資料，甚至只要電話號碼就可以成為會員。像坊間很多飲料店、雜貨店，只要輸入電話號碼就成為會員了。全聯當初也是只要電話號碼，就可以成為會員開始集點了。

　　免費會員的優點是企業把入會門檻降到最低，可以廣納會員，方便日後與顧客聯繫或提供優惠訊息等。但它的缺點則是會員無法感受到與他人的差異，而失去會員經濟的好處。

二、固定會費

　　收固定會費的方式有二種：一種是只收一次會費即成為終身會員，不用再繳費，如俱樂部的終身會員，繳交固定費用後就不用再繳費了。另一種方式，則是每年都要定期繳納會費，會員資格才能繼續，如 Costco 就是每年要繳年費。

　　固定會費的優點是會費的收入可做為企業的營收來源，且若經營得當，顧客能感受到專屬的服務並建立忠誠度。缺點則在於會員在使用服務前即收取一筆費用，可能會減少顧客之意願。

三、免費 / 收費並行

　　為了讓消費者先行體驗，而有了免費 / 收費並行的方案。免費會員只能使用部分的服務，付費升級後才能享有全部的服務。現在很多 App 都採用這種方式，先下載有廣告的部分功能版本，等使用者習慣之後，再購買完整版。YouTube 現在也採用這種方式，每個人都可以看 YouTube 上的影片，但是不定時會出現一段廣告，不想看廣告就付費升級。

　　這種方式的優點是沒有進入門檻，業者可以接觸到更多消費者，且可藉由提供試用服務引起其興趣外，真正付費的會員也能感受到其繳納會費所獲得之價值。缺點則是較難拿捏開放與限制之部分，因為提供試用之服務若太好，則無人願意加價使用完整版，反之亦然。

個案：便利商店的會員經濟

一、7-ELEVEn

統一超級商店股份有限公司（以下簡稱統一超）是在 1978 年所成立，1983 年開始 24 小時營業，成為全台第一間 24 小時營運的便利商店，創新與便利的形象深植人心。1989 年時，分店數突破 300 家，目前全台門市約有 6,000 家，很長一段時間，7-ELEVEn 就是便利商店的代名詞，它的門市數大約是其他 3 家便利商店的總和。

7-ELEVEn 在 2004 年推出一張只能在自己門市使用的儲值卡 icash，將消費者所得到的紅利點數存在 icash 裏，可說是目前 OPEN POINT 的前身。到了 2013 年，統一超投資成立了愛金卡公司，2014 年拿到金管會核發的電子票證執照，隨即推出 icash 2.0，並且打入統一超集團裏的康是美、COLD STONE、Mister Donut、21 世紀風味館、聖娜多堡等品牌通路，目前已是全台流通卡數第三高的電子票證。

近年來，會員經濟成為零售業的熱門話題，7-ELEVEn 是全台最早推出 App 的便利商店業者，它在 2015 年投入約 1,500 萬元，推出 OPEN POINT，當時僅提供會員查詢點數及活動訊息。不過，儘管有 icash 2.0 及集團品牌通路的挹注，但截至 2019 年初，OPEN POINT 的會員人數也只有約 300 萬。

統一超在 2019 年又投入約 7,000 萬元研發，在 7 月推出了 OPEN POINT App，開放各種支付工具都可以累積 OPEN POINT 點數。2020 年 5 月又進行大改版，把 ibon App 的功能整合進來，讓 OPEN POINT App 成為一個多功能的平台，消費者只要透過一個 App，就能在統一超集團中的各品牌使用。

為了提升會員的黏著度，7-ELEVEn 的第一步，就是串接集團內部各品牌的會員系統及外部平台機制，設法擴大點數的應用場景，進而放大點數的價值，除了讓點數可以在更多通路中使用外，點數的兌換方式也要符合消費者的習慣。

隨著街口支付及 Line Pay 使用率的提高，消費者漸漸習慣由這二家業者所帶起的 1 點抵 1 元的兌換機制，這個機制在使用上比 7-ELEVEn 長期使用的 300 點抵 1 元的機制更直覺。因此，7-ELEVEn 也決定大刀闊斧的將點數機制進行改革，在 2020 年 7 月時，將 OPEN POINT 的點數使用方式也改為 1 點抵 1 元。

統一超的董事長羅先智期許，統一超未來的發展要由提供基本需求的便利型商店，進化為超越顧客期待的依賴型服務平台。要讓顧客愈來愈依賴，OPEN POINT App 是個重要的武器，一間便利商店能為顧客帶來哪些服務，也因為有 App 而能有更多的想像空間。統一超 2020 年的目標，就是讓 OPEN POINT 的會員人數突破千萬大關，讓消費者的生活與 7-ELEVEn 緊密結合在一起。

資訊管理

二、全家超商

全家自 2016 年推出會員 App 後，到 2018 年會員數就接近 890 萬人了，在 2019 年已突破千萬人，遠超過 7-ELEVEn 的 OPEN POINT App 會員人數，其中「咖啡寄杯、跨店領取」可說是最關鍵的活動，推出後，會員數每日以 20~30% 的速度成長。

全家會員 App 中的「商品預購」功能，自 2017 年 7 月開始上線，短短一年就為全家創造了新台幣 8 億元的營業額，其中有 80% 來自於 Let's Café 的咖啡寄杯服務。

在 2018 年時，全家從資訊系統中也發現：有一群僅占整體會員比例約 2% 的超級用戶，足足貢獻了全家整體營收 10% 的業績，而這些超級用戶中，有 85% 的用戶都有用過商品預購功能來購買全家的 Let's Café，而咖啡銷售的業績中，也有將近一半的比率來自會員 App 的預購服務。

在看到寶可夢的熱潮後，全家開始在自己的 App 中導入小遊戲，並且讓這些虛擬寶物可以在線下換成真正的商品，再結合「隨買跨店取」的機制，消費者就可以用少少的點數換到商品，最重要的是能夠吸引消費者走進店裏，進而促成更多的消費。

投入遊戲化後，全家發現不僅會員玩得有趣，對 App 的黏著度也愈來愈高，同時，也翻轉了全家對便利商店經營通路的思維，以往都認為經營實體通路是場、貨、人的概念，也就是先要經營實體場域，開愈多的店、導入愈多的商品，客人自然就會來。

在經營會員後，思考的順序變成了人、貨、場，也就是先思考顧客的需求，再提供相對應的商品，最後才考量場域。只有當線下零售與線上 App 結合良好，才能走向線上線下融合（online merge offline, OMO）。

三、萊爾富

萊爾富的會員經濟是從金流服務做為切入點，2019 年和彰化銀行合作，讓消費者可以直接透過它的會員 App：Hi-Life VIP App 繳卡費，這項貼心的服務，看在同業眼裏，就好像把客人推出門外。

便利商店提供的代收服務，利潤雖然不多，但是卻可以藉此讓消費者進到店裏來繳費兼消費，萊爾富推出的新服務，無疑會減少門市的人流。然而，萊爾富最先想到的不是人流的減少，而是如何能提升顧客的體驗，就算有一部分的消費者，會因為透過 App 繳費而沒有進到店裏，但只要服務是品牌所提供的，接觸點是 App 或是門市，都是一樣的。

廣開支付是萊爾富近年來嘗試與其他便利商店做出差異化的重要價值主張，以信用卡消費來說，四大便利商店雖然都開放刷卡，但只有萊爾富開放全銀行信用卡交易，其餘均限於少數幾家合作銀行。

　　除了開放信用卡交易外，萊爾富也是最快開通行動支付的便利商店之一，也是支援非現金支付種類最多的便利商店，目前約有 65 種選擇，萊爾富非現金交易的比率約 15~18%，僅次於全家的 25%。

　　基於友善服務的考量，萊爾富在 2020 年 2 月全面開通 7-ELEVEn 的支付工具 icash，成為第一家可以同時使用四大票證（悠遊卡、一卡通、icash 及有錢卡）的便利商店。

　　在支付工具齊全後，萊爾富開始思考如何透過異業合作，來提升會員服務的附加價值，萊爾富認為，會員 App 的發展方向應該跟街口支付、LINE pay 等一樣，從會員出發，結合支付、點數、票券及其他異業合作，發展出屬於自己的生態圈，讓商圈不再侷限於實體門市的週邊 500 公尺內。

　　2020 年 2 月，萊爾富與平價品牌 Hang Tan 合作，在萊爾富的會員 App 中，以線上問卷的方式，調查消費者對平價服飾的購買喜好，完成問卷就可以領到 1 張襪子兌換券。這項活動超過 18,000 人參與，超過 3,000 人消費，為 Hang Tan 創造約 500~600 萬元的業績，增加了約 6% 的營業額。

習 題

一、選擇題

( ) 1. 以下何者為網路社群的特性？

(A) 虛擬性　(B) 封閉性　(C) 實名制

( ) 2. 哪一種社群屬於媒體研究性高、社會過程也高的社群？

(A) 部落格　(B) 內容媒體　(C) 虛擬世界

( ) 3. 以下何者為網路直播的特點？

(A) 即時發布內容　(B) 即時互動　(C) 以上皆是

( ) 4. 以下何者不是網紅的收入來源？

(A) 廣告　(B) 月薪　(C) 業配文

( ) 5. 記名式悠遊卡可視為哪一種會員制？

(A) 儲值　(B) 積分　(C) 以上皆非

二、問答題

1. 若你是唱片公司的行銷人員，當貴公司的歌手出新專輯，你要如何利用新興的媒體結合傳統通路，規劃行銷活動？

14 資訊系統開發

14-1 資訊系統開發方法

14-1-1 資訊系統開發方法

推動電子化企業，不能沒有資訊系統（information system, IS）。企業在建置資訊系統時，除了要有策略性規劃外，還要思考如何獲得系統、資訊系統的開發（information system development, ISD）方法。

企業面對的問題性質不同，資訊系統的需求也不同。而且在不同的環境下，需要不同的資訊系統，其開發方法也不同。以開發的對象來分，資訊系統的開發可分為：資訊部門主導、使用者主導及由組織外部獲取等三種。

一、資訊部門主導

大企業資源較多，資訊系統的開發多由資訊部門主導。系統由資訊部門人員負責規劃、分析與設計，依據開發步驟的不同，可分為系統開發生命週期法（**system development life cycle**, SDLC）與雛型法（**prototype**）。

二、使用者主導

在資訊科技普及的今日，資訊工具愈來愈多，中小企業資源不足，無法成立專業的資訊部門，資訊系統的開發多由使用者自行運用套裝軟體，建置自己需要的系統，這就是所謂的使用者自建系統（end user computing, EUC）。

三、由組織外部獲取

資訊系統由組織外部獲取的方式有：外包（outsourcing）、採購（purchasing）、租用。外包是將資訊系統的開發，委由外部的專業廠商來規劃、建置。採購則是直接在市面上購買合適的套裝軟體（package），如 ERP、CRM 等。在雲端運算（cloud computing）技術成熟後，很多廠商提供了軟體即服務（SaaS）或平台即服務（PaaS），可讓使用者依需要選用付費的服務。

14-1-2 系統開發與組織變革

組織在導入資訊系統之後，往往會帶來不同程度的組織變革。Loudon 認為，資訊科技所引發的組織變革，依照風險和報酬的不同，可分為：自動化（automation）、合理化（rationalization）、企業流程再造（business process redesign）及典範轉移（paradigm shift）。

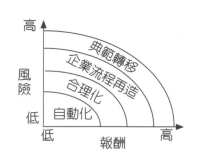

⋒ 圖 14-1 組織變革的風險與報酬

一、自動化

自動化是導入資訊科技後最常見的組織變革。企業導入資訊科技的目的,即是在協助員工更快速、有效率地完成工作,它的導入風險相對比較低。如,以往員工請假要填紙本的請假單,自動化後,假單電子化併在人資系統中,員工自行上網即可請假。到月底時,系統也可自動結算出休假日。

二、合理化

企業在導入資訊系統自動化後,會發現工作流程中產生新的瓶頸。下一步的組織變革,則是由自動化演進到流程的合理化,讓標準化作業能更順暢。如,銀行櫃檯的收付作業導入系統,若還讓客戶自行選擇櫃檯排隊接受服務,可能會因為沒有辦法先進先出而遭客訴。於是,就把流程改為一進門就先抽號碼牌,哪個櫃檯有空,就按號碼順序提供服務,這樣就可以達到先進先出的目標。

三、企業流程再造

企業流程再造是透過分析,簡化與重新設計企業的流程。它的風險較自動化、合理化的風險高,但為企業帶來的收益也比較大。企業流程再造是把既有的工作流程重新組織、合併,以減少浪費,並消除重複性、大量性的紙本作業。如企業導入供應鏈管理系統,訂單直接透過系統提交給供應商,而廠商的送貨單也可透過系統傳送回來,不但減少了紙本單據的傳送,更減少資料的重複輸入。

四、典範轉移

典範轉移涉及重新思考企業與組織的本質,透過資訊系統,徹底改變了組織的營運模式,甚至改變了企業的本質。它對企業的風險最大,但報酬也最大。如目前流行的外送平台,以往的外送服務,都是業者自己處理,但是業者提供外送服務,勢必要增加人力成本,而外送平台提供了各個業者的外送服務,業者不需要特別增加人力,即可提供外送服務。

14-2　生命週期法

系統開發生命週期法是歷史最悠久的系統開發方法，在整個生命週期各階段的工作，定義劃分得非常清楚，而且在前一段的工作完成後，才能開始下一階段的工作。這種需要上一階段完成後才能往下進行的方法，又稱為瀑布模式（**waterfall model**）。

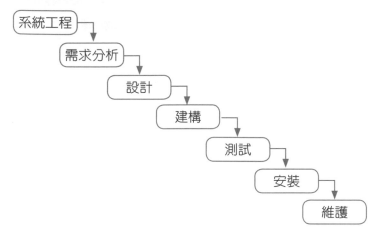

◑ 圖 **14-2**　系統開發生命週期法

傳統生命週期的資訊系統開發方法如圖 14-2 所示。將整個資訊系統開發的生命週期分成系統工程（system engineering）、需求分析（requirements analysis）、設計（design）、建構（construction）、測試（testing）、安裝（installation）、維護（maintenance）等七個階段。

↳ 14-2-1　系統工程

一個資訊系統的開發，涉及到軟體、硬體及人。所以，在系統生命週期的第一個階段所要執行的系統工程，就是要先找出整個資訊系統的主要需求項目，並且找出在軟體系統中建置的部分，區隔出最好能用硬體加以建置的部分，以及可能需要以人工作業為宜的部分。在這個階段所產生出來的規格架構，定義了系統與其他系統的互動介面規格。

↳ 14-2-2　需求分析

需求分析階段中，必須要利用與使用者訪談的機會，蒐集使用者的需求，進而清楚的定義系統的需求。這個階段對一個大型或複雜的系統而言是非常重要的，需求分析的目的，在找出使用者需要的系統元件所應該要具備的功能。

➥ 14-2-3　設計

在系統設計的階段中，係運用在系統分析階段所定義的系統需求，決定可以達成系統需求的最佳建置方式。在設計階段中，必須要先考量軟體架構的規格，定義出各主要的軟體元件間的關係。同時在這個階段中，要將人工作業的部分一併納入考量。

➥ 14-2-4　建構

一個資訊系統在完成系統設計以後，即進入建構階段。建構階段主要的工作，是把設計結果完整的轉換成程式碼（program code）。

➥ 14-2-5　測試

系統在建構完成後，要經過一系列完整的測試程序。在整個測試的過程中，一定要按照先前所規劃的測試計畫（test plan）執行，以確保系統可以很精確且完整地達成使用者對系統的需求。系統通過測試之後，整個系統才算完成了驗收程序。

➥ 14-2-6　安裝

系統完成測試以後，就可以交到使用者手上，進行安裝使用了。在安裝上線的過程中，可以視需要採取以下四種策略：平行策略（parallel strategy）、完全切換策略（direct cutover strategy）、先導策略（pilot study strategy）及階段性策略（phased approach strategy）。

平行策略是讓新、舊系統同步平行作業一段時間，直到確定新系統可正常運作為止。完全切換策略則是直接以新系統取代舊系統上線運作。先導策略是將新系統先在組織中的某一單位中實施，俟系統運作順暢後，再推行到其他部門中。階段性策略是先推出系統中的部分功能，在一段時間後再推出其他的功能。

安裝的過程中雖然有這麼多的策略可用，但是在選擇時，不是隨便挑一個來用就可以的，必須要配合企業的實際運作，挑選一個適合企業現況的方法，做為自己的策略，才會容易成功。

➥ 14-2-7　維護

系統在安裝上線後，很多需求開始不斷地產生。有些是在系統開發中的錯誤所造成的，也有的是當初受限於資源分配，而被列為下階段的工作，這些需求都是在維護階段要被完成的。

　　傳統的生命週期使用了很多年，但一直有著以下的爭議存在：

● 實際執行專案時，專案的各個階段可能會重疊，且各階段中的活動也可能會重複。

● 各階段不可能如瀑布般永不回頭，因為先前的系統分析錯誤所造成的回頭循環是不可避免的。

● 在整個資訊系統開發的過程中，需求的變更是不可避免的，但生命週期的方法卻很難滿足變更的需求。

　　為了解決上述的爭議，於是將傳統的系統開發生命週期模型，修正為具有循環功能的系統開發生命週期模型，如圖 14-3 所示。

　　圖 14-2 與圖 14-3 間最大的不同處，在於圖 14-3 在原來的傳統生命週期模型下方，加上可能的循環路徑。其實在實際運作上，循環修正所需的成本相當高。例如，專案如果執行到測試階段，發現需求分析錯誤，而需重做需求分析時，受影響到的階段不止是需求分析階段，設計、建構二個階段都會因為需求分析的變更而受影響，需要配合做修正。雖然修正需求花費的資源不少，但為了系統的品質，還是一個有必要的作為。

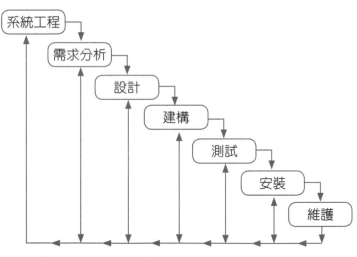

⋂ 圖 **14-3**　具循環功能的系統開發生命週期模型

　　常用的結構化方法論分別由 DeMarco 在 1979 年和 Yourdon 在 1989 年所提出，它的目的是為了產生在資訊系統開發過程中，所有功能、資料儲存及子系統介面的結構化規格。

　　由於它是根據傳統生命週期模型發展出來的，因此，它與瀑布式的傳統生命週期模型緊密結合，適用於傳統資料導向的程式系統開發。而目前業界的主流趨勢，卻是物件導向的程式，這樣的發展趨勢，使得結構化方法論的發展受限。

14-3 統一模型語言

14-3-1 UML 的發展

物件導向的觀念大約在 1980 年代興起，到 1994 年時，物件導向的方法論已有 50 種以上。1990 年代中期，Booch、Rumbaugh、Jacobson 三位物件導向界的大師，為了讓使用者不致於對物件導向方法論產生混淆、提供成熟的開發工具，並解決單一方法論所不能解決的問題，遂將各自所創的 Booch、OMT（object modeling technique）及 OOSE（object-oriented software engineering）方法結合，共同創立了**統一模型語言（unified modeling language**, UML）。

首先，在 1995 年 10 月，將 Booch 與 OMT 二個方法論結合，提出了 UML 0.8 版。隨後再加入 OOSE 的方法論，於 1996 年 6 月提出 UML 0.9 版。而物件管理組織此時正在尋找標準模型語言，改版後的 UML 1.0 版遂於 1997 年 1 月為該協會接受。其後又陸陸續續經過幾次的改版，終於在 1997 年 11 月 14 日，UML 1.1 版才被整個 OMG 所接受。後續的改版作業則由 OMG Revision Task Fource（RTF）進行。RTF 隨後於 1998 年 6 月及秋季分別發表了 UML 1.2 版及 1.3 版，UML 遂成為目前業界的標準。

UML 是一種用來撰寫軟體藍圖的標準語言，使用者可藉由 UML 視覺化的工具，訂定、建構及記錄軟體密集系統（software-intensive system）的產品（artifacts）。它可應用的範圍廣泛，從企業的資訊系統到分散式、網頁式（web-based）的應用系統，甚至於是即時的嵌入式系統（embedded system），都可以利用 UML 的工具來進行塑模。

UML 是一種反覆式（iterative）的流程，透過多次循環，將系統不斷地重新定義，在對系統更深入了解後，提出一個有效的解決方案。在軟體開發的過程中，是以架構為中心（architecture-ventric），重視早期的發展及軟體的架構。透過這種方式所建立的架構藍圖，可以做為以元件為基礎的軟體開發、規劃及管理的基礎，並可藉由此一架構，將系統在開發的過程中予以概念化，並加以完善的管理。

14-3-2 UML 的架構

UML 的架構是以視覺化的方式，來建構系統的開發方向，讓參與系統開發的專案成員，如使用者、系統分析師、程式設計師、測試人員等，能在不同的時間，從不同的角度來檢視系統。

資訊管理

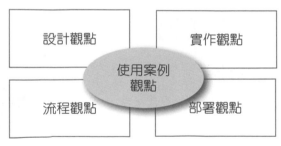

🎧 圖 14-4 UML 的系統架構

　　UML 的系統架構如圖 14-4所示，主要由五個環環相扣的觀點（view）所組成。其中每一個觀點，都是系統在組織與結構上的設計（projection），針對某一特定角度來描述系統。

一、使用案例觀點

　　在系統的使用案例觀點（**use case view**）中，主要有描述系統行為的使用案例，這些使用案例可能會被它的使用者、系統分析師或測試人員所檢視與使用。

二、設計觀點

　　系統的設計觀點（**design view**）包含了產生問題及解決方案的類別、介面及合作。由設計觀點產生系統的功能性需求，此功能性需求即是系統可以提供給使用者哪些服務。

三、流程觀點

　　系統的流程觀點（**process view**）包括組成系統同步機制的執行緒（thread）和流程。在流程觀點中，主要強調系統的效能、擴充性及整體效能。

四、實作觀點

　　系統的實作觀點（**implementation view**）包含組合及完成系統的元件及檔案，主要強調的是系統組合完成後的型態管理。

五、部署觀點

　　系統的部署觀點（deployment view）包含系統執行時的硬體拓樸，主要強調實體系統的分布、交付（delivery）及安裝（installation）。

　　根據物件導向大師 Booch 的研究，依系統的簡單與複雜程度，可選擇不同的圖形來塑造系統，不一定要全部都用。對於一個簡單的單機系統來說，不需要把 UML 中的九種圖形都畫出來，也不需要全部完成塑模的五個觀點，只需要在使用案例觀點中，畫出使用案例圖，在設計觀點中完成類別圖、物件圖、循序圖及合作圖即可。

➥ 14-3-3　UML 的九張圖

　　由於一個規模較大的系統，無法單由一個角度即能了解，透過圖形，可以讓我們從各個角度，以視覺化的方式來了解系統。因此，在 UML 中提供了九種圖形，供使用者依實際需要來描述系統。這九種圖形又可分為用來描述系統的靜態結構及動態行為二大類。

一、靜態結構

　　在系統開發過程中，把系統的靜態觀點（static aspect）用圖形表示出來，可以使整個系統的架構更加穩定。在 UML 中提供了類別圖（**class diagram**）、物件圖（**object diagram**）、元件圖（**component diagram**）及部署圖（**deployment diagram**）等四種結構圖（structure diagram），讓使用者能夠利用視覺化的方式來定義（specify）、建構（construct）及記錄（document）系統的靜態觀點。

(一) 類別圖

　　類別圖用來顯示一組類別、介面、合作及它們之間的關係，是我們在建構物件導向系統時最常用的一種圖形。在系統的開發過程中，我們可以透過類別圖來說明系統的靜態設計觀點。

(二) 物件圖

　　物件圖顯示一組物件及它們之間的關係。在類別圖中發現的事物靜態觀點，可以利用物件圖說明其資料結構。物件圖也是一種用來描述系統設計觀點的圖。

(三) 元件圖

　　元件圖顯示一組元件及他們之間的關係。透過元件圖，可以說明系統的靜態實作觀點。

(四) 部署圖

　　部署圖顯示一組節點和他們之間的關係。利用部署圖，可以描述系統架構的靜態部署觀點。

二、動態行為

在 UML 中同時提供了使用案例圖（**use case diagram**）、順序圖（**sequence diagram**）、合作圖（**collaboration diagram**）、狀態圖（**statechart diagram**）及活動圖（**activity diagram**）等五種行為圖（behavior diagram），使我們能以視覺化的方式來定義、建構及記錄系統的動態觀點（dynamic aspect）。通常是以系統的動態觀點，來表示其改變的部分。

(一) 使用案例圖

使用案例圖顯示一組使用案例、動作者，以及它們之間的關係。在系統開發的過程中，我們利用使用案例圖來描述系統的靜態使用案例觀點。使用案例圖是 UML 中最重要的圖形，整個系統開發的過程皆由使用案例圖所發起。

(二) 順序圖

順序圖強調的是訊息的時間順序。它顯示出一組物件和這些物件間訊息傳遞的情形。而這些物件可能是具名或匿名的類別實例，也可能是合作、元件、節點等事物的實例，順序圖說明了系統的動態觀點。

(三) 合作圖

合作圖強調傳遞訊息的物件間的結構組織。在合作圖中，可以顯示出一組物件和另一組物件間的連接及訊息傳遞情形。這些物件可能是具名或匿名的類別實例，也可能是合作、元件、節點等事物的實例。合作圖說明系統的動態觀點。

在塑造系統的動態模型時，要在同一時間點上從不同角度來看問題，是件相當困難的事。在 UML 中提供了相等語意的合作圖與順序圖，使系統開發者在進行動態系統建構時，可以相互轉換而不會遺失資訊。而合作圖與順序圖，亦合稱為互動圖。

(四) 狀態圖

狀態圖顯示一個狀態機，包括了狀態、轉換、事件及活動，它可以表示系統的動態觀點。狀態圖強調物件的事件順序行為，對塑造介面、類別及合作的行為相當重要。

(五) 活動圖

活動圖表現的是系統中由一個活動到另一個活動的流程，包括一組活動、發出和接受動作的物件，以及活動與活動之間的順序流（**sequence flow**）、分歧流（**branching flow**）。透過活動圖可以顯示系統的動態觀點。

→ 14-3-4 UML 的開發流程

UML 是採用 Rational Unified Process 軟體開發生命週期的方式。其目的是利用嚴謹的方式，生產高品質的軟體產品，在有限的時程及預算之下，滿足使用者的需求。

UML 的系統開發流程如圖 14-5 所示。在圖 14-5 上方，將系統的開發分成開始階段（inception）、細部規劃階段（elaboration）、建構階段（construction）及轉換階段（transition）等四個階段。下方表示在每個階段中，都會經過多次的重複循環。

左方表示在系統開發過程中的九個流程。這九個流程又分為程序流程（process workflow）及支援流程（support workflow）二個部分。程序流程中，包含了企業塑模（business modeling）、需求（requirement）、分析設計（analysis and design）、實作（implement）、測試（test）及部署（deployment）。支援流程中，則包含了型態管理（configuration and change management）、專案管理（project management）及環境（environment）。

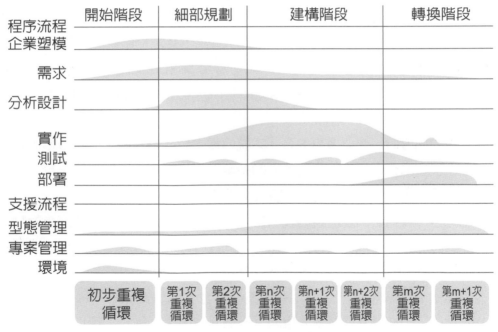

⌒ 圖 14-5 UML 的系統開發流程

階段（phase）是指在軟體開發的過程中，可以符合一組目標、完成一些產品及做好決策，準備進入下一階段的二個重要里程碑間的時間。在 UML 的系統開發過程中，分為四個階段：開始階段、細部規劃階段、建構階段及轉換階段。

一、開始階段

在開始階段中，我們要為系統建立企業案例。在建立企業案例時，並不會限定專案的範圍。企業案例包括了成功的條件、風險評估、資源的預測及能夠顯示專案中重要里程碑的階段規劃。因此，在這個階段中，大部分的工作在從事企業塑模及探索系統需求，輔以少部分的專案管理及環境評估。

在開始階段，會先建立一個可執行的雛型系統，用以驗證先前的概念之可行性。一般我們會先花幾天的時間，思考一下值不值得再往下一階段繼續研究。而在這一階段的末期，我們要再檢討系統生命週期的目標是不是已達到，並決定是不是要全面性執行後續的開發工作。

二、細部規劃階段

在建立企業案例之後，系統開發進入了細部規劃階段。這個階段的目的，在分析問題範圍、建立完整架構、擬訂專案計畫及降低專案中高風險的因素。其主要工作在利用已完成的企業塑模，進行需求分析及系統設計，並開始進入實作部分，且配合系統的分析設計，訂定相關測試計畫。而型態管理及專案管理，在這個階段中也都持續進行著。

一般我們在評估一個專案的風險時，都會考慮由四個構面來看——需求風險（requirement risk）、技術風險（technological risk）、技能風險（skill risk）及政治風險（political risk）。

在評估需求風險時，我們考慮的是「系統的需求到底是什麼？」，最怕的是在花了很多的人力、物力之後，發現我們所建立的系統並不是使用者所需要的系統。因此，在這個階段中，首要之務是控制需求及其間的優先度。

其次要考慮，我們必須要面對的技術風險是什麼？這包括了專案的成員對物件導向分析設計方法的熟稔度，以及對物件導向程式、資料庫的熟悉度。如果專案成員對物件導向的工具不熟悉，則專案開發的風險無形中會提高。

專案的風險有時候不完全都發生在專案成員身上，專案完成上線後，使用者是不是有能力去操作它，亦是我們所要考慮的另一個風險因素。畢竟一輛性能設計優異的汽車，若讓一個不會開車的人去當駕駛，是無法充份發揮其效益的。技能風險是可以透過組織內部的教育訓練來降低的。

政治風險是組織中一個不易掌握的風險因素，卻也是影響專案最大的因素。政治因素固然在政府機構中會出現，但並不表示在民間企業就不會發生。而一個政策的轉向，往往就會讓一個專案就此夭折。

細部規劃階段完成後，我們必須要驗證系統的目標、範圍、架構及主要風險的解決方案，是不是符合我們的需求。若是能滿足各項需求，才能繼續往建構階段執行。

三、建構階段

在建構階段中，我們採用反覆、漸進式的發展流程完成產品，並將產品轉移給使用者。由圖 14-5 中可以發現，在這個階段中，主要的工作是多次反覆、漸進式的系統實作，企業塑模、需求及分析設計都將進入尾聲，而型態管理所花的時間也開始增多。

在一系列反覆、漸進式建構的過程中，每一次的反覆過程都可以看成是一個小的專案（mini-project），都要對指定的使用案例進行分析、設計、撰寫程式、測試及整合，直到對使用者進行展示並完成系統測試，確認使用案例正確為止。

建構階段的目的在降低風險，通常風險會出現，是因為很多困難的議題都未能及時被解決，而把它先放到最後再說，結果造成在專案末期，很多問題陸續產生，而專案末期的測試與整合又是一個相當大的工作，因此而產生工作的瓶頸，使專案無法順利繼續執行下去。

而透過反覆、漸進式的開發過程，在每一次的反覆流程中，都要執行所有的程序，因此，系統開發人員就沒有機會把問題一直放到後面，想拖到最後再解決。所以，系統開發人員就會養成一個習慣，不會想要去隱藏問題。

四、轉換階段

在轉換階段，我們要把已開發完成的軟體系統部署到使用者端。當系統交給使用者後，問題也就隨之而起，需要額外的開發工作以調整系統、修正以前未發現的問題，並完成後續處理的事情。這個階段通常在測試版完成後開始，直到正式版修正，完成上線後為止。

這個階段的末期，我們要檢討當初開發專案時所訂的目標是否已達成，並依檢討後的結果，決定是不是要開始另一個新的開發循環。

➡ 14-3-5 UML 圖形在系統開發中的運用

UML 在系統建模開發的過程使用了九張圖，這九張圖看起來好像各自獨立，它們之間有沒有什麼關係呢？

前面已經提過，這九張圖在系統開發過程中，不一定要全部都使用，可以視系統的需要，選擇使用部分或全部。

在系統開發過程中，首先會用到的是使用案例圖。它是使用者和系統開發者溝通的橋樑，系統開發者在做過使用者需求訪談後，可以透過使用案例圖和使用者確認系統的需求。

需求確定後，即根據使用案例的功能，列出類別及物件，再依它們的關係分別畫出類別圖與物件圖。再考慮類別間、物件間的互動關係，畫出循序圖及合作圖。如果系統有狀態的改變，則需要以狀態圖表示。涉及流程的改變，就要以活動圖來顯示流程。

當類別與物件都確定了，即可根據類別、物件中各個操作的定義撰寫程式。而其屬性則是資料庫的欄位，正規化後用來建立資料表。而最後，這些程式、資料表、說明文件等，都會以元件的方式顯現在元件圖中。

部署圖則用來表示整個系統的軟、硬體配置及網路架構，說明將來系統完成後，會有哪些硬體，它的規格是什麼，它們之間是透過什麼樣的網路連結，每個硬體上配置哪些軟體。

14-4 敏捷開發

➥ 14-4-1 敏捷開發的發展

在現今 App 當道的時代，程式規模變小，但是，卻要因應外界的需求不斷地調整。傳統的瀑布式開發方式，已無法滿足系統開發的需求。**敏捷式開發（agile）**可讓團隊在需求快速改變下，仍可以協調合作（collaboration），並以漸增（incrementally）的方式，提供可運作的軟體。

敏捷開發的概念，是由 Hirotaka Takeuchi 與 Ikujiro Nonaka 在 1986 年所提出。它以時間框架（timebox）的方式，透過經常性交付（frequent delivery）的漸增型產品，來取得客戶的回饋（feedback），再逐步將產品調整至完整。

1994 年之後，陸續又有學者針對敏捷開發提出了動態系統開發方法（dynamic system development method, DSDM）、Scrum、極致軟體製程（extreme programming, XP）、特徵驅動開發（feature-driven development, FDD）、水晶方法論（crystal methodologies）等方法論。

為了改善目前軟體開發過於重表面文件的流程，2001 年 2 月，由 17 位敏捷方法論的學者，在美國猶他州（Utah）的雪鳥（Snowbird）滑雪渡假村，討論輕量級（lightweight）的軟體開發模式，會後發表敏捷軟體開發宣言（manifesto for agile software development）。

敏捷軟體開發宣言是藉由自行或協助他人進行軟體開發，我們正致力於發掘更優良的軟體開發方法，透過這樣的努力建立人員及互動比流程與工具更重要、可正常運作的軟體比詳盡的文件更重要、與客戶協同合作比合約協定更重要、對變更做回應比依計畫行事更重要的價值觀。

敏捷的方法論很多，常見的有：Scrum、極致軟體製程、看板方法（kanban）、精實軟體開發（lean software development, LSD）、水晶家族（crystal family）、特徵驅動開發、動態系統開發方法等，囿於篇輻，本章僅介紹常用的 Scrum。

➥ 14-4-2　Scrum

Scrum 是由 Jeff Sutherland 與 Ken Schwaber 於 1995 年所提出，它原來是橄欖球比賽裡「爭球」的意思。在敏捷開發中，Scrum 是一個輕量級的管理架構，透過重複執行及漸增性交付的方式，來完成整個系統開發作業。

一、Scrum 的角色

參與 Scrum 的角色（role）有：產品負責人（**product owner**, PO）、團隊（**team**）及隊長（**scrum master**, SM），他們有各自的職責。

(一) 產品負責人

產品負責人代表系統開發專案的利害關係人（**stackholder**），負責整合所有利害關係人的想法、規劃需求的目標與達成的優先順序，以確保利害關係人能得到最大價值。

(二) 團隊

Scrum 團隊是一個自我組織、跨功能的團隊，擁有開發漸增性產品的技能，人數約五至九人，被組織授權可以自主管理其工作，並產生最大效率。

(三) 隊長

隊長負責團隊成員的教育訓練，使團隊成員們都能了解 Scrum 的開發方式，以確保大家都能遵守 Scrum 的規則。但他不負責團隊的管理工作，隊長通常採僕人式領導（servant leadership），為團隊排除障礙、爭取資源。

二、Scrum 的活動

(一) 衝刺

Scrum 把每個工作項目（items）再細分成很多的工作（tasks），每個工作分散在最長一個月的幾次迭代（**iteration**）或循環（**cycle**）中完成，這樣的迭代或循環稱之為**衝刺**（**sprint**）。每次的衝刺所完成的工作，都會為客戶或使用者帶來實際可見的價值。

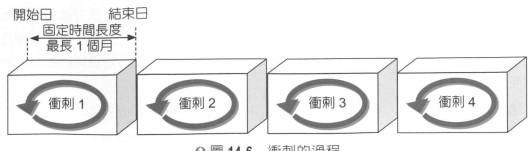

🎧 圖 14-6　衝刺的過程

　　衝次是有**時間限制**（**time-boxed**）的，它們有開始日及結束日，每次的衝刺時間長度都是一樣的，大約二至四週，新的衝刺緊接在前一次的衝刺之後，工作如果在這次的衝刺中沒有完成，就放回**產品待辦清單**（**product backlog**），移到下個衝刺再做。

　　衝刺的期限、品質和目標，在過程中不可改變。衝刺終止的決定，會受利害關係人、團隊及隊長的影響，但只有產品負責人有權可以終止。當公司政策、市場、技術改變，使得衝刺原來所訂的目標變成不重要，或無法被滿足時，衝刺也可以被取消。

(二) 衝刺規劃會議

　　衝刺規劃會議（**sprint planning**）是在每個衝刺開始前召開的。分成二個階段進行，每個階段約四小時。產品負責人、隊長及團隊成員都要參加，其他人員在提供完相關的專業資訊後即可離席。產品負責人在會前，應先行準備好產品待辦清單，並列好優先順序。

1. 第一階段會議

　　在第一階段的衝刺規劃會議中，產品負責人會從產品待辦清單中，提出本次衝刺要完成的項目，並告訴開發團隊關於這些項目的想法。開發團隊針對這些項目，先估算其規模。再確認可否於本次衝刺中完成。最終要定義出衝刺的目標，開發團隊也要對衝刺要完成的項目做出承諾。

2. 第二階段會議

　　衝刺規劃會議的第二階段，由開發團隊針對已經選定的項目，再分解成更小的工作，並將這一系列的工作，建立成衝刺待辦清單（sprint backlog）。

(三) 每日站立會議

　　每日的站立會議（**daily scrum**）由團隊成員及隊長參加，時間不超過 15 分鐘，團隊成員分享目前的工作狀況，並進行工作協調。每位團隊成員在會議中都要回答以下問題：自上次會議後完成哪些工作、下次會議前有哪些工作要完成、遇到什麼問題或阻礙。問題或阻礙不會在站立會議中討論，而是先記錄下來，再另行安排會議討論。

(四) 衝刺審查會議

衝刺審查會議（**sprint review**）通常在衝刺的最後才舉行，目的在確認本次衝刺的項目是否都已達成、漸增性產品是否都完成、產品待辦清單的內容是否需調整、項目的優先順序是否需調整。

會議由產品負責人、團隊成員、隊長及其他有關的利害關係人參加。如果衝刺的時間為一個月，則衝刺審查會議的時間，最好不要超過 4 小時。透過利害關係人的回饋及雙方的討論，可讓價值極大化。

在會議中，先由產品負責人說明產品待辦清單目前達成的狀況，並預測系統開發完成的時間。開發團隊則展示已經完成的工作，並回答相關問題，同時檢討本次衝刺期間的問題及解決方案。最後再評估系統在需求、技術上有沒有異動，以確定未來工作是否需要調整，評估系統下一次發布（release）的時間。

(五) 衝刺回顧檢討會議

衝刺回顧檢討會議（**sprint retrospective**）通常在這次的衝刺審查會議之後，下次的衝刺規劃會議之前舉行。由產品負責人、團隊成員、隊長及其他有關的利害關係人參加。如果衝刺的時間為一個月，則衝刺審查會議的時間最好不要超過 3 小時。

在會議中，團隊成員將對本次衝刺的人員、工作、流程、工具等進行檢討，並針對問題提出改善方案，以便在下一個衝刺中執行。也可以適當調整完成（done）的定義，以提升產品的品質。

三、Scrum 的產出

Scrum 的產出（**artifacts**）可以提供團隊及利害關係人有關系統開發相關規劃與進度的資訊，讓系統開發專案可以透明化（transparency），並提供檢討與調整的空間。Scrum 的重要產出包括：產品待辦清單、衝刺待辦清單及漸增性產品。

(一) 產品待辦清單

產品待辦清單將使用者對系統的需求全部列出，它可以說是一份依價值優先順序排序的項目清單。也是唯一一份記錄所有系統變更及其需求來源的文件，通常由產品負責人保管。

產品待辦清單要適當的詳細（detailed appropriately）——優先等級高的項目應有較詳細的說明。為了能規劃後續的工作，產品待辦清單的項目常以故事點（story points）或理想時間（ideal time）來表示，以方便估計（estimated）。

　　透過使用者的回饋，產品待辦清單的內容不會是一成不變的，它會隨著使用者故事而新增、修改、刪除或重新排序。產品待辦清單永遠把最有價值的項目放在最上面，其順序也是最優先，當這個項目被完成後，就會從產品待辦清單中被移除。

(二) 衝刺待辦清單

　　在衝刺規劃會議的第一階段中，從產品待辦清單中挑選出本次衝刺要做的項目之後，接著在第二階段的衝刺規劃會議，就會針對這次衝刺要完成的項目，由團隊成員分解成更小的工作，並把這些工作列成衝刺待辦清單，包括完成工作所需的時間。

　　衝刺待辦清單上的工作由團隊成員自行選擇，並且承諾完成時間，而非由隊長指派。團隊成員對衝刺工作的進度，則透過每天 15 分鐘的站立會議報告，會後由隊長繪製燃盡圖（**burn down chart**）公告周知。

(三) 漸增性產品

　　漸增性產品必須是可執行且符合完成的定義的產品，它包括本次衝刺完成的項目及之前衝刺完成的項目。

四、Scrum 的流程

　　Scrum 不僅適用於軟體系統的開發，也可用來管理其他複雜的產品開發專案。它的主要流程如圖 14-7 所示。產品負責人與利害關係人討論了解其需求後，根據需求列出產品待辦清單，並於系統開發專案前與利害關係人確定。

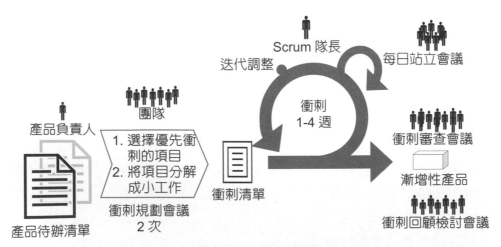

⋒ 圖 14-7　Scrum 流程

　　系統開發專案展開後，根據產品待辦清單，在衝刺規劃會議中列出優先項目，再將優先項目分解成小工作，做成衝刺待辦清單，由團隊成員認養工作，並於每日站立會議中提報進度，最後產出漸增性產品，並於衝刺審查會議中確認。

單一的衝刺在衝刺審查會議後結束,在下一個衝刺之前,會先開衝刺回顧檢討會議,檢討、改善本次衝刺的得失,並適當調整完成的定義,再進行下一次的衝刺。

➡ 14-4-3　敏捷開發流程

敏捷開發的流程可分為:**籌備階段**(**preparatory phase**)、**起始階段**(**initiating phase**)、**發布循環**(**release cycle**)及**結束階段**(**closing phase**)。

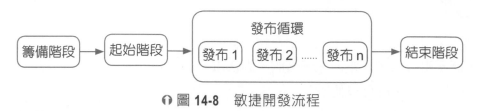

● 圖 **14-8**　敏捷開發流程

一、籌備階段

籌備階段主要的工作是可行性研究(feasibility study),目的在確保系統開發在各方面是合理、可行的。透過檢視組織面臨的問題與機會,評估系統開發投入的成本效益,並發展營運企劃案(business case)。

二、起始階段

起始階段是透過專案章程(project charter),取得開始專案的授權,辨識利害關係人,俾利蒐集利害關係人的需求。透過使用者故事產生產品待辦清單,經過高層次估算(high level estimate)決定產品待辦清單中,各項目的優先順序。最後對系統、技術或其應用領域進行研究調查,做出產品的發展圖(roadmap)。

三、發布循環

發布循環是規劃本次衝刺所要發布的工作內容,並對執行衝刺可能會發生的風險進行評估,再以迭代的方式進行系統的開發。當開發的成果符合本次發布的標準,就在衝刺審查會議中進行發布審查,以確認交付標的(**deliverable**)能滿足使用者需求。最後,再對本次發布做回顧檢討(**retrospective**)。

四、迭代循環

迭代循環(**iteration cycle**)是發布循環裡的子循環,每個發布循環裡有數個迭代循環。在迭代循環裡,先規劃本次迭代的工作內容,再進行系統的開發、整合及測試,並於衝刺審查會議中進行迭代審查,以確認漸增性產品能滿足使用者需求。最後,再對本次迭代做回顧檢討,以便將本次經驗學習提供下次迭代使用。

五、結束階段

結束階段是將系統開發的成果交付給使用者,並取得使用者正式的驗收,再對專案進行回顧檢討,將本次系統開發專案的經驗學習,轉換成組織的知識資本,正式結束專案,人員歸建、資源釋放。

14-5 雲端運算

我們在使用電燈的時候,只要把電燈的插頭插在有電的插座上,就可以通電,讓電燈發光,而不用去思考「電」怎麼來的,因為電力已是基礎建設,電器只要能連上這個公共服務網路,自然就可以使用。

資訊科技的新潮流「雲端運算」(cloud computing),就像是水、電這類公共服務,基礎建設完成後,所有的裝置連上網路,自然可以使用它所提供的服務,而不用管它在哪裡。在雲端運算的時代,電腦使用經驗將與過往有很大的不同,安裝軟體的必要性將會越來越低,甚至對多數人而言,安裝軟體這件事會逐漸消失,因為有越來越多的軟體與資訊服務,都能透過網路取得。

在這種情境下,企業對資訊系統建置的思維也會跟著改變,考量專注在自己的核心競爭力、解決內部資源不足的問題、降低投資風險等因素,加上雲端運算具有快速提供(rapid provision)、降低資本支出(capital cost reducing)、彈性(flexibility)、可擴充性(scalability)、品質可靠(quality reliability)、安全性(security)、減少管理負擔(reducing management loading)等誘因,未來企業的資訊系統可能會變成結合傳統的內部資訊系統與外部的雲端運算的整合系統。

➥ 14-5-1 雲端運算對 MIS 部門的衝擊

一、MIS 角色轉變

由於使用雲端系統的份量愈來愈重,提供雲端運算的第三方業者(third party)的角色吃重,企業內部的 MIS 部門漸漸由技術提供者(technology provider)的角色,轉變為技術的仲介者(technology broker),主要工作變成協調企業內部的使用者與提供雲端運算服務的業者。

二、MIS 人員需求減少

當開發系統的工作交給雲端業者之後,企業內部 MIS 部門的人員就不需要那麼多了,將會大幅裁員。

三、IT 與角色轉變

當資訊系統由雲端業者提供後，資訊科技的角色將由技術供應者轉變成技術服務者，提供各功能部門資訊服務。

四、MIS 規模縮小

當資訊科技的資源外部化後，獨立的 MIS 部門規模將會漸漸縮小，甚至於走向裁撤之路。

五、協力夥伴責任加重

當企業習慣性使用雲端系統後，未來將很難再自行開發系統。此時，第三方的協力夥伴就很重要，企業未來的競爭優勢有賴與這些雲端運算業者一起合作，方能達成。

14-5-2　雲端運算對資訊人員的影響

隨著企業內部 MIS 部門對資訊人員的需求減少，資訊人員將會分散至各功能部門，甚至於單獨成立第三方系統開發公司，取代 MIS 部門，提供專業的資訊服務。

14-5-3　雲端運算對產業的衝擊

一、資源配置改變

雲端運算的興起，讓各企業更趨向專業分工。經濟規模提升後，成本自然下降，以利整個產業資源配置達到最佳化。

二、不同產業衝擊不同

受到雲端運算衝擊最大的產業就是硬體業者、軟體代工業者及套裝軟體業者，雲端運算對於客戶（client）端設備的規格要求較低，硬體廠商應盡快轉型開發價格較低的低階電腦，專供連網使用。其次，原來代工軟體的廠商及開發套裝軟體的廠商，都要趕快把系統轉換成雲端，並改變自己獲利的商業模式。

三、跨域競爭

雲端讓服務變得無所不在（ubiquitous），資訊產業的競爭已是全球化，資訊業者已經沒有地緣優勢。

四、資訊產業轉型

過去以產品為主（product-oriented）的業者，都開始轉型為服務導向（service-oriented）的公司，重點在如何提供、傳遞良好品質的服務，做好顧客關係。

個案：敏捷的數位轉型

　　91App 成立於 2013 年，主要任務是協助國內零售業做數位轉型，它隱藏在品牌通路的後面，幫客戶做 App 與官網，是國內唯一提供網路、App 工具及顧問、電商代營運服務的業者。

　　從服務的廣度來看，這些年來，他們已經幫助上萬家零售業者進行數位轉型，客戶涵蓋面廣泛，從全聯、寶雅這類有數千個品項的通路，到專精單一品項的快車肉乾，從市場攤商到國際美妝專櫃，1 年可以幫客戶創造超過 130 億元的數位交易金額。

　　在服務的深度方面，它除了提供數位工具外，還要當顧問，甚至還要跟客戶一起來解決門市店員與總部間的銷售衝突，協助客戶建立分潤制度，讓門市人員願意鼓勵客人到官網上去消費。

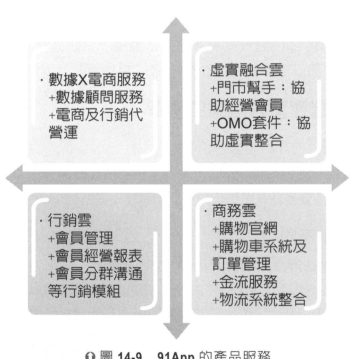

ᐃ 圖 14-9　**91App** 的產品服務

　　91App 的產品服務如圖 14-9 所示，若客戶為全聯這類型的大型零售商，這四種產品（數據／電商服務、虛實融合雲、行銷雲、商務雲）都會導入，若是黛安芬、快車肉乾之類的中大型零售商，則會導入虛實整合雲、行銷商務雲，像阿媽牌生鮮鍋這類微型或中小型零售商，就只會使用行銷雲及商務雲。

　　91App 的產品服務橫跨了數位工具與顧問服務二個不同領域，在不同領域需要的人才、技能及營運邏輯都不一樣，做數位工具的人，希望快速、規模化，產品設計的功能一旦滿足了爲數眾多的中小型零售商，勢必不能滿足中大型零售商複雜的需求。

　　而顧問業務又是一個極度客製化的服務，必須要能滿足個別客戶的客製化需求，但是，幾乎沒有二個客戶會有相同的需求，因此，每個專案對 91App 而言，都是一個從零開始的新專案，都要耗費大量人力的投入。

　　爲了滿足市場的需求，91App 在 2016 年導入了敏捷開發，直接招聘外部顧問及業界專家進場，打散原本的組織，重組功能齊全的小團隊，讓彼此可以更緊密的溝通，於是，很多工作可以同步進行，以因應市場上快速的需求變化。

　　在導入敏捷式專案管理之前，公司要 2 個月才能交付 1 個新的軟體版本，而且要在開發完之後，才能再一次回頭檢視成效。改採敏捷式開發後，每天都有小成果產出，經過迅速的迭代，2 週就可以交付 1 次新版本，讓很多潛在的問題可以提早被發現、解決。

習 題

一、選擇題

( ) 1. 由使用者主導的系統開發,會採用何種方式?

(A) 雛型法　(B) 使用者自建系統　(C) 生命週期法

( ) 2. 以下系統開發對組織造成的風險,何者最低?

(A) 自動化　(B) 合理化　(C) 典範轉移

( ) 3. UML 中,用來描述使用者需求的圖是?

(A) 元件圖　(B) 使用案例圖　(C) 部署圖

( ) 4. 下列何者不是參與 Scrum 的角色?

(A) 產品負責人　(B) 團隊成員　(C) 利害關係人

( ) 5. 在二個衝刺間所召開的會議是?

(A) 衝刺規劃會議　(B) 每日站立會議　(C) 衝刺回顧檢討會議

二、問答題

1. 若你要開發一個可以用來提醒駕駛,道路上有測速照相的 App,請問你會
採用哪一種開發方法?

15 資訊安全

▶ **15-1** 資訊系統面臨的安全問題

▶ **15-2** 網路安全威脅與安全需求

▶ **15-3** 網路攻擊的型態

▶ **15-4** 密碼學在資訊安全上的應用

▶ **15-5** 資訊系統的安全防護

▶ 個案：我的電腦被綁架了

15-1 資訊系統面臨的安全問題

在企業電子化之後，紙本文件開始減少，為方便資料共享，大量的資料都以電子化的方式存放，這個結果反而讓資料更容易受到攻擊。當不同地區的資訊系統透過網路連結後，未經授權的存取、濫用、詐欺等潛在威脅，將不再侷限在單一位址，網路上的任何一個節點都可能會受到攻擊。

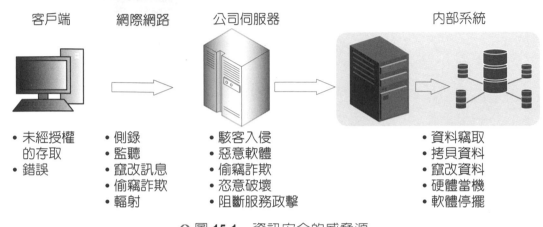

客戶端	網際網路	公司伺服器	內部系統
• 未經授權的存取 • 錯誤	• 側錄 • 監聽 • 竄改訊息 • 偷竊詐欺 • 輻射	• 駭客入侵 • 惡意軟體 • 偷竊詐欺 • 惡意破壞 • 阻斷服務攻擊	• 資料竊取 • 拷貝資料 • 竄改資料 • 硬體當機 • 軟體停擺

🎧 圖 15-1　資訊安全的威脅源

公司內部系統為了資訊安全的考量，目前都採用 3 tier 的架構，如圖 15-1 所示。客戶透過網際網路連結到公司的伺服器時，仍然無法直接觸及系統與資料庫，需要再經過內部系統伺服器的運作，才能做資料存取。

在這個看似安全的架構下，其實在層與層之間都存在著可攻擊點。在客戶端的使用者，有可能因為犯錯或未經授權的存取，而導致系統遭受攻擊。資料透過網際網路傳遞的過程，也可能被有心人士截取、側錄、監聽、竄改有價值的資料或未經授權的資料。

入侵者在進入公司系統之後，可能會發動阻斷服務攻擊（**denial-of-service**, DoS），或者散布**惡意軟體**（**malware**），藉以中斷網站的正常運作。入侵公司系統的行為，也可能是竊取、更改或破壞公司資料庫或檔案中的資料。

根據統計顯示：75% 的公司都遭遇過電腦的入侵事件，但是為什麼資訊安全事件會這麼普及呢？在林東清的研究中，從資訊安全環境與組織的資訊安全漏洞二個構面進行探討。

➜ 15-1-1　資訊安全環境

林東清認為，在資訊安全環境上，造成資訊犯罪的主要原因有：企業電腦化普及帶來的危機、Internet 的開放性、匿名性與距離性、犯罪速度快、電腦犯罪容易隱藏、法律週延性不足。

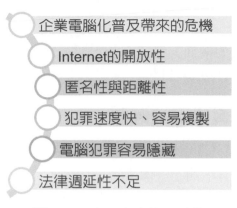

企業電腦化普及帶來的危機

Internet的開放性

匿名性與距離性

犯罪速度快、容易複製

電腦犯罪容易隱藏

法律週延性不足

🎧 圖 15-2　資訊安全的環境肇因

一、企業電腦化普及帶來的危機

資訊科技已成為企業競爭不可或缺的工具，大多數企業在交易處理、資訊儲存、傳遞等流程上已經電腦化，因此，電腦犯罪的行為不需要實際進入企業內部，透過網路的入侵，即可輕而易舉地取得重要的資訊，為企業帶來潛在的資訊安全危機。

二、Internet 的開放性

傳統的大型主機採專屬網路、專屬系統設計，因此每個系統的作業系統不同、通訊協定不同，駭客不易入侵。而網際網路的設計就是開放、公開，適合相互連結的系統，既然任何人都可以上網，只要有能力的人，就可以輕易地入侵他人的系統。

三、匿名性與距離性

網路犯罪具有匿名的特性，不像實體犯罪容易留下明顯的證據。犯罪的地點也相對難以追查，而且網路犯罪不但可以在事後消滅證據，也可以偽裝證據，讓偵察犯罪的困難度增加。

四、犯罪速度快

電腦犯罪的攻擊方式，很容易藉由大量複製，透過網路進行散布，擴大受害層面，造成大眾的恐慌，這是一般犯罪不易做到的。而且犯罪行為又是在很短時間內完成，卻能造成重大影響，這些都加重電腦犯罪的破壞性。

五、電腦犯罪容易隱藏

電腦犯罪的行為可能不會立即發生，往往像人生病一樣，會有一段時間的潛伏期，病毒碼可能會藏在某個程式裡，等到適當時機才會發作，讓人措手不及，而且，已失去控制的最佳時間，蒐證也不容易。

六、法律週延性不足

法律往往是走在科技的後面，很多電腦犯罪行為，只能用實體犯罪的法律來規範，但往往跟不上層出不窮的犯罪行為。

➥ 11-1-2 組織的資訊安全漏洞

林東清認為，除了企業外部環境外，組織的資訊系統，在先天上也有很多漏洞與弱點（**vulnerability**），為犯罪者開了一個後門。他整理了各種研究，認為組織資訊安全漏洞的產生，其原因不外乎有：作業系統本身的弱點、通訊協定的弱點、網路軟體的弱點、管理制度的弱點及人員的弱點。

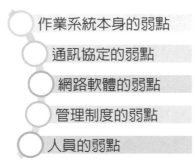

作業系統本身的弱點

通訊協定的弱點

網路軟體的弱點

管理制度的弱點

人員的弱點

⌒ 圖 **15-3** 組織的資訊安全漏洞

一、作業系統本身的弱點

任何作業系統都存在著或多或少的弱點，而架構在作業系統上的應用程式，當然安全性有待商榷。但我們對網路的依賴卻愈來愈深，除了個人外，企業也愈來愈傾向以電子商務交易，一旦網站伺服器（web server）被入侵，所有的交易紀錄就曝光了。

二、通訊協定的弱點

網際網路所採用的通訊協定（**protocol**）是 TCP/IP，它最先是在美軍內部使用，並未開放給一般民眾，因此，它的原始設計也沒有考慮到日後會有這麼多人使用，也就沒有在一開始，就把資訊安全的機制設計進去。

三、網路軟體的弱點

網路上眾多的伺服器，包括檔案伺服器（**file server**）、郵件伺服器（**mail server**）等，在設計之初並沒有把資訊安全機制放入，造成今日很多潛在的弱點隱藏在裡面。

四、管理制度的弱點

員工的資訊安全觀念是要教育的，組織如果沒有常常舉辦資訊安全教育，沒有對於資訊政策經常耳提面命，沒有制定相關資訊安全管理措施、入侵偵測機制等，也會造成管理上的漏洞。

五、人員的弱點

外賊易擋、家賊難防。我們在討論資訊安全的議題時，大多在強調要如何防止外部入侵者的威脅，卻往往疏忽了內部人員的管理。尤其是合法的使用者，他擁有系統的權限，可以合法進入系統內部，他的犯罪行為不但無法以防火牆加以阻擋，甚至一時之間也不易察覺到異常。

15-2 網路安全威脅與安全需求

↳ 15-2-1 網路安全的威脅

當網路成為人們的日常後，資訊安全的威脅就成了揮之不去的夢魘。資料在網路傳輸時，常見的威脅包括資料被**竊取**（interception）、**竄改**（modification）、**中斷**（interruption）或**假冒**（fabrication）。

一、竊取

資料被「竊取」是指資料在網路傳輸過程中，被未授權者偷看、複製或竊聽到傳遞的內容。我們常常在新聞中看到，消費者到某一購物網站下單後，就接到電話，被告知付款方式選錯，要求消費者到自動櫃員機上去修正。

於是，大家都把這個洩露資訊事件的矛頭，統統指向這個購物網站，很少人會想到：有沒有可能是消費者在傳送訂單資訊的過程中，資料被有心人士竊取，並拿來進行詐騙？

圖 15-4 即是竊取資料的態樣。小美與小明在資料交換的過程中，由於網際網路的通訊協定會自行尋找適合的路徑，將資料傳送給對方。如果路上有一個壞人小強，專門在偷看別人的資料，很可能就會看到雙方正在交換的資料。這時候若小美正好在傳送訂單，就有可能被小強看到，然後進行後續的詐騙行為。

資訊管理

🎧 圖 **15-4**　網路資料的竊取行為

二、竄改

　　竄改指的是非授權者擅自更改系統的資源、儲存資料、傳送資料的內容或更改程式，以執行其他運算等行為。其態樣如圖 15-5 所示。小美要傳送給小明的文件，被網路上某個節點的小強看到，並且加以修改後，再傳送給小明。小明雖然拿到了他要的資料，但內容可能已經不正確，結果可能會造成雙方的損失。

　　圖 15-5 中的小美如果要下訂單向小明買一台 Apple 電腦，經過網路上某個節點上的小強竄改後，傳到小明手上的訂單可能變成買一箱蘋果。小明不察，就寄了一箱蘋果給小美，造成困擾。如果被竄改的是付款資料，那所造成的損失就更大了。

🎧 圖 **15-5**　網路資料的竄改行為

三、中斷

　　中斷是指資料在網路傳送的過程中，被未授權的使用者在中途加以攔截，因而無法傳送給真正的收件者。網路的中斷威脅如圖 15-6 所示。小美要傳送給小明的資料，在網路的傳送途中，被小強攔截，使得該訊息無法傳遞給小明。

🎧 圖 15-6 網路資料中斷的行為

四、假冒

假冒是指未經授權的人，以他人的名義發送訊息給別人，而這些資訊的內容可能是假的訊息。網路資料假冒的行為如圖 15-7 所示。小強可以假冒小美的名字，傳送一個訊息給小明，讓小明以為，這個訊息是小美所發的，造成小明與小美二人間的尷尬。

🎧 圖 15-7 網路資料假冒的行為

➥ 15-2-2 網路資料安全的需求

從上一小節的討論中，我們可以發現，資料在網路上傳輸，不可避免的會遭遇到安全的威脅。因此，我們要思考如何建立一個網路傳輸的安全機制，讓資料在傳輸時免於受到安全的威脅。

由於資料在網路傳輸時，可能遭遇的安全威脅有竊取、竄改、中斷及假冒。因此，我們對於資料的安全需求包括了：資料隱密性（**confidentiality**）、完整性（**integrity**）、可辨識性（**authentication**）及不可否認性（**non-repudiation**）。

一、隱密性

網路是一個開放的環境，大家都可以看到在上面傳送的資料。資料的隱密性就是把資料經過處理後，再送到網路上傳遞，讓未經授權的人無法輕易得知資料的內容，以避免資料在傳輸的過程中被竊聽或攔截，而造成洩密的可能。

有了網路隱密性的機制，圖 15-4 裡的小強，就不會輕易地看到小美傳送給小明的文件，如果它是一份網路訂單，就不會被有心人士隨機讀取，再拿去進行各種詐欺行為。

二、完整性

資料的完整性是指資料在網際網路傳輸的過程中，資料必須是完整的，而且中途沒有被人竄改過，以確保收件人收到的資料，和傳送者所發送的資料內容是一致的。

建立資料完整性的驗證機制之後，收件人可以驗證收到的資料是否與傳送者所發送的資料內容一致。於是，圖 15-5 中，小強自行竄改小美發送的資料的情境將不再存在，小明透過驗證機制，就會發現資料經過竄改。

三、可辨識性

資料的可辨識性，指的是從網路收到的資料，必須能夠辨識出這份資料是由何人所發送出來的，以避免有心人士假冒別人的名義隨便發送文件。當網路建立了辨識的機制，圖 15-7 中的小強假冒小美發送的文件，在小明接收後就會被發現並不是小美本人所發的文件。

四、不可否認性

不可否認性指網路上的各項交易，參與交易的雙方，不能在交易完成後否認該交易行為。亦即，買方事後不能因為覺得買貴了，而否認交易、不付款，賣方也不能因為後悔而不出貨。

15-3　網路攻擊的型態

網路的非法攻擊型態，在林東清的研究中將其分為：有特定攻擊對象與無特定攻擊對象二大類。

➥ 15-3-1　有特定對象的攻擊模式

網路上針對特定對象的攻擊模式有：阻絕服務（denial of service, DoS）、變臉攻擊（business email compromise, BEC）、勒索軟體（ransomware）、進階持續滲透攻擊

（advanced persistent threat, APT）、水坑攻擊（waterhole attack）、物聯網病毒（IoT virus）及雲端運算攻擊（cloud computing attack）。

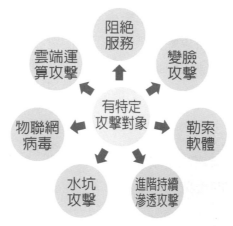

🎧 圖 15-8　有特定對象的攻擊模式

一、阻絕服務

阻絕服務是利用很大的網路流量，來塞爆特定的網路伺服器，使得特定的網站系統或應用程式的存取被中斷或阻止，讓使用者無法獲得服務，或是讓即時系統被延誤或中斷的一種攻擊方式。

二、變臉攻擊

變臉攻擊是透過入侵高階管理者的電子郵件帳號，再假借其名義下達指令，又稱為商務電子郵件入侵。此類攻擊者通常對入侵的公司內部情況有一定的了解，才能趁高階主管可能換人之際或出差在外時，進行變臉攻擊。

三、勒索軟體

勒索軟體是從 2013 年開始的一種電腦病毒。它入侵到電腦之後的行為，可能會有二種態樣。其一是威脅或謊稱該電腦已經中毒，必須要付贖金（ransom）或購買解毒軟體，才能讓系統復原，否則就會把電腦硬碟裡的資料刪掉。第二種態樣是把電腦硬碟裡的檔案全部加密，要求被害者支付比特幣，才能拿得到解密金鑰。

四、進階持續滲透攻擊

進階持續滲透攻擊是駭客為了經濟利益，針對某一個特定組織所做的持續、複雜且多元的網路攻擊。攻擊的時間短則持續幾天、數週，長則可能會長達數月。攻擊的方式也很多元，包括社交工程、惡意郵件、植入惡意程式，或者對特定目標進行弱點掃描、針對性的入侵，再建立殭屍網路（botnet），伺機竊取有價值的資訊。

五、水坑攻擊

　　以往駭客要把惡意程式送到攻擊目標的方法，大多採用電子郵件來夾帶這些惡意程式或釣魚程式。現代人用電子郵件的頻率變少，用電子郵件不易達到目的，為了達到入侵的目的，現在的駭客則是觀察攻擊目標平常習慣瀏覽哪些網站，再去入侵那些網站並植入惡意程式，等到攻擊目標登入該網站，惡意程式就隨著網頁進入到目標電腦中，感染後再竊取資料。

六、物聯網病毒

　　當物物皆可聯網後，物聯網將是駭客的下一個目標。物聯網的裝置，如攝影機、感測器等，成了未來駭客攻擊的重點。

七、雲端運算攻擊

　　雲端服務是近年資訊科技發展的趨勢，目前已經有愈來愈多的業者，利用雲端運算來提供服務，這當然是網路駭客不會放過的機會。預料網路犯罪未來也會深入雲端，利用雲端服務所提供的應用程式介面漏洞，進行遠端攻擊。

➥ 15-3-2　無特定對象的攻擊模式

　　網路中沒有特定對象的攻擊模式包括：電腦病毒（virus）、木馬程式（Trojan horse）、網路釣魚（phishing）、社交工程（social engineering）、挖礦木馬（crypto miner）、間諜軟體（spyware）、行動病毒（mobile virus）。

🎧 圖 15-9　無特定對象的攻擊模式

一、電腦病毒

電腦病毒是指能自行複製、可自行更改應用軟體或系統的可執行元件，或是刪除檔案、更改資料、拒絕提供服務的惡意程式。常常會透過電子郵件，以文件檔或可執行檔的方式散布。有時候受電腦病毒感染的電腦並不會馬上就發作，使用者往往在不知情的狀況下，把病毒散布到各地。

二、木馬程式

木馬程式是一種未經授權的程式，透過合法程式的掩護，偽裝成經過授權的流程來執行程式。它往往會造成系統程式或應用程式被更換，而去執行那些不被察覺的程式。

三、網路釣魚

網路釣魚是利用虛設或仿冒的網站，以超低價或免費贈品等方式，吸引消費者上網進行採購，藉此釣到消費者的個人資料的一種電腦犯罪行為。

四、社交工程

社交工程是駭客利用人類的同情心、好奇心、貪心等天性，使用抽大獎、色情影片、恐嚇信等方式，吸引使用者進入惡意網站。

五、挖礦木馬

挖礦木馬是在網站中嵌入挖礦程式，當不知情的使用者進入該網站時，挖礦程式就會耗用使用者的電腦資源，來挖掘虛擬貨幣。

六、間諜軟體

間諜軟體泛指所有能夠快速繁殖，而且可以巧妙地滲入電腦的合法軟體。它具有明顯的惡意程式碼（malicious code），其惡意攻擊性不如電腦病毒，但依然會盜取使用者的資料或網路的瀏覽行為。

七、行動病毒

在行動裝置日益普及的今日，行動病毒也蠢蠢欲動。它是以行動手持式裝置為目標的病毒，其主要行為態樣包括：行動勒索（mobile ransom）、行動木馬（mobile trojan）、行動釣魚（mobile phishing）、行動挖礦（mobile cryptominer）等。

15-4　密碼學在資訊安全上的應用

15-4-1　密碼學

　　大家都有看棒球比賽的經驗。棒球場這麼大，要如何傳遞訊息？如果用喊的，不就全部的人都知道了？所以，大家都用肢體語言來做溝通的工具。於是，投手在投球前，捕手就用手指來告訴投手，下一球要投什麼球。打者與壘上的跑者也是透過跑壘指導教練的暗號，執行下一個戰術。捕手與教練在比賽中所發出的暗號，就是一種密碼，只有同隊的球員才看得懂它是什麼意思，外人即使都看到了，還是不知道它是什麼意思。

　　網路是一個開放的環境，資料在網路上傳遞的時候，任何人都可以看到。為了確保資料在網路上傳輸的安全性，最常見的方法就是利用**密碼學**（**cryptography**）的技術，把資料在傳送前先加密（encryption），以確保資料傳輸過程的隱密性。

　　資料的加解密過程如圖 15-10 所示。原始文件稱之為明文（**plaintext**），透過金鑰（**key**）與加密演算法的運算，就成了密文（**ciphertext**），這個過程稱之為加密。加密後的密文本身就是一種亂碼。

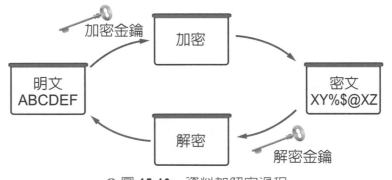

🔊 圖 **15-10**　資料加解密過程

　　把密文還原成明文的過程稱之為解密（decryption），解密依然是要透過金鑰與解密演算法的運算，才能將亂碼的密文轉換回原來的明文。此處所用的解密演算法與前面加密所用的演算法是配套的，它用的是加密演算法的反函數，所以，要解密的人，必須先知道加密的人用的是什麼演算法，以及加密所用的金鑰，才能順利解開密文的內容。

　　密碼學源自於希臘語 kryptós 和 gráphein。kryptós 是隱藏的意思，gráphein 則是書寫。在密碼學初發的年代還沒有電腦，文字都是用手寫的。如今的密碼學則是數學和電腦科學的分支，其原理大量涉及到資訊理論。

在早期，大多使用物理裝置來輔助加密，如古希臘斯巴達的密碼棒，利用把字母次序調動，讓字母產生位移的方式加密。20 世紀早期，多項加解密機械被發明，最有名的是二次世界大戰中，德軍使用的恩尼格瑪（Enigma）密碼機，又稱謎式密碼機，是當時針對加解密術所做最好的設計。

20 世紀中期之後，由於計算機與電子學的發展，讓密碼的複雜度變高。而且計算機可以加密任何二進位形式的資料，不再限於書寫的文字。計算機加密的特色是可以在二進位的字串上操作，而不像傳統密碼學，只能在字母數字上運作。

1970 年代中期，美國國家標準局（National Bureau of Standards, NBS）制定數位加密標準（data encryption standard, DES），並公開釋出 RSA 加密演算法。從此以後，密碼學就成了通訊、電腦網路、電腦安全的重要工具。

↳ 15-4-2 密碼系統

現代的密碼系統大都是以公開金鑰（**public key**）系統為基礎，其加密技術則可分為**對稱式的密碼系統**（**symmetric crypto system**）與**非對稱式的密碼系統**（**asymmetric crypto system**）。對稱式密碼系統是使用同一把金鑰，對資料進行加密與解密。非對稱式金鑰系統，則是採用不同的金鑰，分別進行加密與解密。

一、金鑰系統

(一) 私密金鑰系統

如圖 15-11，小潘寫了一封情書，委託小強帶給小美，但他不想讓小強知道情書的內容。於是，小潘把情書放入一個有鎖的袋子裡，並且用鎖把袋子鎖上，事前把另一支鑰匙先交給小美，再把袋子交給小強送給小美。小美收到袋子之後，拿出小潘給的鑰匙，打開袋子，才能取出情書。

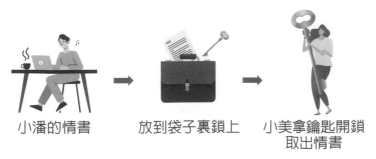

小潘的情書　　放到袋子裏鎖上　　小美拿鑰匙開鎖取出情書

♪ 圖 **15-11** 私密金鑰系統的示意圖

在這個情境中，把情書放進袋子的行為，可以視為是將情書加密，防止未授權的第三者小強看到內容。小潘鎖上袋子的鑰匙就是加密所用的金鑰，小美打開鎖的鑰匙則是解密金鑰。

在私密金鑰（private key）系統中，加解密的金鑰一定是成雙成對的。如果小潘用來鎖上袋子的鑰匙與小美用來打開鎖的鑰匙是同一把鑰匙，則稱之為對稱式金鑰。如果小潘用來鎖上袋子的鑰匙與小美來打開鎖的鑰匙不是同一把鑰匙，則稱之為非對稱式金鑰。

(二) 公開金鑰系統

小潘寫了一封情書要給小美，他不想讓小強知道情書的內容，於是，把情書放到一個有鎖的袋子裡，並且用號碼鎖把袋子鎖上。小潘在事前已先把開鎖的號碼告訴小美。再把袋子交給小強送給小美。小美收到袋子之後，用小潘給的號碼打開袋子，就能取出情書。

小潘的情書　　　放到袋子裏鎖上　　　小美開鎖取出情書

🎧 圖 15-12　公開金鑰系統的示意圖

在這個情境中你會發現，小潘是用號碼鎖來鎖放情書的袋子。這個袋子任何人都可以上鎖，只要知道號碼的人，也都可以開鎖。如果只有單獨地使用，是具有安全疑慮的，需要有配套措施。

1976 年，Diffie 和 Hellman 首度提出公開金鑰密碼系統的觀念。其最大的特點在於，將加密和解密的金鑰分為二支，稱為公開金鑰和私密金鑰，若用公開金鑰加密，則就只能用相對應的私密金鑰解密。

如此一來，我們就可將公開金鑰公開，自己保存一支私密金鑰。要將資料加密送給對方時，只需用對方的公開金鑰加密，資料送達時，對方再用其私密金鑰解密，即可安全完成傳輸。

(三) 金鑰的產出

從上面的說明可以發現：金鑰可說是加密系統的關鍵。金鑰通常都是由系統自動產生，以避免人為介入。金鑰產生的方式可分為集中式與分散式，集中式是由一台機器產生全系統所需的金鑰，它的優點是集中在一台機器，便於管理，缺點則是如果這台機器出差錯或被攻擊，則整個系統的安全就會產生問題。分散式則是由各區域或組織自行產生金鑰。

1978 年，麻省理工學院的三位教授—— Ron Rivest、Adi Shamir 和 Len Adleman 提出符合公開金鑰密碼系統的演算法，稱為 Rivest-Shamir-Adleman（RSA）演算法。一直到今天，RSA 還是一個最簡單、最被廣泛使用的公開金鑰演算法，並且其同時能滿足加／解密和電子簽章二項需求。

雖然其安全性至今尚未有人能以數學定理嚴格證明，一般皆認為，RSA 演算法是相當安全的。有人估計：1024 位元的 RSA 金鑰，需要花 300 萬年才能破解，因此，目前大部分的系統，都還是以 RSA 作為其公開金鑰演算法。

二、對稱式密碼系統

對稱式密碼系統包含了五個元件：明文、加密演算法（encryption algorithm）、私密金鑰、密文及解密演算法（decryption algorithm）。其運作方式如圖 15-13 所示。收、發雙方都有相同的金鑰，寄件人用這把金鑰將資料加密，產生加密的密文，再將密文寄給收件者，密文在網路上傳遞的時候是亂碼，因此，不用擔心被人竊取，即使被竊取了也看不懂，藉此可確保資料的隱密性，當收件人收到密文後，必須要用相同的金鑰，才能把密文還原成明文。

密文

明文　　　加密　　　　　解密　　　　　明文

🎧 圖 15-13　對稱式密碼系統

對稱式密碼系統的優點是：速度快、強度高、易取得。相較於非對稱式的密碼系統，以目前電腦的運算速度來比較，對於大量的文件加密，對稱式密碼系統的處理速度還是比較快。

其次，只要加密演算法設計得好，除了採用曠日廢時的窮舉法外，很難破解它所加密的密文。此外，它所使用的演算法，目前都是公開、免費的，取得容易。所以，系統建置的軟硬體成本低。

而對稱式密碼系統的最大缺點，則是金鑰的管理問題。金鑰的管理問題有二個層面：首先，加密與解密使用同一把金鑰，如何讓收件者取得金鑰是一個問題。其次，每二位通訊者都要用同一把金鑰，當通訊的人一多，手上的金鑰就愈來愈多，造成管理上的問題。

三、非對稱式密碼系統

非對稱式密碼系統又稱為公開金鑰加密法。它與對稱式密碼系統最大的不同在於：加密與解密所用的金鑰是不同的，非對稱式加密系統使用不同的二把金鑰，一把用來將文件加密、一把用來將文件解密。

私密金鑰是個人所有，公開金鑰則是公開在網路上的，任何人都可以去下載使用。也就是說，公開金鑰就像是放在電話簿裡的資料，每個人都有一組屬於自己的電話號碼，並將這組電話號碼放在公開的電話簿上，當其他的人要找你時，就可以在公開的電話簿中找到你的電話。

非對稱式密碼系統的運作方式如圖 15-14 所示。當小潘要把情書寄給小美時，他為了不要讓人看到，就在網路上找到小美的公開金鑰，用小美的公開金鑰把情書加密成密文後再傳送，當小美收到小潘寄來的情書，就用自己的私密金鑰，把密文還原成原來的明文。

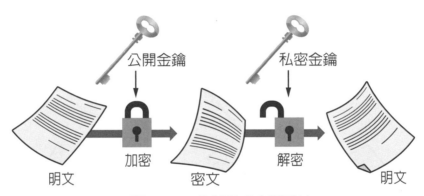

公開金鑰　　　　私密金鑰

明文　　　加密　　　密文　　　解密　　　明文

🎧 圖 **15-14**　非對稱式密碼系統

非對稱式密碼系統的優點是可以做到資訊傳送的隱密性和可辨識性。由於文件在傳送前是以收件者的公開金鑰加密，因此，在傳送時是以亂碼方式進行，不易被竊取，可確保資料的隱密性。且只有收件人的私密金鑰才能解密，可確保資料不會被未授權的第三者所看到。

非對稱式密碼系統的缺點則是運算的複雜度，在提供類似的安全強度之下，RSA 演算法要找二個大質數。再加上因式分解、模數運算都是非線性的運算，在在都使得其運算速度較對稱式密碼系統慢。

→ 15-4-3 密碼系統在電子商務的應用

一、電子商務的安全議題與解決方案

電子商務的買賣雙方互不相識,交易都是透過網路進行,因此,買賣雙方的互信不像實體商店的交易,可以看到實品、雙方一手交錢一手交貨,電子商務的交易雙方各自有擔心的地方。

買方擔心的問題不外乎:我付了錢,賣家會不會出貨?會不會給我不良品?會不會給我的東西不是我要的?信用卡會不會被盜刷?賣方也會擔心,這個買家會不會是騙子,出了貨卻收不到錢?

在這個爾虞我詐的世界,這些擔心都是必然的。為了讓買賣雙方能安心交易,透過密碼學的公開金鑰基礎建設(public key infrastructure, PKI),可以達到交易資料的隱密性、完整性、可辨識性及不可否認性。

(一) 隱密性

為了確保交易資料在網路上傳送時,不被未經授權的人看到,買方在傳送訂單前,利用賣家的公開金鑰對訂單做加密。賣家收到訂單後,再以自己的私密金鑰還原訂單,即可確保在網路上傳遞資料時的隱密性。

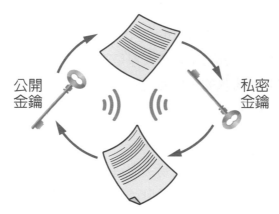

公開金鑰　　　　　　私密金鑰

⋂ 圖 15-15　交易資料的隱密性

(二) 完整性

買方擔心訂單在傳送的過程中被人竄改內容。也許你會認為,訂單都加密成亂碼了,駭客又看不懂,怎麼竄改內容?但其實,訂單加密後雖然是亂碼,但它依然是 0 與 1 組合成的一串數字,還是可以被有心人士所竄改的。

為了確保訂單的完整性,確認訂單在網路傳送的過程中沒有被改過,買方除了訂單本身用加密函數加密外,還可以用一個**雜湊函數**(**hash function**),將訂單做成一個**訊息摘要**(**message digest**),將二者都透過網路傳送到賣方。

當賣方收到買方的訂單及訊息摘要之後，會先用解密函數，把密文的訂單變成明文，再把解成明文的訂單用同一個雜湊函數加密成訊息摘要，比對買方傳來的訊息摘要及自己做的訊息摘要，如果二者的內容一致，就代表這個訂單在傳送過程中沒有被竄改過。

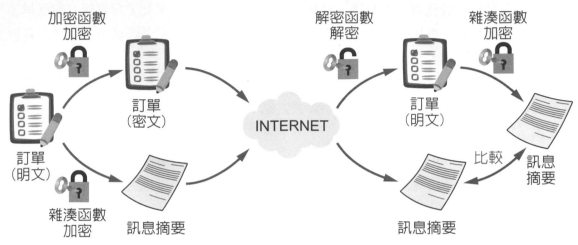

🎧 圖 15-16　交易資料的完整性

(三) 可辨識性

　　加、解密所用的金鑰，不論是公開金鑰或是私密金鑰，都是由公正的第三者**認證機構**（**certificate authority**, CA）所發出，從金鑰上就可以辨識出這是哪一家認證機構所發的，它是誰的金鑰。因此，用金鑰加密的文件，可以很容易辨識出使用者。

　　在這樣的機制下，不論是網路上的買家還是賣家，他們所用的金鑰一定是某一個認證機構所發放的，而且是可辨識的，即使買賣雙方不認識，但是，透過金鑰都可以辨識出對方。

(四) 不可否認性

　　網路上的買賣雙方都怕對方否認交易，而造成自己的損害，買方怕賣方收了錢不出貨，因而衍生出貨到付款的機制，以確保自己不會因先付帳而沒收到貨。賣方也擔心收到訂單，出貨卻被買方否認而收不到錢。

　　透過金鑰即可解決買賣雙方這個困擾。前面說到，買方的訂單是用賣方的公開金鑰加密，這個密文的訂單，只有用賣方的私密金鑰才能解開，因此，能看到訂單的一定是賣方。

　　買方又用自己的私密金鑰做了一個訊息摘要，送給了賣方，而賣方要把訂單用買方的公開金鑰做雜湊運算，才能得到一個可以做比對的訊息摘要，如果比對出的訊息摘要是一樣的，代表雙方是用同一對金鑰做的，也就是說，這個訂單確實是買家所發出的，他不能夠否認這項交易。

二、數位憑證與認證機構

當你買了新房，要委託代書幫你辦理過戶手續時，代書會要你到所屬戶籍地的戶政事務所辦一個印鑑證明。在第一次辦理印鑑證明的時候，你必須要自己到現場去辦。為什麼要這麼慎重其事呢？

因為房屋買賣對當事人是件很重大的事，但手續是委託代書處理的，地政事務所在辦理過戶的時候，當然要知道是不是本人的意思，所以，不只需要蓋章，而且不能隨便拿起章就蓋，這個章必須要是經過身分確認過的。

而戶政事務所所發出的印鑑證明，為什麼可以確認身分呢？當你到戶政事務所第一次申請印鑑證明時，戶政事務所的承辦人就已核對過你的身分證和本人，這就是在做身分認證。而印鑑證明上除了當事人的印鑑之外，還有戶政事務所的關防，這就是在證明文件的有效性。

在建構公開金鑰基礎建設中，有一個很重要的機制，就是認證機構。它的功能除了核發、管理金鑰外，還有一個很大的任務，就是認證。認證簡單的說，就是確認你就是你。電子商務是有關於錢、財的交易，一不小心就會錢財兩失，因此，認證是件很重要的工作。

這個認證機構的角色就和前述的戶政事務所一樣，它是網路上的公正第三者，提供認證及金鑰的簽發、管理等服務。而這個金鑰在實務上，我們都將它視為憑證，如自然人憑證。

認證機構可以自己產生出一對金鑰，在認證後把私密金鑰發給當事人。像自然人憑證，就是由戶政事務所在做完身分認證後，將私密金鑰放在晶片卡上，給我們帶走。也可以對他人所產生的憑證加以認證，如網路銀行、網路券商的憑證，會讓認證機構認證後，再讓客戶下載安裝。

不管是哪一種型式的認證，最後認證機構都會把當事人經過認證的公開金鑰，再以認證機構的私密金鑰加密，成為數位憑證（digital certificate），放到網路上供人查詢使用。

憑證的內容係採用國際電信聯盟電信標準化部門（International Telecommunication Union Telecommunication Standardization Sector, ITU-T）所訂的 X.509 做為通用標準，憑證內容包括：憑證的版本、序號、加解密演算法、發行機構、有效期限、所有人名稱、發行者的簽章、所有人的公開金鑰。

目前國內官方的認證機構包括：中華電信股份有限公司、內政部憑證管理中心。商業認證機構則有：代理美國 VeriSign 的網際威信股份有限公司、台灣網路認證股份有限公司、財金資訊股份有限公司及關貿網路股份有限公司。

三、安全通訊協定

安全通訊協定（security socket layer, SSL）是 1974 年由網景公司（Netscape Communication）所研發的資料傳輸安全標準。最初的 SSL v1.0 僅用於該公司的 Navigator 瀏覽器上，到了 SSL v2.0 已經可以透過安裝，支援其他的瀏覽器及伺服器。

當其他瀏覽器及伺服器開始支援 SSL 之後，安全通信協定就成為各家瀏覽器或伺服器業者必備的功能，目前使用的是 SSL v3.0 的版本。SSL v3.0 的通訊協定層可分為上層的訊息層及下層的紀錄層。訊息層的資料主要是有關訊息的集合，紀錄層則是接收紀錄封包。

安全通訊協定的運作，是透過用非對稱式加密演算法的公開金鑰與私密金鑰來確認雙方的身分，再利用對稱式加密演算法的共用密碼做為後續資料的加解密之用。因為它兼具對稱式密碼系統與非對稱式密碼系統的優點，因此，目前已成為電子商務網站上普遍使用的技術。

● 圖 15-17　安全通訊協定

安全通訊協定在電子商務上的運作如圖 15-17 所示。圖 15-17 的上半部採用對稱式密碼系統，下半部則是運用非對稱式密碼系統，買家的訂單以賣家的公開金鑰加密後，以網路傳送給賣家，因為是用賣家的公開金鑰加密，所以該訂單只有賣家可以用他的私密金鑰解開看到內容。

同時，買家又用自己的私密金鑰發送一個訊息給賣家，如果賣家可以找到買家的公開金鑰，順利將訊息打開，就證明該訊息是由買家所傳送來的。聰明的讀者應該已經看出來：安全通訊協定只能做到隱密性、身分認證、不可否認性，但不能確保資料的完整性。

安全通訊協定只能用來確保資料傳送中的安全，當買家的資料進入賣家的電腦，經過解密之後，一旦資料庫被駭客入侵，則信用卡的資料可能就會被盜走，而且賣家的資料也沒有和銀行連線，無法知道這個信用卡是不是有效的卡片，也無法得到銀行的授權。

四、安全電子交易

電子商務的金流安全是一個買賣雙方都擔心的問題。消費者對於電子交易的安全要求也愈來愈高。為了達到交易的安全及合乎成本效益的市場需求，VISA、MasterCard、VeriSign、RSA、IBM 等公司，共同制定安全電子交易（secure electronic transaction, SET）協定，以確保交易的安全性與隱密性。

在交易的過程中，也許買方會擔心自己的信用卡資料被賣方看到，可能會有被盜刷的疑慮，因此，安全電子交易除了把認證機構、消費者（買方）、網路商店（賣方）納入外，還把信用卡的發卡銀行（issuing bank）、網路商店的收單銀行（acquiring bank）都一併納入。

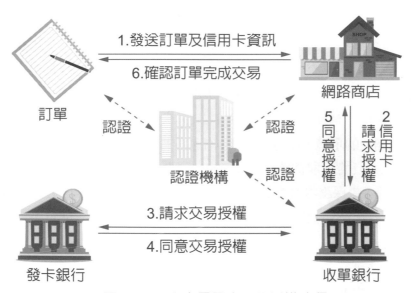

1.發送訂單及信用卡資訊
6.確認訂單完成交易
訂單
認證
認證機構
認證
認證
網路商店
5 同意授權
2 信用卡請求授權
3.請求交易授權
4.同意交易授權
發卡銀行
收單銀行

⚲ 圖 15-18　安全電子交易的授權流程

安全電子交易的授權流程如圖 15-18 所示。消費者、網路商店及收單銀行都要先經過認證機構的認證，取得各自的憑證。當消費者向網路商店下單時，訂單和信用卡的資料是個別加密的，訂單是用網路商店的公開金鑰加密，信用卡資料則是用網路商店收單銀行的公開金鑰加密。網路商店收到消費者的訂購資訊，只能看得到訂單內容，信用卡資料則傳送到他的收單銀行。

網路商店配合的收單銀行收到店家傳來的信用卡資料，就會向消費者的發卡銀行提出交易授權的請求。發卡銀行在確認信用卡資料後，會發出同意交易授權的訊息給收單銀行。收單銀行在收到發卡銀行回覆的同意授權訊息後，就會通知網路商店已取得授權，可以完成交易。於是，網路商店就可以回覆消費者完成交易的資訊。

15-5　資訊系統的安全防護

在目前網網相連的世界裡，資訊系統勢必無法像以前一樣，不與外界接觸。但是，企業的資訊系統如果在沒有對抗惡意軟體與入侵者的環境下，毫不設防地連上網路，無異就像一個曝露在敵人炮火下的士兵，是件非常危險的事。

目前資訊系統常用的安全防護措施不外乎有：防火牆（**firewall**）、入侵偵測（**intrusion detection system**, IDS）及虛擬私人網路（**virtual private network**, VPN）。

15-5-1　防火牆

防火牆是什麼東西？它其實是位於二棟房子之間的一條小巷子，用途是在火災發生初期，能防止火苗擴大，讓消防人員可以有通道進入火場救火，以期迅速控制火勢、消滅火勢，維護住戶的安全。網路防火牆的功用和現實世界的防火牆一樣，主要希望透過它來防止災害的擴散、蔓延。

網路是一個開放的環境，任何人都可以任意存取資料。當然，具有攻擊性的惡意軟體也不例外，它也可以任意存取企業或個人存放在網路上的資料。為了避免星星之火燎原，企業就會設置防火牆，來保護內部重要資料不會受到惡意程式的攻擊，確保資料的安全。

二個彼此不信任的組織網路間，要透過網際網路交換訊息時，防火牆是一道很重要的安全機制。它並不是要在機房裡安裝一面實體的牆，來隔絕與外界的連繫，而是一個由電腦軟、硬體負責的安全防護網。

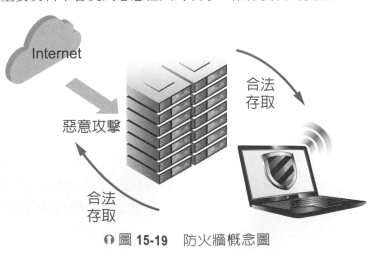

❶ 圖 **15-19**　防火牆概念圖

　　防火牆是外部網路要存取企業內部資料的把關者。當使用者要存取企業內部資料時，防火牆會先進行驗證，確定是合法的使用者後，才會准許其存取資料。企業的內部網路透過這種機制，來保護內部資料不被來路不明的人任意存取。

　　防火牆運作的基本目標有：

❀ 過濾封包以阻止網路駭客的入侵。

❀ 它是所有封包的單一入口，方便企業對網路存取做集中式管理。

❀ 它能過濾掉系統安全政策中所禁止的各種服務。

❀ 保護企業內部網路，避免來自網際網路的入侵。

❀ 當外部未經授權的使用者存取網路資料時，會記錄並通知系統管理者。

❀ 調節網路交通流量。

　　防火牆所提供的單點安全防護一旦被人破壞，入侵者就可以為所欲為地做各種破壞行為。因此，健全的防火牆應該要包含多層防禦系統，才能維護企業內部系統的安全。

一、防火牆的類型

　　防火牆的類型可分為封包過濾型（packet filtering）及服務代理型（proxy）二種。

(一) 封包過濾型

　　封包過濾型防火牆的運作模式，就像交通警察在路邊做臨檢，每輛車就像是路過的封包，當車輛到達臨檢點時，警察會看看車內是不是有通緝犯？是不是有槍炮彈藥、毒品等違禁物品？如果沒有問題的車就會放行。

　　封包過濾型的防火牆是運用一個屏障路由器（screening router）做為過濾的機制。用屏障路由器來檢查往來的封包，根據封包上的標頭資訊，及該企業制定的資安政策，決定封包是否可以進入內部網路。

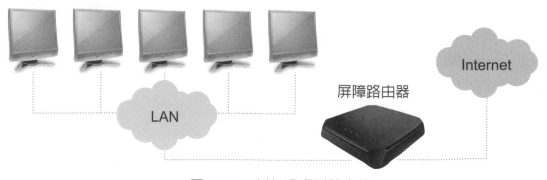

🎧 圖 **15-20**　封包過濾型防火牆

(二) 服務代理型

　　服務代理型防火牆是在代理主機上裝二個介面卡。一個介面卡連接到網際網路，另一個連接到內部網路。二者不是直接相連，而是要先經過合法的檢驗後，符合企業的資安政策才能放行。

　　由於內部網路與外部網路間是沒有直接連接的，在使用服務代理型防火牆時，不論是內部網路的使用者，還是外部網路的使用者，都會先連接到代理伺服器上，由代理伺服器來決定是否允許進入另一網路。而且，這二個網路也不是直接溝通，而是透過代理主機溝通，但是使用者不會感受到差異。

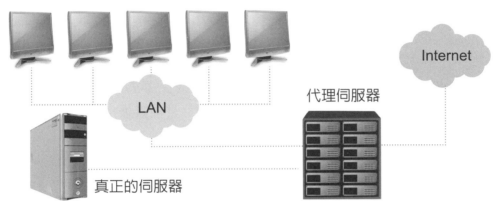

⋒ 圖 **15-21**　服務代理型防火牆

三、防火牆的架構

　　常見的防火牆架構有：雙介面主機防火牆（dual-homed host）、屏障式主機型防火牆（screened host）及屏障式子網路防火牆（screened subnet）。除了雙介面主機防火牆外，都是結合封包過濾及網路代理型的防火牆。

(一) 雙介面主機防火牆

　　雙介面主機防火牆是在一台電腦裡安裝二張獨立的介面卡，分別連接內部網路與外部網路，內、外部網路間的資料封包傳送，都要透過雙介面主機的代理服務。雙介面主機防火牆可以看到內部與外部的封包，並且能控制這二個網路上的封包傳遞，以維護內部網路的資料不受侵害。

⋒ 圖 15-22 雙介面主機防火牆

(二) 屏障式主機型防火牆

　　屏障式主機型防火牆，是在網路上再加裝一個屏障路由器（screening router），使得屏障式主機不會直接連到網際網路，由屏障路由器來面對外部的攻擊。要保護一個只提供有限服務的路由器，其困難度顯然比保護整台主機容易多了，所以其安全性會比雙介面主機防火牆高。

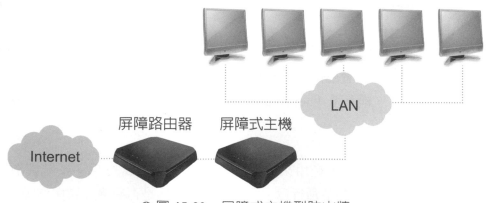

⋒ 圖 15-23 屏障式主機型防火牆

(三) 屏障式子網路防火牆

　　屏障式子網路防火牆用了二個單獨的屏障路由器，將網路進行區隔。所以屏障式子網路防火牆比屏障式主機型防火牆多了一層安全性，可以將內部網路與網際網路做更有效的隔離。內部的屏障路由器負責控制管理內部網路的資料封包，外部的屏障路由器則負責控制網際網路的封包流動。因此，即使駭客攻下了外部屏障路由器，還有一個內部的屏障路由器，可以保護內部的資料。

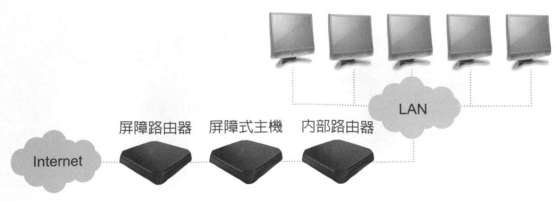

⋂ 圖 15-24 屏障式子網路防火牆

15-5-2　入侵偵測

入侵偵測系統（**intrusion detection system**, IDS）是網路資訊安全中的第二道防線。建置的目的，是希望能夠即時偵測到外部網路對系統進行的非法破壞，或使用未經授權的系統資源。它就像是企業的防盜警報器，當非法入侵者進來從事破壞活動時，能夠立即發出警報。

入侵偵測系統的工作，就是參與系統的身分認證流程。當系統遭受到攻擊時，能快速反應，同時制止不法入侵者繼續對系統進行破壞。入侵偵測系統依資料蒐集的方式，分為主機型（host IDS）、網路型（network IDS）及應用型（application IDS）三種。

一、主機型

主機型的入侵偵測系統，是用來偵測主機上發生的異常行為。系統建置在主機上，持續監控在主機上執行的各種行為，同時判斷其行為是否有異。它與作業系統密切相關，在運作時，無形中會增加作業系統的負荷。

二、網路型

網路型的入侵偵測系統，主要以網路封包做為偵測對象，持續監控網路上經過的資訊流，同時分析網路封包的行為，特別是發生在網路層的攻擊。但它只能分析封包的行為，無法看到封包中的內容。

三、應用型

應用型的入侵偵測系統，主要是針對應用程式的攻擊進行防禦。它將主機型的入侵防禦，擴展到位於應用伺服器之前的資訊安全設備。運作時，它會分析應用程式的程序或活動，並偵測非授權的異常存取行為。它可以在加密的環境下，監控使用者使用應用程式的狀況。

↳ 15-5-3　虛擬私人網路

　　網路環境的成熟，讓企業、組織愈來愈依賴網路進行資料傳輸、交換。早期組織內部不同地點間的資料交換，會確保其安全都是經由專線進行。但是，加設專線的成本高昂，不是一般公司可以負擔。

　　虛擬私人網路（virtual private network, VPN）是利用各種安全機制，在網際網路上所建構的企業私有網路。VPN 提供企業與私有網路相同的安全、管理及效能，以確保資料在公眾網路上傳輸時，不致被非法竊取、竄改。並確保即使資料被人盜取，亦無法讀取它的內容。

一、虛擬私人網路的服務類型

　　虛擬私人網路的服務類型，在李順仁的研究中，將其分為：Intranet VPN 服務、VPDN 服務及 Extranet VPN 服務等三種。

(一) Intranet VPN服務

　　Intranet VPN 主要是以固接專線的方式連上網際網路服務供應商（Internet service provider , ISP），企業內部必須具備能夠配合專線使用的網路設備，如路由器等，藉由軟、硬體加密的機制，確保資料在網路上傳輸的安全性與可靠性，適用於企業總部與大型分公司間的內部網路。

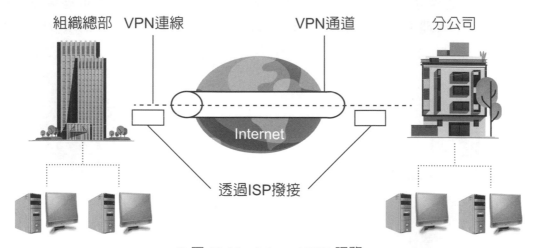

↷ 圖 15-25　Intranet VPN 服務

資訊管理

(二) VPDN服務

VPDN 是 virtual private dialup network 的縮寫。顧名思義，它是以撥接的方式連接上網際網路服務供應商。用戶端只要有電腦及虛擬私人網路的應用程式，就可以用帳號密碼，透過撥接的方式進行連線。這種連線適用於較小的企業據點或行動用戶。

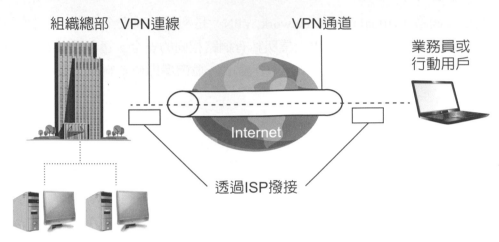

組織總部　VPN連線　　　　VPN通道　　　業務員或行動用戶

Internet

透過ISP撥接

⊙ 圖 15-26　VPDN 服務

(三) Extranet VPN服務

Extranet VPN 服務是利用專線連接網際網路服務業者，以提供企業與其合作夥伴間一個安全的傳輸環境。企業間要配合專線所使用的虛擬私人網路設備或撥接使用的軟體，透過安全的管理平台，傳輸雙方往來的資料，以確保資料能在安全的環境中傳送。

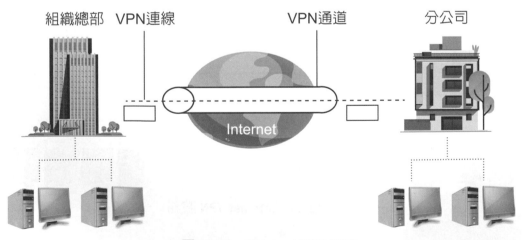

組織總部　VPN連線　　　　VPN通道　　　分公司

Internet

⊙ 圖 15-27　Extranet VPN 服務

二、虛擬私人網路建構方式

常見的虛擬私人網路建構方式有：由現有的路由器升級、純用 VPN 軟體、使用專屬 VPN 設備。

(一) 由現有的路由器升級

很多的路由器業者已經在他們的產品中，加入了虛擬私人網路的軟體，以升級成具備虛擬私人網路路由器的架構，可以在不變動現有網路系統架構的前提下，提供虛擬私人網路的傳輸服務，包括防火牆、加解密等功能。

(二) 純用VPN軟體

純軟體的虛擬私人網路，是在現有的網路設備上，安裝虛擬私人網路的軟體。它不需要更改網路組態，就可以和現有的管理工具相容，並與現有的身分認證機制結合。

(三) 使用專屬VPN設備

專屬的虛擬私人網路設備，其加、解密及通道技術都需要專屬的硬體來配合。採用這種方式會更改到現有的網路組態。但是，專屬設備不會影響到網路上其他設備，還可以提高系統的傳輸效率。

個案：我的電腦被綁架了

過去大家都知道電腦要裝防毒軟體，才能防止電腦病毒或惡意程式的入侵，曾幾何時，電腦病毒跟防毒軟體之間的關係，就像是矛與盾的關係：矛愈做愈精良，才能攻無不克，同時，盾也愈來愈好，以防止矛刺穿盾，於是，電腦病毒的演化開始百花齊放。

原來檔案加解密的技術是用來保護我們的檔案，結果被有心人拿去當做犯罪的工具。近年來，勒索軟體（ransomware）的新聞事件頻傳，它的行為模式就是在入侵受害者的電腦後，再利用原來做為保護資料的加密技術，把受害者的電腦檔案全部加密，並要求用比特幣支付贖金，才會給解密的檔案，而且這樣的犯罪集團是層出不窮。

日本相機大廠富士軟片（Fujifilm）在 2021 年 6 月就遭到勒索軟體的攻擊，而關閉公司部分網路及對外連線。這次的事件造成公司網路及部分系統受到影響，有些據點則是所有通訊，包括電子郵件和經由網路系統打入的電話都受影響。事發後，公司立即採取應變措施，與全球多個營運實體配合，暫停所有受影響的系統。

總部位於巴西的 JBS 是全球最大的肉品供應商，專門銷售處理過的牛肉、豬肉、雞肉及相關副產品，旗下設有 JBS USA、JBS Foods International 與 Seara 三家子公司。

2021 年 5 月 30 日，JBS USA 發現自己成為網路攻擊的受害者，該攻擊波及了支援北美與澳洲市場的資訊系統，JBS 立即關閉所有受影響的系統，通知執法機構，同時協同第三方資安專家以緩解攻擊事件。所幸 JBS 的備份伺服器並未受到波及，並與事件應變業者合作恢復系統，但這波攻擊行動已讓 JBS 暫停了澳洲及北美的肉品處理產線。

2021 年 4 月蘋果筆電的代工廠廣達，也傳出部分伺服器遭到勒索軟體 REvil 攻擊，蘋果筆電的相關設計圖都被綁架，除要求 5,000 萬美元的贖金外，綁匪還把 MacBook 元件接線圖、主機板設計等放到網路上流傳。

廣達則於第一時間啟動資安防禦機制，並進行網路攻擊的清查，讓少數受到影響的內部服務回復正常運作。同時，也同步檢視並強化現有基礎架構，全面提升網路安全等級，以保護資料安全及完整性。

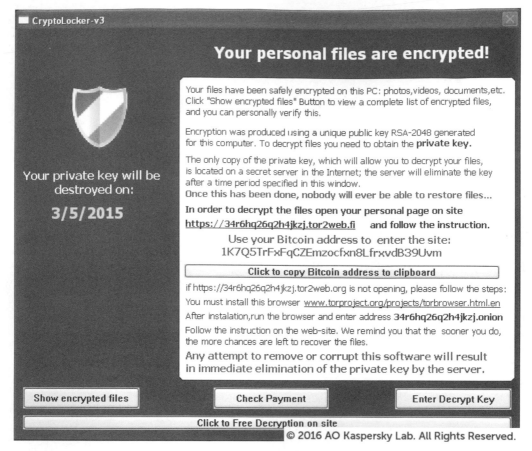

⋂ 圖 15-28 網路勒索軟體

（圖片來源：https://www.nomoreransom.org/zht_Hant/ransomware-qa.html）

習 題

一、選擇題

( ) 1. 下列何者是來自網際網路的資訊安全威脅源？

(A) 側錄　(B) 軟體停擺　(C) 硬體當機

( ) 2. 以下何者是網路上對特定對象的攻擊模式？

(A) 阻絕服務　(B) 勒索軟體　(C) 以上皆是

( ) 3. 防火牆的類型有？

(A) 封包過濾型　(B) 服務代理型　(C) 以上皆是

( ) 4. 以下何者是網路上對無特定對象的攻擊方式？

(A) 阻絕服務　(B) 木馬程式　(C) 以上皆是

( ) 5. 電子商務網站目前最普遍使用的安全通訊協定是？

(A)SSL　(B)RSA　(C) 以上皆是

二、問答題

1. 假設你畢業後在公司擔任 MIS 主管，現在公司要做內部流程電子化，順便在供應鏈管理上，將訂單透過網路給供應商，你要選擇哪一種 VPN 服務？

參考文獻

中文

❀ 中國信託以客戶視角發展聊天機器人，數位時代，325期，第16至17頁，2021.6.。

❀ 王文娟，物聯網概念及應用，前瞻經濟，第29頁至36頁，2016.11.。

❀ 王泰裕，工業4.0時代來臨，科學發展，544期，第4至5頁，2018.4.。

❀ 王鴻菁，探討網路時代下實體影音產品成為長尾市場的機會—以DVD的使用者為例，世新大學公共關係暨廣告學系研究所碩士論文，2016.7.。

❀ 江雅綺，平台經濟的法律挑戰，新社會政策雙月刊，54期，第11頁至第14頁，2017.10.。

❀ 行政院，行政院生產力4.0發展方案，2015.9.。

❀ 何奕均，平台企業成長策略之個案研究，國立政治大學科技管理與智慧財產研究所碩士學位論文，2019.6.。

❀ 余家融，探討網紅在線上直播之黏著度因素，東吳大學商學院資訊管理學系碩士論文，2018.7.。

❀ 吳仁和，資訊管理—企業創新與價值創造，智勝文化事業有限公司，2018.2.七版，台北。

❀ 吳元熙，元大克服2大族群痛點，從理財到支付一路暢行，數位時代，317期，第60至61頁，2020.10.。

❀ 吳元熙，生態系大戰略，數位時代，324期，第46至49頁，2020.5.。

❀ 吳元熙，白色巨塔拼轉型！AI引領醫療大變革，數位時代，318期，第63頁，2020.11.。

❀ 吳元熙，全球餐飲瘋科技，數位時代，310期，第40至43頁，2020.3.。

❀ 吳元熙，助客戶首次投片即成功，半導體最強生態系：台積電OIP，數位時代，324期，第64至66頁，2020.5.。

❀ 吳元熙，從廚房到你的餐桌，餐飲科技無所不在，數位時代，310期，第44至45頁，2020.3.。

❀ 吳書中，金融科技(FinTech)發展趨勢研析，國家發展委員會，2018.3.。

❀ 呂明山，機械工業4.0，科學發展，544期，第6至12頁，2018.4.。

❀ 呂威璋，運用平台經濟模式在台灣扣件產業之研究，國立中山大學管理學院高階經營碩士學程在職專班碩士論文，2019.7.。

❀ 李宏、孫道軍，平台經濟新戰略，中國經濟出版社，2018.9.。

❀ 李冠毅，利用Google Trend分析關鍵字廣告對於產業績效相關性研究，樹德科技大學資訊管理研究所碩士論文，2011.6.。

❀ 李恆毅，使用共享經濟服務意向之研究，國立師範大學管理學院管理研究所碩士論文，2017.7.。

❀ 李順仁，資訊安全，文魁資訊，二版，2007.10.。

❀ 李顯儀，數位金融與金融科技，全華，第二版，2017.8.。

❀ 杜宏毅、宋倬榮，區塊鏈之書，台灣網路認證股份有限公司，2018.8.。

❀ 汪建南、馬雲龍，工業4.0的國際發展趨勢與台灣因應之道，國際金融參考資料，第69輯，第133至155頁，2016.12.。

❀ 周斯畏、張思源，知識管理，華泰，2011.9.初版二刷，台北。

❀ 周碩，敏捷方程式—成就敏捷之路，博碩，初版一刷，2017.12.。

❀ 周碩彥，物聯網發展趨勢展示內容研究報告，國立科學工藝博物館，104.11.。

❀ 林佩誼，公共自行車使用者滿意度之研究—以台中市iBike微笑單車為例，朝陽科技大學財務金融系碩士論文，2015.7.。

❀ 林孟儒，經營自媒體的內容行銷策略構面—以美妝Youtuber為例，國立雲林科技大學創意生活設計系碩士論文，2019.1.。

❀ 林怡儒，結合AI與大數據分析於網路購物消費者行為之探討，南台科技大學行銷與流通管理研究所碩士學位論文，2019.8.。

❀ 林東清，知識管理，智勝，2010.9.三版三刷，台北。

❀ 林東清，資訊管理—e化企業的核心競爭力，智勝文化事業有限公司，2019.6.七版二刷，台北。

❀ 林建煌，策略管理，新陸，2008.4.二版，台北。

❀ 林思婷，兩岸網路直播平台之營運模式分析，世新大學傳播管理學系碩士論文，2018.2.。

❀ 林哲寬，社群媒體魅力何在？探討社群媒體涉入的動機與個人幸福感，國立台北大學企業管理學系碩士論文，2018.6.。

❀ 林晉玉，中華電信經營小額企業客戶之研究，逢甲大學電子商務碩士在職專班碩士論文，2013.6.。

❀ 林楷崴，基於共享經濟與物聯網技術之適地性二手物品交易平台，國立台灣科技大學營建工程系碩士學位論文，2016.7.。

❀ 林殿淯，網紅經濟：以社會資本與社會權力理論觀點探討直播平台觀眾之黏著度，國立中正大學資訊管理研究所碩士論文，2019.7.。

❀ 林嘉慧，知識型網紅付費服務生態系研究，世新大學傳播博士學位學程博士學位論文，2019.1.。

❀ 物聯網，科學為民服務巡禮講座，香港通訊事務管理局辦公室，2018.7.。

◆ 邱郁庭，共享經濟企業台灣經營策略之研究—以Uber為例，國立中山大學企業管理學系研究所碩士論文，2019.2.。

◆ 金融科技發展策略白皮書，金融監督管理委員會，2016.5.。

◆ 段正有，探討偏好依附對社群媒體之影響，天主教輔仁大學資訊管理學系碩士論文，2019.6.。

◆ 洪宗賢，電商社群平台會員制活化之研究—以丹爸社群電商團購平台為例，國立高雄大學國際高階經營管理碩士在職專班碩士論文，2019.1.。

◆ 倪雲華、盧仲軼，共享經濟大趨勢，機械工業出版社，2016.1.初版，台北。

◆ 夏可清，應用Hadoop系統架構於生理大數據分析—以心臟衰竭為例，東海大學工業工程與經營資訊學系碩士論文，2017.8.。

◆ 孫家駿，大數據概念應用於涉外治安案件特性分析與警政因應對策研究，中央警察大學外事警察研究所碩士論文，2018.11.。

◆ 孫婧、王新新，網紅與網紅經濟—基于名人理論的評析，外國經濟與管理，第41卷第4期，第18至30頁，2019.4.。

◆ 徐也翔，新聞媒體應用共享經濟之經營策略，世新大學傳播博士學位學程博士學位論文，2018.7.。

◆ 徐靖雯，發展平台商業模式探索性研究：以Gogoro為例。國立成功大學經營管理碩士學位學程碩士論文，2017.6.。

◆ 徐麗雯，長尾理論在通路策略上之探討—以美國健身器材品牌為例，東海大學企業管理學系高階經營管理碩士在職專班碩士論文，2014.1.。

◆ 高丈淵，無人飛行載具市場及觀察與投入評估建議，中國工程師學會會刊，93卷第4期，第28至36頁，2020.12.。

◆ 高敬原，A紅利能抵B消費，台新共享會員計畫黏住客戶，數位時代，317期，第62至49頁，2020.10.。

◆ 高敬原，決勝新金融，數位時代，317期，第44至49頁，2020.10.。

◆ 高敬原，國泰深耕4年實踐硬道理：讓金融服務像水跟電，數位時代，317期，第52至54頁，2020.10.。

◆ 國立中央大學管理學院ERP中心，企業資源規劃導論，碁峰，五版十二刷，2020.3.。

◆ 張月紅，Airbnb共享經濟平台的經營策略之研究，嶺東科技大學企業管理系高階經營管理碩士在職班碩士論文，2018.6.。

◆ 張吉成，知識管理，全華，二版一刷，2007.11.。

◆ 張志勇、翁仲銘、石貴平、廖文華，物聯網概論，碁峰，2013.1.。

◆ 張庭瑜，全聯、寶雅都找它！數位開店軍火商91APP拼掛牌，商業週刊，1746期，第40至44頁，2021.4.。

❖ 張碩毅、黃士銘、阮金聲、洪育忠、洪新原，企業資源規劃，全華，三版二刷，2018.4.。

❖ 張緯良，企業資源規劃—企業e化之營運管理，滄海，第四版，2020.1.。

❖ 張譯文，群眾募資之探索性研究，天主教輔仁大學國際經營管理碩班碩士論文，2014.6.。

❖ 張騰睿，中小型食品零售業電子商務營運架構之研究，龍華科技大學資訊管理系碩士班碩士論文，2019.6.。

❖ 許士軍，管理學，東華，十版，2009.5.。

❖ 許有進，台灣發展人工智慧之挑戰與機會，國土及公共治理季刊，第6卷第4期，2018.12.。

❖ 許恩得、陳遵行，企業價值網整合：模型與經驗，中山管理評論，第19卷第4期，第875至908頁，2011.12.。

❖ 許凱富，大數據分析於行銷策略的應用—以高爾夫練習場為案例，東吳大學商學院企業管理學系碩士班碩士論文，2018.12.。

❖ 郭恬君，共享經濟時代：從分享房屋、技能到時間，顛覆未來產業與生活的關鍵趨勢，商業周刊，初版，2015.11.。

❖ 陳永隆、王奇威、黃小欣，知識管理，華立，三版一刷，2013.4.。

❖ 陳亨安，中國大陸網紅經濟簡析，經濟研究，第20期，第278至302頁，2020.3.。

❖ 陳佩為、王梓彥，金融科技(區塊鏈)對金融服務業之影響，台灣外匯市場發展基金會，2018.12.。

❖ 陳姿含，手作設計師對設計商品購物平台黏著度探討，國立台灣藝術大學圖文傳播藝術學系碩士班碩士學位論文，2019.7.。

❖ 陳建鈞，美國人一週生活沒它不行？亞馬遜Prime服務鞏固零售帝國，數位時代，324期，第56至58頁，2020.5.。

❖ 陳恩惠，網路訂房平台服務變革—以Booking.com為案例研究，崑山科技大學視訊傳播設計系媒體藝術碩士班碩士論文，2018.6.。

❖ 陳彩　，觀看網路紅人線上直播之經濟價值、感官陷入及衝動購買之研究，嶺東科技大學國際企業系碩士班碩士論文，2019.6.。

❖ 陳凱傑，以KANO及IPA模式評估公共自行車服務品質—以台北市微笑單車為例，聖約翰科技大學工業工程與管理系碩士在職專班碩士學位論文，2015.6.。

❖ 陳榮貴，物聯網發展與應用，第27屆近代工程技術討論會，2018.10.。

❖ 陳駿季，生產力4.0—農業，行政院農業委員會，2015.11.。

❖ 曾久芳、曾干育，商業智慧運用於連鎖藥局之效益探討—以某藥局為例，健康管理學刊，第十卷第二期，第99頁至114頁，2012.12.。

❀ 曾至浩，大數據發展對保險監理影響之研究—被保險人個人資料為中心，國立中正大學法律學系研究所碩士論文，2018.8.。

❀ 曾郁涵，探討在共享經濟何種因素促使人們願意投入協同消費，東吳大學商學院企業管理學系碩士班碩士論文，2018.6.。

❀ 曾新穆、李建億，資料探勘，東華，初版二刷，2004.2.。

❀ 程倚華，momo幣打進超商、餐飲業，幫富邦延伸大三角勢力，數位時代，324期，第74至75頁，2020.5.。

❀ 程倚華，生鮮電商，食指上的超級商機，數位時代，324期，第82至84頁，2020.5.。

❀ 程倚華，便利商店進化史！報稅、買口罩…沒有做不到的服務，數位時代，310期，第38至40頁，2020.6.。

❀ 程倚華，萊爾富推類寄杯策略，全台門市就是你家冰箱，數位時代，324期，第90至91頁，2020.5.。

❀ 程倚華，熊貓超市20分鐘戰術奏效，訂單量成長400倍，數位時代，324期，第85至87頁，2020.5.。

❀ 舒亦齡，探討會員制服裝訂閱模式之消費者態度與經營挑戰—以B公司為例，國立政治大學企業管理研究所(EMBA學位學程)碩士學位論文，2018.6.。

❀ 黃廷合、吳思達，知識管理，全華，四版一刷，2014.9.。

❀ 新零售白皮書，精誠資訊，2017.6.。

❀ 新零售的概念、模式和案例研究報告，億歐智庫，2018.1.。

❀ 楊江華，從網路走紅到網紅經濟：生成邏輯與演變過程，社會學評論，第6卷第5期，第13至27頁，2018.9.。

❀ 董永春，新零售：線上+線下+物流，清華大學出版社，初版一刷，2018.4.。

❀ 董和昇，管理資訊系統，滄海，十四版，2017.11.。

❀ 詹文男，人工智慧對台灣產業的影響與策略，財團法人資訊工業策進會，2018.6.。

❀ 資策會，共享經濟浪潮下智慧聯網之創新模式與我國發展契機，2016.10.。

❀ 廖建興，物聯網發展與智慧生活，ICEQ報導年刊，第4期，第56頁至62頁，2015.9.。

❀ 彰化銀行，網紅經濟，彰銀資料，第66卷第7期，第7至12頁，2017.7.。

❀ 裴有恒、陳玟錡，AIOT人工智慧在物聯網的應用與商機，二版三刷，碁峰資訊，2021.1.。

❀ 劉文良，知識管理，碁峰，初版，2008.5.。

❀ 劉曠，新零售實戰：商業模式+技術驅動+應用案例，清華大學出版社，初版一刷，2019.8.。

❀ 樓永堅，群眾募資改變金融慣例，今周刊，2015.8.。

◈ 潘天佑，資訊安全概論與實務，碁峰，第三版，2012.12.。

◈ 蔡美娟、魏文郡，零售業電子商務發展現況及調查規劃，主計月刊，第749期，第72至79頁，2018.5.。

◈ 魯明德，物件導向系統分析與設計，新文京，二版，2013.7.。

◈ 賴溪松、葉育斌，資訊安全入門，全華，2006.1.。

◈ 戴文凱，探索無人機之研發、應用與未來發展，中國工程師學會會刊，93卷第4期，第26至27頁，2020.12.。

◈ 謝邦昌、鄭宇庭，大數據概論，新陸，初版，2016.1.。

◈ 謝邦昌、鄭宇庭、宋龍華、陳妙華，大數據分析Excel Power BI全方位應用，碁峰，初版，2017.1.。

◈ 簡嘉裕，中國網路直播平台行銷應用之技術報告—以法國嬌蘭2016年中國行銷方案為例，世新大學傳播管理學系碩士技術報告，2017.7.。

◈ 魏傳虔，工業4.0智慧工廠未來發展趨勢與商機，財團法人資訊工業策進會，2015.4.。

◈ 鐘文助，數位看板於共享經濟下的創新價值之實現，國立台北科技大學管理學院資訊與財金管理EMBA專班碩士論文，2016.6.。

◈ 7-11不跟進全家跨店寄杯咖啡，真的是擔心金流？從財報看懂背後決策關鍵，https://www.businessweekly.com.tw/article.aspx?id=26023&type=Blog <Access 2019/9/9>

◈ Computex 2013：差異化產品搶藍海，昆盈推出多款新奇滑鼠，https://www.techbang.com/posts/13562-computex-2013-kun-ying-launched-a-variety-of-new-mouse-differentiated-product-grab-the-blue-sea <Access 2019/10/9>

◈ 十分鐘了解什麼是工業4.0，https://www.srido.org.tw/masterblog/10 <Access 2019/8/27>

◈ 工業4.0新戰略與發展路徑，勤業眾信，https://www2.deloitte.com/content/dam/Deloitte/tw/Documents/energy-resources/tw-2019-industry-report.pdf <Access 2020/8/15>

◈ 企業文化是怎麼形成的，https://www.hbrtaiwan.com/article_content_AR0007851.html <Access 2019/9/12>

◈ 全臺第一個金融聊天機器人！玉山銀搶先用Chatbot提供3大金融業務諮詢，https://www.ithome.com.tw/news/112450 <Access 2019/9/9>

◈ 自動提款機，https://zh.wikipedia.org/wiki/%E8%87%AA%E5%8B%95%E6%AB%83%E5%93%A1%E6%A9%9F <Access 2019/9/9>

◈ 長尾理論，https://www.moneydj.com/KMDJ/wiki/wikiViewer.aspx?keyid=59328145-bcd4-4023-8c0e-83397f02c339 <Access 2019/9/9>

◈ 品牌企業的新零售轉型升級之路，勤業眾信，https://www2.deloitte.com/content/dam/Deloitte/tw/Documents/consumer-business/tw-cb-retailing2017.pdf <Access2020/8/17>

◈ 星巴克的公司文化對公司戰略的正面影響，https://kknews.cc/zh-tw/finance/omb2a4p.html <Access 2019/9/10>

◈ 洪凱音，千萬捐新北購玩具車嘉惠弱勢，https://www.chinatimes.com/newspapers/20151202000472-260102?chdtv <Access 2019/10/26>。

◈ 氣溫差1度就差1萬盒涼麵，http://news.pchome.com.tw/magazine/print/fi/WEALTH/1309/125173440027224049002.htm <Access 2019/9/9>

◈ 通信演進史，從1G到5G改變的不只一點點，https://kknews.cc/zh-tw/tech/r9em3gn.html <Access 2020/2/6>

◈ 郭潔鈴，時間銀行串起社會中的每份力量，讓「舉手之勞」成為另類的存款，https://www.seinsights.asia/specialfeature/5065/5106 <Access 2019/10/25>。

◈ 陳正修，台灣農業4.0創新趨勢，http://www.ecf.com.tw/tw/article/show.aspx?num=408&root=28 <Access 2019/8/27>

◈ 陳筬，情緒辨識AI技術介紹，https://ai.iias.sinica.edu.tw/emotion-ai-tech-intro/ <Access 2020/7/4>

◈ 智慧製造大解讀，勤業眾信，https://www2.deloitte.com/content/dam/Deloitte/tw/Documents/manufacturing/tw-2018-smart-mfg-report-TC.pdf <Access 2020/8/15>

◈ 黃珮婷，台中市時間銀行實驗計畫：是社會投資更是社會安全網的一道防線，https://www.thenewslens.com/article/116852 <Access 2019/10/25>。

◈ 經濟部推動的ABCDE計畫是什麼，https://tw.answers.yahoo.com/question/index?qid=20070306000016KK06311 <Access 2019/8/30>

◈ 對話商務崛起，Chatbot比App更能掌握長尾商機，https://www.ithome.com.tw/news/113444 <Access 2019/9/9>

◈ 潘乃欣，時間銀行不能只存不提台大團隊研發App媒合，https://udn.com/news/story/7266/3811552 <Access 2019/10/25>。

◈ 潘貞君、林致廷、吳文中、郭茂坤，無線感測網路技術：無線感測器網路平台及應用，https://scitechvista.nat.gov.tw/c/s22S.htm <Access 2020/2/5>

◈ 盧昭燕，lativ張偉強 要做就做第一名，http://taiwan.cw.com.tw/magazine/location_article9-1.aspx <Access 2019/10/9>

◈ 戴志言，商業4.0應首重消費行為變遷與科技應用模式，https://m.ctee.com.tw/album/e4614da7-8c24-438f-8533-c4420d0d0f8e/673099 <Access 2019/8/27>

❀ 還在團購零食、衣服？趕快揪親朋好友來團購汽車吧！U-CAR汽車團購服務正式上線，https://news.u-car.com.tw/article/39731/%e9%82%84%e5%9c%a8%e5%9c%98%e8%b3%bc%e9%9b%b6%e9%a3%9f%e3%80%81%e8%a1%a3%e6%9c%8d%ef%bc%9f%e8%b6%95%e5%bf%ab%e6%8f%aa%e8%a6%aa%e6%9c%8b%e5%a5%bd%e5%8f%8b%e4%be%86%e5%9c%98%e8%b3%bc%e6%b1%bd%e8%bb%8a%e5%90%a7%ef%bc%81U-CAR%e6%b1%bd%e8%bb%8a%e5%9c%98%e8%b3%bc%e6%9c%8d%e5%8b%99%e6%ad%a3%e5%bc%8f%e4%b8%8a%e7%b7%9a <Access 2019/10/9>

❀ 蘇俊吉，行動通信的演進歷程，https://scitechvista.nat.gov.tw/c/sWgp.htm <Access 2020/2/6>

英文

❀ Alstyne, M. W. V., Parker, G. G., & Choudary, S. P. (2016). Pipelines, platforms, and the new rules of strategy. Harvard Business Review, 94(4): pp54-62.

❀ Anderson, C.(2006), The Long Tail: Why the future of Business Is Selling Less of More, Commonwealth Publishing Co.

❀ Barney, J. (1991). Firm resources and sustained competitive advantage. Journal of management, 17(1), 99-120.

❀ Belk, R.(2010), Sharing, Journal of Consumer Research, 36(5), pp715-734.

❀ Bowman, B., J.(2002), Building Knowledge Management System, Information Systems Management, Summer, pp32-40.

❀ Brandenburger, A. M. and Nalebuff, B. J.(1996), Co-opetition, New York: Currency Doubleday.

❀ Choudary, S. P., Van Alstyne, M. W., & Parker, G. G. (2016). Platform revolution: How networked markets are transforming the economy--and how to make them work for you: WW Norton & Company.

❀ Davenport, T. H., and Prusak, I.(1998), Working Knowledge: How organizations manage what they know, Boston: Harvard business school press.

❀ Ed Kushines(2012), Prepared in the Pacific, New York Times.

❀ Felson, M., & Speath, J. (1978), Community structure and collaborate consumption, American Behavioral Scientist, 41, pp614-624.

❀ Gansky, Lisa(2019), The Mesh: Why the Future of Business is Sharing.

❀ He, Dong et al. (2017), Fintech and Financial Services：Initial Considerations, IMF Staff Discussion Note, June.

❋ Hitt, Michael A. R. Duane Ireland, and Robert E. Hoskisson(2007), Strategic Management : Concepts and Cases, 7th Edition, South-Western College Publishing.

❋ Hodge, Billy J. & Johnson, Herbert J. (1970) Management and Organizational Behavior: A Multidimensional Approach, N. Y.:John Wiley &Sons.

❋ Inmon, W.H., What is a Data Warehouse?, Prism, Vol. 1, No.1, 1995

❋ Juho Hamari & Mimmi Sjoklint & Antti Ukkonen(2015), The Sharing Economy: Why People Participate in Collaborative Consumption, Journal of the association for information science and technology.

❋ Kaplan, A. M., & Haenlein, M. (2010). Users of the world, unite! The challenges and opportunities of Social Media. Businesshorizons, 53(1), 59-68.

❋ Mason, R., O.(1986), Four Ethical Issue of the Information Age, MIS Quarterly, vol. 10, No. 1, pp4-12.

❋ Nonaka, I., and Takeuchi, H.(1995), The Knowledge Creating Company, New York: Oxford university Press.

❋ Porter, M. E., & Millar, V. E. (1985). How information gives you competitive advantage: Harvard Business Review, Reprint Service Watertown, Massachusetts, USA.

❋ Porter, Michael E.(1980), Competitive Strategy, New York : Free Press.

❋ Porter, Michael E.(1985), Competitive Advantage, New York : Free Press.

❋ Porter, Michael E.(2001), Strategy and the Internet, Harvard Business Review, March, pp63-78.

❋ Rochet, J.-C., & Tirole, J. (2004). Defining two-sided markets. Toulouse, France: IDEI,mimeo, January.

❋ Stephany, A. (2015), The business of sharing: Making it in the new sharing economy. Palgrave Macmillan.

❋ Swan Melanie(2014), Decentralized Money: Bitcoin 1.0, 2.0, and 3.0, Institute For Ethics and Emerging Technologies, Nov. 10.

❋ The Future of Financial Service, World Economic Forum, 2015.7.

❋ Van Alstyne, M. W., Parker, G. G., & Choudary, S. P. (2016). Pipelines, platforms, and the new rules of strategy. Harvard Business Review, 94(4), 54-62.

❋ Wernerfelt, B. (1984). A resource based view of the firm. Strategic management journal,5(2), 171-180.

❋ World Economic Forum (2016), The Future of Financial Infrastructure–An Ambitious Look at How Blockchain Can Reshape Financial Services, World Economic Forum, Aug.

* World Economic Forum (2018), Trade Tech –A New Age for Trade and Supply Chain Finance, World Economic Forum, Sep.
* Global Top 100 companies by market capitalization, https://www.pwc.com/gx/en/audit-services/publications/assets/global-top-100-companies-2019.pdf <Access 2019/11/6>
* Schor, J.(2014),Debating the Sharing Economy, http://www.greattransition.org/publication/debating-the-sharing-economy <Access 2019/10/25>

索 引

國家圖書館出版品預行編目資料

資訊管理 / 魯明德著. –初版. – 新北市；全華圖
書股份有限公司, 2021, 10
　　面；　公分
　　　ISBN 978-986-503-946-2（平裝）
1. 管理資訊系統　2. 資訊管理
　494.8　　　　　　　　　　　110016737

資訊管理

作者 / 魯明德

發行人 / 陳本源

執行編輯 / 李慧茹

封面設計 / 戴巧耘

出版者 / 全華圖書股份有限公司

郵政帳號 / 0100836-1 號

印刷者 / 宏懋打字印刷股份有限公司

圖書編號 / 06474

初版一刷 / 2021 年 10 月

定價 / 新台幣 480 元

ISBN / 978-986-503-946-2（平裝）

全華圖書 / www.chwa.com.tw

全華網路書店 Open Tech / www.opentech.com.tw

若您對本書有任何問題，歡迎來信指導 book@chwa.com.tw

臺北總公司(北區營業處)
地址：23671 新北市土城區忠義路 21 號
電話：(02) 2262-5666
傳真：(02) 6637-3695、6637-3696

南區營業處
地址：80769 高雄市三民區應安街 12 號
電話：(07) 381-1377
傳真：(07) 862-5562

中區營業處
地址：40256 臺中市南區樹義一巷 26 號
電話：(04) 2261-8485
傳真：(04) 3600-9806(高中職)
　　　(04) 3601-8600(大專)